JIXIE ZHIZAO JICHU

机械制造基础

（第2版）

主　编　李玉平

副主编　曹和平　戈　斌　张水香　肖　斌

参　编　朱双霞　张信祥

U0190520

重庆大学出版社

内容提要

全书共分9章,主要内容包括:工程材料、铸造、锻压、焊接、金属切削加工基础知识、机械零件表面加工、特种加工、先进制造技术及机械加工工艺规程等。考虑到后续课程安排,教材内容处理上有所区别。"工程材料"部分以剖析铁碳合金的金相组织为基础,以介绍工程材料的性质和合理选材为重点。"铸造""锻压""焊接"各占一定的篇幅,因为这方面知识是必不可少的,而且本课程前后均未安排与此有关的课程。"金属切削加工的基础知识""机械零件表面加工"和"机械加工工艺规程"部分,则着重在"机加工实训"的基础上,把感性知识上升到理论高度,进而归纳成系统性基础知识,为后续课程打好基础。而"特种加工"和"先进制造技术"部分,则着眼于拓展知识面、提高人才培养的专业适应性。

本书适合作为高等工科院校机械类、近机械类各专业的《机械制造基础》课程的通用教材,还可供有关工程技术人员参考使用。

图书在版编目(CIP)数据

机械制造基础 / 李玉平主编. -- 2 版. --重庆:重庆大学出版社,2021.12(2024.8 重印)
ISBN 978-7-5689-0109-3

Ⅰ.①机… Ⅱ.①李… Ⅲ.①机械制造—高等学校—教材 Ⅳ.①TH

中国版本图书馆 CIP 数据核字(2021)第 263705 号

机械制造基础
(第 2 版)

主 编 李玉平
副主编 曹和平 戈 斌
张水香 肖 斌
策划编辑:曾显跃 范 琪
责任编辑:范 琪 版式设计:曾显跃
责任校对:关德强 责任印制:张 策

*

重庆大学出版社出版发行
出版人:陈晓阳
社址:重庆市沙坪坝区大学城西路 21 号
邮编:401331
电话:(023) 88617190 88617185(中小学)
传真:(023) 88617186 88617166
网址:http://www.cqup.com.cn
邮箱:fxk@ cqup.com.cn(营销中心)
全国新华书店经销
重庆升光电力印务有限公司印刷

*

开本:787mm×1092mm 1/16 印张:23.25 字数:551 千
2016 年 9 月第 1 版 2021 年 12 月第 2 版 2024 年 8 月第 3 次印刷
印数:4 501—5 500
ISBN 978-7-5689-0109-3 定价:48.00 元

前言
（第2版）

本书是根据教育部基础课程教学指导委员会颁发的《高等学校工科工程材料及机械制造基础教学基本要求》的精神，经结构优化、整合，并结合作者多年来的教学实践而编写的一本强调应用基础知识的机械专业基础课程教材，在编写过程中注重实践能力和创新能力培养，着重培养既动脑又动手的应用型技术人才。

全书共分9章，主要内容包括工程材料、铸造、锻造、焊接、金属切削加工基础知识、机械零件表面加工、特种加工、先进制造技术及机械加工工艺规程等，每章后均附有复习思考题。

本书具有以下特点：

1.在保证基本内容的基础上，尽量多用图、表来表达叙述性的内容，直观明了。

2.减少了一些理论性较强的计算与公式推导，使教材内容深入浅出、重点突出、层次分明。

3.在编写过程中理论联系实际，注重多用典型案例分析，以培养学生的综合实践能力。

4.每章后均附有复习思考题，以加强、巩固学习内容，掌握基本内容与要点。

本书主要适用于高等工科院校机械类、近机械类专业本科和专科及成人高教的通用教材，也可作为有关工程技术人员的参考书。

本书由新余学院李玉平教授担任主编；赣西科技职业学院曹和平、戈斌、宜春学院张水香、江西理工大学南昌校区肖斌担任副主编；新余学院朱双霞、赣西科技职业学院张信祥担任参编。

由于编者水平有限，加之时间仓促，书中难免会出现错误与不妥之处，敬请广大读者批评指正。

编　者

2021年6月

目 录

绪 论

1）机械制造业在国民经济中的作用

机械制造业是国民经济的基础，是向其他各行业提供工具、仪器和各种机械设备的技术装备的行业。据西方工业国家统计，制造业创造了60%的社会财富；45%的国民经济收入是由制造业完成的。如果没有机械制造业提供质量优良、技术先进的技术装备，那么信息技术、新材料技术、海洋工程技术、生物工程技术以及空间技术等新技术群的发展将会受到严重的制约。可以说，机械制造业的发展水平是衡量一个国家经济实力和科学技术水平的重要标志之一。

机械制造业是一个古老的产业，它自18世纪初工业革命形成以来，经历了一个漫长的发展过程。然而，随着现代科学技术的进步，特别是微电子技术和计算机技术的发展，使机械制造这个传统工业焕发了新的活力，增加了新的内涵。如计算机辅助设计（CAD）、计算机辅助制造（CAM）、成组技术（GT）、计算机数字控制（CNC）,计算机直接控制和分布式控制（DNC）、柔性制造系统（FMS）、工业机器人（ROBOT）、计算机集成制造系统（CIMS）等新技术已广泛地被人们了解、熟悉和应用。这些新技术的引进和使用，使机械制造业无论在加工自动化方面，还是在声场组织、制造精度、制造工艺方法方面都发生了令人瞩目的变化。其特点如下：

①伴随着机械制造自动化程度的提高，制造装备和测试手段的改善，机械制造精度也得到了极大的提高。从工业革命初期到现在，机械制造精度提高了几个数量级。在18世纪初蒸汽机发明时代，机械制造精度仅为1 mm；19世纪初机械制造精度也仅为0.1 mm；19世纪末达到0.05 mm；到了20世纪60年代，加工精度很快提高到0.1 μm。目前由于测试技术水平的提高和市场的需要，人们正积极从事超精密加工和超微细加工的研究，其精度可达0.005～0.01 μm，如德国阿亨工业大学已研制出0.01～0.02 μm精度级的驱动系统。不少的工业国家已开始向纳米级（1 nm＝0.001 μm）加工精度冲刺，有望在不久的将来机械制造业将能实现分子级或原子级的加工精度。

②随着刀具材料的发展和变革，在近一个世纪内，切削加工速度提高了上百倍。20世纪前，以碳素钢作为刀具材料，由于其耐热温度低于200 ℃，所允许的切削速度不超过10 m/min。20世纪初，出现了高速钢，耐热温度为500～600 ℃，可允许的切削速度为30～

1

40 m/min。到了 20 世纪 30 年代，硬质合金开始使用，其耐热温度达到 800~1 000 ℃，切削速度很快提高到每分钟一百至数百米。随后，相继使用了陶瓷刀具、金刚石、立方氮化硼刀具，其耐热温度都在 1 000 ℃ 以上，切削速度可超过 1 000 m/min。可见，现在机械制造业正沿着高速切削轨道发展。

③随着科技的发展，新的工程材料不断出现。有着工程材料切削加工性能超出了常规机械加工范围，如果仍然依靠传统用的切削加工方法是很难完成加工过程的。这就迫使人们去探索、研究新的加工方法和先进制造技术。自 20 世纪 50 年代以来人们研制出一系列的特种加工方法，如电火花加工、电解加工、超声波加工、电子束加工、离子束加工、激光加工、高速水射流切割加工等。近年来，人们还对精密成形技术和快速成形技术进行了研究和探索，并成功研制出精密成形和快速成形系统及其工艺，并投入了实际应用。这些新的加工方法和成形技术的出现，突破了几百年来所沿用的传统金属切削加工局限，使机械制造业增添了新的加工方法和手段。

我国的机械制造业是在 1949 年以后才逐步建立和发展起来的，60 多年来，我国的机械制造业发展十分迅速，已成为一个规模宏大、门类齐全和具有一定技术基础的产业部门，为我国国民经济的发展作出了巨大的贡献。然而，由于我国的机械制造工业长期在计划经济体制下运行，与工业发达国家相比，还存在着阶段性的差距，主要表现在机械产品品种少、档次低、制造工艺落后、装备陈旧，专业生产水平低，技术开发能力不够强，科技投入少，管理水平落后等。特别是相对其他产业来说，对机械制造工业的作用认识不够，甚至有相当一段时间不够重视。近些年来，随着世界各国都把提高产业竞争力和发展高技术、抢占未来经济制高点作为科技工作的方向，对机械制造工业的重要性和作用有了进一步的认识。我国也明确提出要振兴机械工业，使之成为国民经济的支柱产业。我国机械制造工业今后的发展，除了不断提高常规机械生产的工艺装备和工艺水平外，还必须研究开发优质高效精密装备与工艺，为高新技术产品的生产提供新工艺、新装备；同时加强基础技术研究，消化和掌握引进技术，提高自主开发能力，形成常规制造技术与先进制造技术并进的机械制造工业结构。

2) 本课程的性质和研究内容

本课程是机械类及近机械类专业的一门专业基础课。

本课程研究的内容是工程材料和机械加工过程中的基础知识，具体包括工程材料，铸造、锻压、焊接、金属切削加工基础知识，机械零件表面加工、特种加工、先进制造技术及机械加工工艺规程等。考虑到后续课程安排，在教材内容处理上有所区别。"工程材料"部分以剖析铁碳合金的金相组织为基础，以介绍工程材料的性质和合理选材为重点。"铸造""锻压""焊接"各占有一定的篇幅，因为这方面知识是必不可少的，而且本课程前后均未安排与此有关的课程。"金属切削加工的基础知识""机械零件表面加工"和"机械加工工艺规程"部分，则着重在"机加工实训"的基础上，把感性知识上升到理论高度，进而归纳成系统性基础知识，为后续课程打好基础。而"特种加工"和"先进制造技术"部分，则着眼于拓展知识面、提高人才培养的专业适应性。

3) 本课程的任务和要求

本课程的任务在于使学生获得机械制造过程中所必须具备的应用型基础知识和技能。

学生学习本课程后,应熟悉各种工程材料性能,并具有合理选用所需材料的能力:初步掌握和选用毛坯或零件的成型方法及机械零件表面加工方法,了解工艺规程制订的原则及特种加工、先进制造技术的概念和应用场合。

　　本课程实践性强,涉及知识面广。学习本课程时,除要重视基本概念、基本知识外,一定要注意理论与实践的结合,只有在实践中加深对课程内容的理解,才能将所学的知识转为技术应用能力。

第 **1** 章

工程材料

机械制造业中的各种产品都是由种类繁多、性能各异的工程材料通过各种加工方法制成的零件构成的。

工程材料是指固体材料领域中与工程(结构、零件、工具等)有关的材料,包括金属材料和非金属材料等,其中金属材料因具有良好的力学性能、物理性能、化学性能和工艺性能,成为工程中应用广泛的材料。

本章主要介绍常用金属材料的性能以及改善其性能所采用的热处理方法,使读者掌握金属材料的成分、组织和性能之间的关系,为合理选材和制定加工工艺打下基础。

1.1 金属材料的力学性能

金属材料的性能包括使用性能和工艺性能。

①使用性能:指材料在使用过程中所表现的性能,主要包括力学性能、物理性能和化学性能。

②工艺性能:指在制造机械零件的过程中,材料适应各种冷、热加工和热处理的性能,包括铸造性能、锻造性能、焊接性能、冲压性能、切削加工性能和热处理工艺性能等。

金属材料的力学性能是指材料在外力作用下表现出来的性能,主要有强度、塑性、硬度、冲击韧度和疲劳强度等。

1.1.1 金属材料强度

强度是指材料在静载荷作用下抵抗变形和断裂的能力。根据加载方式不同,强度指标可分为弹性极限、屈服强度、抗拉强度、抗压强度、抗弯强度、抗剪强度、抗扭强度等。一般情况下,多以抗拉强度作为判别金属材料强度高低的指标。

金属材料的强度、塑性一般可以通过拉伸试验来测定。

1)拉伸试样

拉伸试样的形状通常有圆柱形和板状两类。图 1.1 所示为圆柱形拉伸试样。在圆柱形拉伸试样中 d_0 为试样直径, l_0 为试样的标距长度,根据标距长度和直径之间的关系,试样可分为长试样($l_0 = 10d_0$)和短试样($l_0 = 5d_0$)。

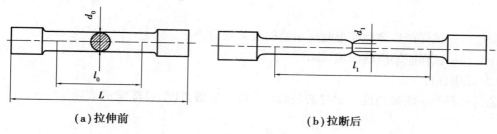

（a）拉伸前　　　　　　　　（b）拉断后

图 1.1　圆形拉伸试样

2）拉伸曲线

试验时，将试样两端装夹在试验机的上下夹头上，随后缓慢地增加载荷，随着载荷的增加，试样逐步变形而伸长，直到被拉断为止。在实验过程中，试验机自动记录了每一瞬间载荷 F 和变形量 ΔL，并给出了它们之间的关系曲线，故称为拉伸曲线（或拉伸图）。拉伸曲线反映了材料在拉伸过程中的弹性变形、塑性变形和直到拉断时的力学特性。

图 1.2 为低碳钢的拉伸曲线（F-ΔL 曲线）。由图可知，低碳钢试样在拉伸过程中，可分为弹性变形、塑性变形和断裂 3 个阶段。

当载荷不超过 F_p 时，拉伸曲线 OP 为一直线，即试样的伸长量与载荷成正比的增加，如果卸除载荷，试样立即恢复到原来的尺寸，即试样处于弹性变形阶段。载荷在 $F_p \sim F_e$，试样的伸长量与载荷已不再成正比关系，但若卸除载荷，试样仍然恢复到原来的尺寸，故仍处于弹性变形阶段。

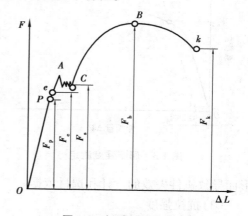

图 1.2　低碳钢拉伸曲线

当载荷超过 F_e 后，试样将进一步伸长，但此时若卸除载荷，弹性变形消失，而有一部分变形却不能消失，即试样不能恢复到原来的长度，称为塑性变形或永久变形。

当载荷增加到 F_s 时，试样开始明显的塑性变形，在拉伸曲线上出现了水平的锯齿形的线段，这种现象称为屈服。

当载荷继续增加到某一最大值是 F_b 时，试样的局部截面缩小，产生了颈缩现象。由于试样局部截面的逐渐减少，故载荷也逐渐降低，当达到拉伸曲线上的 k 点时，试样就被拉断。

为了使曲线能够直接反映出材料的力学性能，可用应力 σ 代替载荷 F，以应变 ε 代替伸长量 ΔL。由此绘制成的曲线，称为应力-应变曲线（σ-ε）。σ-ε 曲线和 F-ΔL 曲线形状相似，仅是坐标含义不同。

3）强度

强度是指金属材料在静载荷的作用下，抵抗变形和断裂的能力。

（1）弹性极限

金属材料在载荷作用下产生弹性变形时所能承受的最大应力称为弹性极限，用符号 σ_e 表示为

$$\sigma_e = \frac{F_e}{A_0}$$

式中　F_e——试样产生弹性变形时所承受的最大载荷,N;

　　　　A_0——试样原始横截面积,mm^2。

（2）屈服强度

金属材料开始明显塑性变形时的最低应力称为屈服强度,用符号 σ_s 表示为

$$\sigma_s = \frac{F_s}{A_0}$$

式中　F_s——试样屈服时的载荷,N;

　　　　A_0——试样原始横截面积,mm^2。

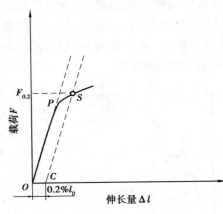

图 1.3　屈服强度测定

生产中使用的某些金属材料,在拉伸试验中不出现明显的屈服现象,无法确定其屈服点。因此,国标中规定以试样塑性变形量为试样标距长度的 0.2% 时,材料承受的应力称为"条件屈服强度",并以符号 $\sigma_{r0.2}$ 表示,$\sigma_{r0.2}$ 的确定方法如图 1.3 所示,在拉伸曲线横坐标上截取 C 点,使 $OC = 0.2\%l_0$,过 C 点作 OP 斜线的平行线,交曲线于 S 点,则可找出相应的载荷 $F_{0.2}$,从而计算出 $\sigma_{r0.2}$。

一般情况下,绝大多数零件(如紧固螺栓、连杆等)在使用过程中不允许发生明显的塑性变形,否则将丧失其自身精度或与其他零件的相对配合受影响,因此,屈服强度是防止材料因过量塑性变形而导致机件失效的设计和选材依据。

（3）抗拉强度

金属材料在断裂前所能承受的最大应力称为抗拉强度(又称强度极限),用符号 σ_b 表示为

$$\sigma_b = \frac{F_b}{A_0}$$

式中　F_b——试样在断裂前的最大载荷,N;

　　　　A_0——试样原始横截面积,mm^2。

抗拉强度是工程上最重要的力学性能指标之一。对塑性较好的材料,σ_b 表示了材料对最大均匀变形的抗力;而对塑性较差的材料,一旦达到最大载荷,材料迅速发生断裂,故 σ_b 也是其断裂抗力(断裂强度)指标。

当零件在工作时所受应力 $\sigma < \sigma_e$ 时,材料只产生弹性变形;当 $\sigma_e < \sigma < \sigma_s$ 时,材料除了产生弹性变形外,还产生微量塑性变形;当 $\sigma_s < \sigma < \sigma_b$ 时,材料除了产生弹性变形外,还产生明显的塑性变形;当 $\sigma > \sigma_b$ 时,零件产生裂纹,甚至断裂。因此,在选择、评定金属材料及设计机械零件时,应根据零件所受的载荷不同选择不同强度极限为依据。工作中不允许有微量塑性变形的零件(如汽车板簧、仪表弹簧等),弹性极限 σ_e 是其设计选材的主要依据。而机器零件或构件工作时,通常不允许发生明显塑性变形,因此多以 σ_s 作为强度设计依据。对于脆性材料,

因断裂前基本不发生塑性变形,故无屈服点而言,在强度设计时,则以 σ_b 为依据。

1.1.2　金属材料塑性

金属材料在载荷作用下,产生塑性变形而不破坏的能力称为塑性。常用的塑性指标有断后伸长率 δ 和断面收缩率 ψ。

1) 断后伸长率

试样拉断后,标距长度的增加量与原标距长度的百分比称为伸长率,用 δ 表示为

$$\delta = \frac{l_1 - l_0}{l_0} \times 100\%$$

式中　l_0——试样原标距长度,mm;

　　　l_1——试样拉断后标距长度,mm。

金属材料的断后伸长率与试样原始标距 l_0 和原始截面积 A_0 密切相关,在 A_0 相同的情况下,l_0 越长则 δ 越小,反之亦然。因此,对于同一材料而具有不同长度或截面积的试样要得到比较一致的 δ 值,或者对于不同材料的试样要得到可比较的 δ 值,必须使 $l_0 / \sqrt{A_0}$ 为一常数。国家标准规定,此值为 11.3 的长试样(相当于 $l_0 = 10d_0$ 的试样)或 5.65 的短试样(相当于 $l_0 = 5d_0$ 的试样),所得的伸长率以 δ_{10}(δ_{10} 省去脚注 10)或 δ_5 表示。同种材料的 δ_5 为 δ 的 1.2 ~ 1.5 倍,所以,对于不同材料,只有 δ_5 与 δ_5 比较或 δ 与 δ 比较才是正确的。

2) 断面收缩率

试样拉断后,标距横截面积的缩减量与原横截面积的百分比称为断面收缩率,用 ψ 表示为

$$\psi = \frac{A_0 - A_1}{A_0} \times 100\%$$

式中　A_0——试样原横截面积,mm^2;

　　　A_1——试样拉断后最小横截面积,mm^2。

其中,ψ 值的大小与试样尺寸无关,能更可靠地反映金属材料的塑性。

δ、ψ 是衡量材料塑性变形能力大小的指标,δ、ψ 越大,表示材料塑性就越好。一般把 $\delta > 5\%$ 的金属材料称为塑性材料(如低碳钢等),而把 $\delta < 5\%$ 的材料称为脆性材料(如灰口铸铁等)。塑性好的材料,它能在较大的宏观范围内产生塑性变形,并在塑性变形的同时使金属材料因塑性变形而强化,从而提高材料的强度,保证了零件的安全使用。此外,塑性好的材料可以顺利地进行某些成形工艺加工,如冲压、冷弯、冷拔、校直、焊接等。因此,选择金属材料作机械零件时,必须满足一定的塑性指标。对于金属材料,塑性指标还能反映材料冶金质量的好坏,是材料生产与加工质量的标志之一。

必须指出的是图 1.2 所示的退火低碳钢拉伸曲线,是一种最典型的情形,而并非所有的材料或同一材料在不同条件下都具有相同类型的拉伸曲线。

1.1.3　金属材料硬度

硬度是指材料在表面上不大体积内抵抗局部塑性变形或破坏的能力,是表征材料性能的一个综合参数,能够反映金属材料在化学成分、金相组织和热处理状态上的变化,是检验产品质量、研制新材料和确定合理加工工艺不可缺少的检测性能方法之一。同时硬度试验是金属

力学性能试验中最简便、迅速的一种方法。

材料的硬度越高,耐磨性能越好。硬度是工具、导轨等零件选材的主要依据。硬度试验方法很多,一般可分为 3 类,即压入法、划痕法和回跳法。目前生产上应用最广的是静载荷压入法。在一定的载荷下,用一定几何形状的压头压入被测试的金属材料表面,根据被压入后变形程度来测试其硬度值。测定硬度的方法很多,常用的有布氏硬度、洛氏硬度和维氏硬度测试法。

1)布氏硬度

布氏硬度测试原理如图 1.4 所示。它是用一定直径的钢球或硬质合金球,以相应的试验力压入试样表面,经规定的保持时间后,卸除试验力,用读数显微镜测量试样表面的压痕直径。布氏硬度值 HBS 或 HBW 是试验力 F 除以压痕球形表面积 A 所得的商,即

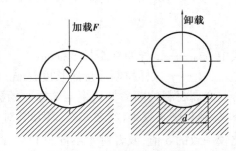

图 1.4 布氏硬度试验原理图

$$HBS(HBW) = \frac{F}{A} = \frac{0.102 \times 2F}{\pi D(D - \sqrt{D^2 - d^2})}$$

式中　F——压入载荷,N;

　　　A——压痕表面积,mm^2;

　　　d——压痕直径,mm;

　　　D——淬火钢球(或硬质合金球)直径,mm。

布氏硬度值的单位为 N/mm^2,一般情况下可不标出。

压头为淬火钢球时,布氏硬度用符号 HBS 表示,适用于布氏硬度值在 450 以下的材料;压头为硬质合金球时,用 HBW 表示,适用于布氏硬度值在 650 以下的材料。符号 HBS 或 HBW 之前为硬度值,符号后面按以下顺序用数值表示试验条件:

①球体直径;

②试验力;

③试验力保持时间(10~15 s 不标注)。

例如,125 HBS10/1000/30 表示用直径 10 mm 淬火钢球在 1 000×9.8 N 试验力作用下保持 30 s 测得的布氏硬度值为 125;500 HBW5/750 表示用直径 5 mm 硬质合金球在 750×9.8 N 试验力作用下保持 10~15 s 测得的布氏硬度值为 500。

目前布氏硬度主要用于铸铁、非铁金属以及经退火、正火和调质处理的钢材。

布氏硬度试验是在布氏硬度试验机上进行。当 F/D^2 的比值保持一定时,能使同一材料所得的布氏硬度值相同,不同材料的硬度值可以比较。试验后用读数显微镜在两个垂直方向测出压痕直径,根据测得的 d 值查表求出布氏硬度值。布氏硬度试验规范见表 1.1。

布氏硬度试验的优点是:测出的硬度值准确可靠,因压痕面积大,能消除因组织不均匀引起的测量误差;布氏硬度值与抗拉强度之间有近似的正比关系。

布氏硬度试验的缺点是:当用淬火钢球时不能用来测量大于 450 HBS 的材料;用硬质合金球时,也不宜超过 650 HBW;压痕大,不适宜测量成品件硬度,也不宜测量薄件硬度;测量速度慢,测得压痕直径后还需计算或查表,不适合大批量生产的零件检验。

表 1.1　布氏硬度试验规范

材料	硬度/HBS	试样厚度/mm	F/D^2	D/mm	F/N	载荷保持时间/s
钢铁材料	140~450	6~3	30	10	29 400	10
		4~2		5	7 350	
		<2		2.5	1 837.5	
	<140	>6	10	10	9 800	10
		6~3		5	2 450	
		<3		2.5	612.5	
铜合金及镁合金	36~130	>6	10	10	9 800	30
		6~3		5	2 450	
		<3		2.5	612.5	
铝合金及轴承合金	8~35	>6	10	10	2 450	60
		6~3		5	612.5	
		<3		2.5	152.88	

2)洛氏硬度

以顶角为 120° 的金刚石圆锥体或一定直径的淬火钢球作压头,以规定的试验力使其压入试样表面,根据压痕的深度确定被测金属的硬度值。如图 1.5 所示,当载荷和压头一定时,所测得的压痕深度 $h=h_3-h_1$ 越大,表示材料硬度越低,一般来说,人们习惯数值越大硬度越高。为此,用一个常数 K(对 HRC,K 为 0.2;HRB,K 为 0.26)减去 h,并规定每 0.002 mm 深为一个硬度单位,因此,洛氏硬度计算公式为

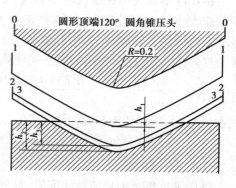

图 1.5　洛氏硬度试验原理图

$$HRC(HRA) = 0.2 - h = 100 - \frac{h}{0.002}$$

$$HRB = 0.26 - h = 130 - \frac{h}{0.002}$$

根据所加的载荷和压头不同,洛氏硬度值常用的有 3 种标度,即 HRA、HRB、HRC,其中以 HRC 应用最广。表 1.2 为这 3 种标尺的试验条件和应用范围。

洛氏硬度是在洛氏硬度试验机上进行的,其硬度值可直接从表盘上读出。洛氏硬度符号 HR 前面的数字为硬度值,后面的字母表示级数。如 60 HRC 表示 C 标尺测定的洛氏硬度值为 60。

表 1.2　常用洛氏硬度的试验条件和应用范围

洛氏硬度	压头类型	总载荷/N	测量范围	应用范围
HRA	120°金刚石圆锥体	588.4	70~85 HRA	高硬度表面、硬质合金
HRB	ϕ1.588 mm淬火钢球	980.7	20~100 HRB	软钢、灰铸铁、有色金属
HRC	120°金刚石圆锥体	1 471	20~67 HRC	一般淬火钢件

洛氏硬度试验操作简便、迅速,效率高,可以测定软、硬金属的硬度;压痕小,可用于成品检验。但压痕小,测量组织不均匀的金属硬度时,重复性差,通常在被测量金属不同部位测量数点,取其平均值,而且不同的标尺测得硬度值既不能直接进行比较,又不能彼此互换。

3)维氏硬度

维氏硬度试验原理与布氏硬度相同,同样是根据压痕单位面积上所受的平均载荷计量硬度值,不同的是维氏硬度的压头采用金刚石制成的锥面夹角 α 为 136°的正四棱锥体,如图 1.6 所示。

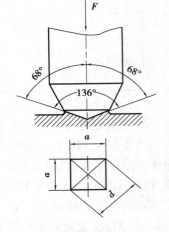

维氏硬度试验是在维氏硬度试验机上进行的。试验时,根据试样大小、厚薄选用(5~120)×9.8 N 载荷压入试样表面,保持一定时间后去除载荷,用附在试验机上测微计测量压痕对角线长度 d,然后通过查表或根据下式计算维氏硬度值:

$$HV = \frac{F}{A} = \frac{1.854\ 4 \times 0.102 \times F}{d^2}$$

式中　A——压痕的面积,mm^2;

　　　d——压痕对角线的长度,mm;

　　　F——试验载荷,N。

图 1.6　维氏硬度试验原理图

维氏硬度符号 HV 前是硬度值,符号 HV 后附以试验载荷。如 640 HV30/20 表示在 30×9.8 N作用下保持 20 s 后测得的维氏硬度值为 640。维氏硬度的优点是试验时加载小,压痕深度浅,可测量零件表面淬硬层,测量对角线长度 d 的误差小,其缺点是生产率比洛氏硬度试验低,不宜于成批生产检验。

不同方法在不同条件下测量的硬度值,因含义不同,其数据也不同,相互间无理论换算关系。但通过实践发现,在一定条件下存在着某种粗略的经验换算关系。如在 200~600 HBS(HBW)内,1 HRC≈$\frac{1}{10}$ HBS(HBW);在小于 450 HBS 时,HBS≈HV。

同时,硬度和强度间有一定换算关系,由于硬度试验设备简单,操作迅速方便,又可直接在零件或工具上进行试验而不破坏工件,故可根据测得的硬度值近似估计材料的抗拉强度和耐磨性。如:

轧制钢材或锻钢件　　$\sigma_b \approx (0.34 \sim 0.36)\ \mathrm{HBS}$

铸钢件　　　　　　　$\sigma_b \approx (0.3 \sim 0.4)\ \mathrm{HBS}$

灰口铸铁件　　　　　$\sigma_b \approx 0.1\ \mathrm{HBS}$

铸铝件　　　　　　　$\sigma_b \approx 0.26\ \mathrm{HBS}$

1.1.4　金属材料冲击韧度

生产中许多机器零件,都是在冲击载荷(载荷以很快的速度作用于机件)下工作。试验表明,载荷速度增加,材料的塑性、韧性下降,脆性增加,易发生突然性破断。因此,使用的材料就不能用静载荷下的性能来衡量,而必须用抵抗冲击载荷的作用而不破坏的能力,即冲击韧度来衡量。

目前应用最普遍的是一次摆锤弯曲冲击试验。将开缺口的标准试样放在冲击试验机的两支座上,使试样缺口背向摆锤冲击方向(图 1.7),然后把质量为 m 的摆锤提升到 h_1 的高度,摆锤由此高度下落时将试样冲断,并升到 h_2 的高度。因此,冲断试样所消耗的功为 $A_k = mg(h_1 - h_2)$。金属的冲击韧度 $a_k(\mathrm{J/cm}^2)$ 就是冲断试样时在缺口处单位面积所消耗的功,即

$$a_k = \frac{A_k}{A}$$

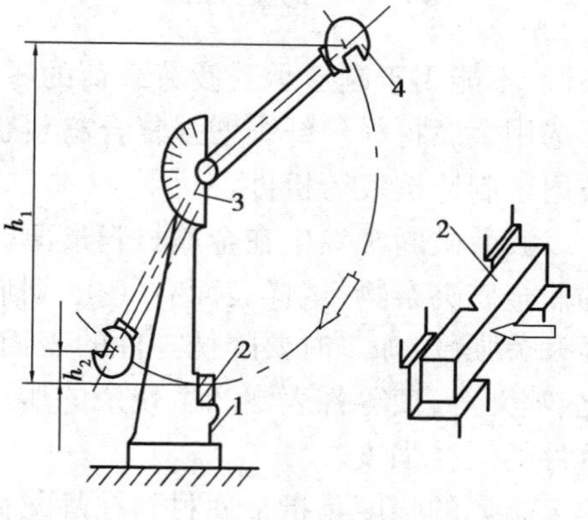

图 1.7　冲击试验原理
1—支座;2—试样;3—指针;4—摆锤

式中　a_k——冲击韧度,$\mathrm{J/cm}^2$;

　　　A——试样缺口处原始截面积,cm^2;

　　　A_k——冲断试样所消耗的功,J。

冲击吸收功 A_k 值可从试验机的刻度盘上直接读出。对于一般常用钢材来说,A_k 值的大小,代表了材料的冲击韧度的高低,A_k 值越低,表示材料的冲击韧度越差。冲击韧度值也是一个十分重要的力学性能指标。

对于脆性材料(如铸铁)的冲击试验,试样一般不开缺口,因为开缺口的试样冲击值过低,难于比较不同材料冲击性能的差异。

由于测出的冲击吸收功的组成比较复杂,冲击韧度值的大小与很多因素有关。它不仅受试样形状、表面粗糙度、内部组织的影响,还与实验时的环境温度有关,因此有时测得的值及计算的值不能真正反映材料的韧脆性质。因此,冲击值一般作为材料选择的参考,不直接用于强度计算。

材料的冲击韧度与塑性之间有一定的联系,A_k 值高的材料,一般都具有较高的塑性指标,但塑性好的材料其 A_k 值不一定高,这是因为在静载荷作用下能充分变形的材料,在冲击载荷下不一定能迅速地进行塑性变形。

1.1.5　金属材料疲劳强度

许多机械零件是在交变应力作用下工作的,如轴类、弹簧、齿轮、滚动轴承等。虽然零件所承受的交变应力数值小于材料的屈服强度,但在长时间运转后也会发生断裂,这种现象称

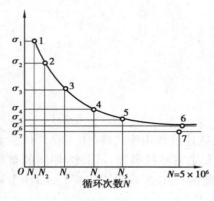

图 1.8　钢的疲劳曲线

为疲劳断裂。它与静载荷下的断裂不同,断裂前无明显塑性变形,因此,具有更大的危险性。

交变应力大小和断裂循环次数之间的关系通常用疲劳曲线来描述(图 1.8)。疲劳曲线表明,当应力低于某一值时,即使循环次数无穷多也不发生断裂,此应力值称为疲劳强度或疲劳极限。光滑试样的对称弯曲疲劳极限用 σ_{-1} 表示。在疲劳强度的测定中,不可能把循环次数做到无穷大,而是规定一定的循环次数作为基数。常用钢材的循环基数为 10^7 次,有色金属和某些超高强度钢的循环基数为 10^8 次。

常用工程材料中,陶瓷材料和聚合物的疲劳抗力很低,不能用于制造承受疲劳载荷的零件。金属材料疲劳强度较高,所以抗疲劳的机件几乎都选用金属材料。纤维增强复合材料也有较好的抗疲劳性能,因此,复合材料已越来越多地被用于制造抗疲劳机件。

疲劳破断常发生在金属材料最薄弱的部位,如热处理产生的氧化、脱碳、过热、裂纹;钢中的非金属夹杂物、试样表面有气孔、划痕等缺陷均会产生应力集中,使疲劳强度下降。为了提高疲劳强度,加工时要降低零件的表面粗糙度值和进行表面强化处理,如表面淬火、渗碳、氮化、喷丸等,使零件表层产生残余的压应力,以抵消零件工作时的一部分拉应力,从而提升了零件的疲劳强度。

金属的强度是指金属材料在静载荷作用下抵抗变形和断裂的能力,通常以抗拉强度作为判别材料强度高低的指标。通过静拉伸试验可测得强度和塑性。硬度也是在静载荷作用下测试的,常用的有布氏硬度和洛氏硬度。冲击韧性是在一次冲击载荷下测试。疲劳强度是在交变应力作用下测试。

金属材料的各种力学性能之间有一定的联系。一般提高金属的强度和硬度,往往会降低其塑性和韧度;反之,若提高塑性和韧度,则会削弱其强度。

1.2　铁碳合金

1.2.1　金属的晶体结构与结晶

1)晶体结构的基本概念

(1)晶体与非晶体

自然界中的固态物质,虽然外形各异、种类繁多,但都是由原子或分子堆积而成的。根据内部原子堆积的情况,通常可分为晶体和非晶体两大类。其中,原子按一定次序有规律排列的物质称为晶体,而原子杂乱无章地堆积在一起的物质称为非晶体。

它们具有以下特点:晶体有熔点、各向异性,如所有金属与合金、冰、结晶盐、水晶、天然金刚石、石墨等;非晶体无熔点、各向同性,如玻璃、松香、石蜡、沥青等。

（2）晶格与晶胞

为了便于描述晶体中原子的排列规律，可以把原子看成是一个几何质点，用假想的线将这些点用线连接起来，构成有明显规律性的空间构架。这种表示晶体中原子排列形成的空间格子称为晶格，如图 1.9 所示。晶格包含的原子数量相当多，不便于研究，将能够代表原子排列规律的最小单元划分出来，这种最小的单元体称为晶胞，如图 1.10 所示。晶胞在空间的重复排列就构成了整个晶格，因此，晶胞的特征就是可以反映出晶格和晶体的特征。通过分析晶胞的结构可以了解金属的原子排列规律，判断金属的某些性能。晶胞的大小和形状通常以晶胞的棱边长度 a、b、c（称为晶格常数）和棱边间的夹角 α、β、γ 来表示。

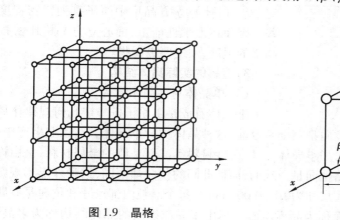

图 1.9　晶格　　　　　　　　　　　　　　　图 1.10　晶胞

2）常见的晶格类型

（1）体心立方晶格

体心立方晶格的晶胞如图 1.11 所示。其晶胞是一个正方体，8 个角上各有一个金属原子，立方体的中心还有一个原子，但属于单个晶胞的原子数为 2，体心立方晶格 3 个棱边长度相等，棱边的夹角也相等且为 90°。属于这种晶格类型的金属有铬、钼、钒、钨和 α-铁等。

（2）面心立方晶格

面心立方晶格的晶胞如图 1.12 所示。其晶胞也是一个正方体，8 个角上各有一个金属原子，立方体的 6 个面上各有一个原子，属于单个晶胞的原子数为 2，面心立方晶格 3 个棱边长度相等棱边的夹角也相等且为 90°。属于这种晶格类型的金属有铝、铜、镍、铅和 γ-铁等。

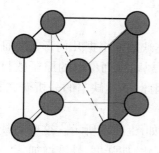 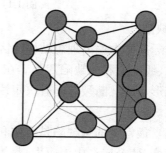

图 1.11　体心立方晶格　　　　　　　　　图 1.12　面心立方晶格

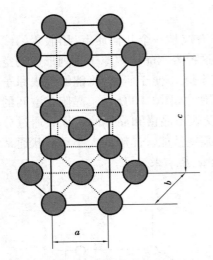

图 1.13　密排六方晶格

（3）密排六方晶格

密排六方晶格的晶胞如图 1.13 所示。它的晶胞是一个正六方柱体,在六方柱体的每个顶点和中心各有一个原子,晶胞内部还有 3 个原子。因此,属于一个晶胞的原子个数是 6,晶胞的 3 个棱边 $a = b \neq c$,棱边夹角 $\alpha = \beta = 90°$、$\gamma = 120°$。

由以上 3 种金属的晶体结构的特征可以看出:面心立方晶格和密排六方晶格中原子排列紧密程度完全一样,体心立方晶格中原子排列紧密程度要差些。因而在力学性能上,面心立方晶格比密排六方晶格的强度、硬度要更高些。

3）金属的实际晶体结构

（1）单晶体与多晶体结构

把晶体看成是由原子按一定几何规律作周期性排列而成,即晶体内部的晶格位向是完全一致的,这种晶体称为单晶体。在工业生产中,只有经过特殊处理才能获得单晶体,如半导体元件、磁性材料。而一般的金属材料,是由许多个晶粒组成的,每个晶粒内部晶格位向是一致的,而彼此间的位向却不同,这种外形不规则的颗粒称为晶粒,通常钢铁材料晶粒尺寸为0.1~0.001 mm。每个晶粒内部尺寸和位向是有明显差别的,而晶粒与晶粒之间的界面称为晶界。而实际由多晶粒组成的晶体结构称为多晶体,如图 1.14 所示。

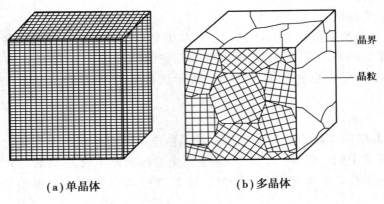

（a）单晶体　　　　　　　　　（b）多晶体

图 1.14　单晶体和多晶体

（2）晶体缺陷

通常将实际晶体中偏离理想结构的区域称为晶体缺陷。根据几何形态特征,可将晶体缺陷分为点缺陷、线缺陷和面缺陷 3 类。在金属中偏离规则排列位置的原子数目很少,但却对金属的塑性变形、强度、断裂等起着决定性的作用。因此,晶体缺陷的分析研究具有重要的理论和实际意义。

①点缺陷。最常见的点缺陷是空位和间隙原子,如图 1.15 所示。这些点缺陷的存在,会使晶格发生畸变,使金属产生内应力,晶体性能发生变化,如强度、硬度增加等。

a.空位:在晶体晶格中,若某结点上没有原子,则该结点称为空位。

b.间隙原子:位于晶格间隙之中的原子称为间隙原子。

c.任何纯金属中都或多或少会存在其他元素原子,这些原子称异类原子。

②线缺陷。是指晶体内沿某一条线,附件原子的排列偏离了完整晶格形成的线性缺陷区,主要表现形式是各种位错。所谓位错是在晶体中某处有一列或若干列原子发生了某种有规律的错排现象。最常见的位错是刃型位错,如图1.16所示。位错密度越大,塑性变形抗力越大,因而可通过塑性变形提高位错密度,强化金属。

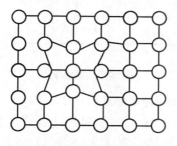

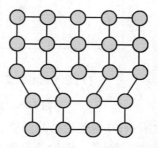

图 1.15　点缺陷示意图　　　　　图 1.16　刃型位错线缺陷图

a.刃型位错:在金属晶体中,晶体的一部分相对于另一部分出现了一个多余的半原子面。这个多余的半原子犹如切入晶体的刀片,刀片的刃口线即为位错线。

b.螺型位错:晶体右边的上部原子相对于下部的原子向后错动一个原子间距,若将错动区的原子用线连接起来,则具有螺旋型特征,称为螺型位错。

③面缺陷。晶体缺陷呈面状分布,一般指的是晶界和亚晶界,如图1.17所示。

a.晶界:实际上是不同位向晶粒之间原子无规则排列的过渡层。

b.亚晶界:每个晶粒是由许多位相差很小的小晶块互相镶嵌而成的,这些小晶块称为亚组织。亚组织之间的边界称为亚晶界。

晶界越多,说明晶粒越细,对塑性变形阻碍越大,因而金属强度、硬度越高。

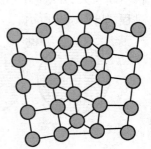

图 1.17　晶界示意图

4)纯金属的结晶

(1)结晶的概念

金属由液态转变为具有晶体结构的固态的过程称为结晶。下面以纯金属结晶为例来了解这个过程。纯金属由液态转向固态的冷却过程,可用冷却过程中所测得的温度与时间的关系曲线——冷却曲线(T-t)来表示。

金属的结晶过程可以通过热分析法进行研究。即将纯金属加热熔化成液体,然后缓慢地冷却下来,在冷却过程中,每隔一定的时间测量一次温度,记录下它的温度随时间变化的情况,描绘在T-t图上,便获得纯金属的冷却曲线,如图1.18所示。

首先,冷却分为3个过程。一是从熔点开始降温,随着时间温度慢慢在下降,这一过程还是属于液态;二是为恒温过程,在整个过程中温度也是在下降的,但由于从液态转变为固态时,原子间要缩短距离进而发生碰撞,释放出大量的热量,补偿了降温消耗的能量,因而为平衡过程,此时液态再向固态转变,最后全部变成晶体;三是金属已经变成了晶体状态,随着温度继续下降也不会改变。

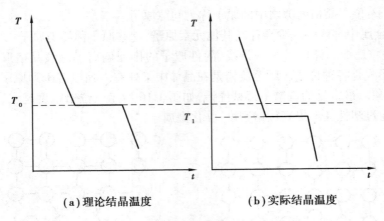

（a）理论结晶温度　　　　　　（b）实际结晶温度

图 1.18　纯金属结晶时的冷却曲线

图 1.18 中所示，T_0 为理论结晶温度，但在实际生产中，纯金属的结晶是在 T_1 温度下进行的，这种现象称为"过冷"。理论结晶温度 T_0 与实际结晶温度 T_1 之差 $\Delta T = T_0 - T_1$ 称为"过冷度"。过冷度并不是一个恒定的值，它与冷却速度有关。冷却速度越大，则开始结晶温度越低，过冷度也就越大。

（2）金属结晶的过程

液态纯金属在冷却到结晶温度时，其结晶过程是：先在液体中产生一批晶核，已形成的晶核不断长大，并继续产生新的晶核，直到全部液体转变成固体为止。下面是金属结晶的微观过程，如图 1.19 所示。

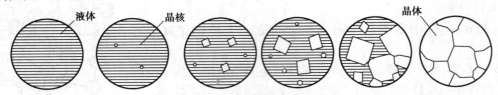

图 1.19　金属结晶微观过程示意图

结晶的过程实际上可分为以下两个过程：

①形核。液态金属中原子作不规则运动，随着温度降低，原子活动能力减弱，原子活动范围也缩小，相互之间逐渐接近。当液态金属的温度下降到接近实际结晶温度时，某些原子按一定规律排列聚集，形成极细微的小集团。当低于理论结晶温度时，这些小集团的一部分就成为稳定的结晶核心，称为晶核。形核方式分为：

a.均匀形核（自发形核、均质形核）：依靠稳定的原子集团——相起伏。

b.非均匀形核（非自发形核、异质形核）：晶核依附于液态金属中现成的微小固相杂质质点的表面形成。

②长大。晶核向液体中温度较低的方向发展长大，由小变大长成晶粒的过程。在晶核开始长大的初期，原子排布比较规则。随着晶核长大和晶体棱角的形成，棱角处散热条件优于其他部位，因此优先长大，如图 1.20 所示。其生长方式像树枝状一样，因而称为枝晶。在结晶过程中，会有很多地方散热条件相差不大，同时达到结晶温度，因而就有多个晶核同时形成，它们分布在液体的不同部位。在不同的部位的晶核都遵循枝晶散热最快的方式进行长大，这样就形成多个晶粒，最后获得的实际金属材料就是多晶体的结构。

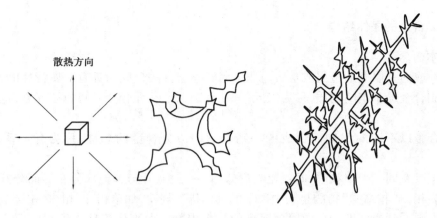

散热方向

图 1.20　晶核长大示意图

（3）晶粒大小与金属力学性能的关系

单个晶粒由形核→长大,多个晶粒形核与长大交错重叠。当只有一个晶核时→单晶体,晶核越多,最终晶粒越细,实际金属最终形成多晶体。

在常温下,细晶粒金属比粗晶粒金属具有更高的强度、硬度、塑性和韧性。因而,可以采取以下方法获得细晶粒:

①增加过冷度:形核速率远远大于长大速率。

②变质处理:实际就是增加非均匀形核。

③机械方法:如振动或搅拌。

5）金属的同素异构转变

金属在固态下由于温度的改变而发生晶格类型转变的现象,称为同素异构转变。液态纯铁在 1 538 ℃进行结晶,得到体心立方晶格的 δ-Fe,继续冷却到 1 394 ℃时发生同素异构转变,转变为面心立方晶格的 γ-Fe,再冷却到 912 ℃时又发生同素异构转变,γ-Fe 转变为体心立方晶格的 α-Fe,如再继续冷却到室温,晶格的类型不再发生变化。这种同素异构转变转化,如图 1.21 所示。

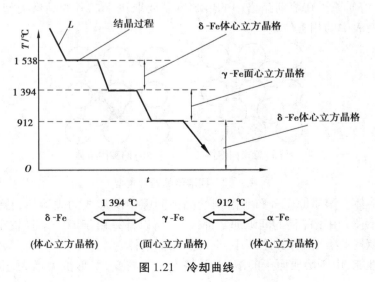

图 1.21　冷却曲线

1.2.2　合金的晶体结构

1)基本概念

由两种或两种以上的金属或金属与非金属经一定方法合成的具有金属特性的物质,称为合金。组成合金最基本的物质,称为组元(如一元、二元、三元合金),可以是元素,也可以是化合物。

给定合金以不同的比例而合成的一系列不同成分合金的总称,称为合金系,如 Fe-C、Fe-Cr等。

材料中具有同一聚集状态、同一化学成分、同一结构、并与其他部分有界面分开的均匀组成部分称为相。"相结构"指的是相中原子的具体排列规律,如单相、两相、多相合金。

通常人眼看到或借助于显微镜观察到的材料内部的微观形貌称为组织。而相是构成组织的最基本的组成部分,或者说组织是由不同形态、大小、数量和分布的相组成的综合体。金属及合金的组织一般应用显微镜才能看到,故常称显微组织。

2)固态合金的相结构

根据构成各组元之间相互作用的不同,固态合金的相按结构可分为固溶体和金属化合物。

(1)固溶体

合金在固态时,组元之间相互溶解,形成在某一组元晶格中包含其他组元原子的新相,这种新相称为固溶体。保持原有晶格的组元称为溶剂,而其他组元称为溶质。固溶体用 α、β、γ 等符号表示。A、B 组元组成的固溶体也可表示为 A(B),其中 A 为溶剂,B 为溶质。例如,铜锌合金中锌溶入铜中形成的固溶体一般用 α 表示,也可表示为 Cu(Zn)。

按溶质原子所占溶剂晶格中的位置的不同,固溶体可分为置换固溶体与间隙固溶体两种。

①置换固溶体。溶质原子代替溶剂原子占据溶剂晶格中的某些结点位置而形成的固溶体,称为置换固溶体,如图 1.22(a)所示。置换固溶体可分为有限固溶体和无限固溶体。形成置换固溶体时,溶质原子在溶剂晶格中的溶解度主要取决于二者的晶格类型、原子直径的差别和它们在周期表中的相互位置。

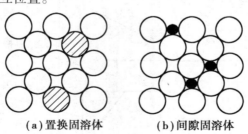

(a)置换固溶体　　　(b)间隙固溶体

图 1.22　固溶体的两种类型

②间隙固溶体。溶质原子分布于溶剂的晶格间隙中所形成的固溶体,称为间隙固溶体,如图 1.22(b)所示。由于晶格的间隙通常都很小,所以都是由于原子半径较小的非金属元素(如碳、氧、氮、氢等)溶入过渡族金属中,形成间隙固溶体。

固溶体的性能:由于溶质原子的溶入,晶格发生了畸变,变形抗力增大,因而固溶体的强度和硬度高于纯组元,塑性则较低。晶格畸变增大位错运动的阻力,使金属的滑移变形变得更加困难,从而提高合金的强度和硬度。这种通过形成固溶体使金属强度和硬度提高的现象称为固溶强化。固溶强化是金属强化的一种重要形式。

（2）金属化合物（中间相）

中间相是由金属与金属或金属与类金属元素之间形成的化合物,这些化合物结构一般比较复杂,而且具有金属特性,故也称为金属间化合物。包括正常价化合物、电子化合物（电子相）、间隙化合物,如图1.23所示。

金属化合物具有复杂的晶体结构,其力学性能具有以下特性:高硬度、低塑性,即硬而脆。当它呈细小的颗粒均匀地分布在固溶体基体上时,将使合金的强度、硬度及耐磨性明显提高,这一现象称为弥散强化。因此,金属化合物在合金中常作为强化相存在,是工具钢、高速钢等钢中的重要组成相。此外,金属化合物还具有电学、磁学、声学等物化性能,可用于半导体材料、形状记忆材料、储氢材料等。

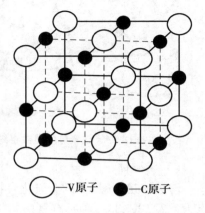

○—V原子　●—C原子

图1.23　简单间隙化合物

1.2.3　铁碳合金相图

钢铁是工业中应用最广泛的金属材料,铁碳合金相图是研究铁碳合金的工具,实际上是$Fe-Fe_3C$相图,它是研究钢铁成分、温度、组织和性能之间关系的理论基础,也是制订钢铁材料的各种热加工工艺的依据。

铁碳合金是以铁和碳为主要组成元素的合金,是现代工业应用最广泛的金属材料。不同成分的铁碳合金在不同温度下具有不同的组织,因而表现出不同的性能。

1）铁碳合金的基本组织

铁碳合金在液态时铁和碳可以无限互溶;在固态时根据含碳量的不同,碳可以溶解在铁中形成固溶体,也可以与铁形成化合物,或者形成固溶体与化合物组成的机械混合物。因此,铁碳合金在固态下出现以下几种基本组织。

（1）铁素体

碳在$\alpha-Fe$中所形成的间隙固溶体,用"F"表示。铁素体还保持$\alpha-Fe$的体心立方晶格,体心立方晶格间隙较小,因而溶解碳的能力很小,随着温度上升溶解碳的能力增加,在727 ℃时达到最大为0.021 8%。铁素体的力学性能接近纯铁,强度、硬度低,塑性和韧性很好。图1.24为铁素体的显微组织。

（2）奥氏体

碳在$\gamma-Fe$中的形成的间隙固溶体,用"A"表示。奥氏体仍保持$\gamma-Fe$的面心立方晶格。由于面心立方晶格间隙较大,故奥氏体溶解碳的能力较大。在1 148 ℃时溶解碳的能力最大达到2.11%,随着温度下降,溶解能力也在下降,在727 ℃时碳的质量分数为0.77%。奥氏体的硬度不高,塑性极好,因此,通常把钢加热到奥氏体状态进行锻造。图1.25为奥氏体的显微组织。

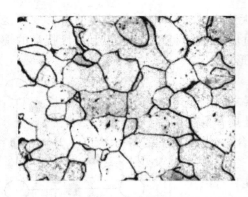

图 1.24　铁素体的显微组织

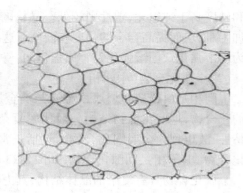

图 1.25　奥氏体的显微组织

（3）渗碳体

渗碳体是 Fe 与 C 的金属化合物，用"Fe_3C"来表示。渗碳体中碳的质量分数为 6.69%，熔点为 1 227 ℃，是一种具有复杂晶体结构的间隙化合物，其硬度高、脆性大、塑性很差。因此，铁碳合金中的渗碳体量过多将导致材料的力学性能变坏，因而，渗碳体是钢中主要强化相，可提高材料的强度和硬度。

（4）珠光体

珠光体是 F 与 Fe_3C 机械混合物，用"P"来表示。碳的质量分数为 0.77%。常见的珠光体形态是铁素体与渗碳体片层相间分布的，片层越细密，强度越高。其组织如图 1.26 所示。

（5）莱氏体

含碳量为 4.3% 的液态合金，当温度缓慢冷却到 1 148 ℃ 时，析出 A 与 Fe_3C 的机械混合物，即共晶反应的产物，称为高温莱氏体，用"Ld"表示。当冷却到 727 ℃ 时由奥氏体转变为珠光体，故室温下莱氏体由珠光体和渗碳体组成，称为低温莱氏体或变态莱氏体，用符号 Ld′ 表示。莱氏体中渗碳体较多，硬度高、塑性差、脆性很大，是白口铁的基本组织。其组织如图 1.27 所示。

图 1.26　珠光体显微组织示意图

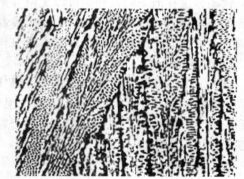

图 1.27　莱氏体显微组织示意图

2）铁碳合金相图分析

在极缓慢加热（或冷却）条件下，铁碳合金成分、温度与组织或状态之间关系的图形，相图的组元为 Fe 和 Fe_3C，由于实际使用的铁碳合金其含碳量多在 5% 以下，因此，成分轴从 0 ~ 6.69%，如图 1.28 所示为简化后的 $Fe-Fe_3C$ 相图。

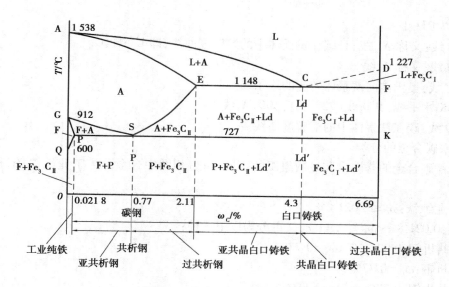

图 1.28 简化后的 Fe-Fe₃C 相图

（1）铁碳合金相图分析

相图中的 AC 和 CD 线为液相线，AE 和 ECF 线为固相线。相图中有 4 个单相区：液相区（L）、奥氏体区（A）、铁素体区（F）、渗碳体区（Fe₃C）。

Fe-Fe₃C 相图主要特征点含义见表 1.3。

表 1.3 Fe-Fe₃C 相图主要特征点含义

符号	$T/℃$	$\omega_C/\%$	含义
A	1 538	0	熔点：纯铁的熔点
C	1 148	4.3	共晶点：发生共晶转变 $L_C \rightarrow A_E + Fe_3C \rightarrow Ld$（A2.11% + Fe₃C 共晶）
D	1 227	6.69	熔点：渗碳体的熔点
E	1 148	2.11	碳在 γ-Fe 中的最大溶解度点
G	912	0	同素异构转变点
S	727	0.77	共析点：发生共析转变 $A_S \rightarrow F_P + Fe_3C$
P	727	0.021 8	碳在 α-Fe 中的最大溶解度点
Q	室温	0.000 8	室温下碳在 α-Fe 中的溶解度

（2）特性线

①AC 线：液体向奥氏体转变的开始线，即 L→A。

②CD 线：液体向渗碳体转变的开始，即 L→Fe₃C₁。ACD 线统称为液相线，在此线之上合金全部处于液相状态，用符号 L 表示。

③AE 线：液体向奥氏体转变的终了线。

④ECF 水平线：共晶线。AECF 线统称为固相线，液体合金冷却至此线全部结晶为固体，

此线以下为固相区。

⑤ES 线:又称 A_{cm} 线,是碳在奥氏体中的溶解度曲线,即 L→Fe_3C_{II}。

⑥GS 线:又称 A_3 线。

⑦GP 线:奥氏体向铁素体转变的终了线。

⑧PSK 水平线:共析线(727 ℃),又称 A_1 线。

⑨PQ 线:碳在铁素体中的溶解度曲线。

(3)铁碳合金的分类

根据铁碳合金的含碳量和显微组织的不同,可将相图中合金分为工业纯铁、钢和白口铸铁三大类。

①工业纯铁:$\omega_C \leq 0.021\ 8\%$。

②钢:$0.021\ 8\% < \omega_C \leq 2.11\%$,又可分为以下 3 种:

a.亚共析钢:$0.021\ 8\% < \omega_C < 0.77\%$;

b.共析钢:$\omega_C = 0.77\%$;

c.过共析钢:$0.77\% < \omega_C \leq 2.11\%$。

③白口铸铁:$2.11\% < \omega_C \leq 6.69\%$,又可分为以下 3 种:

a.亚共晶白口铸铁:$2.11\% < \omega_C < 4.3\%$;

b.共晶白口铸铁:$\omega_C = 4.3\%$;

c.过共晶白口铸铁:$4.3\% < \omega_C \leq 6.69\%$。

3)典型合金的结晶过程分析

根据合金在相图中的位置可分为共析钢、亚共析钢和过共析钢。铁碳合金相图共析钢、亚共析钢和过共析钢部分典型合金冷却曲线,如图 1.29 所示,分析其平衡结晶过程。

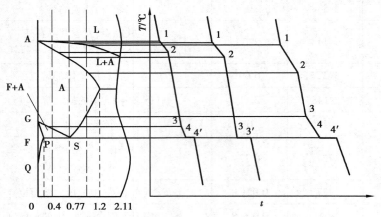

图 1.29　Fe-Fe_3C 相图钢部分典型合金冷却曲线

(1)共析钢冷却结晶过程

如图 1.29 所示,1 点温度以上为 L,在 1~2 点温度之间从 L 中不断结晶出 A,缓冷至 2 点以下全部为 A,2~3 点温度之间为 A 冷却,缓冷至 3 点时 A 发生共析转变生成 P,该合金的室温平衡组织为 P。图 1.30 是共析钢冷却结晶过程中组织变化示意图,图 1.31 所示为共析钢的显微组织。

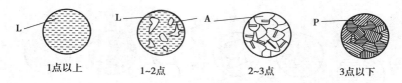

图 1.30　共析钢冷却结晶过程中组织变化示意图

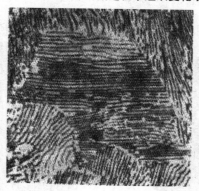

图 1.31　共析钢的显微组织

（2）亚共析钢冷却结晶过程

如图 1.29 所示，1 点温度以上是 L，在 1~2 点温度之间从 L 中不断结晶出 A，冷至 2 点以下全部为 A，2~3 点温度之间为 A 冷却，3~4 点温度之间 A 不断转变成 F，缓冷至 4 点时，剩余的 A 成分为 0.77%，发生共析反应生成 P。该合金的室温平衡组织为 F+P，图 1.32 是亚共析钢冷却结晶过程中组织变化示意图，其显微组织为图 1.33 所示。

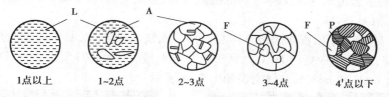

图 1.32　亚共析钢冷却结晶过程中组织变化示意图

（3）过共析钢冷却结晶过程

如图 1.29 所示，1 点温度以上为 L，在 1~2 点温度间从 L 中不断结晶出 A，2~3 点为 A 冷却，3~4 点温度之间 A 不断析出沿 A 晶界分布、呈网状的 Fe_3C，缓冷至 4 时，发生共析转变生成 P，过共析钢室温组织为 $P+Fe_3C$，图 1.34 是过共析钢冷却结晶过程中组织变化示意图，其显微组织为图 1.35 所示。

（4）共晶白口铸铁

该合金从高温 L 状态缓冷至 1 148 ℃时，发生共晶反应生产莱氏体，随着温度继续下降，不断有二次渗碳体析出，缓冷直至 727 ℃时，共晶成分 A 降为 0.77%，发生共析转变生产 P，其室温组织为 P 和 Fe_3C 组成的共晶体加少量 Fe_3C_{II}，称为低温莱氏体，显微组织如图 1.36 所示。

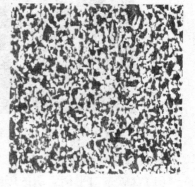

图 1.33　亚共析钢的显微组织

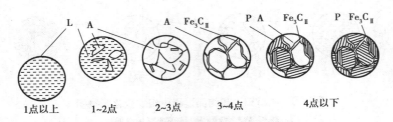

图 1.34　过共析钢冷却结晶过程中组织变化

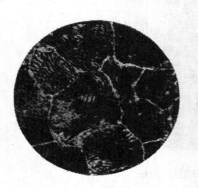

图 1.35　过共析钢的显微组织

图 1.36　共晶白口铸铁显微组织

（5）亚共晶白口铸铁

该合金随着温度降低，L 中不断有 A 析出，温度降至 1 148 ℃时，剩余 L 相的成分达到共晶成分，发生共晶转变形成莱氏体。当缓冷至 727 ℃时，A 成分为 0.77%，发生共析转变生成 P。最终合金的室温组织为 P、Fe_3C_{II} 和低温莱氏体，显微组织如图 1.37 所示。

（6）过共晶白口铸铁

该合金在高温时为 L，温度缓冷下降自 L 中不断结晶出 Fe_3C，直至达到共晶成分，发生共晶转变生成 Ld，共晶 A 中析出 Fe_3C_{II}，到 727 ℃时 A 成分为 0.77%发生共析转变生成 P，此合金室温组织为 Fe_3C 和 Ld′，其显微组织如图 1.38 所示。

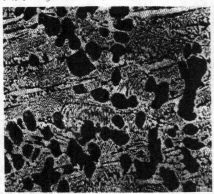

图 1.37　亚共晶白口铸铁显微组织

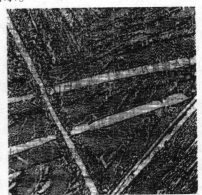

图 1.38　过共晶白口铸铁显微组织

4）铁碳合金相图的应用

（1）含碳量对平衡组织的影响

铁碳合金在室温的组织都是由 F 和 Fe_3C 两相组成，随着含碳质量分数的增加，F 的量逐渐减小,而 Fe_3C 的量逐渐增加,且由于形成条件不同,铁碳合金的组织将按 Fe_3C 的形态和分布有所变化,如图 1.39 所示。

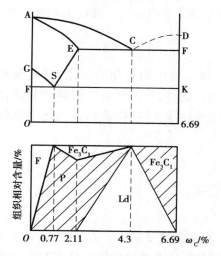

图 1.39　含碳量对铁碳合金室温组织的影响

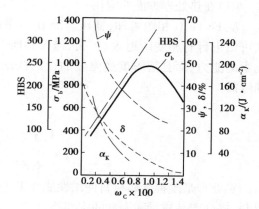

图 1.40　碳的质量分数对

（2）含碳量对力学性能的影响

如图 1.40 所示,随着钢中含碳量增加,其强度、硬度升高,而塑性和韧性下降,这是由于组织中渗碳体量不断增多,铁素体量不断减少的缘故。但当 $\omega_C = 0.9\%$ 时,由于网状二次渗碳体的存在,硬度和强度增高,塑性和韧性降低;当渗碳体分布在晶界为基体存在时,则材料的塑性和韧性大为下降,且强度也随之降低。

（3）在选材方面的应用

Fe-Fe_3C 相图反映了铁碳合金组织和性能随成分的变化规律。这样,就可以根据零件的工作条件和性能要求来合理地选择材料。例如,桥梁、船舶、车辆及各种建筑材料,需要塑性、韧性好的材料,可选用低碳钢($\omega_C = 0.1\% \sim 0.25\%$);对工作中承受冲击载荷和要求较高强度的各种机械零件,希望强度和韧性都比较好,可选用中碳钢($\omega_C = 0.25\% \sim 0.65\%$);制造各种切削工具、模具及量具时,需要高的硬度、而耐磨性,可选用高碳钢($\omega_C = 0.77\% \sim 1.44\%$)。对于形状复杂的箱体、机器底座等,可选用熔点低、流动性好的铸铁材料。

（4）在铸造生产上的应用

由 Fe-Fe_3C 相图可知,共晶成分的铁碳合金熔点低,结晶温度范围最小,具有良好的铸造性能。因此,在铸造生产中,经常选用接近共晶成分的铸铁。

（5）在锻压生产上的应用

钢在室温时组织结构为两相混合物,塑性较差,变形困难。而奥氏体的强度较低,塑性较好,便于塑性变形。因此,在进行锻压和热轧加工时,要把坯料加热到奥氏体状态。加热温度不宜过高,以免钢材氧化烧损严重,但变形的终止温度也不宜过低,过低的温度除了增加能量的消耗和设备的负担外,还会因塑性的降低而导致开裂。所以,各种碳钢较合适的锻轧加热温度范围是:始锻轧温度为固相线以下 $100 \sim 200 \ ^{\circ}\text{C}$;终锻轧温度为 $750 \sim 850 \ ^{\circ}\text{C}$ 。对过共析钢,则选择在 PSK 线以上某一温度,以便打碎网状二次渗碳体。

（6）在焊接生产上的应用

焊接时，由于局部区域（焊缝）被快速加热，因此从焊缝到母材各区域的温度是不同的，由 $Fe\text{-}Fe_3C$ 相图可知，温度不同，冷却后的组织性能就不同，为了获得均匀一致的组织和性能，就需在焊接后采用热处理方法加以改善。

（7）在热处理方面的应用

从 $Fe\text{-}Fe_3C$ 相图可知，铁碳合金在固态加热或冷却过程中均有相的变化，因此钢和铸铁可以进行有相变的退火、正火、淬火和回火等热处理。此外，奥氏体有溶解碳和其他合金元素的能力，而且溶解度随温度的提高而增加，这就是钢可以进行渗碳和其他化学热处理的缘故。

1.3　钢的热处理

热处理是改善金属材料使用性能和工艺性能的一种非常重要的工艺方法，它是强化金属材料，提高产品质量和寿命的主要途径之一。因此，绝大部分重要的机械零件在制造过程中都必须进行热处理。

所谓钢的热处理是将钢在固态下以适当的方式进行加热、保温和冷却，以获得所需组织和性能的工艺过程。

钢的热处理种类很多，根据加热和冷却方法的不同，大致分类如下：

① 普通热处理：退火、正火、淬火、回火。

② 表面淬火：感应加热表面淬火、火焰加热表面淬火、激光加热表面淬火。

③ 化学热处理：渗碳、渗氮、碳氮共渗。

1.3.1　钢在加热时的组织转变

加热是热处理的第一道工序，大多数热处理工艺首先要将钢加热到相变点（又称临界点）以上，目的是获得奥氏体。共析钢、亚共析钢和过共析钢分别被加热到 PSK 线、GS 线和 ES 线以上温度才能获得单相奥氏体组织。为了方便，常把 PSK 线称为 A_1 线；GS 线称为 A_3 线；ES 线称为 A_{cm} 线。而该线上每一合金的相变点，则相应用 A_1 点、A_3 点、A_{cm} 点表示，都是平衡相变点。但由于实际加热或冷却时，有过冷或过热现象，因此，将钢在加热时的实际转变温度分 Ac_1、Ac_3、Ac_{cm} 表示，冷却时的实际转变温度分别用 Ar_1、Ar_3、Ar_{cm} 表示，如图1.41所示（在铁碳合金相图中，PSK 线、GS 线、ES 线分别用 A_1 点、A_3 点、A_{cm} 点表示）由于加热冷却速度直接影响转变温度，一般手册中的数据是以 $30\sim50$ ℃/h 的速度加热或冷却时测得的。

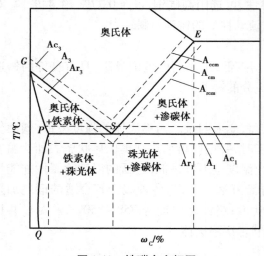

图 1.41　铁碳合金相图

加热分两种:一种是在 A_1 以下加热,不发生相变;另一种是在临界点以上加热,目的是获得均匀的奥氏体组织,这一过程称为奥氏体化。

1)奥氏体的形成过程

钢在加热时奥氏体的形成过程也是一个形核和长大的过程。以共析钢为例,其奥氏体化过程可简单地分为 4 个步骤,如图 1.42 所示。

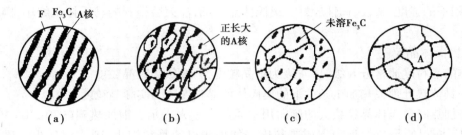

图 1.42　共析钢的奥氏体形成过程示意图

第一步是奥氏体晶核形成,奥氏体晶核首先在铁素体与渗碳体相界处形成,因为相界处的成分和结构对形核有利。

第二步是奥氏体晶核长大,奥氏体晶核形成后,便通过碳原子的扩散向铁素体和渗碳体方向长大。

第三步是残余渗碳体溶解,铁素体在成分和结构上比渗碳体更接近于奥氏体,因而先于渗碳体消失,而残余渗碳体则随保温时间延长,不断溶解直至消失。

第四步是奥氏体成分均匀化,渗碳体溶解后,其所在部位碳的含量仍比其他部位高,需通过较长时间的保温使奥氏体成分逐渐趋于均匀。

亚共析钢(如 45 钢)和过共析钢(如 T10 钢)的奥氏体化过程与共析钢基本相同,只是由于先共析铁素体或二次渗碳体的存在,要获得全部奥氏体组织,必须相应地加热到 Ac_3 或 Ac_{cm} 以上。

2)影响奥氏体转变速度的因素

(1)加热温度

随加热温度的提高,碳原子扩散速度增大,奥氏体化速度加快。

(2)加热速度

在实际热处理条件下,加热速度越快,过热度越大,发生转变的温度越高,转变所需的时间就越短。

(3)钢中碳含量

碳含量增加时,渗碳体量增多,铁素体和渗碳体的相界面增大,因而奥氏体的核心增多,转变速度加快。

(4)合金元素

钴、镍等增大碳在奥氏体中的扩散速度,因而加快奥氏体化过程;铬、钼、钒等对碳的亲和力较大,能与碳形成较难溶解的碳化物,显著降低碳的扩散能力,所以减慢奥氏体化过程;硅、铝、锰等对碳的扩散速度影响不大,不影响奥氏体过程。由于合金元素的扩散速度比碳慢得多,因此合金钢的热处理加热温度一般都高些,保温时间更长。

（5）原始组织

原始组织中渗碳体为片状时奥氏体形成速度快，因为它的相界面积较大。并且，渗碳体间距越小，相界面越大，同时奥氏体晶粒中碳浓度梯度也大，所以长大速度更快。

3）奥氏体的晶粒度及其影响因素

钢的奥氏体晶粒大小直接影响冷却所得的组织和性能。奥氏体晶粒细时，退火后所得组织也细，则钢的强度、塑性、韧性较好。奥氏体晶粒细，淬火后得到的马氏体也细小，因而韧性得到改善。

（1）奥氏体晶粒度

晶体的晶粒度通常分 8 级，1~4 级为粗晶粒度，5~8 级为细晶粒度。

某一具体热处理或热加工条件下的奥氏体的晶粒度称为实际晶粒度。

钢在加热时奥氏体晶粒长大的倾向用本质晶粒度来表示。钢加热到（930±10）℃、保温 8 h、冷却后测得的晶粒度称为本质晶粒度。如果测得的晶粒细小，则该钢称为本质细晶粒钢，反之称为本质粗晶粒钢。本质细晶粒钢在 930 ℃以下加热时晶粒长大的倾向小，适于进行热处理。本质粗晶粒钢进行热处理时，需严格控制加热温度。

（2）影响奥氏体晶粒度的因素

①加热温度和保温时间。奥氏体刚形成时晶粒是细小的，但随着温度升高晶粒将逐渐长大。温度越高，晶粒长大越明显。在一定温度下，保温时间越长，奥氏体晶粒越粗大。

②钢的成分。奥氏体中的碳含量增加时，晶粒长大的倾向增加。若碳以未溶碳化物的形式存在，则它有阻碍晶粒长大的作用。

钢中加入能形成稳定碳化物的元素（如钛、钒、铌、锆等）和能生成氧化物和氮化物的元素（如适量铝等）有利于得到本质细晶粒钢，因为碳化物、氧化物和氮化物弥散分布在晶界上，能阻碍晶粒长大。锰和磷是促进晶粒长大的元素。

1.3.2 钢在冷却时的组织转变

热处理工艺中，钢在奥氏体化后，接着是进行冷却。由于冷却条件不同，其转变产物在组织和性能上有很大差别。由表 1.4 可知，45 钢在同样奥氏体化条件下，由于冷却条件不同，其力学性能有明显差别。

表 1.4　45 钢经 840 ℃加热后，不同条件冷却后的力学性能

冷却方法	σ_b/MPa	σ_s/ MPa	δ/%	ψ/%	硬度/HRC
随炉冷却	519	272	32.5	49	15~18
空气冷却	657~706	333	15~18	45~50	18~24
油中冷却	882	608	18~20	48	40~50
水中冷却	1 078	706	7~8	12~14	52~60

冷却的方式通常有两种，即等温冷却和连续冷却。

等温冷却即将钢迅速冷却到临界点以下的给定温度，进行保温，使其在该温度下恒温转变，如图 1.43 曲线 1 所示。连续冷却即将钢以某种速度连续冷却，使其在临界点以下变温连

续转变,如图1.43曲线2所示。

钢在连续冷却或等温冷却条件下,其组织的转变均不能用Fe-Fe₃C相图分析。为了研究奥氏体在不同冷却条件下组织转变的规律,测定并绘制了过冷奥氏体等温转变图和连续冷却转变图。这两条曲线图揭示了过冷奥氏体转变的规律,为钢的热处理奠定了理论基础。

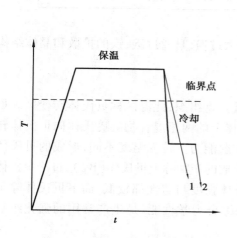

图1.43　热处理工艺曲线
1—等温处理;2—连续冷却

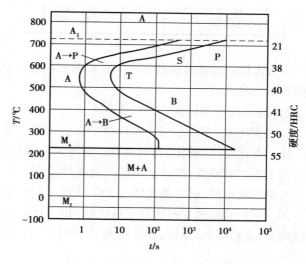

图1.44　共析钢的过冷奥氏体等温转变曲线

1)共析钢过冷奥氏体的等温转变图的特点

从铁碳相图可知,当温度在A_1以上时,奥氏体是稳定的,能长期存在。当温度降到A_1以下后,奥氏体即处于过冷状态,这种奥氏体称为过冷奥氏体。过冷奥氏体是不稳定的,它会转变为其他的组织。钢在冷却时的转变,实质上是过冷奥氏体的转变。

共析钢过冷奥氏体的等温转变过程和转变产物可用其等温转变曲线(TTT)曲线图来分析,如图1.44所示。图中横坐标为转变时间(对数坐标)、纵坐标为温度。根据曲线的形状,过冷奥氏体等温转变曲线可简称为C曲线。C曲线的左边一条线为过冷奥氏体转变开始线,右边一条线为过冷奥氏体转变终了线。图中M_s线是过冷奥氏体转变为马氏体(M)的开始温度,M_f线是过冷奥氏体转变为马氏体的终了温度。奥氏体从过冷到转变开始这段时间称为孕育期,孕育期的长短反映了过冷奥氏体的稳定性大小。在C曲线的"鼻尖"处(约550℃)孕育期最短,过冷奥氏体的稳定性最小。

2)共析钢过冷奥氏体等温转变产物的组织和性能

(1)珠光体转变

在A_1~650℃段,过冷奥氏体的转变产物为珠光体型组织,此温区称珠光体转变区。珠光体是铁素体和渗碳体的机械混合物,渗碳体呈片状分布在铁素体基体上。转变温度越低,层间距越小。按层间距珠光体组织习惯上分为珠光体(P)、索氏体(S)和托氏体(T)。它们并无本质区别,也无严格界限,只是形态上的不同,它们的大致形成温度及性能见表1.5。

表 1.5　珠光体型组织的形成温度和硬度

组织名称	表示符号	形成温度/℃	分辨片层的放大倍数	硬度/HRC
珠光体	P	$A_1 \sim 650$	放大 400 倍以上	<20
索氏体	S	$650 \sim 600$	放大 1 000 倍以上	$22 \sim 35$
托氏体	T	$600 \sim 550$	放大几千倍以上	$35 \sim 42$

奥氏体向珠光体的转变是一种扩散型的生核、长大过程,是通过碳、铁的扩散和晶体结构的重构来实现的。

(2)贝氏体型转变

在 550 ℃ ~ M_s 段,过冷奥氏体的转变产物为贝氏体型组织,此温区称贝氏体转变区。贝氏体是碳化物(渗碳体)分布在碳过饱和的铁素体基体上的两相混合物。奥氏体向贝氏体转变属于半扩散转变,铁原子不扩散而碳原子有一定扩散能力。转变温度不同,形成的贝氏体形态也明显不同,过冷奥氏体在 $550 \sim 350$ ℃ 的转变形成的产物称上贝氏体($B_上$),过冷奥氏体在 $M_s \sim 350$ ℃ 的转变产物称下贝氏体($B_下$)。上贝氏体强度与塑性都较低,而下贝氏体除了强度、硬度较高外,塑性、韧性也较好,即具有良好的综合力学性能,是生产常用的强化组织之一。

(3)马氏体转变

当奥氏体被迅速过冷至马氏体点 M_s 以下时则发生马氏体转变。与前两种转变不同,马氏体转变是在一定温度范围内($M_s \sim M_f$)连续冷却时完成的。马氏体转变特点在研究连续冷却转变时再进行分析。

3)过冷奥氏体的连续冷却转变

(1)共析钢的连续冷却转变图(CCT 曲线)

在实际生产中,热处理多采用连续冷却的冷却方式。因此,需要应用钢的连续冷却转变图(CCT 曲线)了解过冷奥氏体连续冷却转变的规律。CCT 曲线也是通过实验方法测定的。

图 1.45 是共析钢的连续冷却转变图,图中珠光体转变开始线以 P_s 表示,珠光体转变终了线以 P_f 表示,珠光体转变中止线以 K 线表示。V_k 为马氏体临界冷却速度,又称上临界冷却速度,是钢在淬火时为抑制非马氏体转变所需的最小冷却速度。V'_k 为下临界冷却速度,是保证奥氏体全部转变为珠光体的最大冷却速度。

(2)马氏体转变

①马氏体转变的特点。过冷奥氏体转变为马氏体是一种非扩散型转变,因转变温度很低,铁和碳原子都不能进行扩散。铁原子沿奥氏体一定晶面,集体地(不改变相互位置关系)作一定距离的移动(不超过一个原子间距),使面心立方晶格改组为体心正方晶格,碳原子原地不动,过饱和地留在新组成的晶胞中;增大了其正方度 c/a,如图 1.46 所示。因此,马氏体就是碳在 α-Fe 中的过饱和固溶体。过饱和碳使 α-Fe 的晶格发生很大畸变,产生很强的固熔强化。

马氏体的形成速度很快,奥氏体冷却到 M_s 点以下后,无孕育期,瞬时转变为马氏体。随着温度下降,过冷奥氏体不断转变为马氏体,是一个连续冷却的转变过程。

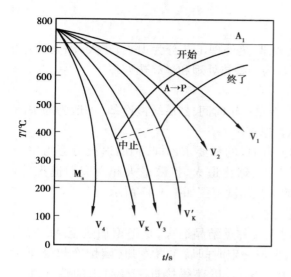

图 1.45　共析钢连续冷却转变图　　图 1.46　马氏体的体心立方晶格结构

②马氏体的形态与特点。马氏体的形态有板条状和针状(或称片状)两种。其形态取决于奥氏体的碳含量。碳含量在 0.25% 以下时,基本上是板条马氏体(也称低碳马氏体)。当碳含量大于 1.0% 时,则大多数是针状马氏体(或称片状马氏体)。碳含量在 0.25%～1.0% 时,为板条马氏体和针状马氏体的混合组织。

马氏体的硬度很高,含碳越多,马氏体硬度越高。

马氏体的塑性和韧性与其碳含量(或形态)密切相关。高碳马氏体由于过饱和度大,内应力高和存在孪晶结构,故硬而脆,塑性、韧性极差。但晶粒细化得到的隐晶马氏体却有一定的韧性。至于低碳马氏体,由于过饱和度小,内应力低和存在位错亚结构,所以不仅强度高,而且塑性、韧性也较好。

马氏体的体积比奥氏体大,当奥氏体转变为马氏体时,体积会膨胀。马氏体是一种铁磁相,在磁场中呈现磁性,而奥氏体是一种顺磁相,在磁场中无磁性。马氏体的晶格有很大的畸变,因此其电阻率高。

(3)亚共析钢和过共析钢过冷奥氏体的连续冷却转变

亚共析钢的过冷奥氏体的连续冷却转变过程和产物与共析钢不同,亚共析钢过冷奥氏体在高温时有一部分将转变为铁素体,在中温转变区会有少量贝氏体($B_{\perp}$)产生。如油冷的产物为 $F+T+B_{\perp}+M$,但铁素体和上贝氏体量少,有时也予以忽略。

过共析钢的过冷奥氏体的连续冷却转变过程和产物与共析钢也不同,在高温区,过冷奥氏体将首先析出二次渗碳体,而后转变为其他组织组成物。由于奥氏体中碳含量高,故油冷、水冷后的组织中应包括残余奥氏体。与共析钢一样,其冷却过程中无贝氏体转变。

综上所述,钢在冷却时,过冷奥氏体的转变产物根据其转变温度的高低可分为高温转变产物珠光体、索氏体、托氏体,中温转变产物上贝氏体、下贝氏体,低温转变产物马氏体等几种。随着转变温度的降低,其转变产物的硬度增高。

1.3.3 钢的退火与正火

根据钢在加热和冷却时的组织与性能变化规律,热处理工艺分为退火、正火、淬火、回火及化学热处理等,按照热处理不同的目的,又可分为预备热处理和最终热处理。

1) 钢的退火

将组织偏离平衡状态的钢加热到适当温度,保温一定时间,然后缓慢冷却(一般为随炉冷却),以获得接近平衡状态组织的热处理工艺称为退火。

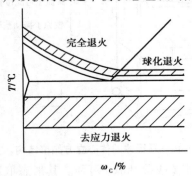

图 1.47　退火的加热温度范围

根据处理的目的和要求不同,钢的退火可分为完全退火、等温退火、球化退火、扩散退火和去应力退火等。各种退火的加热温度范围如图 1.47 所示。

(1)完全退火

完全退火又称重结晶退火,是把钢加热至 Ac_3 以上 $20 \sim 30 \ ℃$,保温一定时间后缓慢冷却(随炉冷却或埋入石灰和砂中冷却)。以获得接近平衡组织的热处理工艺。亚共析钢经完全退火后得到的组织是铁素体+珠光体。

完全退火的目的在于,通过完全重结晶,使热加工造成的粗大、不均匀的组织均匀化和细化,以提高性能;或使中碳以上的碳钢和合金钢得到接近平衡状态的组织,以降低硬度,改善切削加工性能。由于冷却速度缓慢,还可消除内应力。

完全退火主要用于亚共析钢,一般是中碳钢及低中碳合金结构钢件、锻件及热轧型材,有时也用于它们的焊接结构件,完全退火不适用于过共析钢,因为过共析钢完全退火需加热到 Ac_m 以上,在缓慢冷却时,渗碳体会沿奥氏体晶界析出,呈网状分布,导致材料脆性增大,给最终热处理留下隐患。

(2)等温退火

等温退火是将钢件或毛坯加热到高于 $Ac_3 + (30 \sim 50 \ ℃)$ 或 $Ac_1 + (20 \sim 40 \ ℃)$ 的温度,保温适当时间后,较快地冷却到珠光体区的某一温度,并等温保持,使奥氏体转变为珠光体组织,然后缓慢冷却的热处理工艺。

等温退火的目的与完全退火相同,但转变较易控制,能获得均匀的预期组织;对于奥氏体较稳定的合金钢,常可大大缩短退火时间。

(3)球化退火

球化退火为使钢中碳化物球状化的热处理工艺。

球化退火主要用于过共析钢,如工具钢、滚珠轴承钢等,目的是使二次渗碳体及珠光体中的渗碳体球状化(退火前正火使网状渗碳体破碎),以降低硬度,改善切削加工性能;并为以后的淬火做组织准备。

球化退火一般采用随炉加热,加热温度略高于 Ac_1,以便保留较多的未溶碳化物粒子或较大的奥氏体中的碳浓度分布的不均匀性,促进球状碳化物的形成。若加热温度过高,二次渗碳体易在慢冷时以网状的形式析出。球化退火需要较长的保温时间来保证二次渗碳体的自发球化。保温后随炉冷却,在通过 Ac_1 温度范围时,应足够缓慢,以使奥氏体进行共析转变时,以未溶渗碳体粒子为核心,均匀地形成了颗粒状渗碳体。

若球化前有严重网状渗碳体存在,应先进行正火消除网状渗碳体,获得伪共析组织。

（4）扩散退火

为减少钢锭、铸件或锻坯的化学成分和组织不均匀性,将其加热到略低于固相线的温度,长时间保温并进行缓慢冷却的热处理工艺,称为扩散退火或均匀化退火。

扩散退火的加热温度一般选定在钢的熔点以下 100~200 ℃,保温时间一般为 10~15 h。加热温度提高时,扩散时间可以缩短。扩散退火后钢的晶粒很粗大,因此,一般再进行完全退火或正火处理。

（5）去应力退火

为消除铸造、锻造、焊接和机加工、冷变形等冷、热加工在零件中造成的残留内应力而进行的低温退火,称为去应力退火。去应力退火是将钢件加热至低于 Ac_1 的某一温度（一般为 500~650 ℃）。保温,然后随炉冷却,这种处理可消除 50%~80% 的内应力而不引起组织变化。

2）正火

钢材或钢件加热到 Ac_3（对于亚共析钢）、Ac_1（对于共析钢）和 Ac_{cm}（对于过共析钢）以上 30~50 ℃,保温适当时间后,在自由流动的空气中均匀冷却的热处理称为正火,正火的加热温度范围如图 1.48 所示。

正火和退火的不同之处,在于前者的冷却速度较快,过冷度较大,因而发生伪共析组织转变,使组织中的珠光体量增多,且珠光体的层片厚度减小,通常获得索氏体组织。

正火应用于以下 3 个方面:

（1）作为最终热处理

正火可细化晶粒,使组织均匀化,减少亚共析钢中的铁素体,使珠光体增多并细化,从而提高钢的强度、硬度和韧性。对于普通结构钢零件,力学性能要求不很高时,可正火作为最终热处理。

（2）作为预先热处理

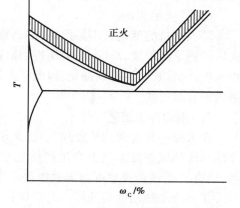

图 1.48　正火的加热温度范围

截面较大的合金结构钢件,在淬火或调质处理（淬火加高温回火）前常进行正火,以消除魏氏组织和带状组织,并获得细小而均匀的组织。对于过共析钢可减少二次渗碳体,并使其不形成连续网状,为球化退火做组织准备。

（3）改善切削加工性能

低碳钢或低碳合金钢退火后硬度太低,不便于切削加工。正火可提高其硬度,改善其切削加工性能。

3）退火与正火的选择

总的来说,退火与正火的目的大致相似,多数用作预备热处理,而且生产上有时还可互相代替。选择时可从以下 4 个方面考虑:

（1）从切削加工方面考虑

根据实践经验,硬度为 160~230 HBS,切削加工性能最好。因此,低碳钢应选正火,高碳钢选退火。$\omega_c < 0.45\%$ 的碳钢以及某些合金结构钢（如 40Cr、40MnB 等）应选正火,而对于合金元素较多的 30CrMnSiA、38CrMoAlA 等钢则应选退火。

（2）从使用性能方面考虑

对于亚共析钢，正火比退火的力学性能更好，因此，如果工件性能要求不高时，可用正火作为提高性能的最终热处理方法。对于某些形状比较复杂的大型铸件，为了减少内应力即避免变形和裂纹应采用退火。

（3）从最终热处理方面考虑

在减少最终热处理淬火时的变形开裂倾向方面，正火不如退火，不过对于准备进行快速加热的工件来说，正火组织有助于加快奥氏体化过程及碳化物的溶解。

（4）从经济方面考虑

正火比退火的生产周期要短得多，设备利用率高，且操作简便，所以在可能的条件下，应尽量以正火代替退火。

1.3.4　钢的淬火和回火

1）钢的淬火

淬火就是将零件加热到 Ac_1 或 Ac_3 以上 $30 \sim 50$ ℃，保温一定时间，然后快速冷却（一般为油冷或水冷）。从而得到马氏体的一种热处理工艺。

（1）淬火的目的

淬火的目的就是获得马氏体，提高钢的强度和硬度。但淬火必须和回火相配合，否则淬火后得到了高硬度、高强度，但塑性、韧性低，不能得到优良的综合机械性能。由于淬火可获得马氏体组织，使钢得到强化，因此淬火是钢的重要强化手段，也是挖掘和发挥钢铁材料性能潜力的有效方法。

（2）钢的淬火工艺

淬火是一种复杂的热处理工艺，又是决定产品质量的关键工序之一，淬火后，既要得到细小的马氏体组织又不至于产生严重的变形和开裂，就必须根据钢的成分、零件的大小、形状等，结合 C 曲线合理地确定淬火加热和冷却方法。

①淬火加热温度的选择。马氏体针叶大小取决于奥氏体晶粒大小。为了使淬火后得到细小而均匀的马氏体，首先要在淬火加热时得到细小而均匀的奥氏体。因此，加热温度不宜太高，只能在临界点以上 $30 \sim 50$ ℃。

亚共析钢的淬火加热温度为 Ac_3 以上 $30 \sim 50$ ℃，因为淬火的目的是提高钢的强度和硬度，得到马氏体组织。若加热温度低于 Ac_1，则淬火冷却时将得不到马氏体；如果加热至 $Ac_1 \sim Ac_3$，则淬火冷却后有铁素体出现，使钢的强度降低；温度太高，将使晶粒粗大，钢的性能变脆，因此，淬火温度不能过低和太高。

共析钢和过共析钢的淬火加热温度为 Ac_1 以上 $30 \sim 50$ ℃，该温度下共析钢组织为奥氏体，而过共析钢由于在淬火前一般要经过正火和球化退火处理，当加热到 Ac_1 以上 $30 \sim 50$ ℃时钢中有奥氏体和少量的球状渗碳体。淬火后的组织为马氏体和颗粒状渗碳体，这时可使钢的强度、硬度和耐磨性达到较好的效果。如果将过共析钢加热到 Ac_{cm} 以上，Fe_3C 溶入奥氏体，使其含碳量增加，降低了钢的 M_s 和 M_f 点，结果使钢晶粒粗大的同时又使钢中残余奥氏体量增加。在一般情况下，它们都使钢的性能变坏，有软点和脆性增加的现象，也增加了钢件变形和开裂的倾向。碳钢的淬火加热温度范围如图 1.49 所示。

保温时间取决于钢的化学成分、零件尺寸、形状、装炉量、热源和加热介质等因素，也可用

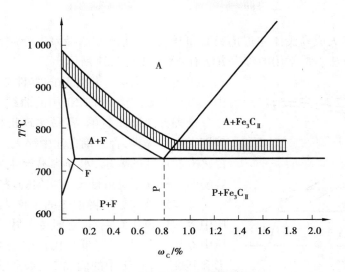

图 1.49　碳钢的淬火加热温度范围

实验方法或经验公式和数据来估算。

②淬火冷却介质。淬火冷却是决定淬火质量的关键,为了使零件获得马氏体组织,淬火冷却速度必须大于临界冷却速度 v_k,而快速冷却会产生很大的内应力,容易引起零件的变形和开裂。因此冷却速度既不能过大又不能过小,理想的冷却速度应是如图 1.50 所示的速度。若要淬火成马氏体,只有在 C 曲线鼻尖附近快速冷却,使冷却曲线不与 C 曲线相交,保证过冷奥氏体不被分解。而在鼻尖上部和下部要缓慢冷却,以减少热应力和组织应力。但到目前为止还没有找到十分理想的淬火冷却介质能符合这一理想冷却速度的要求。

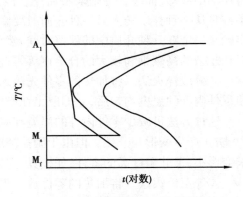

图 1.50　理想淬火冷却速度

在生产上常用的冷却介质有水、盐水、碱水、油和熔融盐或碱等。它们的冷却特点见表 1.6。

表 1.6　常用的淬火冷却介质的冷却能力

淬火冷却介质	冷却速度/($℃ \cdot s^{-1}$)	
	650~550 ℃	300~200 ℃
水(18 ℃)	600	270
水(50 ℃)	100	270
10%NaCl+水	1 100	300
10%NaOH+水(18 ℃)	1 200	300
矿物油	100~200	20~50
0.5%聚乙烯醇+水	介于油水之间	180

（3）淬火方法

为了使零件淬火成马氏体并防止变形和开裂,单纯依靠选择淬火介质是不行的,还必须采取正确的淬火方法。最常用的淬火方法有 4 种,如图 1.51 所示。

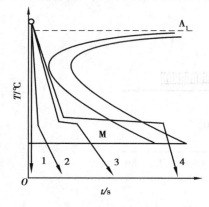

图 1.51　常用的淬火方法

①单液淬火法。将加热的零件放入一种淬火介质中一直冷却到室温(图 1.51 中的曲线 1)。

这种方法操作简单,容易实现机械化、自动化。如碳钢在水中淬火,合金钢在油中淬火。其缺点是不符合淬火冷却速度的要求,水淬容易产生变形和裂纹,油淬容易产生硬度不足或硬度不均匀等现象。

②双液淬火法。将加热的零件先在快速冷却的介质中冷却到 300 ℃ 左右,立即转入另一种缓慢冷却的介质中冷却至室温,以降低马氏体转变时的应力,防止变形和开裂(图 1.51 中的曲线 2),如形状复杂的碳钢零件常采用水淬油冷的方法,即先在水中冷却到 300 ℃ 后再在油中冷却;而合金钢则采用油淬空冷,即先在油中冷却后再在空气中冷却。这种方法的关键是从一种介质转入另一种介质时要掌握好时间和温度。一般情况下,这种淬火方法是由实验来确定在一种介质中的停留时间,然后通过控制停留时间来实现的。这种方法主要用于形状复杂的高碳钢和较大的合金钢等零件。

③分级淬火法。将加热的零件先放入温度稍高于 M_s 的硝盐浴或碱浴中,保温 2~5 min,使零件内外的温度均匀后,立即取出在空气中冷却(图 1.51 中的曲线 3)。

这种方法可减少零件内外的温差和减慢马氏体转变时的冷却速度,从而有效地减少内应力,防止产生变形和开裂。但由于硝盐浴或碱浴的冷却能力低,只能适用于零件尺寸较小,要求变形小,尺寸精度高的零件,如模具、刀具等。

④等温淬火法。将加热的零件放入温度稍高于 M_s 的硝盐浴或碱浴中,保温足够长的时间使其完成贝氏体转变(图 1.51 中的曲线 4)。等温淬火后获得下贝氏体组织。

下贝氏体与回火马氏体相比,在含碳量相近、硬度相当的情况下,前者比后者具有较高的塑性和韧性,适用于尺寸较小,形状复杂,要求变形小,具有高硬度和强韧性的工具、模具等。

（4）钢的淬透性和淬硬性

①钢的淬透性。所谓淬透性是指钢在淬火时获得淬硬层的能力。淬硬层一般规定为零件表面至半马氏体层(马氏体占 50%)之间的区域,它的深度称为淬硬层深度。不同的钢在同样的条件下淬硬层深度不同,说明不同的钢淬透性不同,淬硬层较深的钢淬透性较好。

淬透性不同的钢材,淬火后得到的淬硬层深度不同,因此沿截面的组织和机械性能差别很大。淬透性是机械零件设计时选择材料和制定热处理工艺的重要依据。

②影响淬透性的因素。

a.化学成分。C 曲线距纵坐标越远,淬火的临界冷却速度越小,则钢的淬透性越好。对于碳钢,钢中含碳量越接近共析成分,其 C 曲线越靠右,临界冷却速度越小,则淬透性越好,即亚共析钢的淬透性随含碳量的增加而增大,过共析钢的淬透性随含碳量的增加而减小。除 Co 以外的大多数合金元素都使 C 曲线右移,使钢的淬透性增加,因此合金钢的淬透性比碳钢好。

b.奥氏体化温度。温度越高,晶粒越粗,未溶第二相越少,淬透性越好。因为奥氏体晶粒粗大使晶界减少,不利于珠光体的形核,从而避免了淬火时发生珠光体转变。

③钢的淬硬性。淬硬性是指钢以大于临界冷却速度冷却时,获得的马氏体组织所能达到的最高硬度。钢的淬硬性主要取决于马氏体的含碳量,即取决于淬火前奥氏体的含碳量。

2)钢的回火

钢在淬火后得到的组织一般是马氏体和残余奥氏体,同时有内应力,这些都是不稳定的状态,必须进行回火,否则零件在使用过程中就要发生变化。淬火后要立即进行回火,只淬火不回火不行,不淬火而只进行回火,也没有实际意义。

回火是将淬火钢重新加热到A_1点以下的某一温度,保温一定时间后,冷却到室温的一种操作。

(1)回火的目的

①降低脆性,减少或消除内应力,防止零件变形和开裂。

②获得工艺所要求的机械性能。淬火零件的硬度高且脆性大,通过适当回火可调整硬度,获得所需的塑性和韧性。

③稳定零件尺寸。淬火马氏体和残余奥氏体都是非平衡组织,它们会自发地向稳定的平衡组织铁素体和渗碳体转变,从而引起零件尺寸和形状的改变。通过回火可使淬火马氏体和残余奥氏体转变为较稳定的组织,保证零件在使用过程中不发生尺寸和形状的变化。

④对于某些高淬透性的合金钢,空气中冷却便可淬火成马氏体,如采用退火软化,则周期很长。此时可采用高温回火,使碳化物聚集长大,降低硬度,以利于切削加工,同时可缩短软化周期。

(2)淬火钢在回火时组织的转变

淬火钢在回火过程中,随加热温度的提高,原子活动能力增大,其组织相应发生以下4个阶段性的转变。

①80~200 ℃时发生马氏体的分解。由淬火马氏体中析出薄片状细小的ε碳化物(过渡相分子式$Fe_{2.4}C$)使马氏体中碳的过饱和度降低,因而马氏体的正方度减小,但仍是碳在α-Fe中的过饱和固溶体,通常把这种过饱和$\alpha+\varepsilon$碳化物的组织称为回火马氏体($M_{回}$)。它是由两相组成的,易被腐蚀,在显微镜下观察呈黑色针叶状。这一阶段内应力逐渐减小。

②200~300 ℃时发生残余奥氏体分解。残余奥氏体分解为过饱和的$\alpha+\varepsilon$碳化物的混合物,这种组织与马氏体分解的组织基本相同。把它归入回火马氏体组织,即回火温度在300 ℃以下得到的回火组织是回火马氏体。

③250~400 ℃时马氏体分解完成。过饱和的固溶体中的含碳量虽达到饱和状态,实际上就是马氏体转变为铁素体,使马氏体的正方度$c/a=1$,但这时的铁素体仍保持着马氏体的针叶状的外形,ε碳化物这一过渡相也转变为极细的颗粒状的渗碳体。这种由针叶状铁素体和极细粒状渗碳体组成的机械混合物称为回火屈氏体($T_{回}$)。在这一阶段马氏体的内应力大大降低。

④400 ℃以上渗碳体长大和铁素体再结晶。回火温度超过400 ℃时,具有平衡浓度的相开始回复,500 ℃以上时发生再结晶,从针叶状转变为多边形的等轴状,在这一回复再结晶的过程中,粒状渗碳体聚集长大成球状,即在500 ℃以上(500~600 ℃)得到由等轴状铁素体+球状渗碳体组成的回火组织称为回火索氏体($S_{回}$)。

可见,碳钢淬火后在回火过程中发生的组织转变主要有:马氏体和残余奥氏体的分解,碳化物的形成、聚集长大以及固溶体的回复与再结晶等几个方面。而且随回火温度的不同可得到 3 种类型的回火组织:300 ℃ 以下得到回火马氏体组织。其硬度与淬火马氏体相近,但塑性、韧性较淬火马氏体提高;回火温度为 300~500 ℃ 时得到回火屈氏体组织。其具有较高的硬度和强度以及一定的塑性和韧性;回火温度为 500~600 ℃ 时,得到回火索氏体组织,与回火屈氏体相比,它的强度、硬度低而塑性和韧性较高。

(3)淬火钢在回火时性能的变化

在回火过程中,随组织的变化,钢的机械性能也相应发生变化。总的规律是:随回火温度升高,强度、硬度下降,塑性、韧性上升。

在 200 ℃ 以下,由于马氏体中大量 ε 碳化物弥散析出,使得钢的硬度并不下降,对于高碳钢,甚至略有升高。

在 200~300 ℃ 时,由于高碳钢中的残余奥氏体转变为回火马氏体,硬度会再次提高而对于低、中碳钢,由于残余奥氏体虽很少,则硬度缓慢下降。

在 300 ℃ 以上,由于渗碳体粗化及马氏体转变为铁素体,使得钢的硬度呈直线下降。

回火得到的回火屈氏体和回火索氏体与由过冷奥氏体直接分解得到的片状屈氏体和索氏体的机械性能有着显著区别。当硬度相同时,两类组织的 σ_b 相差无几,但回火组织的 σ_s、δ、ψ 等都比片状组织高,这是由于回火组织中的渗碳体为粒状,而片状组织中的渗碳体为片状。当片状渗碳体受力时,会产生很大的应力集中,易使渗碳体片断裂或形成微裂纹。这就是为什么重要的零件都要进行淬火和回火处理的根本原因。

(4)回火脆性

淬火钢的韧性并不总是随回火温度上升而提高的。在某些温度范围内回火时,淬火钢出现冲击韧性显著下降的现象,称为回火脆性,如图 1.52 所示。

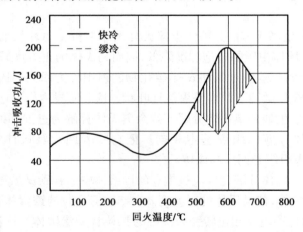

图 1.52 回火温度对冲击韧性的影响

淬火钢在 250~350 ℃ 回火时出现的脆性称为低温回火脆性,也称第一类回火脆性。几乎所有淬火后形成马氏体的钢在该温度范围内回火时,都不同程度地产生这种脆性。目前尚无有效办法完全消除这类回火脆性,故一般都不在 250~350 ℃ 进行回火。

淬火钢在 500~650 ℃ 回火后出现的脆性称为高温回火脆性,又称第二类回火脆性。部分钢易产生这类回火脆性,回火后快速冷却,或在钢中加入 W(约 1%)、Mo(约 0.5%)等合金元素也可有效地抑制这类回火脆性的产生。

（5）回火的种类及应用

淬火钢回火后的组织和性能取决于回火温度,根据回火温度的范围不同,可将回火分为以下 3 类。

①低温回火。低温回火的温度范围为 150~250 ℃,回火后的组织为回火马氏体。回火后内应力和脆性降低,保持了高硬度和高耐磨性。这种回火主要应用于高碳钢或高碳合金钢制造的工具、模具、滚动轴承及渗碳和表面淬火的零件,回火后的硬度一般为 58~64 HRC。

②中温回火。中温回火的温度范围为 350~500 ℃,回火后的组织为回火屈氏体,其硬度一般为 35~45 HRC,具有一定的韧性和高的弹性极限及屈服极限。这种回火主要应用于含碳量为 0.5%~0.7% 的碳钢和合金钢制造的各类弹簧。

③高温回火。高温回火的温度范围为 500~650 ℃,回火后的组织为回火索氏体,其硬度一般为 25~35 HRC,具有适当的强度和足够的塑性和韧性,即具有良好的综合机械性能。

这种回火主要应用于含碳量在 0.3%~0.5% 的碳钢和合金钢制造的各类连接和传动的结构零件,如轴、连杆、螺栓、齿轮等。也可作为要求较高的精密零件、量具等的预备热处理。

通常在生产上将淬火加高温回火的处理称为调质处理,简称调质。对于在交变载荷下工作的重要零件,要求其整个截面得到均匀的回火索氏体组织,首先必须使零件淬透。因此,随着调质零件尺寸的不同,要求钢的淬透性也不同,大零件要求选用高淬透性的钢,小零件则可选用淬透性较低的钢。

1.3.5　钢的表面淬火与化学热处理

一些在弯曲、扭转、冲击、摩擦等条件下工作的齿轮等机器零件,要求它们具有表面硬、耐磨,而心部韧性好,能抗冲击的特性,仅从选材方面去考虑是很难达到此要求的。如用高碳钢,虽然硬度高,但心部韧性不足;如用低碳钢,虽然心部韧性好,但表面硬度低,不耐磨,因此工业上广泛采用表面热处理来满足上述要求。

1) 钢的表面淬火

表面淬火是将零件的表面层淬硬到一定深度,而心部仍保持未淬火状态的一种局部淬火方法。

表面淬火是利用快速加热使钢件表面奥氏体化,而中心尚处于较低温度时迅速予以冷却,表层被淬硬为马氏体,而中心仍保持原来的退火、正火或调质状态的组织。

表面淬火一般适用于中碳钢和中碳低合金钢,也可用于高碳工具钢、低合金工具钢以及球墨铸铁等。

根据加热方法的不同,表面淬火可分为感应加热表面淬火、火焰加热表面淬火、电接触加热表面淬火、激光加热表面淬火和电子束加热表面淬火等。最常用的是感应加热表面淬火。

（1）感应加热表面淬火

感应加热表面淬火是在零件中引入一定频率的感应电流(涡流)、使零件表面层快速加热到淬火温度后立即喷水冷却的方法。

①工作原理。在一个线圈中通过一定频率的交流电时,在它周围便产生交变磁场。若把零件放入线圈中,零件中就会产生与线圈频率相同而方向相反的感应电流。这种感应电流在零件中的分布是不均匀的,主要集中在表面层,越靠近表面,电流密度越大;频率越高,电流集中的表面层越薄,如图 1.53 所示。这种现象称为集肤效应,它是感应电流能使零件表面层加

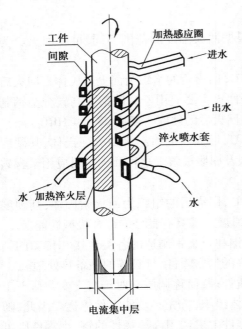

图1.53 感应加热表面淬火示意图

热的基本依据。

②感应加热表面淬火的分类。根据电流频率的不同,感应加热表面淬火可分为以下几种。

高频感应加热表面淬火,最常用的工作频率为200~300 kHz,淬硬层深度为0.5~2 mm,适用于中、小型零件,如小模数齿轮。中频感应加热表面淬火,最常用的工作频率为2 500~3 000 Hz,淬硬层深度为2~8 mm,适用于大、中型零件,如直径较大的轴和大、中型模数的齿轮。工频感应加热表面淬火,工作频率为50 Hz,淬硬层深度一般为10~15 mm,适用于大型零件,如直径大于300 mm的轧辊及轴类零件等。

③感应加热表面淬火的特点。加热速度快,生产效率高;淬火后表面组织细,硬度高(比普通淬火高2~3 HRC);加热时间短,氧化脱碳少;淬硬层深度易控制,变形小,产品质量好;生产过程易实现自动化。其缺点是设备昂贵,维修、调整困难,形状复杂的感应线圈不易制造,不适于单件生产。

(2)火焰加热表面淬火

火焰加热表面淬火是利用氧-乙炔气体或其他可燃气体(如天然气、焦炉煤气、石油气等)以一定比例混合进行燃烧,形成强烈的高温火焰,将零件迅速加热至淬火温度,然后急速冷却(冷却介质最常用的是水,也可用乳化液),使表面获得要求的硬度和一定的硬化层深度,而中心保持原有组织的一种表面淬火方法。火焰加热表面淬硬层通常为2~8 mm。

火焰加热表面淬火的特点如下所述:

①火焰加热的设备简单,使用方便,设备投资低,特别对于没有高频感应加热设备的中小工厂有很大的实用价值。

②火焰加热表面淬火的设备体积小,可灵活搬动,使用非常方便。因此,不受被加热的零件体积大小的限制。

③火焰加热表面淬火操作简便,既可用于小型零件,又可用于大型零件;既可用于单一品种的加热处理,又可用于多品种批量生产的加热处理。特别是局部表面淬火的零件,使用火焰加热表面淬火,操作工艺容易掌握,成本低、生产效率高。

④火焰加热温度高、加热快、所需加热时间短,因而热由表面向内部传播的深度浅,因此最适合于处理硬化层较浅的零件。

⑤火焰加热表面淬火后表面清洁,无氧化、脱碳现象,同时零件的变形也较小。

⑥火焰加热表面淬火属于外热源传导加热,火焰温度极高(可达3 200 ℃),零件容易过热,故操作时必须加以注意。

⑦火焰加热时,表面温度不易测量,同时表面淬火过程硬化层深度不易控制。

⑧火焰加热表面淬火的质量有许多影响因素,难于控制,因此被处理的零件质量不稳定。对于批量生产的零件逐渐用机械化、自动化控制,这样就可以克服这一不足之处。

（3）电接触加热表面淬火

电接触加热表面淬火工艺原理：变压器二次线圈供给低电压大电流，在电极（铜滚轮或碳棒）与工件表面拉触处产生局部电阻加热，当电流足够大时产生热能，使此部分工件表面温度达到临界点以上，然后靠工件的自行冷却实现淬火工艺。

这一方法的优点是设备简单，操作方便，易于自动化，工件畸变极小，不需要回火，能显著提高工件的耐磨性和抗擦伤能力，但淬硬层较薄（0.15～0.35 mm）；显微组织和硬度均匀性较差。这种方法适用于形状简单的零件，目前广泛用于机床导轨、汽缸套等表面淬火。

2）钢的化学热处理

化学热处理是将工件在特定的介质中加热、保温，使介质中的某些元素渗入工件表层，以改变其表层化学成分和组织，获得与心部不同性能的热处理工艺。

工业技术的发展，对机械零件提出了各式各样的要求。例如，发动机上的齿轮和轴，不仅要求齿面和轴颈的表面硬而耐磨，还必须能够传递很大的转矩和承受相当大的冲击负荷；在高温燃气下工作的涡轮叶片，不仅要求表面能抵抗高温氧化和热腐蚀，还必须有足够的高温强度等。这类零件对表面和心部性能要求不同，采用同一种材料并经过同一种热处理是难以达到要求的。而通过改变表面化学成分和随后的热处理，就可在同一种材料的工件上使表面和心部获得不同的性能，以满足上述的要求。

化学热处理与一般热处理的区别在于：前者有表面化学成分的改变，而后者没有表面化学成分的变化。化学热处理后渗层与金属基体之间无明显的分界面，由表面向内部其成分、组织与性能是连续过渡的。

依据所渗入元素的不同，可将化学热处理分为渗碳、渗氮、渗硼、渗铝等。如果同时渗入两种以上的元素，则称为共渗，如碳氮共渗、铬铝硅共渗等。渗入钢中的元素，可溶入铁中形成固溶体，也可与铁形成化合物。

（1）钢的渗碳

将钢件在渗碳介质中加热并保温，使碳原子渗入表层的化学热处理工艺称为渗碳。目的是提高钢件表层的台碳量和一定的碳浓度梯度。渗碳后工件经淬火及低温回火，表面获得高硬度，而其内部又具有高韧性。

①渗碳目的及用钢。在机器制造工业中，有许多重要零件（如汽车、拖拉机变速箱齿轮、活塞销、摩擦片及轴类等），它们都是在变动载荷、冲击载荷、很大接触应力和严重磨损条件下工作的，因此，要求零件表面具有高的硬度、耐磨性及疲劳极限，而心部具有较高的强度和韧性。生产中一般采用 $\omega_c = 0.1\% \sim 0.25\%$ 的低碳钢或低合金钢进行渗碳处理来达到其性能要求。

②渗碳方法。有气体渗碳法、固体渗碳法和液体渗碳法 3 种。生产中常用气体渗碳法，如图 1.54 所示。

气体渗碳法是将工件放在密闭的加热炉中（通常采用井式炉），通入渗碳剂（煤油、甲醇、丙酮等），并加热到 900～930 ℃进行保温。渗碳剂在高温下分解成含有活性原子的渗碳气氛，活性原子被工件表面吸收，从而获得一定深度的渗碳层。

渗碳层的深度主要取决于保温时间，保温时间越长，渗碳层越厚。

气体渗碳法的优点是生产率高、劳动条件好、渗碳过程容易控制、容易实现机械化和自动化，适于大批量生产。

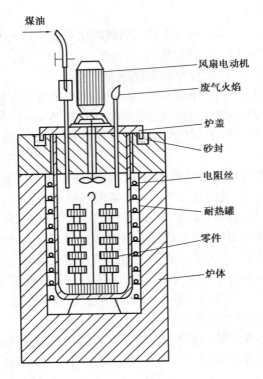

图 1.54　气体渗碳装置示意图

③渗碳后的热处理。为了提高工件表层的硬度和耐磨性,渗碳后的工件必须进行淬火+低温回火处理。常用的淬火方法有直接淬火法和一次淬火法两种。

直接淬火法是指从渗碳炉取出后直接淬硬,由于加热温度较高,晶粒易粗大,故主要用于细晶粒钢或性能要求不高的工件。

一次淬火法是指从渗碳炉取出后空冷,在加热到奥氏体化温度淬火,这样可使工件心部组织细化,从而获得较好的性能。

最终组织为:表层为 $M_回+A_残$,硬度可达 58～64 HRC。心部组织取决于钢的淬透性,通常碳钢为 F+P,硬度为 10～15 HRC,合金钢为低碳 M 或低碳 M+F,强韧性较好,硬度为30～45 HRC。

为了保证渗碳件的性能,设计图纸上一般要标明渗碳层厚度、渗碳层和心部的硬度。对于重要零件,还应标明对渗碳层显微组织的要求。渗碳层中不允许硬度高的部位(如装配孔等),也应在图纸上注明,并用镀铜法防止渗碳,或多留加工余量。

渗碳工件的一般工艺路线为:锻造→正火→机加工→渗碳→淬火+低温回火→精加工。

(2)钢的渗氮

渗氮(又称氮化)是将氮渗入钢件表面,以提高其硬度、耐磨性、疲劳强度和耐蚀性能的一种化学热处理方法。它的发展虽比渗碳晚,但如今却已获得十分广泛的应用,不但应用于传统的渗氮钢,还应用于不锈钢、工具钢和铸铁等。

渗氮主要包括普通渗氮和离子渗氮两大类。普通渗氮又可分为气体渗氮、液体渗氮和固体渗氮 3 种。

①气体渗氮。通常也是在井式炉内进行,渗氮介质为氨气,渗氮温度一般为 500～560 ℃。

与渗碳相比,渗氮处理具有以下特点:

a.工件不需再进行淬火处理便具有高的硬度和耐磨性,且在 500~600 ℃时仍保持高的硬度(即红硬性)。

b.显著提高了工件的疲劳极限,且使工件具有良好耐蚀性。

c.处理温度低,工件变形小。

d.氮化所需时间长。

因此,渗氮广泛用于各种高速传动的精密齿轮、高精度机床主轴(如镗杆、磨床主轴);在变动载荷工作条件下要求疲劳极限很高的零件(如高速柴油机曲轴);以及要求变形很小和具有一定抗热、耐蚀能力的耐磨零件(如阀门等)。

气体渗氮零件的一般工艺路线为:锻造→正火或退火→粗加工→调质→精加工→去应力→粗磨→氮化→精磨或研磨。

②离子氮化。是在一定真空度下,利用工件(阴极)和阳极之间产生的辉光放电现象进行的,所以又称为辉光离子氮化,如图 1.55 所示。

与普通气体渗氮相比,离子渗氮具有许多优点:

a.渗氮速度快,生产周期短。以 38CrMoAlA 钢为例,渗氮层深度要求为 0.53~0.7 mm,硬度大于 900 HV 时,采用气体渗氮法需 50 h 以上,而离子渗氮只需 15~20 h。

b.渗氮层质量高。由于离子渗氮的阴极溅射有抑制生成脆性层的作用,因此明显地提高了渗氮层的韧性和疲劳极限。

c.工件变形小。阴极溅射效应使工件尺寸略有减小,可抵消氮化物形成而引起的尺寸增大。故适用于处理精密零件和复杂零件。例如,38CrMoAlA 钢制成的螺杆长900~1 000 mm,外径为 27 mm,渗氮后其弯曲变形小于 5 μm。

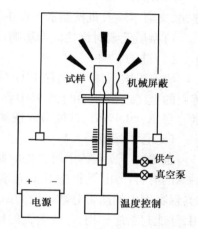

图 1.55　离子渗氮装置示意图

d.对材料的适应性强。渗氮用钢、碳钢、合金钢和铸铁等都能进行离子渗氮。

e.劳动条件好,对环境污染轻。

离子渗氮的主要缺点是准确测定零件的温度有困难,对于大型炉及各类零件的混装炉,各处工件的温度难以达到均匀一致。另外,离子渗氮设备复杂,投资较大。

(3)碳氮共渗与氮碳共渗

向钢中同时渗入碳和氮的化学热处理方法称为碳氮共渗。根据渗入温度可将碳氮共渗分为高温(790~920 ℃)碳氮共渗和低温(520~580 ℃)碳氮共渗。高温碳氮共渗以渗碳为主。如果不加限定,通常说的"碳氮共渗"指的就是高温碳氮共渗,又称奥氏体碳氮共渗。而低温碳氮共渗是以渗氮为主,又称软氮化,其实质是铁素体状态的氮碳共渗。碳氮共渗后的热处理与渗碳后的热处理基本相同,即共渗后进行淬火和低温回火。

①气体碳氮共渗:加热温度为 850~880 ℃,由于加热温度较高,以渗碳为主,共渗后还需进行淬火+低温回火。

与渗碳相比,在渗层含碳量相同的情况下,共渗层的耐磨性及疲劳强度都比渗碳层高,且有一定的抗蚀能力;又因加热温度较低,工件变形小,生产周期也短,因此有取代气体渗碳的趋势。气体碳氮共渗广泛用于处理汽车、拖拉机上的各种齿轮、轴类零件。

②气体氮碳共渗：又称气体软氮化，常用处理温度为 560～570 ℃，以渗氮为主，各种碳钢、合金钢、介质为铸铁等材料均可进行软氮化处理，但软氮化的渗层太薄，不适宜在重载条件下工作，目前软软氮化广泛应用于模具、量具、刃具以及耐磨、承受弯曲疲劳的结构件。

1.4 碳钢与合金钢

1.4.1 碳钢

碳钢是指 $\omega_C \leqslant 2.11\%$，并含有少量硅、锰、硫、磷等杂质元素的铁碳合金。碳钢广泛用于建筑、交通运输及机械制造工业中。

1)杂质元素对钢性能的影响

（1）硅的影响

能溶于铁素体中，消除 FeO 对钢的不良影响；产生固溶强化；是钢中有益元素。在炼铁、炼钢的生产过程中，由于原料中含有硅以及使用硅铁作脱氧剂，使得钢中常含有少量的硅元素。当 $\omega_{Si} < 0.4\%$ 时，硅能溶入铁素体中使之强化，提高钢的强度、硬度，而塑性和韧性降低。

（2）锰的影响

也能溶于铁素体中改善钢的质量，产生固溶强化，形成合金渗碳体，起强化作用，减少硫对钢的有害作用，是钢中有益元素。锰是由原材料中含有锰以及使用锰铁脱氧而带入钢中的，锰在钢中的质量分数一般为 $\omega_{Mn} = 0.25\% \sim 0.80\%$。锰还可与硫形成 MnS，消除硫的有害作用，并能起断屑作用，可改善钢的切削加工性。

（3）磷的影响

磷在钢中是有害元素。磷在常温下能全部溶入铁素体中，使钢的强度、硬度提高，但是使塑性和韧性显著降低，在低温时表现尤其明显，因而，含磷较多时在低温状态下常有严重的脆化现象，称为冷脆。因此要严格控制磷含量。

（4）硫的影响

硫在钢中是有害元素。硫和磷也是从原料及燃料中带入钢中的。在固态时硫不溶于铁，以 FeS 的形式存在。FeS 常于 Fe 形成低熔点共晶体分布在晶界上，在高温进行压力加工时，由于分布在晶界上的低熔点共晶体熔化，使钢沿晶界处开裂，这种现象称为热脆。因此也应严格控制硫含量。

2)碳钢的分类

（1）按碳的质量分数分类

按碳的质量分数分类，可分为以下 3 种类型：

①低碳钢（$\omega_C < 0.25\%$）。

②中碳钢（$0.25\% \leqslant \omega_C \leqslant 0.6\%$）。

③高碳钢（$\omega_C > 0.6\%$）。

（2）按碳的质量等级分类

按碳的质量等级分类，可分为以下 3 种类型：

①普通质量碳钢($\omega_P \leq 0.05\%$,$\omega_S \leq 0.045\%$)。

定义:控制质量无特殊规定的一般用途的碳钢。

包括:一般用途碳素结构钢 A、B 级;碳素钢筋钢;铁道用一般碳素钢。

②优质碳钢($\omega_P \leq 0.035\%$,$\omega_S \leq 0.035\%$)。

定义:除普通质量和特殊质量以外的碳钢。

包括:优质碳素结构钢;工程结构用碳素钢。

③特殊质量碳钢($\omega_P \leq 0.030\%$,$\omega_S \leq 0.030\%$)。

定义:特别严格控制质量和性能的碳钢。

(3)按碳的用途分类

按碳的用途分类,可分为碳素结构钢和碳素工具钢两类。

①碳素结构钢:主要用来做机器零件和工程构件。

②碳素工具钢:主要用来制造刀具、模具和量具。

3)普通碳素结构钢

①质量:普通 S≤0.035%~0.050%,P≤0.035%~0.045%。

②含碳量:C=0.06%~0.38%。

③编号:该类钢牌号表示方法是由代表屈服点的字母(Q)、屈服点数值、质量等级符号(A、B、C)及脱氧方法符号(F、b、Z、TZ)4 个部分按顺序组成。如 Q235-A、F,表示屈服点数值为 235 MPa 的 A 级沸腾钢。质量等级符号反映碳素结构钢中磷、硫含量的多少,A、B、C、D 质量依次增高。

④热处理:一般以热轧空冷状态供应。

⑤性能:强度不高,塑性较好,锻造和焊接等加工性能良好,价格便宜。

⑥应用:碳素结构钢中含有硫、磷较多,力学性能不高,但由于冶炼容易,工艺性好,价格便宜,在力学性能上一般能满足普通机械零件及工程结构件的要求。例如,常用于制造齿轮、弹簧、螺母、轴等机械零件,用于船舶、桥梁、建筑等工程构件。表 1.7 为其牌号、性能与力学性能。

表 1.7 普通碳素结构钢的性能和应用

牌号	等级	性能特点	用途举例
Q195		塑性好、有一定强度	用于载荷较小的钢丝、垫圈、铆钉、拉杆、地脚螺栓、冲压件、焊接件等
Q215	A B	塑性好、焊接性好	用于钢丝、垫圈、铆钉、拉杆、短轴、金属结构件、渗碳件、焊接件等
Q235	A B C D	有一定的强度、塑性、韧性、焊接性好、易于冲压、可满足钢结构的要求、应用广泛	用于连杆、拉杆、轴、螺栓、螺母、齿轮等机械零件及角钢、槽钢、圆钢、工字钢等型材 C、D 级用于较重要的焊接件
Q255	A B	强度较高、塑性、焊接性尚好,应用不如 Q235 广泛	用于轴、拉杆、吊钩、螺栓、键等机械零件、各种型钢
Q275		较高的强度、塑性、焊接性差	用于强度要求较高的轴、连杆、齿轮、键、金属构件等

4)优质碳素结构钢(机器零件用钢)

①质量:优质 S≤0.035%,P≤0.035%。

②含碳量:低、中、高,C=0.08%~0.85%。

③编号:该类钢的钢号用钢中平均含碳量的两位数字表示,单位为万分之一。如钢号为45,表示平均含碳量为 0.45% 的钢。

对于含锰量较高的钢,须将锰元素标出。即指含碳量大于 0.6% 含锰量在 0.9%~1.2% 者及含碳量小于 0.6% 含锰量 0.7%~1.0% 者,数字后面附加汉字"锰"或化学元素符号"Mn"。如钢号 25Mn,表示平均含碳量为 0.25%,含锰量为 0.7%~1.0% 的钢。

沸腾钢、半镇静钢以及专门用途的优质碳素结构钢,应在钢号后特别标出,如 15 g 即平均含碳量为 0.15% 的锅炉钢。

④热处理:优质碳素结构钢使用前一般都要进行热处理。

⑤性能和应用:优质碳素结构钢中含有害元素 S、P 较低,非金属夹杂物也较少,因此,力学性能较好,故广泛应用于制造机械产品中较重要的零件。热处理后使用效果更佳。08F 塑性好,可制造冷冲压零件。10、20 冷冲压性与焊接性能良好,可作冲压件及焊接件,经过适当热处理(如渗碳)后也可制作轴、销等零件。35、40、45、50 经热处理后,可获得良好的综合力学性能,可用来制造齿轮、轴类、套筒等零件。60、65 主要用来制造弹簧。表 1.8 为其牌号、应能与力学性能。

表 1.8 优质碳素结构钢牌号、性能特点及用途

牌号	热处理	性能特点	用途举例
08F、08、10		塑性、韧性好、强度不高	冷轧薄板、钢带、钢丝、钢板、冲压制品,如外壳、容器、罩子、子弹壳、仪表板等
15、20、25、15Mn、20Mn	渗碳	塑性、韧性好、有一定强度	不需热处理的负荷零件,如螺栓、拉杆、法兰盘,渗碳后可制作齿轮、轴等零件
30、35、40、45、50、55、30Mn、40Mn	调质	强度、塑性、韧性都较好	主要制作齿轮、连杆、轴类零件
60、65、70、60Mn、65Mn	淬火+中温回火	高弹性和屈服强度	常制作弹性零件和易磨损的零件,如弹簧、轧辊等

5)碳素工具钢

碳素工具钢都是高碳钢,碳的质量分数为 ω_c =0.65%~1.35%,具有高硬度、高耐磨性、主要用来制造刀具、模具和量具。

①质量:优质 S、P≤0.035%,P≤0.035%;高级 S≤0.02%,P≤0.03%。

②含碳量:高,C=0.7%~1.3%。

③编号:表示方法:用"T"加表示平均含碳量千分数的数字,较高质量再加"A"。如 T8,表示平均碳含量为 0.80% 的碳素工具钢。碳素工具钢均为优质钢,若含硫、磷更低,则为高级优质钢,则在钢号后标注"A"字。例如,T12A 表示碳质量分数为 1.2% 的高级优质碳素工具钢。

④热处理:淬火+低温回火。

⑤性能和应用:硬度高、塑性和韧性低、淬透性与红硬性差。淬火+低温回火后硬度为58~62 HRC。多用于制造低速刀具、手用工具和量具。表1.9为其牌号、性能特点及用途。

表1.9　碳素工具钢牌号、性能特点及用途

牌号	性能特点	用途举例
T7、T8A、T8、T8Mn	韧性好、具有一定的硬度	木工工具、钳工工具,如锤子、模具、剪刀等
T9、T9A、T10、T10A、T11、T11A	硬度较高、具有一定的韧性	低速刀具,如刨刀、丝锥、板牙、卡尺等
T7、T8A、T8、T8Mn	硬度高、韧性差	不受震动的低速刀具,如锉刀、刮刀、钻头等

6)碳素铸钢

有些机械零件,如水压机横梁、轧钢机机架等,因为形状复杂,难以锻压方法成形,而力学性能要求又比较高,因而用碳素铸钢来生产。

①质量:优质,P、S≤0.04%。

②含碳量:中、低,C=0.2%~0.6%。

③编号:铸钢代号用"铸"和"钢"二字汉语拼音的字首"ZG"表示。牌号有两种表示方法:以强度表示时,在"ZG"后面有两组数字,第一组数字表示该牌号屈服点的最低值,第二组数字表示其抗拉强度的最低值,两组数字间用"-"隔开。如ZG200-400。以化学成分表示铸钢牌号时,在"ZG"后面的数字表示铸钢平均碳含量的万分数。平均碳含量>1%时不标出,平均碳含量<0.1%时,其第一位数字为"0"。在含碳量后面排列各主要合金元素符号,每个元素符号后面用整数标出含量的百分数,如ZG15Cr1Mo1V。

④性能和应用:力学性能优于铸铁、铸造性能较差。主要用于制造形状复杂,同时要求力学性能好的铸造零件。表1.10为碳素铸钢的牌号、性能与应用。

表1.10　碳素铸钢的牌号、性能与应用

牌号	性能特点	用途举例
ZG200-400	有良好的塑性、韧性和焊接性,焊补不需预热	用于受力不大,要求韧性好的各种机械零件,如机座、变速箱体等
ZG230-450	有一定的强度和较好的塑性、韧性,良好的焊接性,焊补可不预热,切削性尚好	用于受力不大,要求韧性好的各种机械零件,如钻座轴承盖、外壳、底板等
ZG270-500	有较好的强度、塑性、焊接性能尚好	用于轧钢机架、模具、箱体、缸体、连杆、曲轴等
ZG310-570	强度和切削性较好,焊接性差、焊补要预热	用于载荷较大的耐磨件,如辊子、缸体、齿轮、制动轮、联轴器等
ZG340-640	有较高的强度、硬度和耐磨性、切削性能中等,焊接性差,焊补需预热	用于齿轮、棘轮、叉头、车轮等

1.4.2　合金钢

为了提高钢的机械性能、工艺性能或物理、化学性能,在冶炼时特意往钢中加入一些合金元素,这种钢就称为合金钢。随着现代工业和科学技术的迅速发展,合金钢在机械制造中的应用日益广泛。一些在恶劣环境中使用的设备以及承受复杂交变应力、冲击载荷和在摩擦条件下工作的工件往往离不开合金钢。在什么情况下要选用合金钢? 合金钢与碳素钢相比具有哪些特点呢?

碳钢价格低廉,便于获得,容易加工;碳钢通过含碳量的增减和不同的热处理,性能可得到改善,能满足很多生产上的要求。但是碳钢存在着淬透性低,回火抗力差,基本相软弱等特点,使其应用受到一定限制。例如,碳钢制成的零件尺寸不能太大,淬硬层浅,易开裂,回火稳定性差,不能满足某些特殊场合要求的物理或化学性能(如高温强度、抗腐蚀性、特殊的电磁性能等)。合金钢正是弥补了碳钢的这些缺点发展起来的。目前,合金钢的产量在钢的总产量中占10%以上。但合金钢在铸造、焊接及某些钢的热处理、切削加工工艺性上比碳钢要差,成本也高。因此,当碳钢能满足要求时,应尽量选碳钢,以符合节约原则。在合金钢中经常加入的元素有:锰($>0.8\%$)、硅($<0.4\%$)、铬、镍、钨、钼、钛、钒、铝、铜、硼、铌及稀土元素等。

1)合金钢的分类与编号

(1)合金钢的分类

按合金元素总的质量分数分为低合金钢($\omega_{Me}<5\%$)、中合金钢($\omega_{Me}=5\%\sim10\%$)、高合金钢($\omega_{Me}>10\%$);按钢中主要合金元素种类的不同,又可分为锰钢、铬钢、硼钢、铬镍钢、铬锰钢等;按用途分合金结构钢、合金工具钢、特殊性能钢;按正火后组织分铁素体钢、奥氏体钢、莱氏体钢等。

(2)合金钢的编号方法

①低合金高强度结构钢。其牌号由代表屈服点的汉语拼音字母(Q)、屈服极限数值、质量等级符号(A、B、C、D、E)3个部分按顺序排列。例如,Q390A,表示屈服强度$\sigma_s=390$ N/mm²、质量等级 A 的低合金高强度结构钢。

②合金结构钢。其牌号由"两位数字+元素符号+数字"3部分组成。前面两位数字代表钢中平均碳质量分数的万倍,元素符号表示钢中所含的合金元素,元素符号后面数字表示该元素的平均质量分数的百倍。合金元素的平均质量分数 $\omega_{Me}<1.5\%$ 时,一般只标明元素而不标明数值;当平均质量分数 $\omega_{Me}\geqslant1.5\%$、$\geqslant2.5\%$、$\geqslant3.5\%$,…时,则在合金元素后面相应地标出2、3、4、…。如 40Cr,其平均碳的质量分数 $\omega_C=0.4\%$,平均铬的质量分数 $\omega_{Cr}<1.5\%$。如果是高级优质钢,则在牌号的末尾加"A"。如 38CrMoAlA 钢,则属于高级优质合金结构钢。

③滚动轴承钢。在牌号前面加"G"("滚"字汉语拼音的首位字母),后面数字表示铬的质量分数的千倍,其碳的质量分数不标出。如 GCr15 钢,就是平均铬的质量分数 $\omega_{Cr}=1.5\%$ 的滚动轴承钢。铬轴承钢中若含有除铬外的其他合金元素时,这些元素的表示方法同一般的合金结构钢。滚动轴承钢都是高级优质钢,但牌号后不加"A"。

④合金工具钢。这类钢的编号方法与合金结构钢的区别仅在于:当 $\omega_C<1\%$ 时,用一位数字表示碳的质量分数的千倍;当碳的质量分数 $\omega_C\geqslant1\%$ 时,则不予标出。如 Cr12MoV 钢,其平均碳的质量分数为 $\omega_C=1.45\%\sim1.7\%$,所以不标出;Cr 的平均质量分数为 12%,Mo 和 V 的质量分数都是小于 1.5%。又如 9SiCr 钢,其平均 $\omega_C=0.9\%$,平均 ω_{Cr} 均$<1.5\%$。不过高速工具钢

例外,其平均碳的质量分数无论多少均不标出。因合金工具钢及高速工具钢都是高级优质钢,因此其牌号后面也不必再标"A"。

⑤不锈钢与耐热钢。这类钢牌号前面数字表示碳质量分数的千倍。如 3Cr13 钢,表示平均 $\omega_C=0.3\%$,平均 $\omega_{Cr}=13\%$。当碳的质量分数 $\omega_C\leqslant0.03\%$ 及 $\omega_C\leqslant0.08\%$ 时,则在牌号前面分别冠以"00"及"0"表示,例如 00Cr17Ni14Mo2,0Cr19Ni9 钢等。

2) 合金结构钢

凡是用于制造各种机械零件以及用于建筑工程结构的钢都称为结构钢。前者主要用于建筑、桥梁、船舶、锅炉等。后者主要用于制造机械设备上的结构零件。合金结构钢包括低合金高强度结构钢、合金渗碳钢、合金调质钢、合金弹簧钢和滚动轴承钢。

(1) 低合金高强度结构钢

低合金高强度结构钢是根据我国资源特点发展起来的钢种。它是在碳素结构钢的基础上加入少量(不大于 3%)合金元素制成的。这种钢具有良好的综合力学性能,根据加入的不同元素有耐磨耐蚀、耐低温和高强度、高韧性以及良好的焊接性能等特性。与同规格的碳素结构钢对比,如果强度相同,可节约钢材 20%~25%,而成本相近。因此推广低合金结构钢的应用,在经济上具有重大意义。目前在桥梁、车辆、船舶、容器、低压锅炉、建筑钢筋等方面应用广泛。

①成分特点。低合金高强度结构钢含碳量很低,大多数小于 0.2%。锰为主加元素,量不大(0.8%~1.8%),并辅加以钒、钛、铌、铜、磷等合金元素。这些元素的主要作用是:

a.固溶强化:锰、磷、铜、硅等溶于铁素体,强化铁素体,使强度提高。

b.细晶粒强化:钛、钒、铌等元素,既可细化晶粒提高强度,又能改善焊接性能降低冷脆转变温度。

c.弥散强化:钛、钒、铬、钼、钨等元素能形成碳化物、氮化物起弥散硬化作用。

此外加入铜、磷可提高抗腐蚀的能力。低合金结构钢由于上述合金元素的作用,有较高的强度,和碳素结构钢相比强度要高 50%左右。塑性、焊接性能、耐蚀性能也比碳钢好。由于冷脆温度较低,宜制作严寒地区使用的构件,而成本不相上下,所以发展很快。缺点是冷冲压性能较差,在冷冲压时要注意。

②常用的低合金高强度结构钢及用途特点。常用低合金高强度结构钢按屈服强度分为300、350、400、450 MPa 4 个强度级别。其中 300~400 MPa 级应用最广。低合金高强度结构钢的牌号、化学成分、性能及用途见表 1.11。

(2) 合金渗碳钢

低合金结构钢主要采用渗碳热处理工艺,又称为合金渗碳钢。碳钢作渗碳钢时,只能用于表层要求高硬度、高耐磨性,而强度要求不高的小型渗碳零件。对心部要求高韧性及较高强度的耐磨零件为提高钢的心部强度,应加入合金元素,即采用合金渗碳钢。

①成分特点。加入合金元素为铬、锰、镍、硼等,提高淬透性,保证工件在淬火时得到低碳马氏体,心部得到强化。辅加以钼、钨、钒等合金元素,主要是形成稳定的合金碳化物,细化晶粒,进一步强化表层和心部组织,提高表面的耐磨性和心部韧性。这类钢的合金元素一般不大于 3%,属于低合金渗碳钢。只有少数合金元素为 5%~7%的中合金渗碳钢。

②热处理及性能特点。合金渗碳钢的热处理方式,一般都是渗碳+淬火+低温回火。

表 1.11　常用低合金高强度结构钢牌号、成分、性能及用途

牌号	化学成分/%							厚度或直径/mm	力学性能			用途
	C	Mn	Si	V	Nb	RE	其他		σ_b/MPa	σ_s/MPa	δ/%	
12Mn	0.09~0.16	1.10~1.50	0.2~0.55					≤16	440~590	295	22	船舶、低压锅炉、容器、油罐
09MnNb	≤0.12	0.8~1.2	0.2~0.55		0.015~0.05			≤16	410~560	295	24	桥梁、车辆
16Mn	0.12~0.20	1.2~1.6	0.2~0.55					<16	510~560	345	22	船舶、桥梁、车辆、大型容器、大型钢结构、起重机械
16MnNb	0.12~0.20	1.0~1.4	0.2~0.55		0.015~0.05			<16	520~680	390	20	桥梁、起重机
10MnPNbRE	≤0.1 4	0.8~1.2	0.2~0.55		0.015~0.05	0.02~0.2		<10	510~660	390	20	港口工程结构、造船、石油井架
14MnVTiRE	≤0.18	1.3~1.6	0.2~0.55	0.04~0.1		0.02~0.2	Ti 0.09~0.16	≤12	550~700	440	19	桥梁、高压容器、电站设备、大型船舶
15MnVN	0.12~0.20	1.3~1.7	0.2~0.55	0.1~0.2			N 0.01~0.02	≤10	590~740	440	19	大型焊接结构、大桥、船舶、车辆

注：牌号、化学成分及力学性能摘自《低合金结构钢》GB 1591—1988。各牌号的含硫量均不大于 0.045%。

　　a.常用的低合金渗碳钢有 20Cr、20CrMnTi、20MnVB、20MnTiB 等。其淬透性和心部强度均较低,水中临界直径不超过 20~35 mm,只适用于制造受冲击载荷较小的耐磨件,如小轴、小齿轮、活塞销等。

　　b.中合金渗碳钢有 20Cr2Ni4、18Cr2Ni4WA 等,其淬透性较高,油中临界直径为 25~60 mm,力学性能和工艺性能良好,大量用于制造承受高速中载、抗冲击和耐磨损的零件,如汽车、拖拉机的变速齿轮、离合器轴等。

　　c.高淬透性渗碳钢:典型钢种如 18Cr2Ni4WA 等,其油中临界直径大于 100 mm,且具有良好的韧性,主要用于制造大截面、高载荷的重要耐磨件,如飞机、坦克的曲轴和齿轮等。

　　常用合金渗碳钢的牌号、化学成分、性能及用途见表 1.12。

　　(3)合金调质钢

　　中碳合金结构钢主要用来制作负载重而且受冲击的重要零件。要求有良好的综合力学性能,如传动齿轮、发动机曲轴、汽车后桥半轴等,由于多采用调质处理工艺(调质处理),故又称为合金调质钢。

　　①成分特点。中碳合金结构钢中含碳量一般为 0.3%~0.5%,主加元素有铬、镍、锰、硅、硼等,以提高淬透性。锰、铬、镍、硅等除提高淬透性外,还能溶于铁素体内,起固溶强化作用。加入钒、钛主要是细化晶粒。加入钨、钼则用以防止或减轻回火脆性,并提高回火稳定性。加入铝能加速氮化过程。由于合金元素的加入,有利于大截面零件淬透,改善了热处理工艺性能,提高了热处理后综合力学性能。

　　②热处理及性能特点。为改善合金调质钢的切削加工性能和锻造后的组织,以及消除残余应力,在切削加工前应进行退火或正火。最终热处理一般是淬火后高温回火,以获得既有良好综合力学性能的回火索氏体组织。有些零件如车床齿轮等,还要求表面具有较高的耐磨性,可对零件调质处理后进行表面淬火后低温回火或氮化处理等。

　　合金调质钢在退火或正火状态下使用时,其力学性能与碳的质量分数的碳钢差别不太,只有通过正确的热处理,才能获得优于非合金钢的性能。

　　按淬透性的高低,合金调质钢可分为以下 3 类:

　　a.低淬透性合金调质钢。合金元素含量较少,淬透性较差,但力学性能和工艺性能较好,主要用于制作一般尺寸的重要零件。常用的牌号为 40Cr、40MnB、40MnVB。为节约铬,常用 40MnB 钢或 42SiMn 钢代替 40Cr 钢。

　　b.中淬透性合金调质钢。合金元素含量较多,淬透性较高,主要用来制造载面较大、承受较大载荷的调质件,如曲轴、连杆等。常用牌号为 40CrMn 钢、35CrMo 钢、38CrMoAl 钢。

　　c.高淬透性合金调质钢。合金元素含量比前两类调质钢多,淬透性高,主要用于制造大截面、承受重载荷的重要零件,如汽轮机主轴、航空发动机主轴等。常用牌号有 40CrMnMo 钢、40CrNiMoA 钢、25Cr2Ni4WA 钢等。

　　常用合金调质钢的牌号、化学成分、热处理、力学性能及用途见表 1.13。

　　(4)合金弹簧钢

　　弹簧是缓和冲击或震动,以弹性变形储存能量的零件。要求有高的屈服强度、疲劳强度和高的屈强比 σ_s/σ_b,以及足够的塑性和韧性。即防止塑性变形,又不致脆断。有些弹簧还要求具有耐热和耐腐蚀等性能。

表 1.12　常用渗碳钢的牌号、成分、热处理、性能及用途

类别	钢号	主要化学成分/%				热处理/℃			机械性能(不小于)			用途
		C	Mn	Si	Cr	渗碳	淬火	回火	σ_b/MPa	σ_s/MPa	δ/%	
低淬透性	15	0.12~0.19	0.35~0.65	0.17~0.37		930	770~800水	200	≥500	≥300	15	活塞销等
	20Mn2	0.17~0.24	1.40~1.80	0.20~0.40		930	770~800油	200	820	600	10	小齿轮、小轴、活塞销等
	20Cr	0.17~0.24	0.50~0.80	0.20~0.40	0.70~1.00	930	800水、油	200	850	550	10	齿轮、小轴、活塞销等
	20MnV	0.17~0.24	1.30~1.60	0.20~0.40		930	880水、油	200	800	600	10	同上，也用作锅炉、高压容器管道等
	20CrV	0.17~0.24	0.50~0.80	0.20~0.40	0.80~1.10	930	800水、油	200	850	600	12	齿轮、小轴、顶杆、活塞销、耐热垫圈
中淬透性	20CrMn	0.17~0.24	0.90~1.20	0.20~0.40	0.90~1.20	930	850油	200	950	750	10	齿轮、轴、蜗杆、活塞销、摩擦轮
	20CrMnTi	0.17~0.24	0.80~1.10	0.20~0.40	1.00~1.30	930	860油	200	1 100	850	10	汽车、拖拉机上的变速箱齿轮
	20Mn2TiB	0.17~0.24	1.50~1.80	0.20~0.40		930	860油	200	1 150	950	10	代20CrMnTi
	20SiMnVB	0.17~0.24	1.30~1.60	0.50~0.80		930	780~800油	200	≥1 200	≥100	≥10	代20CrMnTi
高淬透性	18Cr2Ni4WA	0.13~0.19	0.30~0.60	0.20~0.40	1.35~1.65	930	850空	200	1 200	850	10	大型渗碳齿轮和轴类件
	20Cr2Ni4A	0.17~0.24	0.30~0.60	0.20~0.40	1.25~1.75	930	780油	200	1 200	1 100	10	同上
	15CrMn2SiMo	0.13~0.19	2.0~2.40	0.4~0.7	0.4~0.7	930	860油	200	1200	900	10	大型渗碳齿轮、飞机齿轮

表1.13　常用合金调质钢的牌号、化学成分、热处理、力学性能及用途（摘自 GB/T 3077—1999）

牌号	化学成分/%					热处理		力学性能			应用范围
	C	Si	Mn	Cr	其他	淬火温度/℃	回火温度/℃	σ$_b$/MPa	σ$_s$/MPa	δ$_5$/%	
								不小于			
40Cr	0.37~0.44	0.17~0.37	0.50~0.80	0.80~1.10		850 油	520 水油	785	980	9	制造承受中等载荷和中等速度工作下的零件，如汽车后半轴及机床上齿轮、轴、花键轴、顶尖套等
40MnB	0.37~0.44	0.17~0.37	1.10~1.40		B: 0.000 5~0.003 5	850 油	500 水油	785	980	10	代替40Cr制造中、小截面重要调质件，如汽车半轴、转向轴、蜗杆及机床主轴齿轮等
35CrMo	0.32~0.40	0.17~0.37	0.40~0.70	0.80~1.10	Mo: 0.15~0.25	850 油	550 水油	835	980	12	通常用作调质件，也可在中、高频表面淬火或淬火、低温回火后用于高载荷下工作的重要结构件，特别是受冲击、振动、弯曲、扭转载荷的机件，如主轴、曲轴、大电机轴、连杆、锤杆等
40CrNi	0.37~0.44	0.17~0.37	0.50~0.80	0.45~0.75	Ni: 1.00~1.40	820 油	500 水油	785	980	10	制造截面较大、载荷较重的零件，如轴、连杆、齿轮轴等

续表

牌号	化学成分/%					热处理		力学性能 不小于			应用范围
	C	Si	Mn	Cr	其他	淬火温度/℃	回火温度/℃	σ_b /MPa	σ_s /MPa	δ_5 /%	
38CrMoAl	0.35~0.42	0.20~0.45	0.30~0.60	1.35~1.65	Mo:0.15~0.25 Al:0.70~1.10	940 水油	640 水油	835	980	14	高级氮化钢,常用于制造磨床主轴、自动车床主轴、精密丝杠、精密齿轮、高压阀门、压缩机活塞杆、橡胶及塑料挤压机上的各种耐磨件
40CrNiMoA	0.37~0.44	0.17~0.37	0.50~0.80	0.60~0.90	Mo:0.15~0.25 Ni:1.25~1.65	850 油	600 水油	835	980	12	要求韧性好、强度高及大尺寸的重要调质件,如重型机械中高载荷的轴类、直径大于25 mm的汽轮机轴,叶片,曲轴机轴等
0Gr2NiWA	0.21~0.28	0.17~0.37	0.30~0.60	1.35~1.65	W:0.80~1.20 Ni:4.00~4.50	850 油	550 水油	930	1 080	11	200 mm以下要求淬透的大截面重要零件

①成分特点。合金弹簧钢含碳量一般为 0.45%～0.7%。经常加入的合金元素有锰、硅、铬、钼、钨、钒和微量硼，以提高钢的淬透性和强化铁素体。钒还可以细化晶粒，铬、钨和钼能显著提高回火的稳定性，使钢具有一定高温强度。合金弹簧钢中应用最广泛的是 55Si2Mn、60Si2Mn。其中，硅、锰能溶于铁素体中，显著提高屈服极限、屈强比以及疲劳强度。硅、锰溶入奥氏体后，显著提高淬透性。硅能提高回火稳定性，但易使渗碳体分解，造成脱碳。锰的脱碳倾向小，过热敏感性高，晶粒易长大。

②热处理及性能特点。弹簧热处理方法一般为淬火加中温回火。目前，还有利用形变热处理来进一步提高弹簧的强度和弹性，即将钢板或棒材热轧变形后，立即成形并随即淬火及回火，可使弹簧寿命剧增。为了提高弹簧疲劳强度，弹簧热处理后，还要用喷丸处理来进行表面强化，使表层产生残余压应力，以提高弹簧使用寿命。

在钢中同时加入硅、锰这两个元素，是为了发挥各自的优点，并减小彼此的缺点。因此，硅锰弹簧钢广泛应用于制作机车、车辆、汽车、拖拉机的板弹簧或圆弹簧。

对于线径小于 8 mm 的弹簧，往往用冷拉的白钢丝（如 75、85、T9A、65Mn、60Si2Mn 等）冷卷成形。这些钢材先经铅浴等温淬火处理，得到索氏体组织，然后进行冷拔或冷轧。由于冷加工硬化作用，屈服极限大大提高，不必再进行淬火处理，只要在 200～300 ℃进行一次消除应力处理，稳定尺寸后即可使用。常用弹簧钢的牌号、化学成分、热处理、力学性能及应用范围见表 1.14。

（5）滚动轴承钢

滚动轴承钢是用来制造滚动轴承中的滚柱、滚珠、滚针和套圈的钢材。滚动轴承钢要求有高而均匀的硬度和耐磨性、高的弹性极限、接触疲劳强度和耐压性，还要有足够的韧性和淬透性，同时具有一定的抗腐蚀能力。

①成分及性能特点。为了保证滚动轴承钢的高硬度、高耐磨性，含碳量较高（0.95%～1.15%），并加入铬 0.5%～1.65%，以增加淬透性及耐磨性。通过锻造和热处理，使碳化物（FeCr）$_3$C 细化又均匀分布。若含碳量或含铬量过高，均增加残余奥氏体，降低硬度及尺寸稳定性。为节约铬，我国用硅、锰代替铬。现行标准中，以 GCr9SiMn 代替 GCr15。GCr15SiMn 主要用于制作大型轴承零件。无铬新钢种 GSiMnV、GMnMoV、GMnMoVR 等，钢合金元素主要是硅、锰、钼、钒及稀土，它们的淬透性、物理性能均较好。除脱碳敏感性较大，防锈性能稍差外，与含铬轴承钢相比并无逊色。滚动轴承钢除制造轴承外，还可制造高耐磨性、疲劳强度的其他零件，如油泵柱塞、喷油嘴、磨床主轴、丝杠、冷冲模、卡规、块规等工、模、量具等。

②热处理特点。滚动轴承钢的锻件，要经过球化处理，以降低硬度，改善切削加工性能。如有网状碳化物，还应先进行正火。淬火加热温度应严格控制，过高过低均影响质量。淬火后进行低温回火，得到回火马氏体及细粒状的碳化物，回火后硬度为 62～64 HRC。对于精密零件，应进行 -80～-60 ℃的冷处理，以减少残余奥氏体量，稳定尺寸。常用铬轴承钢牌号、成分、性能及应用范围见表 1.15。

表 1.14 常用合金弹簧钢的牌号、化学成分、热处理、力学性能及用途(摘自 GB/T 1222—2007)

牌号	主要化学成分/%						热处理		力学性能			用途
	C	Si	Mn	Cr	V	W	淬火温度/℃	回火温度/℃	σ_b/MPa	σ_s/MPa	δ_5/%	
									不小于			
60Si2Mn	0.56~0.64	1.50~2.00	0.60~0.90	≤0.35			870 油	480	1 177	1 275	5	汽车、拖拉机、机车上的减振板簧和螺旋弹簧,汽缸安全阀簧,电力机车用升弓钩弹簧,止回阀簧,还可用作 250 ℃以下使用的耐热弹簧
50CrVA	0.46~0.54	0.17~0.37	0.50~0.80	0.80~1.10	0.10~0.20		850 油	500	1 128	1 275	10	用作较大截面的高载荷重要弹簧及工作温度<350 ℃的阀门弹簧、活塞弹簧,安全阀弹簧等
30W4Cr2VA	0.26~0.34	0.17~0.37	≤0.40	2.00~2.50	0.50~0.80	4.00~4.50	1 050~1 100 油	600	1 324	1 471	7	用作工作温度≤500 ℃以下的耐热弹簧,如锅炉主安全阀弹簧、汽轮机汽封弹簧等

注:表列性能适用于截面单边尺寸≤80 mm 的钢材。

表 1.15　常用铬轴承钢牌号、成分、性能及应用范围(摘自 YB—《铬轴承钢技术条件》)

牌号	化学成分/%				热处理温度/℃		回火后硬度/HRC	应用范围
	C	Cr	Si	Mn	淬火	回火		
GCr6	1.05~1.15	0.40~0.70	0.15~0.35	0.20~0.40	800~820 水,油	150~170	62~64	小于 ϕ13 mm 滚珠,ϕ10 mm 滚柱
GCr9	1.00~1.10	0.90~1.20	0.15~0.35	0.20~0.40	810~830 水,油	150~170	62~64	小于 ϕ20 mm 滚珠,ϕ17 mm 滚柱
GCr9SiMn	1.00~1.10	0.90~1.20	0.40~0.70	0.90~1.20	810~830 水,油	150~160	62~64	ϕ25 ~ ϕ50 mm 滚珠,ϕ18 ~ ϕ22 mm 滚柱
GCr15	0.95~1.05	1.30~1.65	0.15~0.35	0.20~0.40	820~840 油	150~160	62~64	ϕ25 ~ ϕ50 mm 滚珠,柴油机精密配件
GCr15SiMn	0.95~1.05	1.30~1.65	0.40~0.65	0.90~1.20	820~840 油	150~170	62~64	ϕ50 ~ ϕ100 mm 滚珠,大于 ϕ22 mm 滚柱

3)合金工具钢

合金工具钢是在碳素工具钢的基础上,为了改善性能,再加入适量合金元素发展起来的。这种钢比碳素工具钢具有更高硬度、耐磨性和韧性,特别是具有更好的淬透性、淬硬性和热硬性。因而可制造截面大、形状复杂、性能要求较高的工具。合金工具钢按用途不同一般分为刃具钢、模具钢和量具钢。

(1)合金刃具钢

合金刃具钢主要用来制造车刀、铣刀、钻头等各种金属切削刀具。刃具钢要求高硬度、耐磨、高热硬性及足够的强度和韧性等。

①低合金刃具钢。主要要求具有高硬度、高耐磨性、一定强度和韧性,还要求有高的热硬性。在切削速度较低、热硬性要求不太高时,用低合金刃具钢。低合金刃具钢含碳量为0.8%~1.5%,以保证淬硬性及形成合金碳化物的需要。主加合金元素有钨、钼、铬、钒,能形成合金碳化物,加热时能阻止奥氏体晶粒长大,溶于奥氏体中能增加淬透性,提高回火稳定性和热硬性。合金碳化物形式存在还可进一步提高耐磨性。有的钢也加入锰、硅。锰的主要作用是提高淬透性,减少热处理中的变形。硅能增加钢的回火稳定性,提高钢的弹性极限。综上所述,低合金刃具钢比碳素工具钢有较高的淬透性,有较小的变形,较高的热硬性及较高的耐磨性。可制作尺寸较大、形状复杂、受力较大的刃具。但热硬性、耐磨性还不能满足要求较高的刃具。根据合金工具钢(GB/T 1299—2014)中,用于量具刃具用钢 9SiCr、8MnSi、Cr06 等钢号,其牌号、成分、热处理及用途见表1.16。

表 1.16 常用低合金刃具钢的牌号、成分、热处理及用途

牌号	化学成分/%				热处理		用途
	C	Si	Mn	Cr	淬火温度/℃	淬火后硬度/HRC	
9SiCr	0.85~0.95	1.20~1.60	0.30~0.60	0.95~1.25	820~860 油	≥62	用作要求耐磨性高、切削不剧烈的刃具,如板牙、丝锥、钻头、铰刀、齿轮铣刀、拉刀等,还可作冷冲模、冷轧辊等
8MnSi	0.75~0.85	0.30~0.60	0.80~1.10		800~820 油	≥60	木工凿子、锯条或其他刀具
Cr06	1.30~1.45	≤0.40	≤0.40	0.50~0.70	780~810 水	≥64	作剃刀、刀片、外科医疗刀具以及刮刀、刻刀等
Cr2	0.95~1.10	≤0.40	≤0.40	1.30~1.65	830~860 油	≥62	用作低速、进给量小、加工材料不很硬的切削刀具,还可作样板、量规、冷轧辊等
9Cr2	0.80~0.95	≤0.40	≤0.40	1.30~1.70	820~850 油	≥62	主要用作冷轧辊、钢印、冲孔凿、冷冲模、冲头及木工工具

注:牌号、化学成分、热处理摘自《合工具钢技术条件》(GB 1299—1985)。各牌号的含磷量、含硫量均不大于0.03%。

②高速工具钢。简称高速钢或风钢(锋钢)。它的特点是热硬性高达600 ℃,有高的强度、硬度、耐磨性及淬透性。高速钢中的主要组成成分是碳、钨、钼、铬、钒、钴等。各元素主要作用大致如下:碳是形成足够的合金碳化物及高硬度的马氏体。钨是提高热硬性及回火稳定性的主要元素。钼的作用与钨类似。铬能提高淬透性,也能提高回火稳定性,还能提高抗蚀能力。但如含量过高将增加残余奥氏体量,一般为4%左右。钒是提高热硬性,细化碳化物颗粒,显著提高耐磨性。钴是显著增加硬度及热硬性。但价格过高,不适合我国资源情况,使用受到限制。我国已试制成功以铝等代钴的高速钢。高速钢由于合金元素较高,铸态属于莱氏体钢。其中有粗大的鱼骨状碳化物,不能用热处理消除。必须通过多次反复锻造将其击碎,使碳化物呈小块状均匀分布。高速钢导热性差,淬火加热时,大型或形状复杂的刃具要经过预热。高速钢的淬火温度很高(如 W18Cr4V 的淬火加热温度高达 1 280 ℃),目的是使难熔的合金碳化物尽量多地溶解到奥氏体中去,从而使淬火冷却后马氏体中碳和合金元素含量增加,以阻碍马氏体分解,提高热硬性。高速钢的淬火介质一般用油。为了减少淬火变形,可采用分级淬火或等温淬火。高速钢淬火后组织为马氏体,合金碳化物和大量的残余奥氏体(多达30%~35%)。

高速钢必须多次回火,使残余奥氏体析出特殊碳化物,如 W_2C、VC,产生二次硬化效果。为使残余奥氏体大部分转变,一般须经550~570 ℃ 2~4 次回火(通常3次),每次1~2 h。回火后,不但消除了内应力,而且硬度有所提高。常用高速钢的牌号、热处理规范及用途见

表 1.17。高速钢的热处理工艺曲线,以 W18Cr4V 为例,如图 1.56 所示。在退火和淬火工序中,①、②代表两种不同的工艺规范。

表 1.17　常用高速钢牌号、热处理、硬度及应用(GB/T 9943—2008)

牌号	热处理温度/℃			硬度		应用
	预热	淬火	回火	退火状态/HBW	回火状态/HRC	
W18Cr4V	820~870	1 270~1 285	550~570	≤255	≥63	制造车刀、刨刀、钻头铣刀、插齿刀、铰刀、机用丝锥、板牙等一般和复杂刀具
W6Mo5Cr4V2	730~840	1 210~1 230	540~560	≤255	≥64	W18Cr4V 的替代用钢,适合制造冲击较大的刃具,如锥齿轮刨刀、插齿刀、麻花钻等
W6Mo5Cr4V3	840~850	1 200~1 240	540~560	≤255	≥64	
W9Mo3Cr4V	820~870	1 210~1 230	540~560	≤255	≥64	通用性极强,综合性能超过W6Mo5Cr4V2,且成本较低,制造各种高速切削刀具、冷热模具
W2Mo9Cr4VCo8	730~840	1 170~1 190	530~550	≤269	≥66	制造高精度和形状复杂的成形铣刀、精密拉刀及专用钻头、各种高硬度刀头、刀片等
W6Mo5Cr4V2A1	850~870	1 230~1 240	540~560	≤269	≥65	制造各种高速切削刀具(如车刀、刨刀、镗刀、拉刀、滚齿刀等)刀具、冷热模具

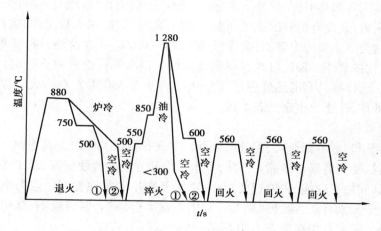

图 1.56　W18Cr4V 钢退火、淬火、回火工艺曲线

（2）合金模具钢

模具钢一般分为冷作模具钢和热作模具钢两大类。由于冷作模具钢和热作模具钢的工作条件不同,因而对模具钢性能要求有所区别。为了满足其性能要求,必须合理选用钢材,正确选定热处理工艺方法和妥善安排工艺路线。

①冷作模具钢。用于制造各种冷冲模、冷镦模、冷挤压模及拉丝模等,工作温度不超过200~300 ℃。冷作模具钢工作时承受很大的压力、弯曲力、冲击载荷和摩擦,主要损坏形式是磨损,也常出现崩刃、断裂和变形等失效现象。因此,冷作模具钢应具有高硬度,高耐磨性,较好的韧性及良好的淬透性。这类钢的含碳量多在 1.0% 以上,有时达 2%,以保证获得高硬度和高耐磨性。并加入 Cr、Mo、W、V 等合金元素,加入这些合金元素后,形成难溶碳化物,提高耐磨性。尤其是加 Cr,典型的 Cr12 型钢,铬含量高达 12%。铬与碳形成 M7C3 型碳化物,能极大地提高钢的耐磨性。铬还显著提高淬透性。冷作模具钢我国现有 10 个钢号,常用的有Cr12、CrWMn、9Mn2V 等,参见表 1.18。这类钢热处理过程是球化退火、淬火、低温回火。回火后组织是回火马氏体、合金碳化物和少量的残余奥氏体。

表 1.18　常用冷作模具钢牌号、热处理、性能及用途

牌号	交货状态硬度/HBS	淬火		硬度/HRC	用途
		温度/℃	冷却剂		
（T10）	≤197（退火状态硬度）	760~780	水	≥62	拉丝模、冲压模
9Mn2V	≤229	780~800	油	≥62	冲模、冷压模
CrWMn	207~255	800~830	油	≥62	形状复杂、高精度冲模
Cr12	217~269	950~1 000	油	≥60	冷冲模、冲头、拉丝模、粉末冶金模
Cr12MoV	207~255	950~1 000	油	≥58	冲模、切边模、拉丝模

注:除 T10 外。表中硬度和淬火摘自《合金工具钢技术条件》(GB/T 1299—2014)。

②热作模具钢。如热锻模、热冲压模、热挤压模、金属压铸模,既受具有冲击的压应力,又受冷热变的热应力,又要有足够的强度和韧性,良好的导热性、回火稳定性、抗热疲劳性、耐磨性和淬透性。这类钢主要为中碳钢:含碳量为 0.3%~0.6%,并含有铬、镍、锰等合金元素,以提高淬透性,强化铁素体。镍还可改善耐热疲劳性。钼和钨可改善回火稳定性、耐磨性以及防止回火脆性。热作模具钢的热处理过程为退火、淬火及 550 ℃ 左右回火。常用热作模具钢牌号、成分、热处理、性能及用途见表 1.19。

（3）合金量具钢

量具钢是用于制造游标卡尺、千分尺、量块、塞规等测量工件的工具用钢。量具在使用过程中与工件接触,受到磨损与碰撞。因此,要求工作部分应具有硬度高、组织稳定、耐磨性好,以及良好的研磨和加工性能、热处理变形小、膨胀系数小和耐蚀性好。这类钢一般属于过共析钢,加入的合金元素有铬、锰、钨、钼等。常用的钢类有铬钢、铬钨锰钢、锰钒钢等。常用的合金量具钢牌号、硬度及用途见表 1.20 所示。

表 1.19　常用热作模具钢牌号、成分、热处理、性能及用途

牌号	主要化学成分/%						热处理温度/℃			硬度 /HRC	用途
	C	Si	Mn	Cr	Mo	其他	淬火	回火			
5CrMnMo	0.50~0.60	0.25~0.60	1.20~1.60	0.60~0.90	0.15~0.30		820~850 油	490~640		30~47	中型锻模
5CrNiMo	0.50~0.60	≤0.40	0.50~0.80	0.50~0.80	0.15~0.30	Ni 1.40~1.80	830~860 油	490~660		30~47	大型锻模
3Cr2W8V	0.30~0.40	≤0.40	<0.40	2.20~2.70		W 7.50~9.00 V 0.20~0.50	1 075~1 125 油	600~620		50~54	高应力压模，螺钉或铆钉热压模

表 1.20　常用的合金量具钢牌号、硬度及用途

牌号	硬度			用途
	退火状态/HBW	淬火后/HRC	试样淬火工艺	
9SiCr	241~197	≥62	830~860 ℃ 油	适于耐磨性高、切削负荷不大、要求变形小的刃具,如丝锥、板牙、拉刀、铰刀、钻头、齿轮铣刀等
8MnSi	≤229	≥60	800~820 ℃ 油	适于制造木工工具、凿子、锯条,也可制造盘锯、镶片刀具的刀体等
Cr06	241~187	≥64	780~810 ℃ 水	制造低载荷又要求锋利刃口的刀具,如外科手术刀、剃须刀片、刮刀、雕刻刀、羊毛剪刀、锉刀或机动刀具等
Cr2	229~179	≥62	830~860 ℃ 油	用于制造低速、小进给量、加工较软材料的刀具,也可制作样板、卡板、量规、块规、环规、螺纹塞规、冷轧辊等
W	229~187	≥62	800~830 ℃ 水	制造工作温度不高的低速刀具,如小钻头、切削速度不高的丝锥、板牙、手用铰刀、锯条等

4)特殊性能钢

特殊性能钢是指具有特殊物理、化学性能或力学性能的钢。包括不锈钢、耐热钢、耐磨钢和磁钢等。要提高金属的耐蚀性,一方面尽量使合金在室温下呈单一均匀的组织,另一方面更重要的是提高合金本身的电极电位。不锈钢一般加入较多数量的 Cr、Ni 等合金元素。在不锈钢中同时加入铬和镍,可形成单一奥氏体组织。金属材料的耐热性是包括高温抗氧化性和高温强度的一个综合概念。耐热钢就是在高温下不发生氧化,并对机械负荷作用具有较高抗力的钢。通常是在钢中加入足够的 Cr、Si、Al 及稀土元素,提高抗氧化性,加入能升高钢的再结晶温度的合金元素来提高钢的高温强度。耐磨钢主要是指在冲击载荷下发生冲击硬化的高锰钢。主要成分是含 C1.0%~1.3%、Mn11%~14%(Mn/C = 10~12)。特殊性能钢牌号中用一位数字来表示平均含碳量的千分数。例如,4Cr13 表示平均含碳量为 0.4%、含铬量为13%的不锈钢。平均含碳量小于 0.1%时用"0"表示,平均含碳不大于 0.03%时用"00"表示,例如,0Cr18Ni9、00Cr17Ni14M02 钢其相应平均含碳量为<0.1%、≤0.03%。对滚动轴承钢的牌号表示方法有其特殊性,在牌号前面加"G"("滚"字汉语拼音字首)字,平均含碳量不标出,合金元素铬后面的数字表示平均含铬量的千分数。例如,"GCr15"钢表示平均含铬量为 1.5%的滚动轴承钢。

特殊性能钢是指具有特殊的物理、化学、力学性能,因而是能在特殊的环境、工作条件下使用的钢。工程中常用的特殊性能钢包括不锈钢、耐热钢、耐磨钢和磁钢等。

(1)不锈钢

在腐蚀性介质中具有抗腐蚀能力的钢,一般称为不锈钢。

①金属腐蚀。腐蚀通常可分为化学腐蚀和电化学腐蚀两种类型。化学腐蚀指金属与周

围介质发生纯化学作用的腐蚀,在腐蚀过程中没有微电流产生。例如,钢的高温氧化、脱碳等。电化学腐蚀指金属在大气、海水及酸、碱、盐类溶液中产生的腐蚀,在腐蚀过程中有微电流产生。在这两种腐蚀中,危害最大的是电化学腐蚀。大部分金属的腐蚀都属于电化学腐蚀。

为了提高钢的抗电化学腐蚀能力,主要采取以下措施:

a.提高基体电极电位。例如,当 $\omega_{Cr}>11.7\%$,使绝大多数铬都溶于固溶体中,使基体电极电位由 -0.56 V 跃增为 $+0.20$ V,从而提高抗电化学腐蚀的能力。

b.减少原电池形成的可能性。使金属在室温下只有均匀单相组织。如铁素体钢、奥氏体钢。

c.形成钝化膜。在钢中加入大量合金元素,使金属表面形成一层致密的氧化膜(如 Cr_2O_3 等),使钢与周围介质隔绝,提高抗腐蚀能力。

②常用不锈钢。目前常用的不锈钢,按其组织状态主要分为马氏体不锈钢、铁素体不锈钢和奥氏体不锈钢 3 大类。其牌号、热处理及用途见表 1.21。

a.马氏体不锈钢。常用马氏体不锈钢碳的质量分数为 $\omega_C=0.1\%\sim0.4\%$,铬的含量为 $\omega_{Cr}=11.50\%\sim14.00\%$,属铬不锈钢,通常指 Cr13 型不锈钢。淬火后能得到马氏体,故称为马氏体不锈钢。它随着钢中碳的质量分数的增加,钢的强度、硬度、耐磨性提高,但耐蚀性下降。为了提高耐蚀性,不锈钢的碳的质量分数一般 $\omega_C\leq0.4\%$。

碳的质量分数较低的 1Cr13 和 2Cr13 钢,具有良好的抗大气、海水、蒸汽等介质腐蚀的能力,塑性、韧性很好。适用于制造在腐蚀条件下工作、受冲击载荷的结构零件,如汽轮机叶片、各种阀、机泵等。这两种钢常用热处理方法为淬火后高温回火,得到回火索氏体组织。

碳的质量分数较高的 3Cr13、7Cr17 钢,经淬火后低温回火,得到回火马氏体和少量碳化物,硬度可达 50 HRC 左右。用于制造医疗手术工具、量具、弹簧、轴承及弱腐蚀条件下工作而要求高硬度的耐蚀零件。

b.铁素体不锈钢。典型牌号有 1Cr17、1Cr17Mo 等。常用的铁素体不锈钢中,$\omega_C\leq0.12\%$,$\omega_{Cr}=12\%\sim13\%$,这类钢从高温到室温,其组织均为单相铁素体组织,故在退火和正火状态下使用,不能利用热处理来强化。其耐蚀性、塑性、焊接性均优于马氏体不锈钢,但强度比马氏体不锈钢低,主要用于制造耐蚀零件,广泛用于硝酸和氮肥工业中。

c.奥氏体不锈钢。这类钢一般铬的含量为 $\omega_{Cr}=17\%\sim19\%$,$\omega_{Ni}=8\%\sim11\%$,故简称 18-8 型不锈钢。其典型牌号有 0Cr19Ni9、1Cr18Ni9、0Cr18Ni11Ti、00Cr17Ni14Mo2 钢等。这类钢中碳的质量分数不能过高,否则易在晶间析出碳化物(Cr,Fe)23C6 引起晶间腐蚀,使钢中铬量降低产生贫铬区,故其碳的质量分数一般控制在 $\omega_C=0.10\%$ 左右,有时甚至控制在 0.03% 左右。有晶间腐蚀的钢,稍受力即沿晶界开裂或粉碎。

这类钢在退火状态下呈现奥氏体和少量碳化物组织,碳化物的存在,对钢的耐腐蚀性有很大损伤,故采用固溶处理方法来消除。固溶处理是把钢加热到 1 100 ℃ 左右,使碳化物溶解在高温下所得到的奥氏体中,然后水淬快冷至室温,即获得单相奥氏体组织,提高钢的耐蚀性。

由于铬镍不锈钢中铬、镍的含量高,且为单相组织,故其耐蚀性高。它不仅能抵抗大气、海水、燃气的腐蚀,而且能抗酸的腐蚀,抗氧化温度可达 850 ℃,具有一定的耐热性。铬镍不锈钢没有磁性,故用它制造电器、仪表零件,不受周围磁场及地球磁场的影响。又由于塑性很好,可顺利进行冷、热加工。

表 1.21　常用不锈钢的牌号、热处理、力学性能及用途（摘自 GB/T 3077—2015）

组织类型	牌号	化学成分/%				热处理方法	用途举例
		C	Ni	Cr	Mo		
奥氏体型	1Cr18Ni9	≤0.15	8.00~10.0	17.0~19.0		固溶处理：1 010~1 150 ℃快冷	制作建筑装饰品，制作耐硝酸、冷磷酸、有机酸及盐碱溶液腐蚀部件
奥氏体型	0Cr18Ni9	≤0.07	8.00~11.5	17.0~19.0		固溶处理：1 010~1 150 ℃快冷	制作食品用设备、抗磁仪表、医疗器械，原子能工业设备及部件
铁素体型	1Cr17	≤0.12		16.0~18.0		退火：780~850 ℃空冷或缓冷	制作重油燃烧部件、建筑装饰件、家用电器部件、食品用设备
铁素体型	0Cr30Mo2	≤0.01		28.5~32.0	1.50~2.50	退火：900~1 050 ℃快冷	制作乙酸、乳酸等有机酸腐蚀的设备、耐苛性碱腐蚀设备
马氏体型	1Cr13	≤0.15	≤0.50	11.5~13.5		淬火：950~1 000 ℃油冷；回火：700~750 ℃快冷	制作汽轮机叶片、内燃机车水泵轴、阀门、阀杆、螺栓
马氏体型	3Cr13Mo	0.28~0.35		12.0~14.0	0.50~1.00	淬火：1 025~1 075 ℃油、水、空冷；回火：200~350 ℃空冷	制作热油泵轴、阀门轴承、医疗器械碱弹簧
马氏体型	7Cr17	0.60~0.75	≤0.60	16.0~18.0		淬火：1 010~1 070 ℃油冷；回火：100~2 000 ℃快冷	制作刃具、量具、轴承、手术刀片

（2）耐热钢

耐热钢是抗氧化钢和热强钢的总称。

钢的耐热性包括高温抗氧化性和高温强度两个方面的综合性能。高温抗氧化性是指钢在高温下对氧化作用的抗力；而高温强度是指钢在高温下承受机械载荷的能力，即热强性。因此，耐热钢既要求高温抗氧化性能好，又要求高温强度高。

在钢中加入铬、硅、铝等合金元素，它们与氧亲和力大，优先被氧化，形成一层致密、完整、高熔点的氧化膜（Cr_2O_3、Fe_2SiO_4、Al_2O_3），牢固覆盖于钢的表面，可将金属与外界的高温氧化性气体隔绝，从而避免进一步被氧化。

钢铁材料在高温下除氧化外其强度也大大下降，这是由于随温度升高，金属原子间结合力减弱，特别是当工作温度接近材料再结晶温度时，也会缓慢地发生塑性变形，且变形量随时间的延长而增大，最后导致金属破坏，这种现象称为蠕变。

为了提高钢的高温强度，在钢中加入铬、钼、锰、铌等元素，可提高钢的再结晶温度。在钢中加入钛、铌、钒、钨、钼以及铝、硼、氮等元素，形成弥散相来提高高温强度。

常用的耐热钢，按正火状态下的组织不同主要有珠光体钢、马氏体钢、奥氏体钢 3 类。

其中，15CrMo 钢是典型的锅炉用钢，可用于制造在 500 ℃以下长期工作的零件，此钢虽然耐热性不高，但其工艺性能（如可焊性、压力加工性和切削加工性等）和物理性能（如导热性和膨胀系数等）都较好。4Cr9Si2、4Cr10Si2Mo 钢适用于 650 ℃以下受动载荷的部件，如汽车发动机、柴油机的排气阀，故此两种钢又称为气阀钢。也可用作 900 ℃以下的加热炉构件，如料盘、炉底板等。1Cr13、0Cr18Ni11Ti 钢既是不锈钢又是良好的热强钢。1Cr13 钢在 450 ℃左右和 0Cr18Ni11Ti 钢在 600 ℃左右都具有足够的热强性。0Cr18Ni11Ti 钢的抗氧化能力可达 850 ℃，是一种应用广泛的耐热钢，可用来制造高压锅炉的过热器、化工高压反应器等。

常用耐热钢的牌号、热处理、力学性能及用途见表 1.22。

（3）耐磨钢

耐磨钢是指在冲击和磨损条件下使用的高锰钢。

高锰钢的主要成分是 $\omega_C = 0.9\% \sim 1.5\%$，$\omega_{Mn} = 11\% \sim 14\%$。经热处理后得到单相奥氏体组织，由于高锰钢极易冷变形强化，使切削加工困难，故基本上是铸造成形后使用。

高锰钢铸件的牌号，前面的"ZG"是代表"铸钢"两字汉语拼音首字母，其后是化学元素符号"Mn"，随后数字"13"表示平均锰的质量分数的百倍（即平均 $\omega_{Mn} = 13\%$），最后的一位数字 1、2、3、4 表示顺序号，如 ZGMn13-1，表示 1 号铸造高锰钢。其碳的质量分数最高（$\omega_C = 1.00\% \sim 1.50\%$）；而 4 号铸造高锰钢 ZGMn13-4，碳的质量分数低（$\omega_C = 0.90\% \sim 1.20\%$）。高锰钢铸件的牌号、化学成分、力学性能及用途见表 1.23。

高锰钢由于铸态组织是奥氏体加碳化物，而碳化物的存在要沿奥氏体晶界析出，降低了钢的韧性与耐磨性，因此必须进行"水韧处理"。所谓"水韧处理"，是将高锰钢铸件加热到 1 000~1 100 ℃，使碳化物全部溶解到奥氏体中，然后在水中急冷，防止碳化物析出，获得均匀的、单一的过饱和单相奥氏体组织。这时其强度、硬度并不高，而塑性、韧性却很好（$\sigma_b \geq 637 \sim 735$ N/mm^2，$\delta_5 \geq 20\% \sim 35\%$，硬度 ≤ 229 HBS，$A_k \geq 118$ J）。但是，当工作时受到强烈的冲击或较大压力时，则表面因塑性变形会产生强烈的冷变形强化，从而使表面层硬度提高到 500~550 HBW，因而获得高的耐磨性，而心部仍然保持着原来奥氏体所具有的高的塑性与韧性，能承受冲击。当表面磨损后，新露出的表面又可在冲击和磨损条件下获得新的硬化层。

表 1.22　常用耐热钢的牌号、热处理、力学性能及用途（摘自 GB/T 1221—2007）

类别	牌号	热处理				力学性能						用途
		退火温度/℃	固溶处理温度/℃	淬火温度/℃	回火温度/℃	$\sigma_{0.2}$/MPa	σ_b/MPa	δ_5/%	ψ/%	A_k/J	HBS	
奥氏体型	4Cr14Ni14W2Mo	820~850 快冷				≥315	≥705	≥20	≥35		≤248	有较高的热强性。用于内燃机重负荷排气阀
	3Cr18Mn12Si2N		1 100~1 150 快冷			≥390	≥685	≥35	≥45		≤248	有较高的高温强度和一定的抗氧化性,较好的抗碱、抗增碳性,用于吊挂支架、渗碳炉构件
铁素体型	0Cr13Al	780~830 空冷或缓冷				≥177	≥410	≥20	≥60		≥183	因冷却硬化少,作燃气透平压缩机叶片、退火箱、淬火台架
	1Cr17	780~850 空冷或缓冷				≥205	≥450	≥22	≥50		≥183	作 900 ℃以下耐氧化部件,如散热器、炉用部件、油喷嘴等
马氏体型	4Cr9Si2			1 020~1 040 油冷	780~830 油冷	≥590	≥885	≥19	≥50			有较高的热强性,作内燃机进气阀,轻负荷发动机的排气阀

表 1.23　高锰钢铸件的牌号、化学成分、热处理、力学性能及用途

牌号	化学成分 $\omega_{Me}\times100$					热处理（水韧处理）		力学性能				用途
	C	Si	Mn	S	P	淬火温度 /℃	冷却介质	σ_b /(N·mm^{-2})	$\delta_5\times100$	A_K /J	HBS	
								不小于	不小于		不大于	
ZGMn13-1	1.00~1.50	0.30~1.00	11.00~14.00	≤0.050	≤0.090	1 060~1 100	水	637	20	—	229	用于结构简单、要求以耐磨为主的低冲击铸件，如衬板、齿板、辊套、铲齿等
ZGMn13-2	1.00~1.40	0.30~1.00	11.00~14.00	≤0.050	≤0.090	1 060~1 100	水	637	20	118	229	
ZGMn13-3	0.90~1.30	0.30~0.80	11.00~14.00	≤0.050	≤0.080	1 060~1 100	水	686	25	118	229	用于结构复杂、要求以韧性为主的高冲击铸件，如履带板等
ZGMn13-4	0.90~1.20	0.30~0.80	11.00~14.00	≤0.050	≤0.070	1 060~1 100	水	735	35	118	229	

资料来源：摘自《高锰钢铸件技术条件》（GB 5680—1985）。

因此,这种钢具有很高的耐磨性和抗冲击能力。但要指出的是,这种钢只有在强烈冲击和磨损下工作才显示出高的耐磨性,而在一般机器工作条件下高锰钢并不耐磨。

高锰钢被用来制造在高压力、强冲击和剧烈摩擦条件下工作的抗磨零件,如坦克和矿山拖拉机履带板、破碎机颚板、挖掘机铲齿、铁道道岔及球磨机衬板等。

1.5 铸 铁

铸铁是指由铁、碳和硅元素为主,组成的合金的总称。

铸铁中含碳和含硅量较高 ($\omega_C = 2.5\% \sim 4\%$, $\omega_{Si} = 1\% \sim 3\%$) ,杂质元素锰、硫、磷较多。为了提高铸铁的力学性能或物理、化学性能,还可加入一定量的合金元素,得到合金铸铁。

铸铁具有优良的铸造性能、切削加工性、耐磨性及减震性,而且熔炼铸铁的工艺与设备简单、成本低廉,应用广泛,它是制造各种铸件最常用的材料。

1.5.1 铸铁的分类

铸铁中的碳因其结晶条件的不同可以形成渗碳体或者石墨的形式存在。根据碳在铸铁中的存在形式以及断口颜色的不同,铸铁可分为白口铸铁、麻口铸铁和灰口铸铁 3 类。

1)白口铸铁

碳除少量溶于铁素体外,主要的碳以渗碳体的形式存在于铸铁中,其断口呈银白色,故称白口铸铁。这类铸铁硬而脆,很难切削加工,因而很少直接用来制造各种零件。

2)麻口铸铁

碳一部分以游离状态的石墨析出,另一部分以渗碳体形式析出,断口呈黑白相间的麻点。这类铸铁脆性较大,很难切削,故极少使用。

3)灰口铸铁

碳全部或大部分以石墨形态存在于铸铁中,断口呈暗灰色。这类铸铁的力学性能不高,但它的生产工艺简单、价格低廉,而且还具备其他方面的特性,故在工业中应用最广。

灰口铸铁的性能除了与成分、基体组织有关外,还取决于石墨的形状、大小、数量及分布。根据灰口铸铁中石墨的存在形式不同,可分为灰铸铁、球墨铸铁、蠕墨铸铁和可锻铸铁 4 类。

(1)灰铸铁

碳主要以片状石墨形态存在于铸铁中,断口呈灰色。这类铸铁的力学性能不高,生产工艺简单、价格低,但具有铸铁特有的性能,故在工业中应用较多。

(2)球墨铸铁

碳主要以球状石墨的形态存在于铸铁中。这类铸铁的力学性能不仅较灰铸铁高,而且还可以通过热处理进行提高。因此在生产中常用作受力大且重要的铸件,如汽车中的曲轴。

(3)蠕墨铸铁

碳主要以介于片状与球状之间形似蠕虫状的石墨存在于铸铁中。性能介于灰铸铁与球墨铸铁之间。它是近年来发展起来的新型铸铁。

(4)可锻铸铁

碳主要以团絮状石墨的形态存在于铸铁中,其力学性能(特别是韧性和塑性)较灰铸铁高,并接近于球墨铸铁。它在薄壁复杂铸铁件中应用较多。

1.5.2　铸铁的石墨化及影响因素

1) 铸铁的石墨化过程

铸铁组织中石墨的形成过程称为铸铁的石墨化。铸铁结晶时,石墨化如能充分进行,则能获得灰口铸铁;反之,得到白口铸铁。

铁碳合金结晶时,碳更容易形成渗碳体,但在具有足够扩散时间的条件下,碳也会以石墨形式析出。石墨也可通过渗碳体在高温下分解得到。

铸铁结晶时的石墨化过程可分为 3 个阶段:第一阶段为高温石墨化,是指从液相中析出的石墨,它包括液相线到共晶温度区间内析出的一次石墨和共晶反应时析出的石墨;第二阶段为中温石墨化,是指共晶和共析温度之间从奥氏体中析出的二次石墨;第三阶段为低温石墨化,是指共析转变及以后析出的石墨等。

石墨化的过程是一个原子扩散的过程。在第一阶段和第二阶段石墨化时由于温度高,碳原子的扩散能力强,石墨化容易进行;第三阶段石墨化时由于温度低,碳原子的扩散困难,石墨化不容易进行。铸铁石墨化进行程度的不同,将获得不同基体的组织。

2) 影响石墨化的因素

铸铁的石墨化主要与化学成分和冷却速度有关。

(1) 化学成分的影响

①碳和硅:碳和硅是强烈促进石墨化的元素,铸铁中碳和硅的含量越高,石墨化程度越充分。因为随着碳质量分数的增加,液态铸铁中石墨晶核数量也增多,因而促进石墨化;硅原子与铁原子的结合力较强,硅容易溶于铁素体中,削弱了铁与碳的结合力,并使共晶点的碳质量分数下降,提高共晶转变温度,促进石墨的析出。

②锰:锰是阻止石墨化的元素。锰溶入铁素体中,不仅增加铁、碳原子的结合力,而且还会使共析转变温度下降,这不利于石墨的析出。但锰与硫能形成硫化锰,它能减弱硫对石墨化的阻止作用,其结果又间接地起着促进石墨化的作用。因此,铸铁中锰质量分数要适当。

③硫:硫是强烈阻止石墨化的元素,促进铸铁白口化。由于硫不仅使铁、碳原子的结合力增加,还会使形成的硫化物常以共晶形式分布于晶界上,阻碍碳原子扩散。此外,硫还降低铁水的流动性和促进铸件热裂,因此硫是有害元素,铸铁中含硫量越低越好,一般控制在不高于 0.15%。

④磷:磷是微弱促进石墨化的元素,同时它能提高铁水的流动性。但磷与铁形成 Fe_3P 以共晶体的形式分布于晶界处,从而增加了铸铁的脆性。因此,铸铁中含磷量也应严格控制。

(2) 冷却速度的影响

冷却速度较快时,碳原子来不及扩散,石墨化难以充分进行,甚至出现白口铸铁组织;而冷却速度较慢时,碳原子有充分的时间扩散,有利于石墨化的进行。可见,冷却速度对石墨化影响较大,而影响冷却速度的因素主要有浇注温度、铸型材料的导热性和铸件的壁厚等。对于壁厚不均的铸件,冷却时很难得到均匀一致的组织。为此,通过孕育处理可防止白口的产生;采用热处理能消除白口,改善铸铁性能。

1.5.3　灰铸铁

灰铸铁是指一定成分的铁水作简单的炉前处理,浇注后获得具有片状石墨的铸铁。灰铸铁生产工艺最简单、成本最低的铸铁,在工业生产中得到了最广泛地应用。

1)灰铸铁的化学成分、组织和性能

(1)灰铸铁的化学成分

灰铸铁的化学成分范围为:$\omega_C = 2.6\% \sim 3.6\%$, $\omega_{Si} = 1.2\% \sim 3.0\%$, $\omega_{Mn} = 0.4\% \sim 1.2\%$, $\omega_P \leq 0.2\%$, $\omega_S \leq 0.15\%$ 。碳、硅含量可以确保碳的石墨化,防止出现白口组织。

碳、硅含量过高则会使石墨大量析出,对铸铁力学性能又不利。锰可消除硫的有害作用,还可调节灰铸铁的基体组织。磷是控制使用的元素,硫是严格限制的元素。

(2)灰铸铁的组织

灰铸铁的组织特征是:片状石墨分布在基体组织上。由于化学成分和冷却速度的综合影响,灰铸铁的组织包括铁素体、铁素体+珠光体、珠光体 3 种。

灰铸铁中的 3 种不同基体组织是由于第三阶段石墨化程度的不同引起的。

在第一阶段和第二阶段石墨化过程充分进行的前提下,如果第三阶段的石墨化过程也充分进行,则获得铁素体基体组织;如果第三阶段石墨化过程仅部分进行,则获得铁素体+珠光体的基体组织;如果第三阶段石墨化过程完全没有进行,则获得珠光体基体组织。

灰铸铁的组织可看成是在钢的基体上分布着片状石墨。

(3)灰铸铁的性能

灰铸铁的力学性能主要决定于基体和石墨的分布状态。由于硅、锰等元素对铁素体的强化作用,因此灰铸铁基体的强度与硬度不低于相应的钢。

当石墨以片状形态分布于基体上时,可近似地看成是许多裂纹和空隙。它不仅割断了基体的连续性,减小了承受载荷的有效截面,而且在石墨片的尖端处还会产生应力集中,造成脆性断裂。由于片状石墨所产生的这些作用,从而表现为灰铸铁的抗拉强度很低,塑性、韧性几乎为零。

灰铸铁的抗压强度、硬度与耐磨性主要取决于基体,石墨的存在对其影响不大,故灰铸铁的抗压强度远高于抗拉强度(为 3~4 倍)。珠光体基体的灰铸铁比其他两种基体的灰铸铁具有较高的强度、硬度与耐磨性。

①铸造性能优良。灰铸铁具有接近于共晶的化学成分,故熔点比钢低,流动性好,而且铸铁在凝固过程中要析出比容较大的石墨,使铸铁的收缩率也较小。

②减摩性好。灰铸铁中的石墨本身具有润滑作用,而且石墨被磨掉后形成的空隙又能吸附和储存润滑油,保证了油膜的连续性,因此,灰铸铁具有较好的减摩性。某些摩擦零件也常用灰铸铁制造。

③减震性强。由于受震动时石墨能起缓冲作用,阻止震动的传播,并把震动能转变为热能,因此灰铸铁的减震能力比钢大得多。一些受震动的机座、床身常用灰铸铁制造。

④切削加工性良好。由于石墨的存在使得铸铁基体的连续性被割裂,切屑易断裂,同时石墨本身的润滑作用又使刀具磨损减少。

⑤缺口敏感性较低。钢常因表面缺口(如油孔、键槽、刀痕等)的应力集中,使力学性能显著降低,故钢的缺口敏感性大。灰铸铁中片状石墨本身相当于很多的小缺口,因此,就减弱

了外加缺口的作用,使其缺口敏感性降低。

2)灰铸铁的牌号和应用

灰铸铁的牌号由:"HT+数字"组成。牌号中的"HT"是"灰铁"汉语拼音的第一个字母,后面的3位数字表示 $\phi30$ mm 单铸试棒的最低抗拉强度值(MPa)。

由于铸铁一系列的优良性能,加上价格便宜,制造方便,使得灰铸铁在工业上应用十分广泛,特别适合于制造承受压力、要求耐磨和减震的零件。灰铸铁的牌号、力学性能及用途见表1.24。

表1.24   灰铸铁的牌号、力学性能及用途(摘自 GB/T 9439—2010)

铸铁类别	牌号	铸件壁厚/mm	力学性能		用途
			σ_b/MPa≥	HBS	
铁素体灰铸铁	HT100	2.5~10	130	10~166	适用于载荷小、对摩擦和磨损无特殊要求的不重要铸件,如防护罩、盖、油盘、手轮、支架、底板、重锤、小手柄等
		10~20	100	93~140	
		20~30	90	87~131	
		30~50	80	82~122	
铁素体—珠光体灰铸铁	HT150	2.5~10	175	137~205	承受中等载荷的铸件,如机座、支架、箱体、刀架、床身、轴承座、工作台、带轮、端盖、泵体、阀体、管路、飞轮、电机座等
		10~20	145	119~179	
		20~30	130	110~166	
		30~50	120	105~157	
珠光体灰铸铁	HT200	2.5~10	220	157~236	承受较大载荷和要求一定的气密性或耐蚀性等较重要铸件,如汽缸、齿轮、机座、飞轮、床身、汽缸体、汽缸套、活塞、齿轮箱、刹车轮、联轴器盘、中等压力阀体等
		10~20	195	148~222	
		20~30	170	134~200	
		30~50	160	129~192	
	HT250	4.0~10	270	175~262	
		10~20	240	164~247	
		20~30	220	157~236	
		30~50	200	150~225	
孕育铸铁	HT300	10~20	290	182~272	承受高载荷、耐磨和高气密性重要铸件,如重型机床、剪床、压力机、自动车床的床身、机座、机架,高压液压件,活塞环,受力较大的齿轮、凸轮、衬套,大型发动机的曲轴、汽缸体、缸套、汽缸盖等
		20~30	250	168~251	
		30~50	230	161~241	
	HT350	10~20	340	199~298	
		20~30	290	182~272	
		30~50	260	171~257	

3）灰铸铁的热处理

（1）去应力退火

铸件在浇注后的冷凝过程中，由于厚薄不均，冷却速度不同，常会产生较大的内应力。内应力不仅削弱了铸件的承载能力，而且在切削加工之后还会因应力的重新分布而引起变形，使铸件失去加工精度。

对精度要求较高或大型复杂的铸件，如床身、机架等，在切削加工之前都要进行一次去应力退火，有时甚至在粗加工之后还要再进行一次。

去应力退火：将铸件缓慢加热到 500~560 ℃，保温一段时间（每 10 mm 厚度保温 1 h），然后随炉冷至 150~200 ℃后出炉。此时铸件内应力基本上已消除。

这种退火由于经常是在共析温度以下进行长时间的加热，故又称为"时效处理"。

（2）消除铸件白口，改善切削加工性的退火

铸铁件的表层或某些薄壁处，由于冷却速度较快，很容易出现白口组织，使铸件硬度和脆性增加，不易切削加工，一般采用退火来加以消除。

退火方法：把铸件加热到 850~950 ℃，保温 1~3 h，使共晶渗碳体发生分解，即进行第一阶段的石墨化，然后又在随炉冷却中进行第二和第三阶段石墨化，析出二次石墨和共析石墨，到 400~500 ℃再出炉空冷。最终形成铁素体或铁素体+珠光体基体的灰铸铁，从而降低了铸件的硬度，改善了切削加工性。

（3）表面淬火

为了提高灰铸铁件表面的硬度和耐磨性，可进行表面淬火。其方法有：感应加热表面淬火，火焰加热表面淬火及接触电阻加热表面淬火。

（4）灰铸铁的孕育处理

普通灰铸铁的主要缺点是片状石墨粗大，壁厚敏感性大，致使铸件不同壁厚部位的组织和力学性能不均，为此，一般在浇注前向铁液中加入少量强烈促进石墨化的物质（孕育剂）进行处理，此过程称为孕育处理。

生产中常用的孕育剂为硅铁和硅钙合金，孕育剂的作用是促进石墨非自发形核，使石墨细小，且均匀分布，从而改善灰铸铁的力学性能。

需要进行孕育处理的铸铁，铁液化学成分一般为麻口铸铁成分，孕育后得到珠光体基体的灰铸铁组织。一般孕育铸铁的化学成分为 $\omega_C = 2.6\% \sim 3.4\%$，$\omega_{Si} = 1.0\% \sim 2.0\%$，$\omega_{Mn} = 0.6\% \sim 1.2\%$。

放入孕育剂的铁液，不宜时间太长，否则结晶核心会逐渐熔化、溶解，使孕育作用逐渐消失，这种现象称为"孕育衰退"。

孕育铸铁主要用于动载荷较小而静载强度要求较高的重要零件，如汽缸、齿轮、凸轮和液压筒等。

1.5.4　球墨铸铁

铸铁成分的铁水在浇注前，加入少量球化剂和孕育剂，可获得具有球状石墨的铸铁。由于球状石墨对基体的割裂作用减到最小，从而大大提高了铸件的力学性能和加工性能。通过热处理和合金化，还可进一步提高其性能，因此，在铸铁中球墨铸铁具有较高的力学性能。

1)球墨铸铁的化学成分、组织和性能

（1）球墨铸铁的化学成分

球墨铸铁的化学成分范围一般为：$\omega_C = 3.6\% \sim 4.0\%$；$\omega_{Si} = 2.0\% \sim 3.2\%$；$\omega_{Mn} = 0.6\% \sim 0.8\%$；$\omega_P < 0.1\%$，$\omega_S < 0.07\%$；并含有一定量的稀土与镁。

与灰铸铁相比，其特点为碳、硅含量高，锰含量较低、硫、磷含量低，并有一定量的稀土与镁。

（2）球墨铸铁的组织

球墨铸铁的组织特征是球状石墨分布在几种不同的基体上，通过铸造和热处理的控制，生产中常见的有铁素体球墨铸铁、铁素体+珠光体球墨铸铁、珠光体球墨铸铁和贝氏体球墨铸铁。

（3）球墨铸铁的性能

由于球墨铸铁中的石墨呈球状，因此基体的强度利用率可达到 70%～90%，而灰铸铁基体强度的利用率仅为 30%～50%。球墨铸铁的力学性能明星优于灰铸铁。

球墨铸铁的石墨球越细小、越圆整、分布越均匀，球墨铸铁的强度、塑性与韧性越好；铁素体基体具有高的塑性和韧性；珠光体基体强度较高，耐磨性较好；热处理后获得的回火马氏体基体硬度最高，但韧性很低；贝氏体基体则具有良好的综合力学性能。

球墨铸铁由于石墨的存在，也使它具有近似于灰铸铁的某些优良性能，如铸造性能、减摩性、切削加工性等。

球墨铸铁的白口倾向大，铸件容易产生缩松，其熔炼工艺和铸造工艺都比灰铸铁要求高。

2)球墨铸铁的牌号和用途

球墨铸铁的牌号由"QT+两组数字"组成。其中"QT"是"球铁"两个汉语拼音的第一个字母，后面的第一组数字表示最低抗拉强度值（MPa），第二组数字表示伸长率值（%）。

球墨铸铁因其力学性能接近于钢，铸造性能和其他一些性能优于钢，因此，在机械制造业中已得到了广泛的应用。一般用于力学性能要求高，受力复杂的重要零件，如齿轮、曲轴、凸轮轴、连杆等。球墨铸铁的牌号、力学性能及用途见表 1.25。

3)球墨铸铁的热处理

（1）退火

①去应力退火。目的：去除铸造内应力，消除其有害影响。去应力退火工艺方法：将铸件缓慢加热到 500～620 ℃，保温 2～8 h，然后随炉缓冷。对于不进行其他热处理的球墨铸铁，都应进行去应力退火。

②石墨化退火。目的：为了获得高韧性的铁素体组织，并改善切削加工性和消除应力，消除渗碳体和珠光体。

当铸态基体组织中不仅有珠光体而且有自由渗碳体时，应进行高温石墨化退火。工艺方法：将铸件加热到 900～950 ℃，保温 2～4 h，使自由渗碳体石墨化，然后随炉缓冷至 600 ℃，完成第二和第三阶段石墨化，再出炉空冷。

当铸态基体组织为珠光体+铁素体，而无自由渗碳体存在时，只需进行低温石墨化退火。工艺方法：是把铸件加热至共析温度范围附近，即 720～760 ℃，保温 2～8 h，使铸件发生第三阶段石墨化，然后随炉缓冷至 600 ℃，再出炉空冷。

表 1.25　球墨铸铁的牌号、力学性能及用途（摘自 GB/T 1348—1988）

牌号	基体组织	力学性能				用途
		σ_b /MPa	$\sigma_{0.2}$ /MPa	δ /%	硬度 /HBS	
		不小于				
QT400-18	铁素体	400	250	18	130~180	承受冲击、振动的零件，如汽车、拖拉机的轮毂，驱动桥壳、差速器壳、拨叉，农机具零件，中低压阀门，上、下水及输气管道，压缩机上高低压汽缸、电机机壳、齿轮箱、飞轮壳等
QT400-15		400	250	15	130~180	
QT450-10		450	310	10	160~210	
QT500-7	铁素体+珠光体	500	320	7	170~230	机器座架、传动轴、飞轮、内燃机的机油泵齿轮、铁路机车车辆轴瓦等
QT600-3	珠光体+铁素体	600	370	3	190~270	载荷大、受力复杂的零件，如汽车、拖拉机的曲轴，连杆、凸轮轴、汽缸套、部分磨床、铣床、车床的主轴，机床蜗杆、蜗轮、轧钢机轧辊、大齿轮，小型水轮机主轴、汽缸体、桥式起重机大小滚轮等
QT700-2	珠光体	700	420	2	225~305	
QT800-2	珠光体或回火组织	800	480	2	245~335	
QT900-2	贝氏体或回火马氏体	900	600	2	280~360	高强度齿轮，如汽车后桥螺旋锥齿轮，大减速器齿轮，内燃机曲轴、凸轮轴等

74

（2）正火

①目的：是增加基体组织中珠光体的数量和分散度，从而提高铸件的强度和耐磨性。

②高温正火工艺：把铸件加热至共析温度范围以上，即 880~920 ℃，保温 1~3 h，使基体全部奥氏体化，然后出炉空冷，从而获得珠光体基体。

③低温正火工艺：把铸件加热至共析温度范围内，即 820~860 ℃，保温 1~4 h，使基体部分奥氏体化，然后出炉空冷，获得珠光体十分散铁素体的基体组织。其强度比高温正火略低，但塑性和韧性较高。

由于正火时冷却速度较快，常会在复杂的铸件中引起较大的内应力，故正火之后应进行一次去应力退火，即重新加热到 550~600 ℃，保温 3~4 h，然后出炉空冷。

（3）淬火与回火

球墨铸铁通过不同的淬火与回火工艺，可获得不同的基体组织，以满足使用的要求。

①淬火工艺：加热至 860~880 ℃，保温 1~4 h，油淬，形状简单铸件可采用水淬。淬火后组织不稳定，内应力很大，强度高，脆性大，应及时回火。

根据回火温度的不同，球墨铸铁可采用低温（140~250 ℃）回火、中温（350~450 ℃）回火和高温（550~600 ℃）回火。铸件加热到上述回火温度，保温 2~4 h 后空冷，分别获得回火马氏体、回火托氏体及回火索氏体的基体组织。

球墨铸铁经过调质处理后，获得回火索氏体和球状石墨组织，具有良好的综合力学性能。

②等温淬火：将铸件加热至 860~900 ℃，保温后放入 280~320 ℃ 的盐浴中进行 0.5~1.5 h 的等温处理，获得下贝氏体的基体组织。

等温淬火一般用于要求具有高的综合力学性能、良好的耐磨性且外形复杂、热处理易变形开裂的零件，如齿轮、凸轮轴、滚动轴承套圈等。

1.5.5　可锻铸铁

可锻铸铁是由一定化学成分的铁水浇注成白口坯件，然后通过高温石墨化退火，使渗碳体分解得到具有团絮状石墨的铸铁。可锻铸铁具有较高的力学性能，尤其是塑性和韧性较好。

可锻铸铁的方法是将白口坯件加热至 900~980 ℃，进行长时间的保温和缓慢冷却（通常需 30 h 以上），使组织中的渗碳体分解，得到不同的基体组织和团絮状石墨。

1）可锻铸铁的成分、组织和性能

可锻铸铁的化学成分应保证浇注后能获得完全白口的坯件，因此，其碳、硅含量一般较低。$\omega_C = 2.2\% \sim 2.8\%$；$\omega_{Si} = 1.0\% \sim 1.8\%$；$\omega_{Mn} = 0.4\% \sim 1.2\%$；一般要求 $\omega_P < 0.2\%$，$\omega_S < 0.18\%$。

根据石墨化退火工艺不同，可分别获得铁素体基体可锻铸铁和珠光体基体可锻铸铁。

铁素体基体可锻铸铁具有较好的塑性和韧性，珠光体基体可锻铸铁具有较高的强度，可锻铸铁的力学性能优于灰铸铁，并接近于同类基体的球墨铸铁。与球墨铸铁相比，可锻铸铁具有铁水处理简易、质量稳定、废品率低等优点。可锻铸铁实际上是不能锻造的。

2）可锻铸铁的牌号和用途

牌号中"KT"是"可铁"两字汉语拼音的第一个字母，其后面的"H"表示黑心可锻铸铁；"Z"表示珠光体可锻铸铁。符号后面的两组数字分别表示其最小的抗拉强度和伸长率。

可锻铸铁主要用于薄壁、复杂小型零件的生产，这样铸造时容易获得全白口的铸件。如水管接头,汽车后桥壳体、轮毂、减速器壳、散热器进水管等。

由于可锻铸铁生产周期长,需要连续退火设备,因此,在使用上受到一定限制,有些可锻铸铁零件被球墨铸铁代替。可锻铸铁的牌号、力学性能及用途见表1.26。

表1.26 可锻铸铁的牌号、力学性能及用途(摘自 GB/T 9440—2010)

种类	牌号	试样直径/mm	力学性能			硬度/HBS	用途
			σ_b/MPa	$\sigma_{0.2}$/MPa	δ/%		
			不小于				
黑心可锻铸铁	KTH300-06	12或15	300		6	≤150	弯头、三通管件、中低压阀门等
	KTH300-08		330		8		扳手、梨刀、梨柱、车轮壳等
	KTH350-10		350	200	10		汽车、拖拉机前后轮壳、减速器壳、转向节壳、制动器及铁道零件等
	KTH370-12		370		12		
珠光体可锻铸铁	KTZ450-06	12或15	450	270	6	150~200	载荷较高和耐磨损零件,如曲轴、凸轮轴、连杆、齿轮、活塞环、轴套、耙片、刀向节头、棘轮、扳手、传动链条
	KTZ550-04		550	340	4	180~250	
	KTZ650-02		650	430	2	210~260	
	KTZ700-02		700	530	2	240~290	

1.5.6 蠕墨铸铁

蠕墨铸铁是指一定成分的铁水在浇注前,经蠕化处理和孕育处理,获得具有蠕虫状石墨的铸铁。蠕化处理是一种向铁水中加入使石墨呈蠕虫状结晶的蠕化剂的工艺。

我国目前常用的蠕化剂主要有稀土镁钛合金、稀土硅铁合金和稀土钙硅铁合金等。

孕育处理可减少蠕墨铸铁的白口倾向、延缓蠕化衰退和提供足够的石墨结晶核心,使石墨细小并分布均匀。常用的孕育剂是硅铁等。

1)蠕墨铸铁的成分、组织和性能

蠕墨铸铁的化学成分与球墨铸铁相似,即高碳、高硅、低硫、低磷,并含有一定量的稀土与镁。

蠕墨铸铁组织中石墨的形态介于片状与球状之间,石墨呈蠕虫状,与灰铸铁的片状石墨不同,蠕虫状石墨片短而厚,端部圆钝。

蠕墨铸铁组织中特有的石墨形态,使得其强度、韧性、耐磨性等都比灰铸铁高,但由于石墨是相互连接的,其强度和韧性都不如球墨铸铁。

蠕墨铸铁的铸造性能、减震性和导热性都优于球墨铸铁,并接近于灰铸铁。

2)蠕墨铸铁的牌号和用途

蠕墨铸铁的牌号由"RuT+数字"组成。其中"RuT"是"蠕铁"两字汉语拼音的第一个字母,数字表示最小抗拉强度值(MPa)。

蠕墨铸铁可用来制造复杂的大型铸件,如大型柴油机的机体、大型机床的零件等;制造那些在热交换以及有较大温差下工作的零件,如汽缸盖、钢锭模等。

蠕墨铸铁还用来代替高强度的灰铸铁,不仅可减少铸件壁厚,而且还能减少熔炼时废钢的使用量。蠕墨铸铁的牌号、力学性能和用途见表1.27。

表 1.27　蠕墨铸铁的牌号、力学性能和用途

牌号	力学性能				用途
	σ_b /MPa	$\sigma_{0.2}$ /MPa	δ /%	硬度 /HBS	
	不小于				
RuT260	260	195	3	121~197	增压器进气壳体,汽车底盘零件等
RuT300	300	240	1.5	140~217	排气管,变速箱体,汽缸盖,液压件,纺织机零件,钢锭模等
RuT340	340	270	1.0	170~249	重型机床件大型齿轮箱体、盖、座,飞轮,起重机卷筒等
RuT380	380	300	0.75	193~274	活塞环,汽缸套,制动盘,钢珠研磨盘,吸淤泵体等

1.6　有色金属

工业上常用的金属材料中,通常称铁及其合金(钢铁)为黑色金属,其他的非铁金属及其合金则称为有色金属。有色金属由于它们具有许多良好的特殊性能,成为现代工业中不可缺少的材料。广泛应用于机械制造、航空、航海、化工等行业。常用的有色金属有铝及其合金,铜及其合金,滑动轴承合金和硬质合金。主要学习铝及其合金,铜及其合金方面的知识。

1.6.1　铝及其合金

1)纯铝

纯铝是银白色的金属,它密度小,熔点低(657 ℃),具有良好的导电、导热性(仅次于银、铜)。铝在空气中极易氧化,生成一层致密的三氧化二铝薄膜,它能阻止铝进一步氧化,从而使铝在空气中具有良好的抗蚀能力。

铝的塑性高,强度、硬度低,可进行冷、热压力加工。通过加工硬化,可使其强度提高到 σ_b = 150~250 MPa,但塑性降低。工业纯铝中 ω_{Al} = 99.7%~99.8%,杂质主要是铁和硅。

纯铝的主要用途是制作电线、电缆及强度要求不高的器皿。

2)常用铝合金

纯铝因强度较低,不宜作结构零件的材料。在纯铝中加入某种元素则可得铝合金。可使其力学性能大大提高,而仍能保持密度小、耐蚀性的优点。

(1)铝合金的分类及热处理

①铝合金的分类。根据铝合金的成分及生产工艺特点,铝合金可分为变形铝合金和铸造铝合金两大类。铝合金相图的一般类型如图1.57所示。

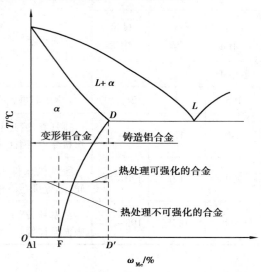

图1.57　铝合金相图的一般类型

成分位于 D 点左边的合金,当加热到固溶线以上时,可获得均匀单相的固溶体,其塑性好,易进行锻压,称为变形铝合金。成分在 D 点右边的合金,由于共晶组织的存在,只适于铸造,称为铸造铝合金。变形铝合金又分为不能用热处理强化合金和能用热处理强化合金两类。

成分在 F 点左边的合金,其固溶体的溶解度不随温度而变化,故不能用热处理方法强化,称为不能用热处理强化合金,成分在 F 点右边的合金,其固溶体的溶解度随温度而变化,可用热处理方法强化,称为能用热处理强化合金。

②铝合金的热处理。将能热处理强化的变形铝合金加热到某一温度,保温获得均匀一致的 α 固溶体后,在水中急冷下来,使 α 固溶体来不及发生脱溶反应。这样的热处理工艺称为铝合金的固溶处理。

经过固溶处理的铝合金,在常温下其 α 固溶体处于不稳定的过饱和状态,具有析出第二相,过渡到稳定的非过饱和状态的趋向。由于不稳定固溶体在析出第二相的过程中会导致晶格畸变,从而使合金的强度和硬度得到显著提高,而塑性则明显下降。这种力学性能在固溶处理后随时间而发生显著变化的现象称为"时效强化"或"时效"。

在室温下进行的时效称"自然时效",在加热条件下(100~200 ℃)进行的时效称"人工时效"。时效温度越高,则时效的过程越快,但强化的效果越差。

(2)变形铝合金

将变形铝合金适当地热处理可达到合金强化的目的。变形铝合金又分为防锈铝合金、硬铝合金、超硬铝合金、锻造铝合金。

①防锈铝合金。属于热处理不能强化的铝合金,只能压力加工硬化。主要有铝-锰系和铝-镁系合金。具有适中的强度、良好的塑性和抗蚀性,称为防锈铝合金。主要用途是制造油罐、各种容器、防锈蒙皮等。

②硬铝合金。属于铝-铜-镁系和铝-铜-锰系。这类铝合金经淬火和时效处理后可获得相当高的强度,故称为硬铝合金。由于其耐蚀性差,有些硬铝板材在表面包一层纯铝后使用。硬铝可轧成板材、管材和型材,以制造较高负荷下的铆接与焊接零件。

③超硬铝合金。属于铝-铜-镁-锌系,是在硬铝的基础上再加锌而成,强度高于硬铝,故称为超硬铝合金。主要用于制造要求质量轻、受力较大的结构零件。

硬铝淬火后多用自然时效;超硬铝淬火后多用人工时效。

④锻造铝合金。大多属于铝-铜-镁-硅系。这类合金由于具有优良的锻造工艺性能,故称为锻造铝合金。主要用来制造各种锻件和模锻件。

(3)铸造铝合金

铸造铝合金因其成分接近共晶组织,流动性好,塑性较差,一般只用于成形铸造。

①常用铸造铝合金。铸造铝合金可分为铝硅系、铝铜系、铝镁系和铝锌系 4 类。

铸造铝合金的代号用"ZL+三位数字"表示,其中"ZL"表示"铸铝";第一位数字表示合金类别:1 为铝硅系,2 为铝铜系,3 为铝镁系,4 为铝锌系;第二三位数字表示合金的顺序号。

铸造铝合金的牌号用"Z+Al+主要合金元素化学符号及其质量分数"表示,如 ZAl-Si12,表示 $\omega_{si}=12\%$ 的铸造铝合金。

a.铝硅系合金:是铸造铝合金中牌号最多、应用最广的一类。它具有良好的铸造性,可加入铜、镁、锰等元素使合金强化,并通过热处理进一步提高力学性能。这类合金可用作内燃机活塞、汽缸体、水冷的汽缸头、汽缸套、扇风机叶片、形状复杂的薄壁零件及电动机、仪表的外壳等。

b.铝铜系合金:铝铜合金强度较高,加入镍、锰更可提高耐热性,用于高强度或高温条件下工作的零件。

c.铝镁系合金:铝镁合金有良好的耐蚀性,可作腐蚀条件下工作的铸件,如氨用泵体、泵盖及海轮配件等。

d.铝锌系合金:铝锌合金有较高的强度,价格便宜,用于制造医疗器械零件、仪表零件和日用品等。

②铝合金的变质处理。铸造铝合金中一般有较多的共晶组织,这种组织粗大,导致铸件的性能降低。为了提高铸件的性能,往往需要对其进行变质处理。变质处理是指在合金浇注前,向液态合金中加入占合金的质量分数为 2%~3% 的变质剂(2/3 的氟化钠和 1/3 的氯化钠的混合物)以细化共晶组织,从而显著提高合金的强度和塑性(强度提高 30%~40%,伸长率提高 1%~2%)。

1.6.2　铜及铜合金的选用

1)纯铜

(1)纯铜的性能

纯铜因其外观呈紫红色称为紫铜,密度为 8.93×10^3 kg/m³,熔点为 1 083 ℃,具有良好的塑性、导电性、导热性和耐蚀性,但强度较低,不宜制作结构零件,而广泛用于制造电线、电缆、铜管以及配制铜合金。

（2）纯铜的牌号和应用

我国纯铜的代号有 T1、T2、T3 这 3 种。顺序号越大,纯度越低。T1、T2 主要用来制造导电器材,或配制高级铜合金;T3 主要用来配制普通铜合金。

2）铜合金

（1）铜合金的分类

铜合金既有纯铜的优点,又弥补了强度低的缺点。工业上广泛使用的铜合金。按照合金的成分,铜合金可分为黄铜、青铜和白铜 3 类。

黄铜是指以铜和锌为主的合金。黄铜可分为普通黄铜和特殊黄铜。普通黄铜是铜锌二元合金;在铜锌合金中加入硅、锡、铝、铅、锰等元素时称为特殊黄铜。白铜是指铜和镍为主的合金。青铜是指除黄铜和白铜以外的铜合金。

（2）铜合金的牌号、性能和应用

①黄铜。

a.普通黄铜:牌号用"H"+数字表示,数字表示铜含量的质量分数。常用的牌号有:H62、H68 等。它们都具有较高的强度和冷热加工变形的能力。普通黄铜主要适用于冲压制造形状复杂的零件,如散热片、冷凝器等。

b.特殊黄铜:这是在铜锌合金的基础上加入硅、锡、铝、铅、锰等元素制成的,依加入合金元素的名称分别称为硅黄铜、锡黄铜、铝黄铜、铅黄铜等。硅黄铜能提高强度和耐蚀性,铝黄铜能提高耐蚀性,铅黄铜可改善切削加工性能。特殊黄铜可分为压力加工与铸造用两种。

压力加工黄铜加入的合金元素较少,塑性较高,具有较高的变形能力。编号方法是:H+主加元素符号+铜的质量分数+主加元素的质量分数。例如,常用的有铅黄铜 HPb59-1,表示 $\omega_{Cu}=59\%$,$\omega_{Pb}=1\%$,其余为锌的黄铜,它有良好的切削加工性,常用来制作各种结构零件,如销、螺钉、螺母、衬套、垫圈等。

HAl59-3-2 为含 $\omega_{Cu}=59\%$,$\omega_{Al}=3\%$,$\omega_{Ni}=2\%$,其余为锌的黄铜。其耐蚀性较好,用于制作耐腐蚀零件。

铸造用黄铜不要求很高的塑性,为提高强度和铸造性能,可加入较多的合金元素;铸造黄铜牌号的表示方法为:Z（表示"铸"）+Cu+Zn 及其含量 + 其他元素符号及其含量。例如,ZCuZn16Si4,表示 $\omega_{Zn}=16\%$,$\omega_{Si}=4\%$,余量为铜。它通常用于制作在海水、淡水条件下的零件,如支座、法兰盘等。

②青铜。青铜是人类历史上应用最早的合金,因铜与锡的合金呈青黑色而得名。青铜按其成分又分为普通青铜（锡青铜）和特殊青铜（无锡青铜）。

a.锡青铜。具有良好的强度、硬度、耐磨性、耐蚀性和铸造性,是非铁金属中收缩率最小的合金,适于浇注形状复杂及壁厚较大的零件,但不适宜制造致密性高、密封性好的铸件。

在锡青铜中,当 $\omega_{Sn}<5\%\sim6\%$ 时,塑性良好,适用于冷加工;在 $5\%\sim10\%$ 时,强度增加而塑性急剧下降,适用于热加工;当 $\omega_{Sn}>10\%$ 时,强度也急剧下降,只适用于铸造锡青铜,又可分为压力加工锡青铜和铸造锡青铜。其中,压力加工青铜的牌号用"Q（"青"字汉语拼音字首）+主加元素符号及其质量分数+其他元素质量分数"表示,如 QSn4-3 表示含锡量为 4%、其他元素含量（含锌量）为 3%、余量为铜的锡青铜。

铸造锡青铜的牌号表示方法与铸造黄铜相似。

b.无锡青铜。为了进一步提高青铜的某些性能,常在铜中加入铝、硅、铅等合金元素组成无锡青铜,它又分为铝青铜、硅青铜、铅青铜和铍青铜等。

铝青铜不但价格低廉、性能优良,其强度、硬度比黄铜和锡青铜都高,而且耐蚀性、耐磨性也高。铝青铜可锻可铸,常用来制作船舶零件及耐蚀零件。

硅青铜具有比锡青铜高的力学性能和低廉的价格,并且铸造和冷、热加工性能良好。主要用于航空工业和长距离架空的输电线等。

铅青铜是应用很广的减磨合金,它有良好的导热性,常用于制造高速。高负荷的轴瓦零件。

铍青铜具有良好的抗蚀性、导热性、导电性、耐寒性、抗磁性和受冲击时不产生火花等特殊性能。此外,铍青铜进行固溶处理、时效强化处理后,具有良好的强度、硬度和弹性。但铍青铜的价格较高,工艺也较为复杂。铍青铜主要用于制作各种精密仪器仪表中的各种重要的弹性元件,如钟表中的齿轮、防爆工具等。

c.白铜。白铜是以镍为主要添加元素的铜合金,呈白色。为了改善性能有目的地加入一些元素,如锰、铁、锌、铝等,按其性能与用途可分为结构铜镍合金和电工铜镍合金。

结构铜镍合金力学性能较高,耐蚀性好,能在冷、热状态下压力加工,用于精密机械、仪表中的耐蚀零件、化工机械、医疗卫生器械及船用零件等;电工铜镍合金用于制造电工机械等。由于白铜的成本高,一般机械零件很少使用,工业上最常用的是黄铜和青铜。

1.6.3　钛及钛合金的选用

钛及其合金具有质量轻、比强度高和良好的耐蚀性,还有很高的耐热性,实际应用的热强钛合金工作温度可达 400~500 ℃,因而钛及其合金已成为航空、航天、机械工程、化工冶金工业中不可缺少的材料。但由于钛在高温中异常活跃,熔点高,熔炼、浇注工艺复杂且价格昂贵,成本较高,因此,使用受到一定限制。

1)纯钛

纯钛是灰白色轻金属,密度为 4.54 g/cm³,熔点为 1 668 ℃,固态下有同素异晶转变,在882.5 ℃以下为 α-Ti(密排六方晶格),882.5 ℃以上为 β-Ti(体心立方晶格)。

纯钛的牌号为 TA0、TA1、TA2、TA3。其中,TA0 为高纯钛,仅在科学研究中应用,其余 3种均含有一定量的杂质,称为工业纯钛。

纯钛焊接性能好、低温韧性好、强度低、塑性好,易于冷压力加工。

2)钛合金分类与性能

钛合金可分为 3 类:α 钛合金、β 钛合金和(α+β)钛合金。我国的钛合金牌号以 TA、TB、TC 后面附加顺序号表示。

(1)α 钛合金

由于 α 钛合金的组织全部为固溶体,因此组织稳定,抗氧化性和抗蠕变性好,焊接性能优良。其室温强度低于 β 钛合金和(α+β)钛合金,但高温(500 ~600 ℃)强度比后两种钛合金高。α 钛合金不能热处理强化,主要是固溶强化来提高其强度。

（2）β 钛合金

β 钛合金具有较高的强度、优良的冲压性，但耐热性差，抗氧化性低。当温度超过 700 ℃ 时，该合金易受大气的杂质气体污染。它的生产工艺复杂，且性能不太稳定，因而限制了它的使用。钛合金可进行热处理强化，一般可进行淬火和时效强化。

（3）（α+β）钛合金

（α+β）钛合金兼有钛合金和钛合金两者的优点，强度高，塑性好耐热性高，耐蚀性和冷热加工性及低温性能很好，并可以通过淬火和时效进行强化，是钛合金中应用最广的合金。

3）钛合金的用途

钛合金主要应用于航空航天、机械工程、化工冶金工业。α 钛合金适宜制作使用温度不超过 500 ℃ 的零件，如导弹的燃料罐、超音速飞机的涡轮机匣等；β 钛合金适宜在使用温度 350 ℃ 以下，多用于制造飞机结构件和紧固件；（α+β）钛合金常用于制造 400 ℃ 以下的工作零件，如飞机发动机压气机盘和叶片、压力容器等。

1.7 其他材料

1.7.1 粉末冶金材料

粉末冶金是制取金属或用金属粉末（或金属粉末与非金属粉末的混合物）作为原料，经过成形和烧结，制造金属材料、复合以及各种类型制品的工艺技术。粉末冶金法与生产陶瓷有相似的地方，因此，一系列粉末冶金新技术也可用于陶瓷材料的制备。

工艺流程：混粉→成型→烧结→热处理→再压→后续加工→包装。

粉末冶金具有独特的化学组成和机械、物理性能，而这些性能是用传统的熔铸方法无法获得的。运用粉末冶金技术可直接制成多孔、半致密或全致密材料和制品，如含油轴承、齿轮、凸轮、导杆、刀具等，是一种少无切削工艺。粉末冶金材料的应用与分类，主要有粉末高熔点材料、复合材料、粉末冶金多孔材料等。

以高硬度难熔金属的碳化物（WC、TiC）微米级粉末为主要成分，以钴（Co）或镍（Ni）、钼（Mo）为黏结剂，在真空炉或氢气还原炉中烧结而成的粉末冶金制品。具有硬度高（86~93 HRA，相当于 69~81 HRC）；热硬性好（可达 900~1 000 ℃，保持 60 HRC）；耐磨性好。硬质合金刀具比高速钢切削速度高 4~7 倍，刀具寿命高 5~80 倍。制造模具、量具，寿命比合金工具钢高 20~150 倍。可切削 50 HRC 左右的硬质材料。但硬质合金脆性大，不能进行切削加工，难以制成形状复杂的整体刀具，因而常制成不同形状的刀片，采用焊接、粘接、机械夹持等方法安装在刀体或模具体上使用。

常用的硬质合金按成分与性能特点分为以下几种类型：

（1）钨钴类（WC+Co）硬质合金（YG）

该类合金主要成分是碳化钨（WC）和黏结剂钴（Co）。其牌号是由"YG"（"硬、钴"两字汉语拼音的第一个字母）和平均含钴量的百分数组成。例如，YG8，表示平均 $\omega_{Co}=8\%$，其余为碳化钨的钨钴类硬质合金。该类合金由 WC 和 Co 组成，具有较高的抗弯强度的韧性，导热性好，但耐热性和耐磨性较差，主要用于加工铸铁和有色金属。细晶粒的 YG 类硬质合金（如

YG3X、YG6X),在含钴量相同时,其硬度耐磨性比 YG3、YG6 高,强度和韧性稍差,适用于加工硬铸铁、奥氏体不锈钢、耐热合金、硬青铜等。

(2)钨钛钴类(WC+TiC+Co)硬质合金(YT)

该类合金主要成分是碳化钨、碳化钛(TiC)及钴。其牌号由"YT"("硬、钛"两字汉语拼音的第一个字母)和碳化钛平均含量组成。例如,YT15,表示平均 $\omega_{Ti} = 15\%$,其余为碳化钨和钴含量的钨钛钴类硬质合金。由于 TiC 的硬度和熔点均比 ω_C 高,所以和 YG 相比,其硬度、耐磨性、红硬性增大,黏结温度高,抗氧化能力强,而且在高温下会生成 TiO_2,可减少黏结。但导热性能较差,抗弯强度低,因此它适用于加工钢材等韧性材料。

(3)钨钛钽钴类(WC+TiC+TaC+Co)硬质合金(YW)

该类合金主要成分是碳化钨、碳化钛、碳化钽(或碳化铌)及钴。这类硬质合金又称通用硬质合金或万能硬质合金。其牌号由"YW"("硬""万"两字汉语拼音的第一个字母)加顺序号组成,如 YW1。在 YT 类硬质合金的基础上添加 TaC(NbC),提高了抗弯强度、冲击韧性、高温硬度、抗氧能力和耐磨性。既可加工钢,又可加工铸铁及有色金属。因此,常称为通用硬质合金(又称为万能硬质合金)。目前主要用于加工耐热钢、高锰钢、不锈钢等难加工材料。

(4)钨钽钴类(WC+TaC+Co)硬质合金(YA)

在 YG 类硬质合金的基础上添加 TaC(NbC),提高了常温、高温硬度与强度、抗热冲击性和耐磨性,可用于加工铸铁和不锈钢。

(5)钢结硬质合金

钢结硬质合金的性能介于高速钢和硬质合金之间。它是以一种或几种碳化物(如 TiC 和WC)为硬化相,以碳钢或合金钢(如高速钢、铬钼钢等)粉末为黏结剂,经配料、混料、压制和烧结而成的粉末冶金材料。经退火后,可进行切削加工;经淬火回火后,有相当于硬质合金的高硬度和高耐磨性;也可锻造和焊接,并有耐热、耐蚀、抗氧化等特性。

适于制造各种形状复杂的刀具,如麻花钻头、铣刀等,也可制造较高温度下工作的模具和耐磨零件。

常用硬质合金的牌号、成分、性能与应用见表 1.28。

表 1.28 常用硬质合金的牌号、成分、性能与应用

类别	牌号	化学成分/%				性能	应用
		WC	TiC	TaC	Co		
钴类合金	YG3X	96.5	—	0.5	3	适于铸铁、有色金属及其合金的精镗、精车等,也可用于合金钢、淬火钢及钨、钼材料的精加工	碳化钨含量较高,黏结剂含量较低时,其硬度较高,抗弯强度则较低;因而,YG3 则适于精加工;反之,YG15 能承受较大的冲击载荷,适用于粗加工
	YG6	94.0	—	—	6	适于铸铁、有色金属及其合金、非金属材料连续切削时的粗车,间断切削时的半精车、精车	

续表

类别	牌号	化学成分/%				性能	应用
		WC	TiC	TaC	Co		
钴类合金	YG8C	92.0	—	—	8	适于冲击回转凿岩机凿坚硬岩石,含坚硬夹石的切煤机齿、油井钻头、钻进坚硬岩石的冲击式钻头、冲压模具、刨刀和插刀等	碳化钨含量较高,黏结剂含量较低时,其硬度较高,抗弯强度则较低;因而,YG3则适于精加工;反之,YG15能承受较大的冲击载荷,适用于粗加工
	YG15	85	—	—	15	适于冲击回转凿岩机凿坚硬、极坚硬岩石,在较大应力下工作的穿孔及冲压工具	
钛类合金	YT5	85	5	—	10	适于碳钢、合金钢、锻件、冲压件、铸件的表皮加工,不平整断面、间断切削时的粗车、粗刨、半精刨。粗铣、钻孔等	加入碳化钛,提高了硬度和耐热性。含碳化钛越多,钴越少,则合金的硬度、耐磨性和耐热性越好,而抗弯强度就越差。因此,YT30用于精加工,而YT15适用于粗加工
	YT15	79	15	—	6	适于碳钢。合金钢连续切削时半精车、精车,间断切削时小断面精车,连续面半精铣、精铣、孔精扩、粗扩等	
	YT30	66	0	—	4	适于碳钢、合金钢精加工,如小断面精车、精镗、精扩等	
通用合金	YW1	84~85	6	3~4	6	适于耐热钢、高锰钢、不锈钢等难加工钢材的精加工,及一般钢材、普通铸铁、有色金属的精加工	加入碳化钽,显著提高了合金的硬度、耐磨性、耐热性及抗氧化的能力。可铸铁、耐热钢、高锰钢、高级合金钢等难加工的材料和有色金属
	YW2	82~83	6	3~4	8	适于耐热钢、高锰钢、不锈钢、高级合金钢等难加工钢材的半精加工及一般钢材、普通铸铁、有色金属的半精加工	

1.7.2 高分子工程材料

高分子化合物是指分子量很大的有机化合物,每个分子可含几千、几万甚至几十万个原子。也称高聚物或聚合物;分子量小于500,称低分子;分子量大于500,称高分子,一般高分子材料的分子量为 $10^3 \sim 10^6$。

高分子材料是以高分子化合物为主要组分的材料。主要包括塑料、橡胶、化学纤维等。

1）**塑料**

（1）塑料的组成

塑料是以有机合成树脂为主要成分，加入适量的添加剂制成的高分子材料。如聚乙烯、聚苯乙烯、酚醛树脂、聚氯乙烯等。加入添加剂的目的是改善或弥补塑料某些性能的不足，添加剂有填充剂、增塑剂、固化剂、稳定剂、润滑剂、着色剂、阻燃剂等。

稳定剂主要提高塑料在受热和光作用时的稳定性，防止老化；填充剂（如铝粉）主要提高塑料对光的反射能力等。

（2）塑料的分类

按其使用范围，可分为通用塑料、工程塑料和耐热塑料3类；按合成树脂的热性能，可分为热塑性塑料和热固性塑料两类。

①热塑性塑料。主要由聚合树脂制成，仅加入少量的稳定剂和润滑剂等。这类塑料受热软化可塑造成形，冷却后变硬，再受热又可软化，冷却再变硬，可多次重复。

优点：加工成形简便，力学性能较高。缺点：耐热性和刚性较差。

常用的热塑性塑料有聚乙烯、聚氯乙烯、尼龙、ABS、聚砜、聚苯乙烯等。

②热固性塑料。大多是以缩聚树脂为基础，加入多种添加剂制成。这类塑料在一定条件（如加热、加压）下会发生化学反应，经过一定时间即固化为坚硬制品。固化后既不溶于任何溶剂，也不会再熔融（温度过高时则发生分解）和再成型了。

优点：耐热性高，受压不易变形等。缺点：力学性能不高，但可加入填充剂来提高强度。

常用的热固性塑料有酚醛塑料、氨基塑料和环氧树脂、有机硅树脂等。

（3）塑料的特性

塑料与金属材料相比，具有质量轻、比强度高、耐蚀性好、电绝缘性能优异、减摩性能良好、吸震性和消声性良好以及成形工艺简单等特点。

（4）常用工程塑料

塑料的品种很多，只介绍常用于制作机械零件的工程塑料。

①ABS塑料：具有较高的强度、硬度和耐蚀性，但耐热性差。主要用于制作电器设备、仪表等外壳，还用于制作容器、管道、汽车的某些结构零件。

②聚酰胺（PA）：俗称尼龙，具有较高的强度和耐磨性、自润性，但耐热性差。主要用于制作轴承、齿轮、叶轮、导管和衬套等。

③聚砜（PSF）：具有较高的强度和尺寸稳定性，并且耐热耐寒。主要用于制作要求高强度、耐热的零件，如精密齿轮、凸轮、泵叶轮等。

④聚四氟乙烯（F4）：具有很强的耐蚀性和自润滑性，并且有突出的耐高温、低温性能，但强度较低。主要用于要求耐蚀、减磨、自润滑、密封的零件，如轴承、活塞环、密封环、化工设备的零件等。

⑤酚醛塑料（PF）：俗称电木，具有较高的强度，不易变形，有良好的耐热性和耐磨性，但脆性大。主要用于仪表壳体、开关和插头等。

⑥环氧树脂（EP）：以环氧树脂为主，加入增塑剂、固化剂、填料形成的环氧塑料，它质轻、强度高、耐腐蚀，绝缘性好，因此在电气、化工、石油、机械工业中得到广泛应用。

（5）塑料制品的成形与加工

根据塑料性能,利用各种成形加工手段,使之成为一定形状和使用价值的制作。塑料制件的生产主要包括成形加工、机械加工、修饰和装配4个生产过程。其中成形加工是最重要的生产过程,其他3个生产过程视制件要求而选择取舍。

塑料成形加工方法很多,主要有注射成形、压注成形、挤出成形、吹塑成形等。

2）橡胶

（1）橡胶的分类

橡胶是一种有机高分子材料。按其来源分为天然橡胶与合成橡胶两大类;根据应用范围又可分为通用合成橡胶和特种合成橡胶。

①天然橡胶:一般所说的天然橡胶是指人工种植的产量最多、质量最好的橡胶树所产的胶。纯的天然橡胶是无色半透明体,是一种通用橡胶。

②合成橡胶:又称人造橡胶,是从石油、乙醇、乙炔、天然气或其他产物中经过加工、提炼而获得的合成产物。

③通用合成橡胶通常用来代替天然橡胶制造工业和日用生活的一般橡胶制品。如丁苯橡胶、氯丁橡胶、顺丁橡胶、异戊橡胶和丁基橡胶、丁腈橡胶、氟橡胶和硅橡胶。

④特种合成橡胶主要用于制造在特定条件下使用的橡胶制品。如聚氨酯橡胶、硅橡胶、氟橡胶、氯醇橡胶等。

（2）橡胶的特点

橡胶的主要特点是具有高弹性、良好的伸缩性能;还具有良好的耐磨性、隔音性和阻尼特性。但耐臭氧性和耐辐射性较差。

其最大的缺点是老化,在使用和储存过程中出现变色、发脆及龟裂等现象,使弹性、强度等发生变化。它直接影响橡胶制品的性能和使用寿命。为了防止橡胶老化,有效的方法是加入防老化剂,如抗氧化剂、抗臭氧剂、抗疲劳剂防霉剂等。

（3）橡胶的用途

橡胶主要用来制作密封件和减震件;还可制作传动件,如三角胶带,电线、电缆和电工绝缘材料等。

3）化学纤维

化学纤维是指用天然的或合成的高聚物为原料,经过化学和机械方法加工制造出来的纺织纤维。

（1）化学纤维的分类

根据原料、加工方法和组成成分的不同,化学纤维可以分为再生纤维、醋酯纤维、合成纤维和无机纤维。按照化学纤维的形态特征,可以分为长丝和短纤维两大类。按照化学纤维的截面形态和结构,又可分为异形纤维和复合纤维。按纤维粗细还可分为粗特、细特、超细纤维等。

（2）化学纤维的优缺点

化学纤维的优点是强力大、耐磨、弹性较好,不易发霉和被蛀,耐用性好,保形性好,不易缩水变形。

其缺点是吸湿性差、耐热性差、透气性差、染色困难,容易起毛、起球、吸附尘埃、产生静电,因而穿着不舒适,尤其是夏服有闷热感。涤纶、锦纶、丙纶等纤维还有熔孔性,其织物极易被火星、烟头熔成孔洞。只有粘胶纤维与天然纤维相似,吸湿、透气,但强度低、易变形。

1.7.3　陶瓷材料

1)概述

陶瓷是人类最早使用的材料之一。陶瓷产品的应用范围遍及国民经济各个领域。现代陶瓷材料即无机非金属材料,是与金属和有机材料相并列的三大类现代材料之一,也是除金属材料和有机材料以外,其他所有材料的统称。

现代陶瓷充分利用了各不同组成物质的特点以及特定的力学性能和物理化学性能。从组成上看,其除了传统的硅酸盐、氧化物和含氧酸盐外,还包括碳化物、硼化物、硫化物及其他的盐类和单质;材料更为纯净,组合更为丰富。而从性能上看,现代陶瓷不仅能够充分利用无机非金属物质的高熔点、高硬度、高化学稳定性,得到一系列耐高温、高耐磨和高耐蚀的新型陶瓷,而且还充分利用无机非金属材料优异的物理性能,制得了大量的不同功能的特种陶瓷,如介电陶瓷、压电陶瓷、高导热陶瓷以及具有半导体、超导性和各种磁性的陶瓷,适应了航天、能源、电子等新技术发展的需求,也是目前材料开发的热点之一。

2)陶瓷材料的分类

随着生产与科学技术的发展,陶瓷材料及产品种类日益增多,为了便于掌握各种材料或产品的特征,通常以不同的角度加以分类。

(1)按原料来源分类

按原料来源可将陶瓷分为普通陶瓷和特种陶瓷两种。

普通陶瓷又称为传统陶瓷。以天然硅酸盐矿物为主要原料,如黏土、石英、长石等。主要制品有日用陶瓷、建筑陶瓷、电器绝缘陶瓷、化工陶瓷、多孔陶瓷。

特种陶瓷是以纯度较高的人工合成化合物为主要原料的人工合成化合物。如 Al_2O_3、ZrO_2、SiC、Si_3N_4、BN 等。

(2)按用途分类

按用途可将陶瓷分为日用陶瓷和工业陶瓷,工业陶瓷又分为工程结构陶瓷和功能陶瓷。

(3)按性能分类

按性能可将陶瓷分为高强度陶瓷、高温陶瓷、压电陶瓷、磁性陶瓷、半导体陶瓷、生物陶瓷。

3)常用工业陶瓷

(1)普通陶瓷

普通陶瓷又称传统陶瓷,是用黏土($Al_2O_3 \cdot 2SiO_2 \cdot 2H_2O$)、长石($K_2O \cdot Al_2O_3 \cdot 6SiO_2$,$Na_2O \cdot Al_2O_3 \cdot 6SiO_2$)和石英($SiO_2$)为原料,经成形、烧结而成的陶瓷。这类陶瓷加工成形性好,成本低,产量大,应用广。

除日用陶瓷、瓷器外,大量用于电器、化工、建筑、纺织等工业部门,如耐蚀要求不高的化工容器、管道,供电系统的绝缘子、纺织机械中的导纱零件等。

(2)特种陶瓷

①氧化铝陶瓷:以 Al_2O_3 为主要成分,含有少量 SiO_2 的陶瓷,又称高铝陶瓷。Al_2O_3 含量越高,玻璃相越少,气孔越少,陶瓷的性能越好,但工艺越复杂,成本就越高。

氧化铝陶瓷耐高温性能好,在氧化性气氛中可使用到 1 950 ℃,被广泛用作耐火材料,如耐火砖、坩埚、热偶套管等。微晶刚玉的硬度极高(仅次于金刚石),并且其红硬性达到 1 200 ℃,可用于制作淬火钢的切削刀具、金属拔丝模等。氧化铝陶瓷还具有良好的电绝缘性能及耐磨性,强度比普通陶瓷高 2~5 倍,因此,主要用于制作内燃机火花塞,火箭、导弹的导流罩,石油化工泵的密封环,耐磨零件,如轴承、纺织机上的导纱器,合成纤维用的喷嘴等,作冶炼金属用的坩埚等。

②氮化硅陶瓷:以 Si_3N_4 为主要成分;硬度高,摩擦系数小(0.1~0.2),有自润滑性,是极优的耐磨材料;蠕变抗力高,热胀系数小,抗热振性能在陶瓷中是最好的;化学稳定性好,除氢氟酸外,能耐各种酸、王水和碱液的腐蚀,也能抗熔融金属的侵蚀;因氮化硅是共价键晶体,既无自由电子也无离子,具有优异的电绝缘性能。故氮化硅陶瓷可用作腐蚀介质下的机械零件、密封环、高温轴承、燃气轮叶片、坩埚以及刀具等。

③碳化硅陶瓷:主晶相 SiC,有反应烧结和热压烧结两种碳化硅陶瓷;高温强度高,工作温度可达 1 600~1 700 ℃。1 400 ℃时,抗弯强度为 500~600 MPa;有很好的导热性、热稳定性、抗蠕变能力、耐磨性、耐蚀性且耐辐射;是良好的高温结构材料,主要用于制作火箭喷管的喷嘴,浇注金属的浇道口、热电偶套管、炉管,燃气轮叶片,高温轴承,热交换器及核燃料包封材料等。

④氮化硼陶瓷:主晶相 BN,共价晶体,晶体结构为六方结构,有白石墨之称;具有良好的耐热性和导热性。热导率与不锈钢相当,热胀系数比金属和其他陶瓷低得多,故抗热震性和热稳定性好;高温绝缘性好,2 000 ℃仍是绝缘体,是理想的高温绝缘材料和散热材料;化学稳定性高,能抗 Fe、Al、Ni 等熔融金属的侵蚀;硬度较其他陶瓷低,可切削加工;有自润滑性,耐磨性好。氮化硼陶瓷常用于制作热电偶套管,熔炼半导体、金属的坩埚和冶金用高温容器和管道,高温轴承,高温绝缘材料。

不同种类的特种陶瓷,各具不同的优异性能,但作为主体结构材料,其共同的弱点是:塑性、韧性差,强度低。

1.7.4 复合材料

1)复合材料的特点

复合材料是由两种以上物理、化学性质不同的材料经人工组合而得到的多相固体材料。这种材料既保持了原材料的某些特点,又有比原材料更好的性能,也就是复合效果。

复合材料可以是不同的非金属材料相互复合,还可以是各种不同的金属材料或金属材料与非金属材料相互复合。其特点如下:

①比强度及比模量较大。比强度、比模量是指材料的强度或弹性模量与以水作参考物质的相对密度之比。比强度越大,零件自重越小;比模量越大,零件的刚性越大。

②化学稳定性好。选用耐腐性优良的树脂为基体,用强度高的纤维做增强材料,耐酸、碱及油脂等类物质的侵蚀。

③高温性能好。在 400 ℃时,以碳或硼纤维增强的铝合金,其强度和弹性模量基本不变。

④成型工艺简单。复合材料构件制造工艺简单,适合整体成型,能用模具制造的复合材料构件,可采用一次成型,从而减少了零部件、紧固件和接头数目,并可节省原材料和工时。

另外,复合材料还有减磨耐磨、疲劳性能好、隔热和减震等性能。

2）复合材料的分类

复合材料按基体可分为非金属基和金属基两类,目前大量研究和使用的是塑料基复合材料。

复合材料按增强剂的种类和形状可分为层状、颗粒及纤维增强等复合材料。发展较快、应用最广的是各种纤维(玻璃纤维、碳纤维等)增强的复合材料。

以塑料为基体,用纤维作增强剂的复合材料应用最多,如人们所熟知的玻璃钢,就是玻璃纤维增强塑料。其中,纤维起到骨架的作用,在很大程度上决定了纤维增强塑料的强度和刚度。

3）复合材料的用途

复合材料的用途如下所述:

①可做绝缘材料。

②用于减磨、耐磨及密封材料。

③在机械零件方面,可做齿轮。

④可制作化工容器和衬里,如储油罐、油罐车、电解槽和压力容器。

⑤耐腐蚀的结构件,如泵、阀和管道。

⑥也可用于制造船艇、汽车车身、大型发动机罩壳等零件。

复习思考题

1.1　常用哪些指标来表示金属材料常用的力学性能?

1.2　图示为 3 种不同材料的拉伸曲线(试样尺寸相同),试比较这 3 种材料的抗拉强度、屈服强度和塑性大小,并指出屈服强度的确定方法。

1.3　某厂购进一批钢材,按国家标准规定,它的力学性能指标应满足下列要求:$\sigma_s > 340$ MPa,$\sigma_b > 540$ MPa,$\delta_5 > 19\%$,$\psi > 45\%$。验收时,将该钢制成 $d_0 = 10$ mm 的短试样作拉伸试验,测得 $F_s = 28\ 268$ N,$F_b = 45\ 530$ N,$L_1 = 60.5$ mm,$d_1 = 7.3$ mm。试判断这批钢材是否符合要求。

1.4　说明 HBS 和 HRC 两种硬度指标在测试方法、适用硬度范围以及应用范围上的区别。

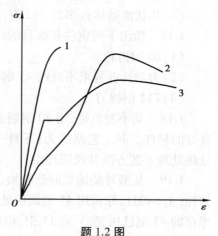

题 1.2 图

1.5　下列工件应采用何种硬度试验方法来测定其硬度?

　（1）锉刀　　　　　　　　　　　　（2）黄铜轴套

　（3）供应状态的各种碳钢钢材　　　（4）硬质合金刀片

　（5）耐磨工件的表面硬化层

1.6　金属常见的晶格类型有哪几种? 什么叫固溶强化?

1.7　金属结晶包括哪两个过程,结晶的条件是什么? 什么叫过冷度?

1.8 晶粒大小对材料的力学性能有何影响,生产实际中如何控制金属晶粒大小?

1.9 默绘出铁碳合金相图,并分析碳的质量分数,分别为 0.40%、0.77%、1.2%的铁碳合金从液态缓冷到室温的结晶过程和室温组织。

1.10 什么是共析转变和共晶转变?这两种转变过程后它们的显微组织各有何特征?

1.11 简述碳钢中含碳量与力学性能之间的关系。

1.12 说明下列现象:

(1)为什么含碳量为 1%的钢比含碳量为 0.5%的钢硬度高?

(2)钢铆钉一般用低碳钢制成。

(3)为什么捆扎物体一般用铁丝(镀锌的碳钢丝)而起重机起吊重物却用钢丝绳(用 60、65、70、75 等钢制成)。

(4)钳工锯 T8、T10、T12 等钢材比锯 10、20 钢更费力,锯条容易磨钝。

(5)直径为 $\phi 30 \sim \phi 40$ mm 的 9SiCr 钢在油中冷却能淬透,相同尺寸的 T9 碳素工具钢在油中冷却不能淬透?

1.13 奥氏体化对钢热处理的意义是什么?奥氏体的晶粒度大小对热处理后的组织和性能有何影响?

1.14 为什么淬火后的钢一般需要及时回火处理?

1.15 淬火的目的是什么?常用的淬火方法有哪几种?弹簧类、轴类、工具类零件分别采用哪种最终热处理工艺?

1.16 确定下列钢件的退火方法,并指出退火目的及退火后的组织。

(1)锻造过热的 60 钢锻坯。

(2)ZG270-500 铸造齿轮。

(3)片状渗碳体较多的 T12 钢。

1.17 指出下列钢件正火目的:

(1)20 钢齿轮。

(2)力学性能要求不高的 45 钢小轴。

(3)T12 钢锉刀。

1.18 某小型齿轮,用 20 钢制造,要求表面有高的硬度(58~62 HRC)和耐磨性,心部有良好的韧性。其工艺路线为:下料—锻造—热处理 1—机加工—热处理 2—磨削。试确定两处热处理工艺方法并说明理由。

1.19 某型号柴油机的凸轮轴,要求凸轮表面有高的硬度(HRC>50),而心部具有良好的韧性(A_K>40J),原采用 45 钢调质处理再在凸轮表面进行高频淬火,最后低温回火,现因工厂库存的 45 钢已用完,只剩 15 钢,拟用 15 钢代替,试说明:

(1)原 45 钢各热处理工序的作用。

(2)改用 15 钢后,为达到所要求的性能,在心部强度足够的前提下采用何种热处理工艺?

1.20 现有 3 个形状、尺寸、材料完全相同的低碳钢齿轮,分别进行整体淬火、渗碳淬火和高频感应加热淬火,用最简单的办法把他们区分出来。

1.21 用 T12 钢制成锉刀,其加工工艺路线为:下料→锻造→热处理→机加工→热处理→精加工。试问:

(1)两处热处理的具体工艺名称及作用。

（2）确定最终热处理的工艺参数,并指出获得的显微组织。

1.22　试比较碳钢与合金钢的优缺点。为什么合金工具钢的耐磨性、红硬性比碳素工具钢高?

1.23　试问下列机械零件或用品选择合适的钢种及牌号:

地脚螺栓、仪表箱壳、木工锯条、机床主轴、汽车发动机连杆、汽车板簧、麻花钻头、手术刀、大型冷冲模、油气储罐。

1.24　什么叫渗碳钢? 为什么一般渗碳用钢含碳量较低? 合金渗碳钢常含有哪些元素? 它们对渗碳钢的组织、性能有何影响? 以 20CrMnTi 钢为例说明合金元素的作用。

1.25　为什么要求综合力学性能好的钢含碳量均为中碳? 这些钢中常含哪些元素? 它们起什么作用?

1.26　填下表(用"√"表示所属类别)。

题 1.26 表

钢号	按成分分		ω_C			ω_{Me}			按质量分			按用途分		
	碳素钢	合金钢	低碳	中碳	高碳	低合金钢	中合金钢	高合金钢	普通	优质	高级优质	结构钢	工具钢	特殊性能钢
Q235-A														
45														
T12A														
55Si2Mn														
T8MnA														
20CrMnTi														
40Cr														
9SiCr														
W18Cr4V														
1Cr 13														
ZGMn 13														

1.27　常见的不锈钢有哪几种? 各自的用途如何? 为什么不锈钢中铬的质量分数都超过 12%?

1.28　铸铁有哪些性能特点? 根据石墨的存在形式不同,可分为哪几类?

1.29　常用的硬质合金分为哪几种? 他们各有何主要作用?

1.30　工程上常用的非金属材料有哪几类? 并举例说明。

第2章
铸 造

铸造是液态成型的一种成型方法,它能铸造各种材质、尺寸及形状复杂的毛坯或零件,铸造具有适应性广、成本低廉的优点,是机械零件毛坯或零件热加工的一种重要工艺方法。本章主要介绍合金的铸造性、常用的铸造方法、铸造工艺设计及铸造结构工艺基础知识。

2.1　概　述

铸造是指熔炼金属,制造与零件形状相适应的铸型,并将熔融金属浇注入铸型,待其冷却凝固后,获得具有一定形状、尺寸和性能的金属零件或毛坯的成型方法,用铸造方法制造的毛坯或零件称为铸件。铸件生产过程如图 2.1 所示。

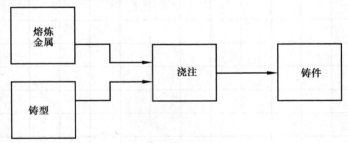

图 2.1　铸造生产过程框图

由图 2.1 可知,铸造的实质就是材料的液态成形。由于液态金属易流动,各种金属材料都能用铸造的方法制成具有一定形状和尺寸的铸件,并使其形状和尺寸尽量与零件相接近,以节省金属、减少加工余量,降低成本。因此,铸造在机械制造工业中占有重要地位。据统计,在一般的机器设备中,铸件占机器总质量的 45%~90%,而铸件成本仅占机器总成本的 20%~25%。但是,液态金属在冷却凝固过程中,形成的晶粒较粗大,容易产生气孔、缩孔和裂纹等缺陷,因此铸件的力学性能不如相同材料的锻件好,而且存在生产工序多,铸件质量不稳定,废品率高,工作条件差,劳动强度较高等问题。随着生产技术的不断发展,铸件的性能和质量正在进一步提高,劳动条件正逐步改善。当前铸造技术发展的趋势是,在加强铸造基础理论研究的同时,发展铸造新工艺,研制新设备,在稳定提高铸件质量、精度、减少表面粗糙度的前提下发展专业化生产,积极实现铸造生产过程的机械化、自动化,减少公害,节约能源,降低成本,使铸造技术进一步成为可与其他成形工艺相竞争的少余量、无余量成形工艺。

2.2 铸造工艺基础

铸造过程中,铸件的质量与合金的铸造性能密切相关。合金的铸造性能是指合金在铸造生产过程中,铸造成形的难易程度。如果某一合金在铸造生产中容易获得正确的外形、内部又健全的铸件,其铸造性能就好。铸造性能是一个复杂的综合工艺性能,通常用充型能力、收缩性、偏析倾向以及吸气性等指标来衡量。影响铸造性能的因素有很多,除合金元素的化学成分外,还有工艺因素。因此,必须掌握合金的铸造性能,以便采取工艺措施,防止铸造缺陷,提高铸件质量。

2.2.1 合金的充型能力

熔融金属充满型腔,形成形状完整、轮廓清晰的铸件的能力称为液态合金的充型能力。影响液态合金充型能力的因素有两个:一是合金的流动性;二是外界条件。

1)合金的流动性

铸造合金流动性的好坏,通常以螺旋形流动性试样的长度来衡量。实际生产中,通常将金属液浇入一个特制的标准试样(如图 2.2 所示的螺旋形试样)的铸型中,在相同的铸型及浇注条件下,得到的螺旋形试样越长,表示该合金的流动性越好。不同种类合金的流动性差别较大,灰铸铁和硅黄铜的流动性最好,铝硅合金次之,铸钢最差。在铸铁中,流动性随碳、硅含量的增加而提高。同类合金的结晶温度范围越小,结晶时固液两相区越窄,对内部液体的流动阻力越小,合金的流动性也越好。

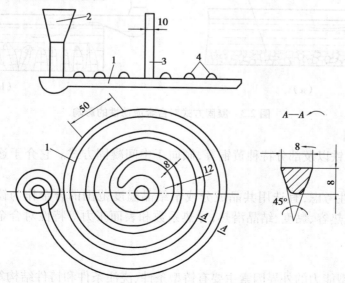

图 2.2 螺旋形流动性试样示意图
1—试样;2—浇口杯;3—冒口;4—试样凸点

流动性好的合金,充型能力强,易得到形状完整、轮廓清晰、尺寸准确、薄而复杂的铸件。反之,铸件容易产生浇不足、冷隔等缺陷。合金的流动性好,还有利于金属液中的气体、非金属夹杂物的上浮与排除、有利于补充铸件凝固过程中的收缩。以免产生气孔、夹渣以及缩孔、缩松等缺陷。

铸件的凝固方式会影响合金的流动性,除纯金属和共晶成分合金外,一般合金在凝固过程中都要经过固相区、凝固(固-液两相)区和液相区这 3 个区域。根据凝固区宽度的不同,铸件的凝固方式可分为逐层凝固、糊状凝固和中间凝固 3 种方式。

(1)逐层凝固

纯金属、共晶类合金及窄结晶温度范围的合金,如灰口铸铁、铝硅合金、硅黄铜及低碳钢等,倾向于逐层凝固方式。其特征是:紧靠铸型壁的外层合金,一旦冷却至凝固点或共晶点温度时,即凝固结晶成固态晶体,而处于上述温度以上的里层合金,仍为液态。固-液界面分明、平滑,不存在固液交错。凝固时结晶前沿比较平滑,对尚未凝固的金属液流动阻力小,故充型能力好,如图 2.3(a)所示。

(2)糊状凝固

结晶温度范围大的合金,如铝铜合金、锡青铜及球墨铸铁、高碳钢等,倾向于糊状凝固方式。这些合金一旦冷却至液相线温度时,结晶出的第一批晶粒即被周围剩余的液体合金所包围,晶体生长在各个方向上比较均匀,晶粒以树枝状向中间部分延伸形成枝晶;温度继续下降,新形成的另一批晶粒又被液体合金包围,枝晶与合金液体互相交错充斥整个断面,固液交错,这种凝固方式犹如水泥凝固,行成糊状而后固化,凝固前沿粗糙,对金属流动性阻力大,因而充型能力差,容易产生铸造缺陷,如图 2.3(b)所示。

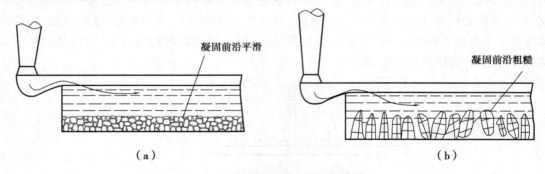

（a）　　　　　　　　　　　　　　　　（b）

图 2.3　凝固方式对合金流动性的影响

(3)中间凝固

中碳钢、白口铁以及部分特种黄铜等,倾向于中间凝固方式。它介于逐层凝固和糊状凝固之间。

所以从流动性考虑,宜选用共晶成分或窄结晶温度范围的合金作为铸造合金。除此之外,液态合金的比热容、黏度、结晶潜热,导热系数和表面张力等特性对合金的流动性都有一定的影响。

2)外界条件

影响合金充型能力的外界因素主要有铸型条件、浇注条件和铸件结构等。这些因素主要是通过影响金属与铸型之间的热交换条件,从而改变金属液的流动时间,或是通过影响金属液在铸型中的流动力学条件,从而改变金属液的流动速度来影响合金充型能力的。如果能够使金属液的流动时间延长,或加快流动速度,就可改善金属液的充型能力。

（1）铸型条件

铸型的导热速度越大或对金属液流动阻力越大,金属液流动时间就短,合金的充型能力越差。铸型的蓄热系数大,金属液降温快,充型能力下降;例如,液态合金在金属型中的充型能力比在砂型中差。砂型铸造时,型砂中水分过多,排气不好,浇注时产生大量气体,会增加充型的阻力,使合金的充型能力变差。

（2）浇注条件

浇注温度、充型压头、浇注系统的结构等浇注条件影响合金的充型能力。在一定范围内,提高浇注温度,可使液态合金黏度下降,流速加快,还能使铸型温度升高,金属散热速度变慢,从而可大大提高金属液的充型能力。但浇注温度不能过高,否则容易产生粘砂、缩孔、气孔、粗晶等缺陷。因此,在保证金属液具有足够充型能力的前提下应尽量降低浇注温度,例如,铸钢的浇注温度范围为 1 520~1 620 ℃,铸铁的浇注温度范围为 1 230~1 450 ℃,铝合金的浇注温度范围为 680~780 ℃,对薄壁复杂铸件取上限,厚大铸件取下限。提高金属液的充型压力和浇注速度可使充型能力增加,如增加直浇口的高度,也可用人工加压方法(压力铸造、真空吸铸及离心铸造等)。此外,浇注系统结构越复杂,流动阻力越大,充型能力越低。

（3）铸件结构

当铸件壁厚过小、壁厚急剧变化、结构复杂以及有大的水平面等结构时,都使金属液的流动发生困难。因此,设计时铸件的壁厚必须大于最小允许壁厚值,见表2.1,有的铸件还需设计流动通道。

表 2.1 不同金属和不同铸造方法铸造的铸件的最小壁厚值

(mm)

	砂型铸造	金属型铸造	熔模铸造	压铸
灰铸铁	3	>4	0.4~0.8	—
铸钢	4	8~10	0.5~1	—
铝合金	5	3~4	—	0.6~0.8

2.2.2 合金的收缩性

铸件在冷却、凝固过程中,其体积和尺寸减小的现象称为收缩。合金的收缩量通常用体收缩率和线收缩率来表示。金属从液态冷却、凝固到常温的体积改变量称为体收缩;金属在固态由高温到常温的线性尺寸改变量称为线收缩;铸件的收缩与合金成分、温度、收缩系数和相变体积改变等因素有关,除此之外,还与结晶特性、铸件结构以及铸造工艺等有关。

1）收缩三阶段

铸造合金收缩要经历 3 个相互联系的收缩阶段,即液态收缩、凝固收缩和固态收缩,如图2.4 所示。

（1）液态收缩

液态收缩是指合金从浇注温度 $t_{浇}$(A 点)冷却至开始凝固(液相线)温度(B 点)之间的收缩。金属液体的过热度越高,液态收缩越多。

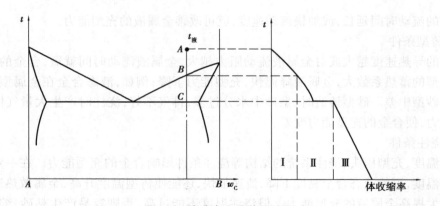

图 2.4 铸造合金的收缩阶段

Ⅰ—液态收缩；Ⅱ—凝固收缩；Ⅲ—固态收缩

（2）凝固收缩

凝固收缩是指合金从开始凝固（B 点）至凝固结束（固相线）之间的收缩。结晶温度范围越宽，凝固收缩越大。

合金的液态收缩和凝固收缩，一般表现为体缩，收缩过程中铸型空腔内金属液面的下降，是铸件产生缩孔或缩松的基本原因。

（3）固态收缩

固态收缩是指合金在固态下冷却至室温的收缩。表现为线收缩，将使铸件的形状、尺寸发生变化，是产生铸造内应力导致铸件变形，甚至产生裂纹的主要原因。常用的金属材料中，铸钢收缩最大，有色金属次之，灰口铸铁最小。灰口铸铁收缩小是由于石墨析出而引起体积膨胀的结果。

2）影响收缩的因素

合金总的收缩为液态收缩、凝固收缩和固态收缩 3 个阶段收缩之和，它和金属本身的化学成分、浇注温度、铸件结构以及铸型条件等因素有关。

（1）化学成分

不同成分合金的收缩率不同，如碳素钢随含碳量的增加，凝固收缩率增加，而固态收缩率略减。表 2.2 列出了几种铁碳合金的收缩率。灰铸铁中，碳、硅含量越高，硫含量越低，收缩率越小。

（2）浇注温度

浇注温度主要影响液态收缩。浇注温度升高，使合金液态收缩率增加，则总收缩量相应增大。为减小合金液态收缩及氧化吸气，并且兼顾流动性，浇注温度一般控制在高于液相线温度 50～150 ℃。

（3）铸件结构与铸型条件

铸件的收缩并非自由收缩，而是受阻收缩。其阻力来源于两个方面：一是由于铸件壁厚不均匀，各部分冷却速度不同，收缩先后不一致，而相互制约产生阻力；二是铸型和型芯对收缩的机械阻力。铸件收缩时受阻越大，实际收缩率就越小。因此，在设计和制造模样时，应根据合金的种类和铸件的受阻情况，考虑收缩率的影响。

表 2.2 几种铁碳合金的收缩率

合金种类	含碳量 /%	浇注温度 /℃	液态收缩率 /%	凝固收缩率 /%	固态收缩率 /%	总收缩率 /%
碳素铸钢	0.25	1 510	1.5	3.3	7.86	12.46
白口铸铁	3	1 400	2.4	4.2	5.4~6.3	12~12.9
灰铸铁	3.5	1 400	3.5	0.1	3.3~4.2	6.9~7.8

3)收缩对铸件质量的影响

(1)缩孔与缩松

如果铸件的液态收缩和凝固收缩得不到合金液的补充,在铸件最后凝固的某些部位则会出现孔洞,大而集中的孔洞称为缩孔,细小而分散的孔洞称为缩松。缩孔产生的基本原因是合金的液态收缩和凝固收缩值远大于固态收缩值。缩孔形成的条件是金属在恒温或很小的温度范围内结晶,铸件壁是以逐层凝固方式进行凝固,如纯金属、共晶成分的合金。图 2.5 为缩孔形成过程示意图。液态合金注满铸型型腔后,开始冷却阶段,液态收缩可从浇注系统得到补偿,如图 2.5(a)所示。随后,近型壁外层因冷却快,先行凝固而形成外壳,内浇口堵塞,尚未凝固的液态金属被封闭在壳内,如图 2.5(b)所示。温度继续下降,薄壳产生固态收缩,其内部液态合金产生液态收缩和凝固收缩,而且远大于薄壳的固态收缩,致使合金液面下降,并与硬壳顶面分离,形成真空空穴,如图 2.5(c)所示。温度再度下降,上述过程重复进行,凝固的硬壳逐层加厚,孔洞不断加大,直至整个铸件凝固完毕。这样,在铸件最后凝固的部位形成一个倒锥形的大孔洞,如图 2.5(d)所示。铸件冷至室温后,由于固态收缩,使缩孔的体积略有减小,如图 2.5(e)所示。故通常缩孔产生的部位一般在铸件最后凝固区域,如壁的上部或中心处,以及铸件两壁相交处,即热节处。若在铸件顶部设置冒口,缩孔将移至冒口,如图 2.5(f)所示。

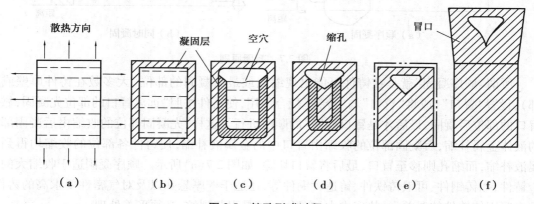

图 2.5 缩孔形成过程

缩松形成的基本原因虽然和形成缩孔的原因相同,但是形成的条件却不同,它主要出现在结晶温度范围宽、呈糊状凝固方式的铸造合金中。图 2.6 为缩松形成过程示意图。这类合金倾向于糊状凝固或中间凝固方式,凝固区液-固交错,枝晶交叉,将尚未凝固的液体合金彼此分隔成许多孤立的封闭液体区域。此时,如同形成缩孔一样,在继续凝固收缩时这些封闭的液体区域得不到新的液体合金补充,在枝晶分叉间形成许多小而分散的孔洞,这就是缩松。它分布在整个铸件断面上,一般出现在铸件壁的轴线区域、热节处、冒口根部和内浇口附近,也常分布在集中缩孔的下方。

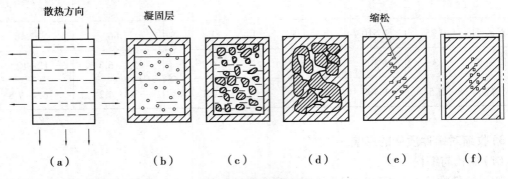

图 2.6　缩松形成过程

不论是缩孔还是缩松,都将使铸件的力学性能、气密性和物理化学性能大大降低,以致成为废品。因此,缩孔和缩松是极其有害的铸造缺陷,必须设法防止。

为了防止铸件产生缩孔、缩松,在铸件结构设计时应避免局部金属积聚。工艺上,应针对合金的凝固特点制定合理的铸造工艺,从而控制凝固过程来减少缩孔、缩松,其凝固原则通常采取如图 2.7 所示的"顺序凝固"和"同时凝固"两种。

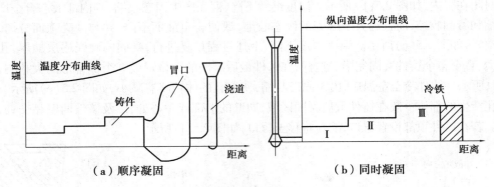

图 2.7　凝固原则

所谓"顺序凝固"就是在铸件可能出现缩孔或最后凝固的部位(大多数在铸件厚壁或顶部),设置"冒口",或将"冒口"与"冷铁"配合使用,使铸件按照"远离冒口的部位先凝固,靠近冒口的部位后凝固,最后才是冒口凝固"的顺序进行。这样,先凝固部位的收缩由后凝固部位的液体金属补缩,后凝固部位的收缩由冒口中的金属液补缩,使铸件各部位的收缩均得到金属液补缩,而缩孔则移至冒口,最后将冒口切除,如图 2.7(a)所示。顺序凝固适于收缩大的合金铸件,如铸钢件、可锻铸铁件、铸造黄铜件等,还适于壁厚悬殊以及对气密性要求高的铸件。顺序凝固使铸件的温差大、热应力大、变形大,容易引起裂纹,必须妥善处理。

所谓"同时凝固"就是使铸件各部位几乎同时冷却凝固,以防止缩孔产生。例如,在铸件厚部或紧靠厚部处的铸型上安放冷铁,如图 2.7(b)所示。同时凝固可减轻铸件热应力,防止铸件变形和开裂,但容易在铸件心部出现缩松。故仅适于收缩小的合金铸件,例如,碳、硅含量较高的灰口铸铁件。

（2）铸造应力、变形和裂纹

铸件在冷凝过程中，由于各部分金属冷却速度不同，使得各部位的收缩不一致，再加上铸型和型芯的阻碍作用，使铸件的固态收缩受到制约，就会产生铸造应力。在应力作用下铸件容易产生变形，甚至开裂。

①铸造应力。铸件固态收缩受阻所引起的应力称为铸造内应力。它包括机械应力和热应力等。

机械应力是铸件收缩受到铸型、型芯或浇冒口的阻碍而引起的应力，如图 2.8 所示。落砂清理后阻碍消除，应力将自行消失。

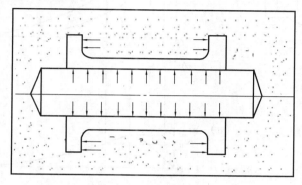

图 2.8　机械应力

热应力是因铸件壁厚不均匀，结构复杂，使各部分冷却收缩不一致，又彼此制约而引起的应力。下面以应力框铸件应力的形成过程为例，讨论热应力的形成过程，如图 2.9 所示。

图 2.9（a）是应力框铸件，它由粗杆 1 和两根细杆 2 以及上下横梁 3 构成。图 2.9（b）中的 t_1 和 t_2 是铸件粗杆 1 和细杆 2 的温度变化曲线。图 2.9（c）是铸件在冷却过程中粗杆 1 和细杆 2 的温差变化曲线。图 2.9（d）为应力框铸件在冷却过程中粗杆 1 和细杆 2 的应力变化曲线。

由图 2.9 可知，开始阶段细杆 2 比粗杆 1 冷却速度快，随后粗杆 1 比细杆 2 冷却速度快。应力框铸件从浇注温度 t_L 开始冷却到 τ_0 时，细杆 2 已经冷却到合金线收缩开始温度 t_y，而粗杆 1 没有冷却到 t_y，于是粗杆 1 将随细杆 2 的收缩而产生塑性变形，直到 τ_1 粗杆 1 冷却到 t_y 温度之前，铸件内部没有应力产生。从 τ_1 开始，铸件整体冷却到 t_y 以下，粗杆 1、细杆 2 都将产生线收缩。粗杆 1 冷却速度慢，线收缩小，细杆 2 则相反，细杆 2 的线收缩被粗杆 1 强烈地阻碍，于是产生热应力，细杆 2 内部形成拉应力，粗杆 1 则产生压应力，并且在粗细杆温差达到最大值 Δt_{max}（τ_2 时）前热应力不断增加。从 τ_2 到 τ_3，随着粗细杆温差减小，热应力降低，到 τ_3（温差为 Δt_H 时），应力下降为零。从 τ_3 进一步冷却，细杆 2 冷却速度变慢，线收缩小，开始阻碍粗杆的线收缩，导致在粗细杆的截面上产生改变符号的热应力，并不断增加。最终粗杆 1 承受拉应力 σ_1，细杆 2 承受压应力 σ_2。由于热应力一经产生就不会自行消除，故又称为残余内应力。

铸造应力使铸件的精度和使用寿命大大降低。在存放、加工甚至使用过程中，铸件内的残留应力将重新分布，使铸件发生变形或产生裂纹。它还降低了铸件的耐腐蚀性，其中机械应力尽管是暂时的，但是当它与其他应力相互叠加时，也会增大铸件产生变形与裂纹的倾向，因此必须尽量减小或消除之。要减少铸造应力就应设法减少铸件冷却过程中各部位的温差，使各部位收缩一致，如将浇口开在薄壁处，在厚壁处安放冷铁，即采取同时凝固原则。此外，改善铸型和砂芯的退让性，减少机械阻碍作用，以及通过热处理等方法也可减少或消除铸造应力。

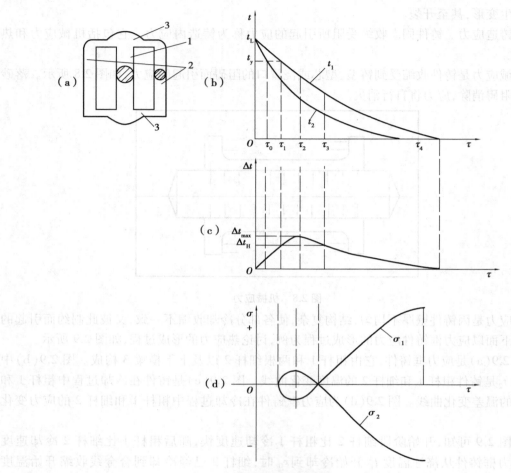

图 2.9　壁厚不同的应力框铸件应力的形成过程
1—粗杆；2—细杆；3—横梁

②铸造变形与裂纹。如前所述，当铸件中存在内应力时，会使其处于不稳定状态，铸件将以变形的方式自动地缓解这种内应力。当铸造应力值超过合金的屈服强度时，铸件将发生塑性变形；当铸造应力值超过合金的抗拉强度时，铸件将产生裂纹。

对于厚薄不均匀、截面不对称及具有细长特点的杆类、板类及轮类等铸件，当残余铸造应力超过铸件材料的屈服强度时，往往产生翘曲变形。一般来说，薄壁或外层部位冷却速度快，存在压应力，如果铸件刚度不够，应力释放后往往会引起伸长或外凸变形；反之，厚壁或内层部位冷却速度慢，存在拉应力，会导致压缩或内凹变形。例如，前述应力框铸件如果连接两杆的横梁刚度不够，结果会出现如图 2.10 所示的翘曲变形。图 2.11（a）所示 T 形梁铸钢件，板Ⅰ厚、板Ⅱ薄，若铸钢件刚度不够，将发生图中虚线所示的板Ⅰ内凹、板Ⅱ外凸的变形；反之，如果板Ⅰ薄、板Ⅱ厚时，将发生反向翘曲，如图 2.11（b）所示。图 2.12 所示为车床床身，导轨部分厚，侧壁部分薄，铸造后往往发生导轨面下凹变形。

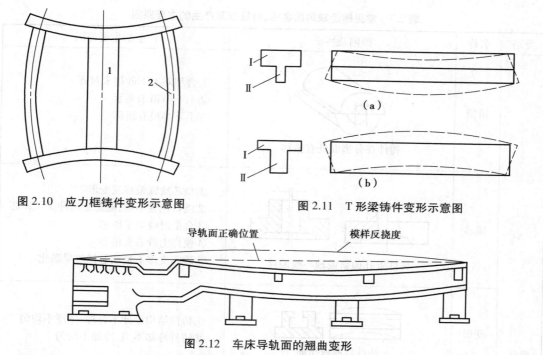

图 2.10 应力框铸件变形示意图

图 2.11 T 形梁铸件变形示意图

图 2.12 车床导轨面的翘曲变形

变形会使铸造应力重新分布、残留应力减小一些，但不会完全消除。铸件产生变形以后，常因加工余量不够或因铸件放不进夹具无法加工而报废。前述防止铸造应力的方法，也是防止变形的基本方法。此外，工艺上还可采取某些措施，如反变形法，即在模样上作出与挠曲量相等，但方向相反的预变形量来消除床身导轨的变形，如图 2.12 所示模样反挠度。

当铸造应力超过材料的强度极限时，铸件会产生裂纹，裂纹有热裂纹和冷裂纹两种。

热裂纹是在铸件凝固末期的高温下形成的。此时，结晶出来的固体已形成完整的骨架，开始进入固态收缩阶段，但晶粒间含有少量的液体，因此合金的强度很低。如果合金的固态收缩受到铸型或型芯的阻碍，使机械应力超过了在该温度下该合金的强度，就会发生裂纹。热裂纹具有裂纹短、缝隙宽、形状曲折、缝内严重氧化、裂口沿晶界产生和发展等特征。热裂纹是铸钢和铝合金铸件常见的缺陷。

冷裂纹是在较低温度下形成的裂纹；在机械应力和热应力的综合作用下，当铸件产生的应力的总和大于该温度下金属的抗拉强度时，则产生冷裂。冷裂常出现在铸件受拉伸的部位，其形状细小、呈连续直线状、裂纹断口表面具有金属光泽或轻微氧化色；壁厚差别大、形状复杂的铸件，尤其是大而薄的铸件易发生冷裂纹。

铸件中存在任何形式的裂纹都严重损害其力学性能，使用时会因裂纹扩展使铸件断裂，发生事故。凡是减少铸造内应力或降低合金脆性的因素，都有利于防止裂纹的产生。

2.2.3 铸造生产常见缺陷

由于铸造生产工序繁多，很容易使铸件产生缺陷。为了减少铸件缺陷，首先应正确判断缺陷类型，找出产生缺陷的主要原因，以便采取相应的预防措施。表 2.3 给出了常见铸造缺陷的名称、特征以及产生的主要原因。

表 2.3　常见铸造缺陷的名称、特征以及产生的主要原因

类别	名称	图例及特征	产生的主要原因
形状类缺陷	错型	铸件在分型面处有错移	①合型时上下砂箱未对齐 ②上下砂箱未夹紧 ③上下半模有错移
	偏芯	铸件上孔偏斜或轴心线偏移	①型芯放置偏移或变形 ②浇口位置不对,液态金属冲歪了砂芯 ③合型时碰歪了砂芯 ④模样上砂芯头偏心 ⑤砂芯支撑不足或芯撑过早融化
	变形	铸件弯曲或扭曲	①铸件结构设计不合理,壁厚不均匀 ②铸件冷却不当,冷却不均匀
	浇不足	液态金属未充满铸型,铸件形状不完整	①铸件壁太薄,冷却过快 ②合金流动性不好或浇注温度过低 ③浇口太小,排气不畅 ④浇注速度太慢 ⑤浇包内金属液量不足
	冷隔	铸件表面未融合好,有浇坑或接缝	①铸件设计不合理,铸件壁太薄 ②合金流动性差 ③浇注温度太低、浇注速度太慢 ④浇口位置不当或浇口太小 ⑤浇注中途有停顿

类别	名称	图例及特征	产生的主要原因
孔洞类缺陷	缩孔、缩松	铸件内部有不规则的粗糙孔洞	①铸件结构设计不合理,壁厚不均匀或铸件壁太厚 ②浇冒口位置不当,冒口尺寸过小 ③浇注温度太高
	气孔	铸件表面或内部存在较为规则的孔洞	①熔炼工艺不合理、金属液吸气过多 ②铸型透气性差,铸型中的气体侵入金属液 ③铸型或砂型中水分含量过高或铸型芯未干 ④浇注温度偏低 ⑤浇包等工具未烘干
夹杂类缺陷	夹渣	铸件表面不规则并含有熔渣的孔眼	①浇注前金属液上面的浮渣没有扒干净 ②浇注时挡渣不好,浮渣随着金属液进入铸型 ③浇注温度太低,熔渣不易上浮
	砂眼	铸件表面或内部含有型砂小凹坑	①砂型或砂芯强度不足,合型时松砂或被液态金属冲垮 ②型腔或浇口内散砂未吹净 ③铸件结构不合理,无圆角或圆角过小
裂纹类缺陷	裂纹	转角处或厚薄交接处的表面或内部的裂纹	①铸件壁厚不均、冷却不一 ②浇注温度过高 ③型砂、芯纱的退让性差 ④合金内硫、磷含量太高 ⑤铸件结构设计不合理
表面缺陷	粘砂	铸件表面黏附砂粒	①浇注温度太高 ②型砂选用不当,耐火性低 ③未刷涂料或涂料太薄

103

2.3 铸造方法

根据铸型的方法不同,铸造方法分为砂型铸造和特种铸造两大类。由于砂型铸造材料价格相对较低,对于铸造加工经济型高,铸型的制造过程相对简单,能够适应铸件的生产要求(单一、大量生产),所以钢、铁和大多数有色合金铸件都可用砂型铸造方法获得。长期以来,一直是铸造生产中的基本工艺。

2.3.1 砂型铸造

砂型铸造的基本工艺过程如图 2.13 所示。主要工序有制造模样和芯盒、备制型砂和芯砂、造型、造芯、合型、浇注、落砂清理和检验等。其中造型(芯)是砂型铸造最基本的工序,按紧实型砂和起模方法不同,造型方法可分为手工造型和机器造型两种。

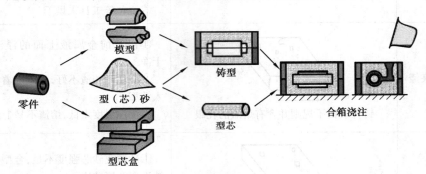

图 2.13　砂型铸造的基本工艺过程

1)手工造型

手工造型操作灵活、工装简单,但劳动强度大,生产率低,常用于单件和小批量生产。

手工造型的方法很多,有整模造型、分模造型、挖砂造型、活块造型、刮板造型等,表 2.4 中所示为这些常用手工造型方法的特点和应用范围。

表 2.4　常用手工造型方法的特点和应用范围

造型方法	特点	应用范围
整模造型	整体模、分型面为平面、铸型型腔全部在一个砂箱内,造型简单,铸件不会产生错箱缺陷	铸件最大截面在一端,且为平面
分模造型	模样沿最大截面分为两半,型腔位于上下两个砂箱内,造型方便,但制作模样较麻烦	铸件最大截面在中间,一般为对称性铸件
挖沙造型	整体模,造型时需挖去阻碍起模的型砂,生产率低	单件小批量生产,分模后易损坏或变形的铸件

续表

造型方法	特点	应用范围
假箱造型	利用特制的假箱或型板进行造型,自然形成曲面造型,可免去挖砂操作,造型方便	成批生产需挖砂的铸件
活块造型	将模样上阻碍起模的部分,做成活动的活块,便于造型起模,造型和制作模样都较麻烦	单件小批量生产带有突起部分的铸件
刮板造型	用特制的刮板代替实体模样造型,可显著降低模样成本,但操作复杂,要求工人技术水平高	单件小批量生产等截面或回转体大、中型铸件
三箱造型	铸件两端截面尺寸比中间部分大,采用两箱造型无法起模时,铸型可由三箱组成,关键是选配高度合适的中箱,造型麻烦,容易错箱	单件小批量生产具有两个分型面的铸件
地坑造型	在地面以下的砂箱中造型,一般只用上箱,可减少砂箱投资,但造型劳动量大,要求工人技术较高	生产批量不大的大、中型铸件,可节省砂箱

2)机器造型

机器造型(芯)使紧砂和起模两个重要工序实现了机械化,因而生产率高,铸件质量好。但设备投资大,适用于中、小型铸件的成批大量生产。

机器造型按紧实的方式不同,分压实造型、震击造型、抛砂造型和射砂造型 4 种基本方式。

(1)压实造型

压实造型是利用压头的压力将砂箱的型砂紧实,图 2.14 为压实造型示意图。先把型砂填入砂箱,然后压头向下将型砂紧实,辅助框是用来补偿紧实过程中型砂被压缩的高度。压实造型生产率高,但型砂沿高度方向的紧实度不够均匀,一般越接近底板,紧实度越差,因此适用于高度不大的砂箱。

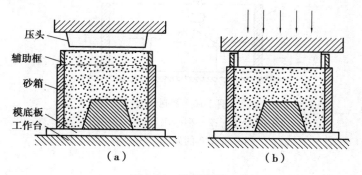

图 2.14　压实造型

(2)震击造型

震击造型是利用振动和撞击对型砂进行紧实,如图 2.15 所示。砂箱填砂后,震击活塞将工作台连同砂箱举起一定高度,然后下落,与缸体撞击,依靠型砂下落时的冲击力产生紧实作用。型砂紧实度分布规律与压实造型相反,越接近模底板型砂紧实度越高,因此可将震击造型与压实造型联合使用。

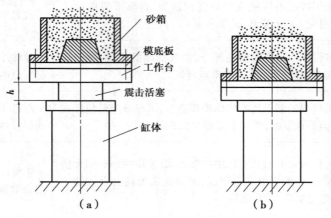

图 2.15　震击造型

（3）抛砂造型

图 2.16 为抛砂机工作原理。抛砂头转子上装有叶片,型砂由皮带输送机连续地送入,高速旋转的叶片接住型砂并分成一个个砂团,当砂团随叶片转到出口处时,由于离心力作用,以高速抛入砂箱,同时完成填砂和紧实。

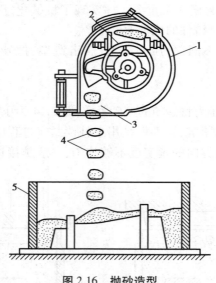

图 2.16　抛砂造型

1—机头外壳;2—型砂出口;3—砂团出口
4—被紧实的砂团;5—砂箱

（4）射砂造型

射砂紧实的方法除用于造型外多用于造芯。图 2.17 为射砂机工作原理。由储气筒中迅速进入射腔的压缩空气,将型砂由射砂孔射入芯盒的空腔中,而压缩空气经射砂上的排气孔排出,射砂过程在较短的时间内同时完成填砂和紧实,生产率极高。

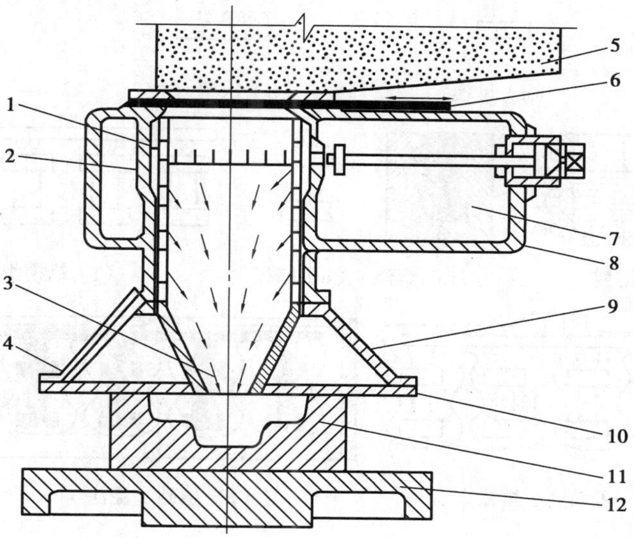

图 2.17　射砂造型

1—射砂筒;2—射膛;3—射砂孔;4—排气孔
5—砂斗;6—砂闸板;7—进气阀;8—储气筒
9—射砂头;10—射砂板;11—芯盒;12—工作台

2.3.2　特种铸造

与砂型铸造不同的其他铸造方法统称为特种铸造。各种特种铸造方法均有其突出的特点和一定的局限性,下面简要介绍常用的特种铸造方法。

1)熔模铸造

熔模铸造就是先用母模制造压型,然后用易熔材料——蜡料制成零件的模样,在模样上涂上若干层耐火涂料将其表面包覆,经过硬化后将模样加热,熔去蜡料,从而制成具有一定强度、无分型面的铸型壳,最后经浇注而获得铸件。由于熔模广泛采用蜡质材料来制造,故熔模铸造又称"失蜡铸造"。熔模铸造的主要工艺过程如图 2.18 所示。

(1)蜡模制造

蜡模制造是熔模铸造的重要过程,每生产一个铸件就需要制作一个蜡模。蜡模制造需经以下几个步骤:

①制造压型。压型(图 2.18(b))是制造蜡模的专用模具,其内腔形状与铸件相适应,型腔尺寸要考虑蜡料和铸造合金的双重收缩率。压型的材料有非金属(石膏、水泥及塑料)和金属(钢、铝合金、锡铋铅合金等)两类。前者制造简便,使用寿命较短,用于小批量生产或新产品试制;后者制作成本较高、周期长,使用寿命也长,用于大批大量生产。

②压制蜡模。将石蜡、松香、蜂蜡、硬脂酸等材料按一定比例配置成蜡模材料,加热熔融(图 2.18(c)),将熔融成糊状的蜡料挤入压型中(图 2.18(d)),待凝固后取出,修去毛边,即获得带有内浇口的单个蜡模(图 2.18(e))。

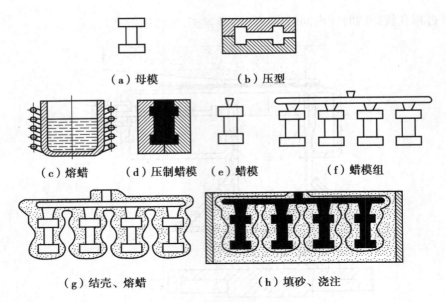

（a）母模　　　　　　　　（b）压型

（c）熔蜡　　　（d）压制蜡模　　（e）蜡模　　　　（f）蜡模组

（g）结壳、熔蜡　　　　　　　　（h）填砂、浇注

图 2.18　熔模铸造工艺过程

③蜡模组合。为方便后续工序及一次浇注多个铸件,常把若干个蜡模焊接到预先制成的蜡棒（即浇注系统）上,制成蜡模组（图 2.18(f)）。

（2）铸型制造

熔模铸造的铸型是具有一定强度的型壳,其制作过程如下:

①涂制型壳。它指在蜡模组上涂覆耐火涂料层。先将耐火材料（如细石英粉）和凝结剂（如水玻璃）按一定比例配制成糊状涂料,将蜡模组在该涂料中涂挂后,再向其表面喷撒一层细石英粉（其后逐层加粗）,干燥后将黏附着石英砂的蜡模组浸入硬化剂中硬化,如此重复多次（一般涂 4~10 层,视铸件大小和材料而定）,就可制造具有一定厚度（5~20 mm）的耐火硬壳。

②脱蜡。将包有耐火型壳的蜡模组浸泡于 85~95 ℃的热水中,蜡模熔化而浮出,从而得到中空的型壳（图 2.18(g)）,熔蜡经回收,可重复使用。

③焙烧与浇注。型壳在浇注前,必须放入温度为 850~950 ℃加热炉中进行焙烧,其目的是将型壳中的残余蜡料、水分挥发,提高型壳的热强度。将焙烧后的型壳趁热（600~700 ℃）进行浇注。为防止型壳在浇注时变形或破裂,可将型壳安放于砂箱中,周围填以干石英砂加固（图 2.18(h)）。

浇注后去除型壳,并对铸件进行必要的清理。

（3）熔模铸造的特点和应用范围

①熔模铸造属于一次成型,又无分型面,所以铸件精度高,表面质量好。

②可制造形状复杂的铸件,最小壁厚可达 0.7 mm,最小孔径可达 1.5 mm。

③型壳的耐热性好,适应各种铸造合金,尤其适于生产高熔点和难以加工的合金铸件。

④熔模铸造工艺过程复杂、生产周期长、铸件成本较高,大尺寸的蜡模容易变形,型壳的强度也有限,铸件尺寸和质量受到限制,一般不超过 25 kg。

熔模铸造适用于制造形状复杂,难以加工的高熔点合金及有特殊要求的精密铸件。目前,主要用于汽轮机、燃汽轮机叶片,切削刀具,仪表元件,汽车、拖拉机及机床等零件的生产。

2) 金属型铸造

把液体金属浇入用金属制成的铸型内而获得铸件的方法称为金属型铸造(又称硬模铸造或永久性铸造)。制造金属型的材料熔点一般应高于浇注合金的熔点。如浇注锡、锌、镁等低熔点合金,可用灰铸铁制造金属型;浇注铝、铜等合金,则要用合金铸铁或耐热钢制金属型。金属型可重复使用多次。

按照分型面的位置不同,金属型可分为整体式、垂直分型式、水平分型式和复合分型式。图 2.19 所示为水平分型式和垂直分型式结构简图,其中垂直分型式便于布置浇注系统,铸型开合方便,容易实现机械化,应用较广。

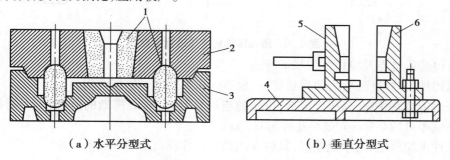

（a）水平分型式　　　　　　　　　（b）垂直分型式

图 2.19　金属型结构类型
1—型芯;2—上型;3—下型;4—模底板;5—动型;6—定型

金属型导热快,无退让性和透气性,铸件容易产生浇不足、冷隔、裂纹、气孔等缺陷。此外,在高温金属液的冲刷下型腔易损坏。为此,需采取如下工艺措施:浇注前预热,浇注过程中适当冷却,使金属型在一定温度范围内工作;型腔内刷耐火涂料,以起到保护铸型、调节铸件冷却速度、改善铸件表面质量的作用;在分型面上作出通气槽、出气孔等;掌握好开型的时间,以利于取件和防止铸件产生裂纹等缺陷。

金属型铸造的特点及应用范围如下所述:

①金属型铸造冷却速度快,铸件晶粒致密,力学性能好。

②铸件精度高,表面质量好,金属内腔表面光洁、尺寸稳定,铸件尺寸精度可达 IT12 ～ IT14,表面粗糙度 Ra 可达 6.3 ~12.5 μm。

③实现了"一型多铸",工序简单,生产率高,节省造型材料。

④金属型成本高,制造周期长,铸造工艺规程要求严格。

金属型铸造主要适用于大批量生产形状简单的有色金属铸件,如铝活塞、汽缸、缸盖、泵体、轴瓦、轴套等。

⑤金属型铸造由于不用或少用型砂,大大减少了劳动场所的沙尘含量,劳动条件好。

3) 压力铸造

压力铸造(简称压铸),是将熔融金属在高压作用下快速压入铸型,并在压力下凝固,而获得铸件的方法。

压铸是通过压铸机完成的,根据压室工作条件不同,可分为冷压室压铸机和热压室压铸机两类。热压室压铸机的压室与坩埚连成一体,而冷压室压铸机的压室是与坩埚分开的。冷压室压铸机又可分为立式和卧式两种,目前以卧式冷压室压铸机应用较多,图 2.20 为卧式压铸机工作过程示意图,合型后将定量金属液浇入压室,柱塞向前推进,金属液经浇道压入压铸模型腔中,经冷凝后开型,由推杆将铸件推出。冷压室压铸机,可用于压铸熔点较高的非铁金属,如铜、铝和镁合金等。

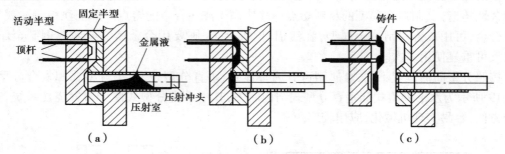

图 2.20　卧式压铸机工作过程示意图

压力铸造的特点及应用范围如下所述:

①压铸件尺寸精度高,表面质量好,一般不需机加工即可直接使用。

②压力铸造在快速、高压下成形,可压铸出形状复杂、轮廓清晰的薄壁精密铸件,铝合金铸件最小壁厚可达 0.5 mm,最小孔径为 0.7 mm。

③铸件组织致密,力学性能好,其强度比砂型铸件提高 25%～40%。

④生产率高,劳动条件好。

⑤设备投资大,铸型制造费用高,周期长。

压力铸造主要用于大批量生产低熔点合金的中小型铸件,如铝、锌、铜等合金铸件,在汽车、拖拉机、航空、仪表、电器等部门获得广泛应用。

4)离心铸造

离心铸造是将液体金属浇入高速旋转的铸型中,使其在离心力作用下凝固成形的铸造方法。

根据铸型旋转轴空间位置的不同,离心铸造机可分为立式和卧式两大类(图 2.21)。

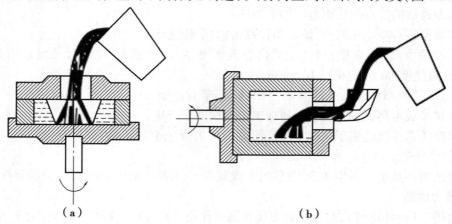

图 2.21　离心铸造

离心铸造的特点及应用范围如下所述:

①铸件在离心力作用下结晶,组织致密,无缩孔、缩松、气孔、夹渣等缺陷,力学性能好。

②铸造圆形中空铸件时,可省去型芯和浇注系统,简化了工艺,节约了金属。

③便于制造双金属铸件,如钢套镶铸铜衬。

④离心铸造内表面粗糙,尺寸不易控制,需增加加工余量来保证铸件质量,且不适宜生产易偏析的合金。

离心铸造是生产管、套类铸件的主要方法,如铸铁管、铜套、汽缸套、双金属轧辊、滚筒等。

除以上特种铸造方法外,还有低压铸造、壳型铸造、真空密封铸造、实型铸造、悬浮铸造等其他特种铸造方法。

2.4　铸造工艺设计

铸造生产要实现优质、高产、低成本、少污染,必须根据铸件结构的特点、技术要求、生产批量、生产条件等进行铸造工艺设计,并绘制铸造工艺图。铸造工艺图就是根据零件图利用各种铸造工艺符号、各种工艺参数,把制造模样和铸型所需的资料直接绘制在图纸上的图样,图中应表示出铸件的浇注位置、分型面,型芯的形状、数量、尺寸及其固定方式,工艺参数,浇注系统等。这既是生产管理的需要,也是铸件验收和经济核算的依据。依据铸造工艺图,结合所选造型方法,便可绘制出模样图及合型图。图 2.22 为支座的铸造工艺图、模样图及合型图。

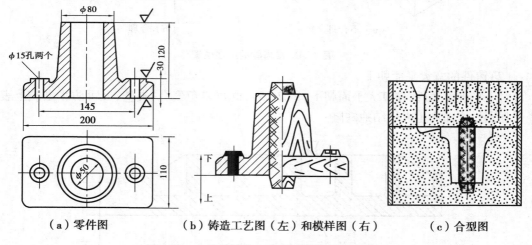

（a）零件图　　　　（b）铸造工艺图（左）和模样图（右）　　　　（c）合型图

图 2.22　支座的铸造工艺图、模样图及合型图

2.4.1　浇注位置与分型面的选择

浇注位置与分型面的选择密切相关,通常分型面取决于浇注位置,选择时既要保证质量又要简化造型工艺。对一些质量要求不高的铸件,为了简化造型工艺,可先选定分型面。

1）浇注位置的选择

浇注位置是指浇注时铸件在铸型中所处的位置。确定浇注位置应考虑以下原则:

（1）铸件的重要表面朝下或处于侧面

气孔、夹渣等缺陷多出现在铸件上表面,而底部或侧面组织致密,缺陷少,质量好。图2.23所示床身的导轨面是重要受力面和加工面,浇注时朝下是合理的选择。图 2.24 所示伞齿轮的齿面质量要求高,采用立浇方案,则容易保证铸件质量。个别加工表面必须朝上时,可采

111

用增大加工余量的方法来保证质量要求。

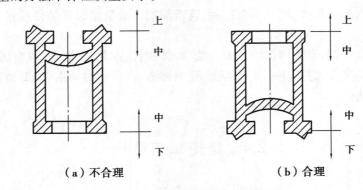

图 2.23　车床床身导轨的浇注位置

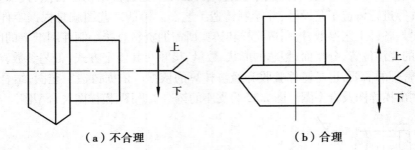

图 2.24　锥齿轮的浇注位置

（2）铸件的宽大平面朝下

对于平板类铸件，使其大平面朝下（图 2.25），既可避免气孔、夹渣，又可防止型腔上表面经受强烈烘烤而产生夹砂结疤缺陷。

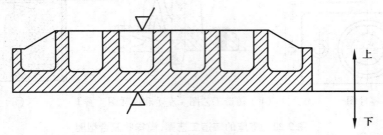

图 2.25　大平面铸件正确的浇注位置

（3）铸件的薄壁部分朝下

按图 2.26（a）正确位置浇注，可保证铸件的充型，防止产生浇不足、冷隔缺陷。这对于流动性差的合金尤为重要。

（4）铸件的厚大部分朝上，便于补缩

容易形成缩孔的铸件，厚大部分朝上，便于安置冒口，实现自下而上的定向凝固，防止产生缩孔。图 2.27 所示铸钢链轮的厚壁朝上，并设置冒口。

（5）浇注位置应利于减少型芯，便于安装型芯

通常型芯用来获得内孔和内腔，有时也为了获得局部外形。采用型芯会使造型工艺复杂，增加成本，因此，选择浇注位置应有利于减少型芯数目，如图 2.28 所示。

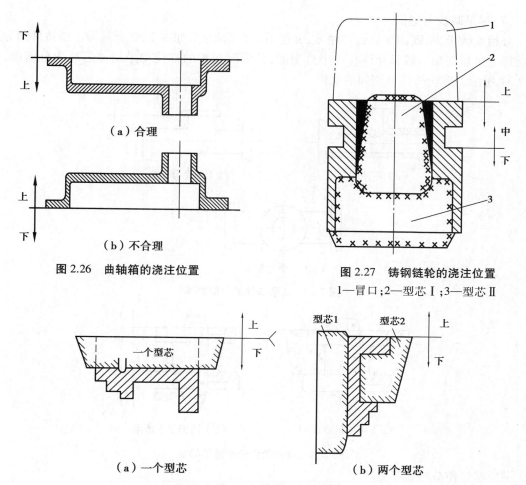

（a）合理

（b）不合理

图 2.26　曲轴箱的浇注位置

图 2.27　铸钢链轮的浇注位置

1—冒口；2—型芯 I；3—型芯 II

（a）一个型芯

（b）两个型芯

图 2.28　浇注位置应有利于减少砂芯

2）选择分型面

铸型时，砂箱与砂箱之间的结合面称为分型面。确定分型面应使得起模方便，造型工艺简化。具体选择原则如下所述：

（1）应尽量使铸件位于同一铸型内

铸件的加工面和加工基准面应尽量位于同一砂箱，避免合型不准产生错型，从而保证铸件尺寸精度。图 2.29 所示水管堵头是以顶部方头为基准加工管螺纹的，图 2.29（b）所示分型方案易产生错型，无法保证外螺纹加工精度，故方案（a）合理。

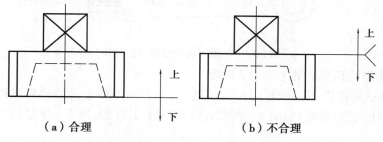

（a）合理

（b）不合理

图 2.29　管子堵头分型方案

（2）尽量减少分型面

分型面数量少，既能保证铸件精度，又能简化造型操作，如图 2.30 所示为三通铸件的分型面选择。机器造型一般只允许有一个分型面，凡阻碍起模的部位均采用型芯减少分型面，如图 2.31 所示为绳轮铸件分型面的确定。

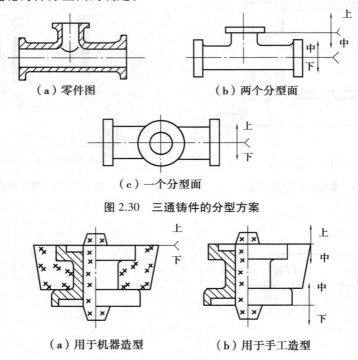

（a）零件图　　　　　　　　（b）两个分型面

（c）一个分型面

图 2.30　三通铸件的分型方案

（a）用于机器造型　　　　　（b）用于手工造型

图 2.31　绳轮铸件分型面的确定

（3）尽量使分型面平直

平直的分型面可简化造型工艺和模板制造，易于保证铸件精度，这对于机器造型尤为重要，如图 2.32 所示为起重臂铸件分型面的确定。

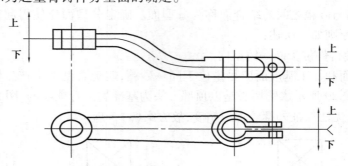

图 2.32　起重臂铸件分型面的确定

（4）尽量使型腔和主要型芯位于下砂箱

图 2.33 所示为铸件，若按图（a）的方式铸型，一方面不便于检验铸件壁厚，另一方面合型时还容易碰坏型芯；而采用图（b）的方式铸型既便于造型、下芯、合型，也便于检验铸件壁厚。

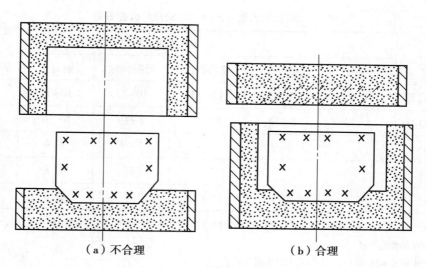

（a）不合理　　　　　　（b）合理

图 2.33　型腔和型芯位置分布

2.4.2　确定铸造主要工艺参数

铸造工艺参数是指铸造工艺设计时需要确定的某些数据。主要指加工余量、起模斜度、铸造收缩率、型芯头尺寸、铸造圆角等。这些工艺参数不仅和浇注位置及模样有关,还与造芯、下芯及合型的工艺过程有关。

在铸造过程中,为了便于制作模样和简化造型操作,一般在确定工艺参数前要根据零件的形状特征简化铸件结构。例如,零件上的小凸台、小凹槽、小孔等可不铸出,留待以后切削加工。在单件小批生产条件下铸件的孔径小于 30 mm、凸台高度和凹槽深度小于 10 mm 时,可以不铸出。

1）加工余量

在铸件工艺设计时预先增加而在机加工中再切去的金属层厚度,称为加工余量。在制作模样时,考虑铸造收缩率还要在铸件的加工面上适当增大尺寸。根据《铸件机械加工余量》（GB/T 11350—1980）的规定,确定加工余量之前,需先确定铸件的尺寸公差等级和加工余量等级。

（1）铸件的尺寸公差等级

铸件的尺寸公差等级代号为 CT,公差等级由高到低分为 18 级,它是设计和检验铸件尺寸的依据。表 2.5 列出了小批和单件生产铸件时的尺寸公差等级。表 2.6 列出了成批和大量生产铸件时的尺寸公差等级。

表 2.5　小批和单件生产铸件时的尺寸公差等级

造型材料	公差等级 CT					
	铸钢	灰铸铁	球墨铸铁	可锻铸铁	铜合金	轻金属合金
干、湿型砂	13～15	13～15	13～15	13～15	13～15	11～13
自硬砂	12～14	11～13	11～13	11～13	10～12	10～12

表 2.6 成批和大量生产铸件时的尺寸公差等级

铸造工艺方法	公差等级 CT					
	铸钢	灰铸铁	球墨铸铁	可锻铸铁	铜合金	轻金属合金
砂型手工造型	11~13	11~13	11~13	10~12	10~12	9~11
砂型机器造型	8~10	8~10	8~10	8~10	8~10	7~9
金属型		7~9	7~9	7~9	7~9	6~8
压力铸造					6~8	5~7
熔模铸造	5~7	5~7	5~7		4~6	4~6

注:表2.5和表2.6中的公差等级适用于大于25 mm的铸件基本尺寸,对小于或等于25 mm的铸件基本尺寸,通常应采用下述较高的公差等级:

①铸件基本尺寸≤10 mm时,其公差等级提高3级。

②铸件基本尺寸=10~16 mm时,其公差等级提高2级。

③铸件基本尺寸=16~25 mm时,其公差等级提高1级。

（2）加工余量等级

铸件加工余量等级代号为 MA,其等级由精到粗分为 A、B、C、D、E、F、G、H、J 共9个等级。对于小批和单件生产的铸件,加工余量等级按表2.7选取,成批和大量生产铸件时加工余量等级按表2.8选取。

（3）加工余量的数值及尺寸公差等级

CT 和加工余量等级 MA 确定后,可根据基本尺寸由表2.9查得铸件的加工余量的数值。此外,铸件顶面的加工余量等级应比表中降一级选用,孔的加工余量可与顶面同级。

表 2.7 小批和单件生产铸件时的机械加工余量等级

造型材料、尺寸公差、加工余量		加工余量等级					
		铸钢	灰铸铁	球墨铸铁	可锻铸铁	铜合金	轻金属合金
干、湿型砂	CT	13~15	13~15	13~15	13~15	13~15	11~13
	MA	J	H	H	H	H	H
自硬砂	CT	12~14	11~13	11~13	11~13	10~12	10~12
	MA	J	H	H	H	H	H

表 2.8 大批和大量生产铸件时的机械加工余量等级

铸造工艺方法、尺寸公差、加工余量		加工余量等级					
		铸钢	灰铸铁	球墨铸铁	可锻铸铁	铜合金	轻金属合金
砂型手工造型	CT	11~13	11~13	11~13	10~12	10~12	9~11
	MA	J	H	H	H	H	H

续表

铸造工艺方法、尺寸公差、加工余量		加工余量等级					
		铸钢	灰铸铁	球墨铸铁	可锻铸铁	铜合金	轻金属合金
砂型机器造型	CT	8~10	8~10	8~10	8~10	8~10	7~9
	MA	H	G	G	G	G	G
金属型	CT		7~9	7~9	7~9	7~9	6~8
	MA		F	F	F	F	F
压力铸造	CT					6~8	5~7
	MA					E	E
熔模铸造	CT	5~7	5~7	5~7		4~6	4~6
	MA	E	E	E		E	E

表 2.9　与铸件尺寸公差配套使用的铸件加工余量

尺寸公差等级		8		9		10		11		12			13			14		15	
加工余量等级		G	H	G	H	G	H	G	H	G	H	J	G	H	J	H	J	H	J
基本尺寸 大于	至	加工余量数值/mm																	
—	100	2.5	3.0	3.0	3.5	3.5	4.0	4.0	4.5	4.5	5.0	6.0	6.0	6.5	7.5	7.5	8.5	9.0	10
		2.0	2.5	2.5	3.0	2.5	3.0	3.0	3.5	3.0	3.5	4.5	4.0	4.5	5.5	5.0	6.0	5.5	6.5
100	160	3.0	4.0	3.5	4.5	4.0	5.0	4.5	5.5	5.5	6.5	7.5	7.0	8.0	9.0	9.0	10	11	12
		2.5	3.5	3.0	4.0	3.0	4.0	3.5	4.5	4.0	5.0	6.0	4.5	5.5	6.5	6.0	7.0	7.0	8.0
160	250	4.0	5.0	4.5	5.5	5.0	6.0	6.0	7.0	7.0	8.0	9.5	8.5	9.5	11	11	13	13	15
		3.5	4.5	4.0	5.0	4.0	5.0	4.5	5.5	5.0	6.0	7.5	6.0	7.0	8.5	7.5	9.0	8.5	10
250	400	5.0	6.5	5.5	7.0	6.0	7.5	7.0	8.5	8.0	9.0	11	9.5	11	13	13	15	15	17
		4.5	6.0	4.5	6.0	5.0	6.5	5.5	7.0	6.0	7.5	9.0	6.5	8.0	10	9.0	11	10	12
400	630	5.5	7.5	6.0	7.5	6.5	8.5	7.5	9.5	9.0	11	14	11	13	16	15	18	17	20
		5.0	7.0	5.0	7.0	5.5	7.5	6.0	8.0	6.5	8.5	11	7.5	9.5	12	11	13	12	14
630	1 000	6.5	8.5	7.0	9.0	8.0	10	9.0	11	11	13	16	13	15	18	17	20	20	23
		6.0	8.0	6.0	8.0	6.5	8.5	7.0	9.0	8.0	10	13	9	11	14	12	15	14	17

注:表中每栏有两个加工余量值,上面的数值为以一侧为基准,进行单侧加工的加工余量值,下面的数值是进行双侧加工时,每侧的加工余量值。

2) 起模斜度

为便于起模,在平行于模样或芯盒起模方向的侧壁上的斜度,称为起模斜度。起模斜度的形式有3种,如图2.34所示,当不加工的侧面壁厚<8 mm时,可采用增加壁厚法;当壁厚为8~16 mm时,可采用加减壁厚法;当壁厚>16 mm时,可采用减小壁厚法。当铸件侧面需要加工时必须采用增加壁厚法,而且加工表面上的起模斜度,应在加工余量的基础上再给出斜度数值,图中α的取值见表2.10。

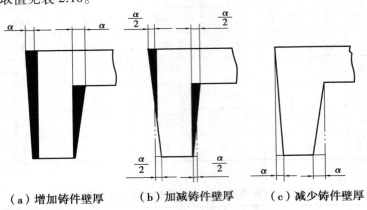

（a）增加铸件壁厚　　（b）加减铸件壁厚　　（c）减少铸件壁厚

图 2.34　取模斜度

表 2.10　起模斜度 α 的数值

测量面高度/mm	金属模	木模
≤20	0.5~1.0	0.5~1.0
>20~50	0.5~1.2	1.0~1.5
>50~100	1.0~1.5	1.5~2.0
>100~200	1.5~2.0	2.0~2.5
>200~300	2.0~3.0	2.5~3.5
>300~500	2.5~4.0	3.5~4.5

起模斜度的大小取决于模样的起模高度、造型方法、模样材料等因素。中小型木模通常取 0°30″~3°,金属模比木模斜度小;立壁越高,斜度越小;机器造型比手工造型斜度小;铸孔内壁的起模斜度应比外壁大,常取 3°~10°。

3) 收缩率

因铸件收缩的影响,铸件冷却后其尺寸要比模样的尺寸小,为了保证铸件要求的尺寸,必须加大模样的尺寸。铸件尺寸收缩的大小一般用铸件线收缩率 K 表示为

$$K = \frac{L_M - L_J}{L_M} \times 100\%$$

式中　L_M——模样(芯盒)尺寸;

　　　L_J——铸件尺寸。

灰铸铁和碳钢的线收缩率见表2.11。

表 2.11　铸造收缩率

铸件种类		收缩率/%	
		有阻碍收缩	自由收缩
灰铸铁	小型铸件	0.9	1.0
	中型铸件	0.8	0.9
	大型铸件	0.7	0.8
碳钢铸件		1.3～1.7	1.6～2.0

4）芯头设计

型芯在铸型中的位置一般是用型芯头来固定的,芯头有垂直芯头和水平芯头两种,如图 2.35 所示。芯头设计主要是确定芯头的长度、斜度和间隙。

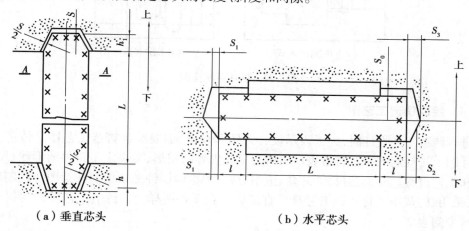

（a）垂直芯头　　　　　　　　（b）水平芯头

图 2.35　芯头

5）铸造圆角

制造模样时,壁的连接和转角处要做成圆弧过度,即铸造圆角。它既可使转角处不产生脆弱面,又可减少应力集中,还可避免产生冲砂、缩孔和裂纹。一般小型铸件,外圆角半径取2～8 mm,内圆角半径取 4～16 mm。

2.4.3　确定浇注系统

浇注系统是金属液流入铸型型腔的通道。通常由浇口杯、直浇道、横浇道和内浇道所组成,如图 2.36 所示。它应使金属液均匀、平稳地充满型腔,能防止熔渣和气体卷入。铸铁件浇注系统设计主要是选择浇注系统类型、确定内浇道开设位置、各组元截面积、形状和尺寸

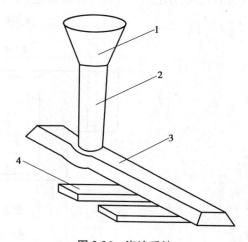

图 2.36　浇注系统

1—浇口杯;2—直浇道;3—横浇道;4—内浇道

等。按照内浇道在铸件上开设的位置不同,浇注系统类型可分为顶注式、底注式、中间注入式

和阶梯式,如图 2.37 所示。

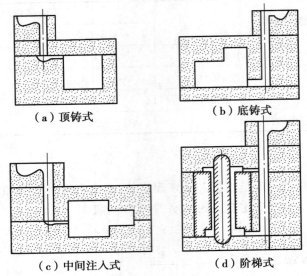

（a）顶铸式　　　　　（b）底铸式

（c）中间注入式　　　　（d）阶梯式

图 2.37　浇注系统类型

2.4.4　绘制铸造工艺图

在进行铸造工艺设计时,为了表示设计意图和要求,需要绘制铸造工艺图。铸造工艺图是在零件图上用规定的工艺符号表示出铸造工艺内容的图形,它决定了铸件的形状、尺寸、生产方法和工艺过程。是制造模样、芯盒、造型、造芯和检验铸件的依据。在蓝图上绘制的铸造工艺图,采用红、蓝铅笔将各种工艺符号直接标注在零件图样上。铸造工艺图常用符号及表示方法可参阅表 2.12。

现以联轴器零件为例,说明铸造工艺设计的步骤。已知:图 2.38 为联轴器的零件图,选择材料为 HT200,小批生产,采用砂型铸造,手工造型。

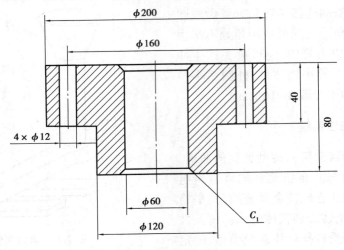

图 2.38　联轴器零件图

要求:对零件进行铸造工艺分析。

表 2.12　铸造工艺符号和表示方法

名称	工艺符号和表示方法	名称	工艺符号和表示方法
分型线	用红线表示，并用红色写出"上、中、下"字样 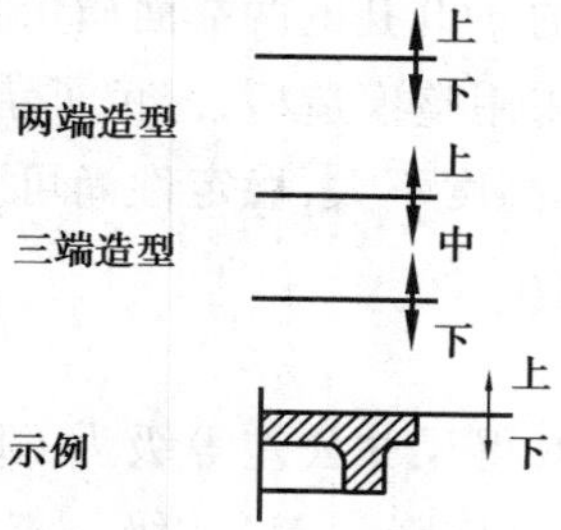 两端造型 三端造型 示例	分模线	用红线表示，在任一端面画"<"符号 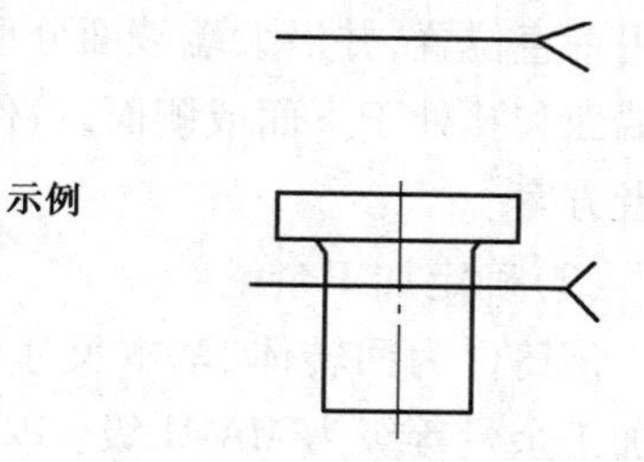 示例
分型分模线	用红线表示 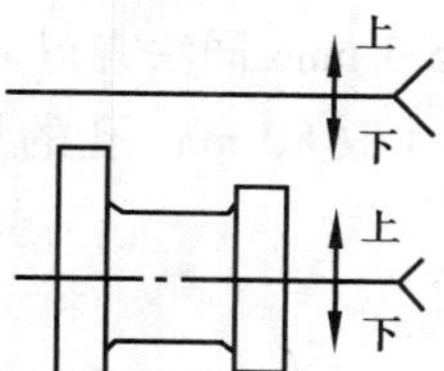	机加工余量	用红线表示（本图用细实线代） 在加工符号附近注明加工余量数值 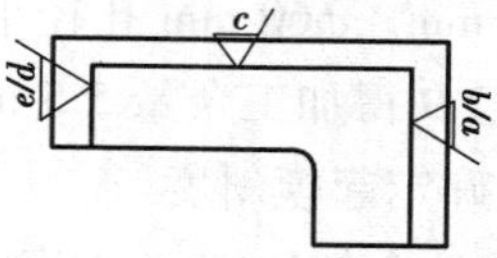
不铸出孔和槽	不铸出的孔和槽用红色线打叉 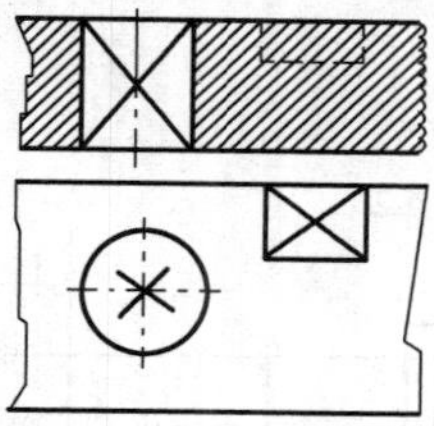	浇注系统位置与尺寸	用红色线或红色双线表示， 并注明各部分尺寸 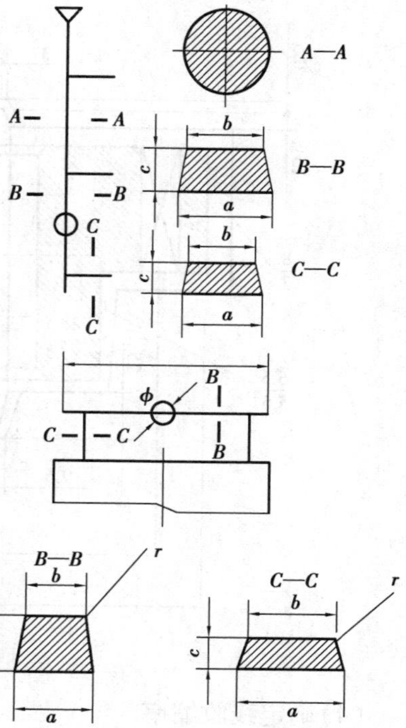
芯头斜度与芯头间隙	用蓝色线表示。（本图用细实线代）并注明斜度和间隙数值，有两个以上的型芯时，用"1′""2′"等标注 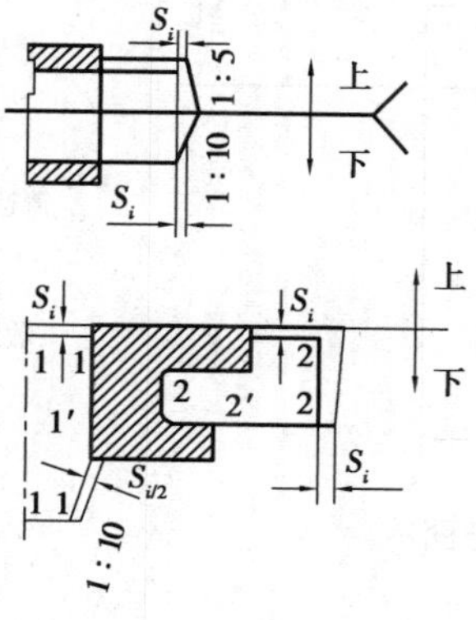		

121

分析:该零件为一般连接件,φ60孔和两端面质量要求较高,不允许有铸造缺陷。φ60孔较大,用型芯铸出,4个φ12 mm小孔则不予铸出。

(1)选择浇注位置和分型面

该铸件的浇注位置有两个方案:一是零件轴线呈垂直位置;二是零件轴线呈水平位置。若采用后者,需分模造型,容易错型,而且质量要求高的φ60孔的两端面质量无法保证。浇注采用垂直位置,并沿大端端面分型,造型操作方便;可采用整模造型,避免了错型;质量要求高的端面和孔处于下面或侧面,铸件质量好;直立型芯的高度不大,稳定性尚可。综合分析选择前者方案。

(2)确定加工余量

该铸件为回转体,基本尺寸取φ200 mm,查表2.6得尺寸公差等级为CT13。再查表2.8得加工余量等级为MA-H级。φ200 mm大端面是顶面,应降为MA-J级。查表2.9得加工余量8.5 mm。φ200 mm与φ120 mm之间的台阶面可视为底面,查表2.9按加工余量MA-H级得此面加工余量7 mm。φ200 mm外圆是侧面,按基本尺寸200 mm查表2.9得加工余量7 mm,φ120 mm端面是底面,按MA-H级查表2.9得加工余量5.5 mm,同法查得φ120 mm外圆加工余量5.5 mm。φ60 mm孔径小于高度80 mm,故基本尺寸取80 mm,孔的加工余量等级同顶面,查表2.9得加工余量5.5 mm。

(3)确定起模斜度

因铸件全部加工,两处侧壁高度均为40 mm,查表2.10木模的起模斜度α增加值为1,图2.39中"8/7"和"6.5/5.5"表示侧壁分别增加8 mm和6.5 mm,上端比下端大1 mm构成起模斜度。

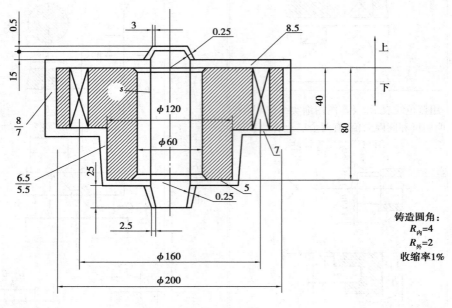

图2.39 铸造工艺图

(4)确定线收缩率

对于灰铸铁、小型铸件,查表2.12,线收缩率取1%。

（5）芯头尺寸

垂直芯头查手册得到图 2.39 的芯头尺寸。

（6）铸造圆角

对于小型铸件，外圆角半径取 2 mm，内圆角半径取 4 mm。

（7）绘制铸造工艺图

图 2.39 是按上述铸造工艺设计步骤，并根据表 2.13 规定绘制的铸造工艺图。

2.5　铸件结构工艺性

铸件结构工艺性是指铸件的结构应在满足使用要求的前提下，还要满足铸造性能和铸造工艺对铸件结构要求的一种特性。它是衡量铸件设计质量的一个重要方面。合理的铸件结构不仅能保证铸件质量，满足使用要求，而且工艺简单、生产率高、成本低。

2.5.1　铸造性能对铸件结构的要求

1）铸件壁厚要合理

在一定的工艺条件下，由于受铸造合金流动性的限制，能铸出的铸件壁厚有一个最小值。若实际壁厚小于它，就会产生浇不到、冷隔等缺陷。表 2.13 列出了在砂型铸造条件下常用铸造合金所允许的最小壁厚值。但是，铸件壁厚过大，容易引起缩孔、缩松缺陷，使铸件强度随壁厚增加而显著下降，因此，不能单纯用增加壁厚的方法提高铸件强度。通常采用加强肋（图2.40）或合理的截面结构（丁字形、工字形、槽形）满足薄壁铸件的强度要求。一般铸件的最大临界壁厚约为最小壁厚的 3 倍。

表 2.13　在砂型铸造条件下常用铸造合金所允许的最小壁厚值

铸件尺寸/mm	铸钢/mm	灰铸铁/mm	球墨铸铁/mm	可锻铸铁/mm	铝合金/mm	铜合金/mm
<200×200	6~8	5~6	6	5	3	3~5
200×200~500×500	10~12	6~10	12	8	4	6~8
>500×500	15	15	—	—	5~7	—

2）铸件壁厚要均匀

铸件薄厚不均，必然在壁厚交接处形成金属聚集的热节而产生缩孔、缩松，并且由于冷却速度不同容易形成热应力和裂纹（图 2.41）。确定铸件壁厚，应将加工余量考虑在内，有时加工余量会使壁厚增加而形成热节。

3）铸件内壁应薄于外壁

铸件内壁和肋，散热条件较差，内壁薄于外壁，可使内、外壁均匀冷却，减小内应力，防止裂纹。内、外壁厚相差值为 10%~30%。

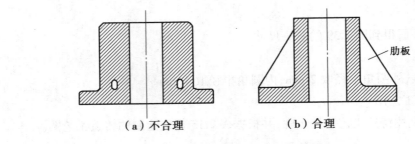

（a）不合理　　　　　　　　　（b）合理

图 2.40　采用加强肋减少壁厚

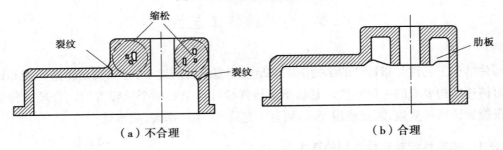

（a）不合理　　　　　　　　　（b）合理

图 2.41　采用加强肋减少壁厚

4）铸件壁连接要合理

为减少热节,防止缩孔,减少应力,防止裂纹,壁间连接应有铸造圆角（图 2.42）。不同壁厚的连接应逐步过渡（图 2.43）,以防接头处热量聚集和应力集中。铸件上的肋或壁的连接应避免十字交叉（图 2.44）和锐角连接（图 2.45）。

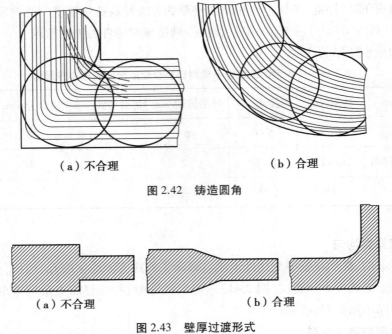

（a）不合理　　　　　　　　　（b）合理

图 2.42　铸造圆角

（a）不合理　　　　　　　　　（b）合理

图 2.43　壁厚过渡形式

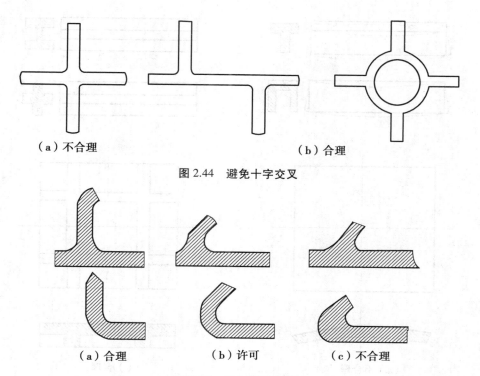

（a）不合理　　　　　　　（b）合理

图 2.44　避免十字交叉

（a）合理　　　　（b）许可　　　　（c）不合理

图 2.45　避免锐角连接

5）避免铸件收缩受阻

如果铸件收缩受到阻碍，产生的内应力超过材料的抗拉强度时将产生裂纹。如图 2.46 所示为手轮铸件，直条形偶数轮辐，在合金线收缩时手轮轮辐中产生的收缩力相互抗衡，容易出现裂纹。可改用奇数轮辐或弯曲轮辐，这样可借助轮缘、轮毂和弯曲轮辐的微量变形自行减缓内应力，防止开裂。

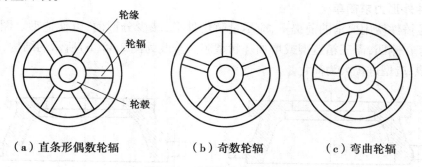

（a）直条形偶数轮辐　　　（b）奇数轮辐　　　（c）弯曲轮辐

图 2.46　手轮铸件的设计

6）防止铸件翘曲变形

细长形或平板类铸件在收缩时易产生翘曲变形。如图 2.47 所示，改不对称结构为对称结构或采用加强肋，提高其刚度，均可有效地防止铸件变形。

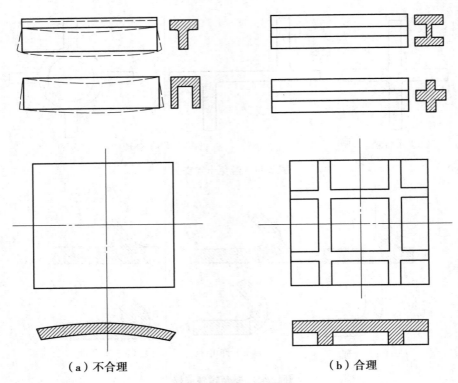

（a）不合理 　　　　　　　　　　　　　（b）合理

图 2.47　防止铸件变形的结构

2.5.2　铸造工艺对铸件结构的要求

从工艺上考虑,铸件的结构设计,应有利于简化铸造工艺;有利于避免产生铸造缺陷;便于后续加工。应注意以下几个方面:

1)铸件外形力求简单

在满足铸件使用要求的前提下,应尽量简化外形,减少分型面,以便造型。图 2.48(a)所示的端盖存在侧凹,需三箱造型或增加环状型芯。若改为图 2.48(b)所示的结构,可采用简单的两箱造型,造型过程大为简化。

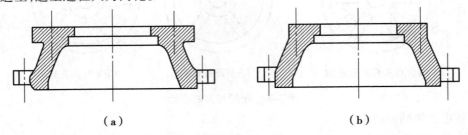

（a）　　　　　　　　　　　　　　　　（b）

图 2.48　端盖铸件

如图 2.49(a)所示的凸台通常采用活块(或外型芯)才能起模,若改为图 2.49(b)所示的结构,可避免活块或型芯,造型简单。图 2.50(a)铸件上的肋条使起模受阻,若改为图2.50(b)所示的结构后便可顺利地取出模样。

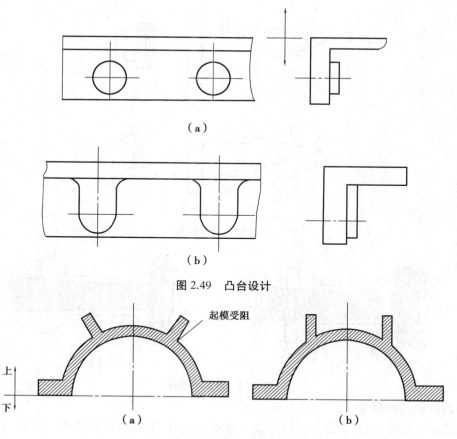

图 2.49 凸台设计

图 2.50 铸件肋条设计

2)铸件内腔设计

铸件内腔结构采用型芯来形成,使用型芯会增加材料消耗,且工艺复杂,成本提高,因此,设计铸件内腔时应尽量少用或不用型芯。图 2.51(a)所示的铸件,其内腔只能用型芯成形,若改为图 2.51(b)所示的结构,可用自带型芯成形。

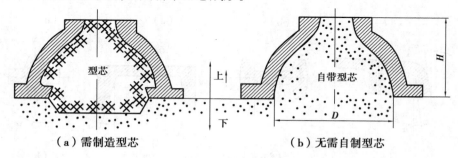

图 2.51 铸件内腔设计

如图 2.52 所示为支架,用图 2.52(b)的开式结构代替图 2.52(a)的封闭结构,可省去型芯。在必须采用型芯的情况下,应尽量做到便于下芯、安装、固定以及排气和清理。

如图 2.53(a)所示的轴承架铸件,图 2.53(a)的结构需要两个型芯,其中大的型芯呈悬臂状态,需用芯撑支撑,若按图 2.53(b)改为整体芯,其稳定性大大提高,排气通畅,清砂方便。

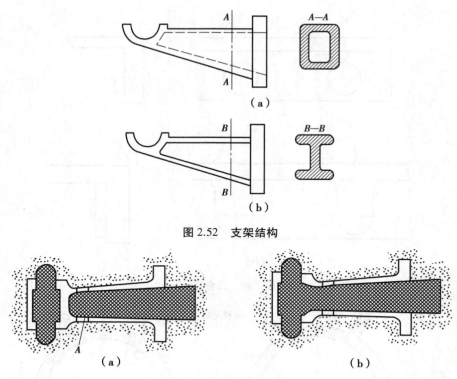

图 2.52 支架结构

图 2.53 轴承架铸件

3)铸件的结构斜度

为了便于起模,垂直于分型面的非加工表面应设计结构斜度,图 2.54 中(a)、(b)、(c)、(d)不带结构斜度不便起模,改为(e)、(f)、(g)、(h)较合理。

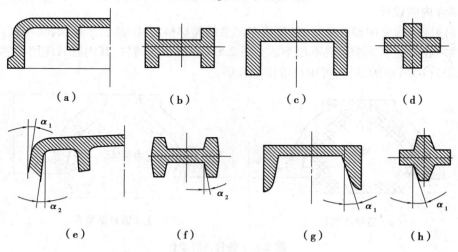

图 2.54 结构斜度的设计

复习思考题

2.1　金属型铸造有何特点？为何不能广泛代替砂型铸造？

2.2　典型浇注系统由哪几个部分组成？各部分有何作用？

2.3　什么是合金的铸造性能？试比较铸铁和铸钢的铸造性能。

2.4　什么是合金的流动性？合金流动性对铸造生产有何影响？

2.5　铸件为什么会产生缩孔、缩松？如何防止或减少它们的危害？

2.6　什么是铸造应力？铸造应力对铸件质量有何影响？如何减小和防止这种应力？

2.7　熔模铸造、压力铸造和离心铸造各有何特点？应用范围如何？

2.8　砂型铸造时铸型中为何要有分型面？举例说明选择分型面应遵循的原则。

2.9　下列铸件在大批量生产时，最适宜采用哪一种铸造方法？
　　　铝活塞、照相机机身、车床床身、铸铁水管、汽轮机叶片、缝纫机机头

2.10　零件、铸件、模样之间有何联系？又有何差异？

2.11　试确定下图各灰铸铁零件的浇注位置和分型面，绘出其铸造工艺图（批量生产、手工造型，浇、冒口设计略）。

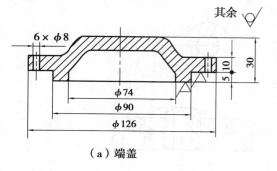

（a）端盖

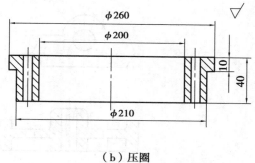

（b）压圈

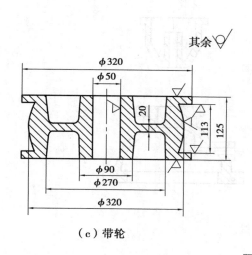

（c）带轮

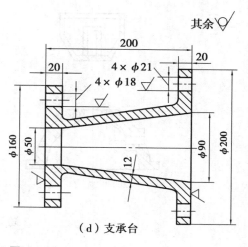

（d）支承台

题 2.11 图

2.12 为什么要规定铸件的最小壁厚？灰铸铁件的壁过薄或过厚会出现哪些问题？

2.13 为什么铸件壁的连接要采用圆角和逐步过渡的结构？

2.14 试述铸造工艺对铸件结构的要求。

2.15 下图所示铸件各有两种结构,哪一种比较合理? 为什么?

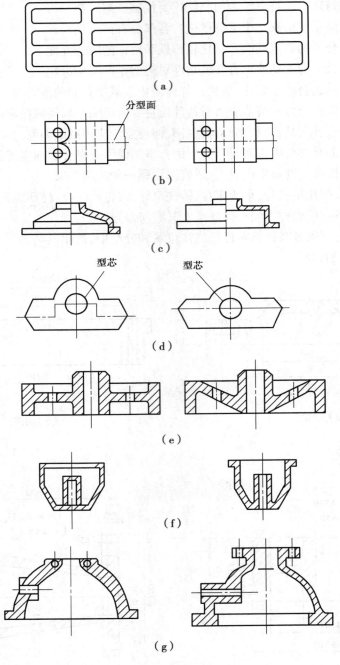

题 2.15 图

第3章 锻压

锻造和冲压统称为锻压。锻压是指利用外力使金属产生大量的塑性变形,获得所需的形状、尺寸和力学性能的毛坯或零件的加工方法。锻压被广泛地应用于机床、汽车、拖拉机、仪器仪表、化工机械等部门。常用的锻压成形方法有自由锻造、模型锻造、板料冲压、轧制、挤压和拉拔等。本章主要介绍锻造(自由锻造、模型锻造、胎模锻造)与冲压加工成形方法、成形特点、零件结构工艺性及适用范围。

3.1 概 述

3.1.1 锻造生产的特点

金属锻压加工具有以下特点:

①改善金属组织,提高金属的力学性能。通过锻压可压合铸造组织中的内部缺陷,使组织致密,获得较细密的晶粒结构。

②可以形成并能控制金属的纤维方向使其沿着零件轮廓更合理地分布,提高零件使用性能。

③锻压生产中许多零件的尺寸精度和表面粗糙度已接近或达到成品零件的要求,只需少量或不需切削加工即可得到成品零件,减少了金属加工损耗,节约了材料。

④锻压产品适用范围广,且模锻、板料冲压有较高的生产率。

3.1.2 锻造生产的适用范围

锻件的应用范围很广,几乎所有运动的重大受力构件都是由锻压成形的。锻压在机器制造业中有着不可替代的作用,一个国家的锻造水平,可反映出这个国家机器制造业的水平。随着科学技术的发展,工业化程度的日益提高,需求锻件的数量逐年增长。据预测飞机上采用的锻压(包括板料成形)零件占85%,汽车占60%~70%,农机、拖拉机占70%。

3.1.3 锻造生产的发展趋势

首先,材料科学的发展对锻压技术有着最直接的影响。新材料的出现必然对锻压技术提出了新的要求,如高温合金、金属间化合物、陶瓷材料等难变形材料的成形问题。锻压技术也只有在不断解决材料带来的问题的情况下才能得以发展。其次,新兴科学技术的出现。当前主要是计算机技术在锻压技术各个领域的应用。如锻模计算机辅助设计与制造(CAD/CAM)技术,锻压过程的计算机有限元数值模拟技术等。这些新技术的应用,缩短了锻件的生产周期,提高锻模设计和生产水平。最后,机械零件性能的更高要求。推动锻压技术发展的最大动力是来自交通工具制造业——汽车制造业和飞机制造业。锻件的尺寸、质量越来越大,形状越来越复杂、精密,一些重要受力件的工作环境更苛刻,受力状态更复杂。除了更换强度更高的材料外,研究和开发新的锻压技术是必然的出路。

3.2 锻压工艺基础

3.2.1 金属的塑性变形

金属在外力作用下首先要产生弹性变形,当外力增大到切应力超过材料的屈服点时,就会产生塑性变形。锻压成形加工就利用了塑性变形,它是锻压成形的基础。材料塑性变形时都伴随着弹性变形,弹性变形是压力加工时产生形状回弹的原因。

1)单晶体的塑性变形

单晶体的塑性变形方式有滑移和孪晶两种,如图 3.1 所示。

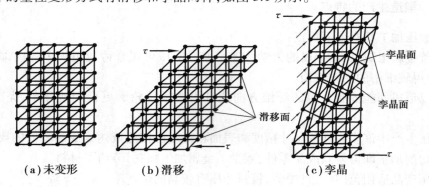

|（a）未变形|（b）滑移|（c）孪晶|

图 3.1 单晶体的塑性变形

（1）滑移

单晶体的塑性变形主要是以滑移的方式进行的。在逐渐增大的切应力作用下,晶体从开始产生弹性变形发展到晶体的一部分沿着某个特定的晶面和晶向相对于另一部分发生相对滑动位移,称为滑移。产生滑移的晶面称为滑移面,当应力消除后,原子到达一个新的平衡位置,变形被保留下来,形成塑性变形,如图 3.2 所示。由此可知,只有在切应力作用下,而且切应力达到材料的屈服点时,才能产生滑移,而滑移是金属塑性变形的主要形式。

晶体滑移时,并不是整个滑移面上的全部原子一起移动,而是借助位错的移动来完成的。

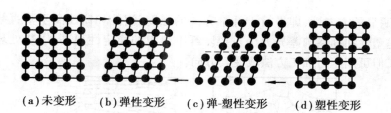

（a）未变形　　（b）弹性变形　　（c）弹-塑性变形　　（d）塑性变形

图 3.2　单晶体的滑移变形过程

因此滑移所需的切应力比理论值低很多。大量位错移出晶体表面就产生了宏观的塑性变形。

滑移变形的特点是：

①只有在切应力的作用下才能进行。

②滑移产生在原子排列最密的面和方向上。

③滑移距离为原子间距的整数倍。

④由于实际晶体存在位错，所以晶体的滑移实质是沿滑移面的位错运动。因此，实际测得的切应力值比理论计算值要小得多。

（2）孪晶

孪晶是指晶体在外力作用下，其一部分沿一定的晶面（孪晶面）在一个区域（孪晶带）内作连续、顺序的位移，如图 3.1（c）所示。

2）多晶体的塑性变形

常用的金属材料都是由许多大小、形状、晶格位向各不同的晶粒组成的多晶体，各晶粒之间是一层很薄的晶粒边界，晶界是相邻两个位向不同晶粒的过渡层，且原子排列极不规则。因此，其塑性变形过程比较复杂。

多晶体的塑性变形包括晶内变形和晶间变形。晶内变形仍以滑移和孪晶两种方式进行，晶间变形指的是晶粒之间的微量相互移动与转动。如图 3.3 所示。

多晶体的变形首先从晶格位向有利于变形的晶粒内的那些取向因子最大的滑移系开始。由于多晶体内各晶粒位向不同，若某一晶粒要发生滑移，会受到周围位向不同的其他晶粒的约束，使滑移的阻力增加，必须在克服相邻晶粒的阻力之后才能滑移。这就说明，晶粒越细，单位体积所包含的晶界越多，并且不同位向的晶粒也越多，因而塑性变形抗

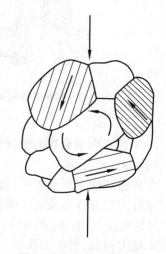

图 3.3　多晶体的塑性变形

力就越大，强度和硬度越高。同时，由于塑性变形时总的变形量是各晶粒滑移效果的总和，因此晶粒越细，变形可分散在越多的晶粒内进行，金属的塑性和韧性也就越高。

3.2.2　变形后金属的组织和性能

金属发生塑性变形时，不但外形发生变化，晶粒内部组织也会发生一系列的变化。

1）塑性变形后金属的组织变化

金属发生塑性变形后，晶粒沿形变方向被拉长或压扁。当变形量很大时，晶粒变成细条状（拉伸时），金属中的夹杂物也被拉长，形成纤维组织（图 3.4）。纤维组织的存在使金属的

机械性能呈现明显的方向性,即平行于纤维方向的强度、塑性和韧性高于垂直纤维方向的相应性能,特别是塑性和韧性的差异尤为重要。纤维组织的稳定性很高,用热处理或其他方法不能使其消除,但可用压力加工方法改变其方向。

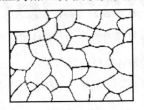 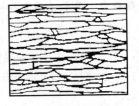

(a)冷变形前退火状态组织　　**(b)冷变形后纤维组织**

图 3.4　冷变形前后晶粒形状变化示意图

纤维组织导致金属材料的力学性能呈现各向异性。沿纤维方向(纵向)较垂直于纤维方向(横向)具有较高的强度、塑性和韧性。因此,在设计零件时应做到:

①应使流线与零件上所受最大正应力方向一致。

②与零件上所受剪应力或冲击力方向相垂直。

③与零件外形相符合,不被切断,如图 3.5 所示。

  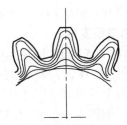

(a)模锻制造曲线　　**(b)局部镦粗制造螺钉**　　**(c)轧制齿形**

图 3.5　纤维组织的分布

2)塑性变形后金属的性能变化

(1)冷变形强化

金属在塑性变形过程中,随着变形程度的增加,强度和硬度提高,而塑形和韧性下降,这种现象称为形变强化或加工硬化。主要是两个方面的原因造成:一方面是金属发生塑性变形时,位错密度增加,位错间的交互作用增强,相互缠结,造成位错运动阻力的增大,引起塑性变形抗力提高;另一方面由于晶粒破碎细化,使强度得以提高。

冷变形强化在生产中具有重要意义,它是提高金属材料强度、硬度和耐磨性的重要手段之一。如冷拉高强度钢丝、冷卷弹簧、坦克履带、铁路道岔等。但冷变形强化后由于塑形和韧性进一步降低,给进一步变形带来困难,甚至导致开裂和断裂。

(2)产生各向异性

由于纤维组织和形变机构的形成,使金属的性能产生各向异性。如沿纤维方向的强度和塑性明显高于垂直方向的。用有织构的板材冲制筒形零件时,由于在不同方向上塑性差别很大,零件的边缘出现"制耳"。

(3)产生残余内应力

由于金属在发生塑性变形时,金属内部变形不均匀,位错、空位等晶体缺陷增多,金属内部会产生残余内应力。残余内应力又分为残余拉应力和残余压应力。残余拉应力会使金属的耐腐蚀性能、抗疲劳性能降低,严重时可导致零件变形或开裂。残余压应力则相反,所以齿轮等零件,如表面通过喷丸处理,可产生较大的残余压应力,以提高疲劳强度。

3）回复与再结晶

冷变形强化是一种不稳定状态,具有恢复到稳定状态的趋势。常温下原子活动能力弱,恢复过程很难进行。加热会提高原子的活动能力,促进由不稳定状态恢复到稳定状态过程的进行,加热温度由低到高,变形金属将相继发生回复、再结晶和晶粒长大 3 个阶段的变化,当然这 3 个阶段并非是截然分开的(图 3.6)。

（1）回复

当加热温度较低时,原子活动能力有所增加,已能作短距离运动,故晶格扭曲畸变程度减轻,内应力大为降低,这种现象称为回复。产生回复的温度 $T_{回}$ 为:

$$T_{回} = (0.25 \sim 0.3)T_{熔} \tag{3.1}$$

式中 $T_{熔}$——该金属的熔点,单位为绝对温度,K。

在回复阶段由于加热温度不高,原子活动能力不很强,因而金属的显微组织不发生明显的变化,晶粒仍保持变形后的形态,此时材料的强度和硬度只略有降低,塑性有增高,但残余应力则大大降低。工业上常利用回复过程对变形金属进行去应力退火以降低残余内应力,保留加工硬化效果。

（2）再结晶

当温度继续升高,由于原子扩散能力增大,则开始以被拉长(或压扁)、破碎的晶粒为核心结晶出新的均匀、细小的等轴晶粒,这个过程称为再结晶。变形后的金属发生再结晶的温度是一个温度范围,并非某一恒定温度。一般所说的再结晶温度指的是最低再结晶温度($T_{再}$),最低再结晶温度与该金属的熔点有如下关系:

$$T_{再} = (0.35 \sim 0.4)T_{熔} \tag{3.2}$$

式中的温度单位为绝对温度(K)。

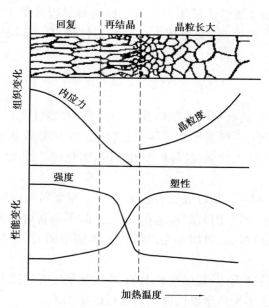

图 3.6 变形金属在加热过程中组织和性能变化示意图

135

实验证明,再结晶温度与金属的变形程度有关,变形程度越大,再结晶温度越低。

变形金属进行再结晶后,金属的强度和硬度明显降低,而塑性和韧性显著提高,加工硬化现象被消除,内应力全部消失,使变形金属的组织和性能基本上恢复到变形以前的水平。因此,生产中常用再结晶退火工艺来恢复金属塑性变形的能力,以便继续进行形变加工。例如,生产铁铬铝电阻丝时,在冷拔到一定的变形度后,要进行氢气保护再结晶退火,以继续冷拔获得更细的丝材。

（3）晶粒长大

再结晶过程完成后,如再延长加热时间或提高加热温度,则晶粒会产生明显地长大,成为粗晶粒组织,导致材料力学性能下降,使锻造性能恶化。一般情况下,晶粒长大是应当避免发生的现象。

4）金属的冷变形和热变形

金属在再结晶温度以下进行的塑性变形称为冷变形。如钢在常温下进行的冷冲压、冷轧、冷挤压等。在变形过程中,有冷变形强化现象而无再结晶组织。

冷变形工件没有氧化皮,可获得较高的精度,较小的表面粗糙度,强度和硬度较高。由于冷变形金属存在残余应力和塑性差等缺点,因此常常需要中间退火,才能继续变形。

热变形是在再结晶温度以上进行的,变形后只有再结晶组织而无冷变形强化的现象,如热锻、热轧、热挤压等。

热变形与冷变形相比其优点是塑性良好,变形抗力低,容易加工变形,但高温下,金属容易产生氧化皮,所以制件的尺寸精度低,表面粗糙。

金属经塑性变形及再结晶,可使原来存在的不均匀、晶粒粗大的组织得以改善或将铸锭组织中的气孔、缩松等压合,得到更致密的再结晶组织,提高金属的力学性能。

3.2.3　金属的锻造性

金属的锻造性能是指金属经受锻压加工时成形的难易程度的工艺性能。其优劣常用塑性和变形抗力综合衡量。塑性高、变形抗力小则锻造性能好。它决定于金属的本质和变形条件。

1）金属的本质

（1）化学成分

不同化学成分的金属,具有不同的塑性和变形抗力,锻造性能也不同。纯金属比合金的塑性高,而且变形抗力较小,一般具有良好的锻造性能。碳钢随碳的质量分数的增加,锻造性能逐渐变差。合金元素的加入使强度提高,塑性下降,劣化锻造性能,可锻性变差。

（2）金属组织

金属内部组织结构的不同,其可锻性有较大差别。纯金属及固溶体锻造性能好,而碳化物的锻造性能差。金属化合物,因其高硬度和低塑性,故不具备好的可锻性,致使大量含有它的金属可锻性变坏。铸态柱状晶组织和粗晶结构不如细小而又均匀晶粒结构的金属锻造性能好。

具有面心立方晶格的奥氏体,其塑性比具有体心立方晶格的铁素体高,比机械混合物的珠光体更高。因此钢材大多加热至奥氏体状态进行锻压加工。

2）金属的变形条件

（1）变形温度

随着温度升高,金属原子动能增加,原子间的结合力削弱,使塑性提高,变形抗力减小,提高金属可锻性,反之变形温度低,金属的塑性差、变形抗力大,不但锻压困难,而且容易开裂。

（2）变形速度

变形速度是指单位时间内的变形程度。变形速度低时,金属的回复和再结晶能够充分进行,塑性高、变形抗力小;随变形速度的增大,回复和再结晶不能及时消除冷变形强化,使金属塑性下降,变形抗力增加,锻造性能变差。若变形速度超过了临界值,则金属塑性变形所产生的热效应会明显提高金属的变形温度,可锻性反而得到了改善。在一般压力加工方法中,由于变形速度低,热效应不明显。常用的锻压设备不超过临界变形速度。

（3）应力状态

采用不同的变形方法,在金属中产生的应力状态是不同的。金属在挤压变形时,呈三向受压状态,表现出良好的锻造性能;在拉拔时则呈二向受压一向受拉的状态,锻造性能下降。因此,在选择变形方法时,对于塑性高的金属,变形时出现拉应力有利于减少能量消耗;对于塑性低的金属应尽量采用三向压应力以增加塑性,防止裂纹。

坯料表面质量表面粗糙或有划痕、微裂纹、粗大夹杂都会在变形过程中产生应力集中,使缺陷扩展甚至开裂。故塑性加工前应对坯料表面进行清理消除缺陷,有时甚至需要进行表面预切削去掉坯料的表层金属。

3.3　自由锻

3.3.1　概　述

自由锻是将加热好的金属坯料,放在锻造设备的上下砧铁之间,施加冲击力或压力,使之产生塑性变形,从而获得所需锻件的一种加工方法。坯料在锻造过程中,除与上下砧铁或其他辅助工具接触的部分表面外,都是自由表面,变形不受限制,故称自由锻。

自由锻通常可分为手工自由锻和机器自由锻。手工自由锻主要是依靠人力利用简单工具对坯料进行锻打,从而改变坯料的形状和尺寸获得所需锻件。手工锻造生产率低,劳动强度大,锤击力小,在现代工业生产中已被机器锻造所代替。机器自由锻主要依靠专用的自由锻设备和专用工具对坯料进行锻打,改变坯料的形状和尺寸,从而获得所需锻件。自由锻的优点是:所用工具简单、通用性强、灵活性大,适合单件和小批锻件,特别是特大型锻件的生产。自由锻的缺点是:锻件精度低、加工余量大、生产效率低、劳动强度大等。

3.3.2　自由锻设备

根据作用在坯料上力的性质,自由锻设备分为锻锤和液压机两大类。

锻锤产生冲击力使金属坯料变形。锻锤的吨位是以落下部分的质量来表示的。自由锻所用的设备有空气锤、蒸汽-空气锤和水压机。空气锤的吨位(锤头落下部分的质量)较小,主要用于生产小型锻件;蒸汽-空气锤用来加工中、小型锻件;水压机的吨位较大,可以锻造重达300 t 的锻件。

1) 空气锤

空气锤以空气作为中间传动介质,推动锤的落下部分来进行工作的锻造设备,不需装设蒸汽锅炉或空气压缩机,其特点是结构简单,操作方便,维护容易,但吨位较小,只能用来锻造 100 kg 以下的小型锻件,是中小型锻件生产中普遍使用的设备,其工作原理如图 3.7所示。

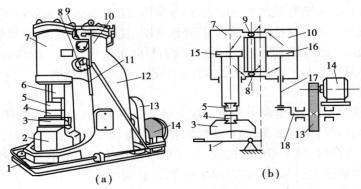

图 3.7　空气锤的工作原理图

1—踏杆;2—砧座;3—砧垫;4—下砧;5—上砧;6—锤杆;7—工作缸;
8—下旋阀;9—上旋阀;10—压缩汽缸;11—手柄;12—锤身;13—减速器;
14—电动机;15—工作活塞;16—压缩活塞;17—连杆;18—曲柄

空气锤由锤身、压缩缸、工作缸、传动机构、操纵机构、落下部分和砧座等部分组成。锤身和压缩缸、工作缸铸成一体,以安装和固定锤的各个部分;传动机构包括减速机构及曲柄、连杆等,其作用是将电动机的圆周运动转变为活塞的上下直线运动,将压缩空气经旋阀进入工作缸的上腔或下腔,驱使上抵铁或锤头上下运动进行打击;操纵机构包括踏杆(或手柄)、旋阀及连接杠杆,用踏杆操纵旋阀可使锻锤实现空转(电动机及减速装置空转,锻锤的落下部分靠自重停在下抵铁上,不工作)、锤头上悬、锤头下压、连续打击和单次锻打等多种动作,打击力的大小取决于气阀的开启程度;落下部分包括工作活塞、锤杆和上抵铁。空气锤的规格是以落下部分的质量来表示的,锻锤产生的打击力一般是落下部分质量的 1 000 倍左右。

2) 蒸汽-空气锤

蒸汽-空气自由锻锤采用蒸汽和压缩空气作为动力,其吨位稍大,可用来生产质量小于1 500 kg的锻件,如图 3.8 所示。常用的双柱式蒸汽-空气锤的结构如图 3.8 所示。其主要组成部分有:

（1）机架

机架又称锤身,是由左右立柱 15 组成的;立柱 15 通过螺栓固定在底座 16 上,底座则安装在地基上,它与砧座 1 是截然分开的;前、后各有一拉杆将左、右立柱连接起来,以增加锻锤的刚性。

（2）汽缸及缓冲机构

汽缸 9 是将蒸汽或压缩空气所具有的能量转变为打击功能的结构,在上部安装有缓冲汽缸 10,以防活塞 8 冲击汽缸盖。

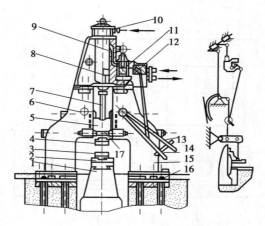

图 3.8　双柱式蒸汽-空气自由锻锤

1—砧座；2—砧垫；3—下砧；4—上砧；5—锤头；6—导轨；7—锤杆；
8—活塞；9—气缸；10—缓冲缸；11—滑阀；12—节气阀；
13—滑阀操纵杆；14—节气阀操纵杆；15—立柱；16—底座；17—拉杆

（3）落下部分

落下部分由活塞 8、锤杆 7、锤头 5 和上砧 4 组成。

（4）配气机构及操纵机构

配气机构在汽缸的一侧，由滑阀 11 和节气阀 12 组成。操纵机构由节气阀操纵杆 14、滑阀操纵杆 13 等组成。操纵机构的作用是通过操作节气阀和滑阀，使锤头实现悬空、压紧工件、单次打击和连续打击等动作。

（5）砧座

砧座部分是由下砧、砧垫和砧座等组成。它们之间均用定位销定位、斜楔紧固连接的。砧座的质量是落下部分质量的 10~15 倍。整个砧座部分安放在地基坑内的垫木上，砧座下部四周用垫木塞牢，使之在工作过程中不会发生移动。砧座主要用以支持下砧并承受锤头的打击力。足够大的砧座使打击时不会产生弹跳，可提高打击刚性。

3）液压机

液压机产生静压力使金属坯料变形。目前大型水压机可达万吨以上，能锻造 300 t 的锻件。由于静压力作用时间长，容易达到较大的锻透深度，故液压机锻造可获得整个断面为细晶粒组织的锻件。液压机是大型锻件的唯一成形设备，大型先进液压机的生产水平常标志着一个国家工业技术水平发达的程度。另外，液压机工作平稳，金属变形过程中无震动，噪声小，劳动条件较好。但液压机设备庞大、造价高。

液压机自由锻是根据静态下密闭容器中液体压力等值传递的帕斯卡原理制成的，是一种利用液体的压力来传递能量，以完成各种成形加工工艺的机器。液压机的工作原理如图 3.9 所示。两个充满工作液体的具有柱塞或活塞的容腔由管道连接，件 1 相当于泵的柱塞，件 2 则相当于液压机的柱塞。小柱塞在外力 F_1 的作用下使容腔内的液体产生压力 $p = \dfrac{F_1}{A_1}$，A_1 为小柱塞的面积，该压力经管道传递到大柱塞的底面上。

根据帕斯卡原理：在密闭容器中液体压力在各个方向上处处相等。可知，大柱塞 2 上将产生向上的作用力 F_2，使毛坯 3 产生变形。F_2 为：

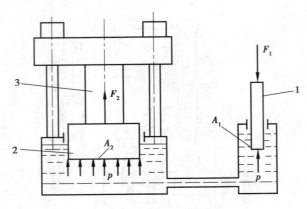

图 3.9　液压机的工作原理

1—小柱塞；2—大柱塞；3—毛坯

$$F_2 = p \times A_2 = \frac{F_1 \times A_2}{A_1}$$

式中　A_2——大柱塞 2 的工作面积。

由于 $A_2 > A_1$，显然 $F_2 > F_1$。这就是说，液压机能利用小柱塞上较小的作用力 F_1 在大柱塞上产生很大的力 F_2。同时，液压机能产生的总压力取决于工作柱塞的面积和液体压力的大小。因此，要想获得较大的总压力，只需增大工作柱塞的总面积或提高液体压力即可。

自由锻设备的选择应根据锻件大小、质量、形状以及锻造基本工序等因素，并结合生产实际条件来确定。例如，用铸锭或大截面毛坯作为大型锻件的坯料，可能需要多次镦、拔操作，在锻锤上操作比较困难，并且心部不易锻透，而在水压机上因其行程较大，下砧可前后移动，镦粗时可换用镦粗平台，因此大多数大型锻件都在水压机上生产。

3.3.3　自由锻工序

自由锻工序可分为基本工序、辅助工序和修整工序。基本工序是使金属坯料产生一定程度的塑性变形，以达到所需形状和尺寸的工艺过程，实际生产中常用的有拔长、镦粗、冲孔、弯曲、错移、切割和扭转等。辅助工序是为基本工序操作方便而进行的预先变形工序，如压钳口、压钢锭棱边、切肩等。精整工序是用以减少锻件表面缺陷而进行的工序，一般在终端温度以下进行。如清除锻件表面凹凸不平及整形。

1）基本工序

（1）拔长

使坯料横截面积减小，长度增加的锻造工序称为拔长（图 3.10）。这是自由锻中应用最多的一种工序。它常用于锻造轴类、拉杆和连杆等零件。拔长时，使坯料沿抵铁宽度方向连续送进；对于套筒、空心轴等长的空心锻件，应先把芯棒插入预先冲好孔的坯料内进行拔长（图 3.11）。方料，要将坯料在拔长的过程中不断地翻转。

拔长圆形坯料时，可使用 V 形垫铁，并使坯料不断地绕轴转动，或者先将坯料锻成方形截面，再将方形坯料拔长到边长接近工件所要求的直径时，将方形锻成八角形，然后倒棱、滚圆。拔长中需要注意的问题如下所述：

①锻造塑性较差的钢锭时，倒棱应尽可能在高温下进行，以防止出现裂纹。

②为使锻件表面光滑。拔长送进量一般小于砧宽的 0.75 倍。

③为防止端部凹心,端部压料长度应大于或等于坯料直径或边长的 0.4 倍。

④在水压机上拔长时,为有效地锻合内部缺陷,应在高温下拔长。

⑤台阶分段压痕或切肩时产生拉缩,必须留出一定的修正量。

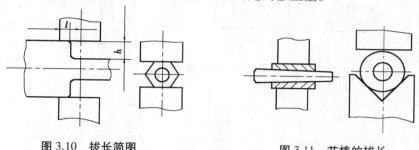

图 3.10　拔长简图　　　　　　　图 3.11　芯棒的拔长

（2）镦粗

使坯料横截面积增大,高度减小的锻造工序称为镦粗。主要用于从横截面较小的坯料得到横截面较大的锻件,如齿轮、圆盘类等;或在锻造环、套筒等空心锻件时,作为冲孔前的预备工序;或作为改善力学性能,如消除铸造枝晶组织,使碳化物和其他杂质分布均匀等的预备工序。

镦粗可分为完全镦粗(图 3.12)和局部镦粗(图 3.13)。完全镦粗指的是将坯料整体进行镦粗;局部镦粗是指将坯料的一部分放在漏盘中,限制其变形,而只对不受限制的部分进行镦粗。

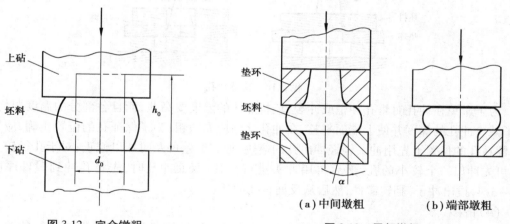

图 3.12　完全镦粗　　　　　　　　图 3.13　局部镦粗

在镦粗时,为了防止镦弯,坯料的原始高度 h_0 与直径 d_0(或边长)之比应小于 2.5~3;坯料的两端面要平整且与轴线垂直;坯料加热要均匀,表面平整不得有裂纹或凹坑等缺陷;操作时,应将坯料不断地绕轴旋转,以防止镦偏;在镦粗的过程中,如果发现镦弯、镦歪或出现双鼓形外凸,应及时矫正,以防止出现折叠而使锻件报废;镦粗之后要消除侧面的鼓形外凸。

（3）冲孔

冲孔是指用冲头在坯料上冲出通孔或不通孔的工序。主要用于空心锻件,如齿轮、圆环、套筒等。冲孔的方法有实心冲子冲孔(如图 3.14 所示,适用于在薄壁坯料上需一次冲出的直径小于 400 mm 的孔）、空心冲子冲孔（如图 3.15 所示,适用于孔径大于 400 mm）和垫环冲孔（如图 3.16 所示,适用于薄饼锻件）。

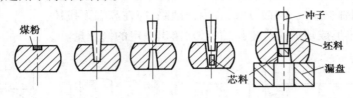

图 3.14　实心冲子冲孔

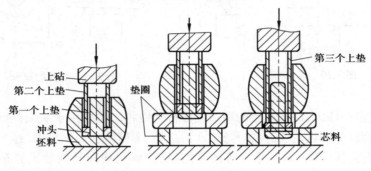

图 3.15　空心冲子冲孔

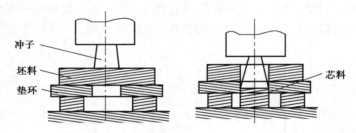

图 3.16　垫环冲孔

为了避免在冲孔时将孔冲歪或冲裂,坯料加热的温度要高些,而且各部分的温度要均匀;为了减少冲孔的深度并使上端面平整,在冲孔之前应先镦粗;为了保证孔的位置正确,应先试冲,即在孔的位置上先用冲头轻轻冲出孔的痕迹,如有偏差可及时加以修正;对于孔径较大的孔,可先冲出一个较小的孔,然后再用冲头进行扩孔;双面冲孔时,先将孔冲到锻件厚度的 2/3～3/4,拔出冲子,翻转锻件,然后从反面将孔冲透。

（4）错移

错移是指将坯料的一部分相对于另一部分错开,并且使两部分仍然保持平行的锻造工序,主要用于曲轴的锻造（图 3.17）。

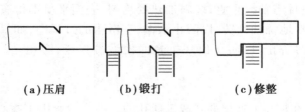

（a）压肩　　　　　（b）锻打　　　　　（c）修整

图 3.17　错移

（5）弯曲

弯曲是指将坯料弯成一定的角度或形状的锻造工序（图 3.18），主要用来锻造角尺、U 形弯板、吊钩、链环等锻件。

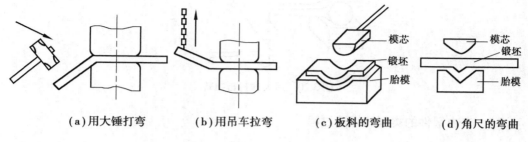

（a）用大锤打弯　　（b）用吊车拉弯　　（c）板料的弯曲　　（d）角尺的弯曲

图 3.18　弯曲

（6）切割

切割是指将坯料分为几个部分的锻造工序，常用于切除锻件的料头、钢锭的冒口等，也可作为拔长的辅助工序（图 3.19（a））。切割有单面切割（图 3.19（b））、双面切割（图 3.19（c））和四面切割（图 3.19（d））。

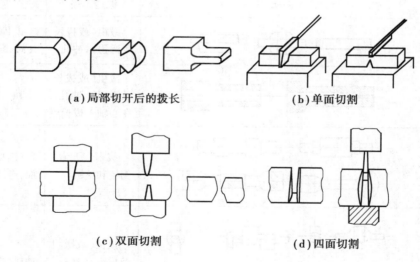

（a）局部切开后的拔长　　　　　　（b）单面切割

（c）双面切割　　　　　　　　（d）四面切割

图 3.19　切割

（7）扭转

扭转是指将坯料的一部分相对于另一部分旋转一定的角度的锻造工序（图 3.20），主要用于制造多拐曲轴和连杆，也可用于矫正锻件。

2）辅助工序

辅助工序是为了方便基本工序的操作，而使坯料预先产生某些局部变形的工序，如倒棱、压肩等工序。

3）修整工序

修整锻件的最后尺寸和形状，提高锻件表面质量，使锻件达到图纸要求的工序，如校直、滚圆、平整等工序。

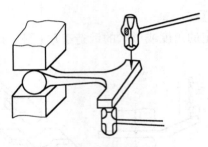

图 3.20　用大锤打击扭转

3.3.4　自由锻件的类型和锻造过程

1)自由锻件的类型

自由锻件的类型主要有盘类、圆环类零件、筒类零件、轴杆类零件、曲轴类零件和弯曲类零件等,不同类零件其锻造过程不同,具体见表 3.1。

表 3.1　自由锻锻件类型及锻造工序

锻件类型	图例	锻造工序	实例
盘类、圆环类零件		镦粗(或拔长及镦粗),冲孔	齿圈、法兰、套筒、圆环等
筒类零件		镦粗(或拔长及镦粗),冲孔,在心轴上拔长	圆筒、套筒等
轴杆类零件		拔长、压肩、倒棱和滚圆	主轴、传动轴、连杆等
曲轴类零件		拔长(或镦粗及拔长),错移,锻台阶,扭转	曲轴、偏心轴等
弯曲类零件		拔长、弯曲	吊钩、轴瓦盖、弯杆等

2)锻造工艺过程

自由锻工艺过程的主要内容包括根据零件图绘制锻件图、计算坯料的质量和尺寸、确定锻造工序、选择锻造设备、确定坯料加热规范和填写工艺卡片等。

（1）绘制锻件图

锻件图是在零件图的基础上考虑机械加工余量、锻件公差、余块等因素绘制的。绘制时主要考虑以下几个因素：

①锻件加工余量及公差。锻件加工余量是指锻件成形时为保证机械加工后获得所需尺寸而允许保留的多余金属，如图3.21所示。锻件公差是指规定的锻件尺寸的允许变动量，通常为加工余量的1/4~1/3。具体锻件余量和锻件公差可查有关手册。

②余块。某些零件上的精细结构，键槽、齿槽、退刀槽以及小孔、不通孔、台阶等，难以用自由锻锻出，必须暂时添加一部分金属以简化锻件形状。这部分添加的金属称为余块，它将在切削加工中去除。如图3.21所示。

③绘制锻件图。锻件图中用粗实线表示锻件外形，用双点画线表示零件外形。锻件的基本尺寸和公差都标注在尺寸线上面，而零件的尺寸标注在尺寸线下面的括号内，如图3.21所示。锻件图是工艺规程的核心内容，是锻造生产、锻件检验与验收的主要依据。锻件图必须准确而全面地反映锻件的特殊内容，如圆角、斜度等，以及对产品的技术要求，如性能、组织等。

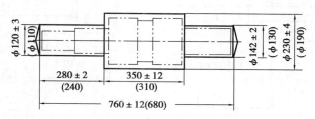

图3.21　锻件图

（2）坯料质量和尺寸计算

坯料质量可按下式计算（单位为kg）：

$$m_{坯料} = m_{锻件} + m_{烧损} + m_{料头}$$

式中　$m_{坯料}$——坯料质量；

$m_{锻件}$——锻件质量，可按锻件图的尺寸计算；

$m_{烧损}$——加热时坯料表面氧化而烧损的质量，氧化损失的大小与加热炉的种类有关，在火焰炉中加热钢料时，第一次加热取锻件质量的2%~3%，以后每加热一次烧损量都按锻件1.5%~2%计算；

$m_{料头}$——在锻造过程中冲掉或被切掉的那部分金属的质量，如冲孔时坯料中部的料芯、修切端部产生的料头等，一般钢材坯料的料头损失均可取锻件质量的2%~4%，当锻造大型锻件采用钢锭作坯料时，钢锭头部、尾部被切除的金属也都应计入截料损失。

坯料尺寸的确定与所采用的锻造工序有关，按第一锻造工序为镦粗还是拔长，根据有关公式计算出坯料的直径或边长，最后根据国家生产钢材的标准尺寸算出下料尺寸。

（3）选择锻造工序

根据不同类型的锻件选择不同的锻造工序。一般锻件的大致分类及所用工序见表3.1。

工艺规程的内容还包括选择锻造设备、确定锻造温度范围、加热次数、冷却方式和规范、锻后热处理规范等。

（4）填写工艺卡片

3）齿轮坯自由锻工艺

齿轮坯自由锻工艺卡片见表 3.2。

表 3.2　齿轮坯自由锻工艺卡片

锻件名称	齿轮毛坯		工艺类型	自由锻
材料	45 号钢		设备	65 kg 空气锤
加热次数	1 次		锻造温度范围	850~1 200 ℃
锻件图			坯料图	

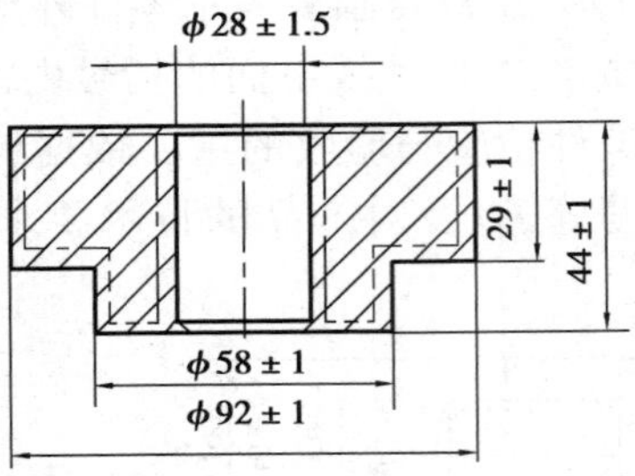

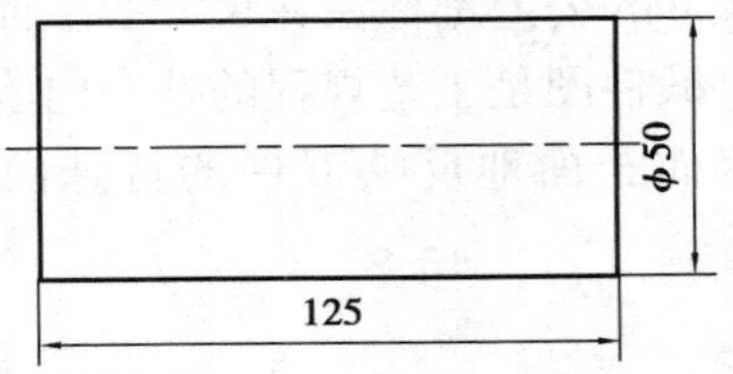

序号	工序名称	工序简图	使用工具	操作工艺
1	镦粗	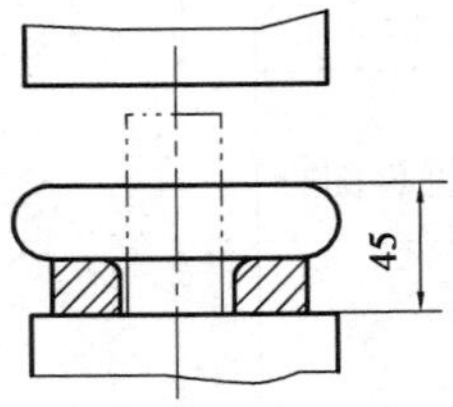	火钳镦粗漏盘	控制镦粗后的高度为 45 mm
2	冲孔	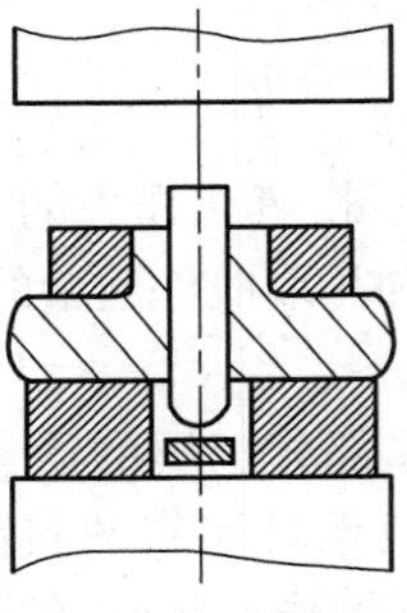	火钳镦粗漏盘冲子冲孔漏盘	①注意冲子对中。②采用双面冲孔,左图为工件翻转后将孔冲透的情况
3	修正外圆	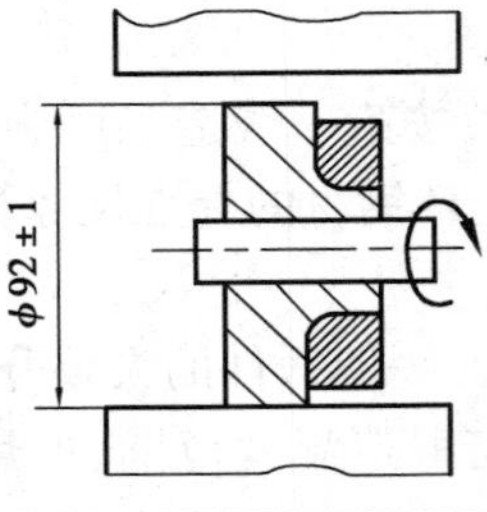	火钳冲子	边轻打边旋转锻件,使外圆清除鼓形,并达到 $\phi(92\pm1)$ mm

序号	工序名称	工序简图	使用工具	操作工艺
4	修整平面	44±1	火钳	轻打(如端面不平还要边打边转动锻件),使锻件厚度达到(44±1)mm

3.4 模 锻

模锻是在高强度金属锻模上预先制出与锻件形状一致的模腔,使坯料在模腔内受压变形,而获得所需形状、尺寸以及内部质量的锻件的加工方法。目前,模锻生产广泛用于国防工业和机械制造业中。

与自由锻相比,模锻具有以下特点:

①由于有模腔引导金属的流动,锻件的形状可以比较复杂;

②锻件内部的锻造流线按锻件轮廓分布,从而提高了零件的机械性能和使用寿命;

③锻件表面光洁、尺寸精度高、节约材料和切削加工工时;

④生产率较高,操作简单,易于实现机械化。

但是,由于模锻是整体成形,并且金属流动时,与模腔之间产生很大的摩擦阻力,因此所需设备吨位大,设备费用高;锻模加工工艺复杂、制造周期长、费用高,所以模锻只适用于中小型锻件的成批或大量生产。不过随着计算机辅助设计——制造(CAD/CAM)技术的飞速发展,锻模的制造周期将大大缩短。

模锻按使用设备的不同,可分为锤上模锻、胎模锻、压力机上模锻。

3.4.1 锤上模锻

锤上模锻是在自由锻基础上最早发展起来的一种模锻生产方法,是在模锻设备上将上下模块分别固紧在锤头与砧座上,将加热透的金属坯料放入下模型腔中,借助于上模向下的冲击作用,迫使金属在锻模型槽中塑性流动和填充,从而获得与型腔形状一致的锻件。锤上模锻使用的设备有蒸汽-空气锤、无砧底座、高速锤等。一般企业中主要使用蒸汽-空气锤,其工作原理与蒸汽-空气锤自由锻基本相同,但由于模锻时受力大,要求设备的刚性好,导向精度高,以保证上下模对准。模锻锤的机架与砧座直接连接,形成封闭机构。锤头与导轨之间间隙小;模锻锤吨位为1~16 t;砧座较重,为落下部分质量的20~25倍。

1) 锻模

锤上模锻所用的锻模由上模和下模组成。上模和下模分别安装在锤头的下端和模座上的燕尾槽内,用楔铁紧固(图3.22)。上下模合在一起所形成的空间为模腔。根据模腔的功用不同,锻模的模腔可分为制坯模腔和模锻模腔两种。

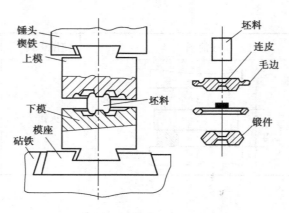

图 3.22　模锻工作示意图

（1）制坯模膛

制坯模膛是指按锻件的要求，对坯料体积进行合理分配的模膛。对于形状复杂的模锻件，原始坯料在进入模锻模膛之前，应先放在制坯模膛制坯。制坯模膛可分为拔长模膛（图 3.23（a）），减小坯料某部分的横截面积，以增加其长度；滚压模膛（图 3.23（b）），减小坯料某部分的横截面积，以增大另一部分的横截面积；弯曲模膛（图 3.23（c）），使坯料弯曲；切断模膛（图 3.23（d）），在上模与下模的角部组成一对刃口，用来切断金属，可用于从坯料上切下锻件或从锻件上切钳口，也可用于多件锻造后分离成单个锻件。

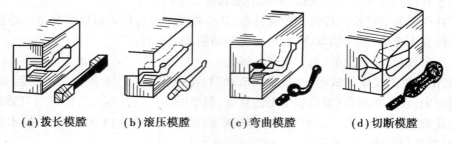

(a)拔长模膛　　**(b)滚压模膛**　　**(c)弯曲模膛**　　**(d)切断模膛**

图 3.23　制坯模膛

（2）模锻模膛

模锻模膛可分为预锻模膛和终锻模膛两种。

预锻模膛是使坯料发生变形到接近锻件的形状和尺寸，然后再进行终锻，这样可以减少终锻模膛的磨损，延长了锻模的使用寿命，也使金属容易充满终锻模膛。预锻模膛的形状和尺寸与终锻模膛的相近似，只是模锻斜度和圆角半径比终锻模膛稍大，没有飞边槽。

终锻模膛是使经过预锻模膛变形的坯料进一步变形，使之接近锻件所要求的形状和尺寸，因此，它的形状应和锻件的形状相同。但是由于锻件在冷却时体积要收缩，所以终锻模膛的尺寸应比锻件的尺寸放大一个收缩量。另外，模膛四周设有飞边槽，用以增加金属从模膛中流出的阻力，促使金属充满模膛，同时容纳多余的金属，还可起缓冲作用，减弱对上下模的打击，防止锻模开裂。对于具有通孔的锻件，由于不可能靠上下模的凸起部分把金属完全挤压掉，故终锻后在孔内留下一薄层金属，称为冲孔连皮，把冲孔连皮和飞边冲掉后，才能得到有通孔的模锻件，如图 3.24 所示。

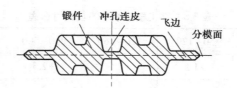

图 3.24　带有飞边槽与冲孔连皮的模锻件

2) 模锻工艺规程的制定

模锻生产工艺规程包括制定锻件图、计算坯料尺寸、确定模锻工步、选择模锻设备及安排修整工序等。锤上模锻成形的工艺过程一般为：切断坯料→加热坯料→模锻→切除模锻件的飞边→校正锻件→锻件热处理→表面清理→检验→入库存放。

（1）绘制模锻锻件图

锻件图是根据零件图按模锻工艺特点制订的。它是设计和制造锻模、计算坯料以及检查锻件的依据。制订模锻锻件图时应考虑以下几个问题：

①分模面。是上下锻模的分界面。绘制模锻件图时分模面的选择应按以下原则进行。

a.要保证模锻件能从模腔中顺利取出，若选图 3.25 所示 $a—a$ 面为分模面，则无法从模腔中取出锻件。

b.应使上下两模沿分模面的模腔轮廓一致，以便在安装锻模和生产过程中容易发现错模现象，及时而方便地调整锻模位置。若选图 3.25 所示 $c—c$ 面为分模面，就不易发现错模。

c.应选在能使模腔深度最浅的位置上。这样有利于金属充满模腔，便于取件，并有利于锻模的制造。如图 3.25 所示的 $b—b$ 面就不适合做分模面。

d.应使零件所加的敷料最少。如图 3.25 所示，若将 $b—b$ 面选作分模面，零件中间的孔不能锻出，其敷料最多，既浪费金属，降低了材料的利用率，又增加了切削加工工作量，故该面不宜选做分模面。

e.最好为平面，以便于锻模的制造，并防止锻造过程中上下锻模错动。

按上述原则综合分析，选用如图 3.25 所示的 $d—d$ 面为分模面最合理。

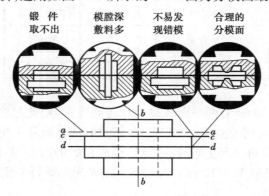

图 3.25　分模面的选择比较图

②余量、公差和余块。为了达到零件尺寸精度及表面粗糙度的要求，锻件上需切削加工而去除的金属层，称为锻件的加工余量。成品零件中的各种细槽、齿轮齿间、横向孔及其他妨碍起模的凹部均应加余块，直径小于 30 mm 的小孔一般不要锻出。模锻件水平方向尺寸公差见表 3.3。模锻件内外表面的加工余量见表 3.4。

表 3.3　锤上模锻水平方向尺寸公差

模锻件长(宽)度/mm	<50	50~120	120~260	260~500	500~800	800~1 200
公差/mm	+1.0	+1.5	+2.0	+2.5	+3.0	+3.5
	-0.5	-0.7	-1.0	-1.5	-2.0	-2.5

表 3.4　内、外表面的加工余量 Z_1(单面)

加工表面最大宽度或直径/mm		加工表面的最大长度或最大高度/mm					
		≤63	>63~160	>160~250	>250~400	>400~1 000	>1 000~2 500
大于	至	加工余量 Z_1/mm					
—	25	1.5	1.5	1.5	1.5	2.0	2.5
25	40	1.5	1.5	1.5	1.5	2.0	2.5
40	63	1.5	1.5	1.5	2.0	2.5	3.0
63	100	1.5	1.5	2.0	2.5	3.0	3.5

③模锻斜度。为便于从模腔中取出锻件,模锻件上平行于锤击方向的表面必须具有斜度,称为模锻斜度,一般为 5°~15°。模锻斜度与模腔深度和宽度有关,通常模腔深度与宽度的比值(h/b)较大时,模锻斜度取较大值。此外,模锻斜度还分为外壁斜度 α 与内壁斜度 β,如图 3.26 所示。外壁是指锻件冷却时锻件与模壁离开的表面;内壁是指当锻件冷却时锻件与模壁夹紧的表面。内壁斜度值一般比外壁斜度大 2°~5°。生产中,常用金属材料的模锻斜度范围见表 3.5。

表 3.5　各种金属锻件常用的模锻斜度

锻件材料	外壁斜度	内壁斜度
铝、镁合金	3°~5°	5°~7°
钢、钛、耐热合金	5°~7°	7°、10°、12°

④圆角半径。模锻件上所有两平面转接处均需圆弧过渡,此过渡处称为锻件的圆角,如图 3.27 所示。圆弧过渡有利于金属的变形流动,锻造时使金属易于充满模腔,提高锻件质量,并且可避免在锻模上的内角处产生裂纹,减缓锻模外角处的磨损,提高锻模使用寿命。钢的模锻件外圆角半径 r 一般取 1.5~12 mm,内圆角半径 R 比外圆角半径大 2~3 倍。模腔深度越深,圆角半径值越大。

⑤冲孔连皮。由于锤上模锻时不能靠上下模的突起部分把金属完全排挤掉,因此不能锻出通孔,终锻后,孔内留有金属薄层,称为冲孔连皮,锻后利用压力机上的切边模将其去除。常用的连皮形式是平底连皮(图 3.26),连皮的厚度 t 通常为 4~8 mm,可按下式计算为

$$t = 0.45(d - 0.25h - 5) \times 0.5 + 0.6h \times 0.5$$

式中　d——锻件内孔直径,mm;

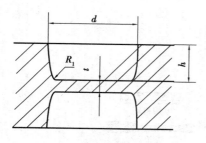

图 3.26　模锻斜度

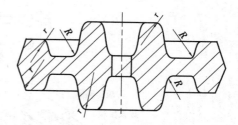

图 3.27　模锻圆角半径

h——锻件内孔深度,mm。

连皮上的圆角半径 R_1,可按下式确定:

$$R_1 = R + 0.1h + 2$$

孔径 $d<25$ mm 或冲孔深度大于冲头直径的 3 倍时,只在冲孔处压出凹穴。

上述各参数确定后,便可绘制锻件图。图 3.28 所示为齿轮坯模锻件图。图中双点画线为零件轮廓外形,分模面选在锻件高度方向的中部。由于零件轮廓部分不加工,故无加工余量。图中内孔中部的两条直线为冲孔连皮切掉后的痕迹。

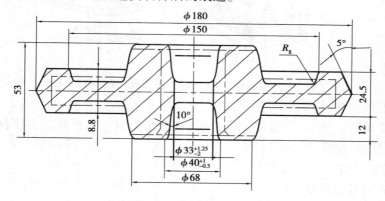

图 3.28　齿轮坯模锻件图

（2）确定模锻工序

模锻工序主要根据锻件的形状与尺寸来确定。根据已确定的工序即可设计出制坯模膛、预锻模膛及终锻模膛。模锻件按形状可分为两类:一类是长轴类零件与盘类零件,如台阶轴、曲轴、连杆、弯曲摇臂等;另一类是盘类零件,如齿轮、法兰盘等。

①长轴类模锻件基本工序。常用的工序有拔长、滚挤、弯曲、预锻和终锻等。

拔长和滚挤时,坯料沿轴线方向流动,金属体积重新分配,使坯料的各横截面积与锻件相应的横截面积近似相等。坯料的横截面积大于锻件最大横截面积时,可只选用拔长工序;当坯料的横截面积小于锻件最大横截面积时,应采用拔长和滚挤工序。锻件的轴线为曲线时,还应选用弯曲工序。对于小型长轴类锻件,为了减少钳口料和提高生产率,常采用一根棒料上同时锻造数个锻件的锻造方法,因此应增设切断工序,将锻好的工件分离。

对于形状复杂的锻件,还需选用预锻工步,最后在终锻模膛模锻成形。如图 3.29 所示为弯曲连杆的模锻件。锻模上有 5 个模膛,原始坯料经过拔长、滚压、弯曲 3 个制坯工序,使截面变化,并使轮廓与锻件相适应,再经过预锻模膛和终锻模膛制成了带有飞边的锻件,最后在切边模上切去飞边。

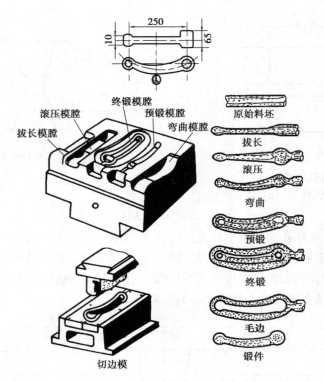

图 3.29 弯曲连杆的锻模(下模)及模锻工序图

②盘类模锻件的基本工序。常选用镦粗、终锻等工序。

对于形状简单的盘类零件,可只选用终锻工序成形。对于形状复杂,有深孔或有高肋的锻件,则应增加镦粗、预锻等工序。

(3)选择模锻设备

模锻锤的吨位可查有关资料。

(4)计算坯料尺寸

其步骤与自由锻类同。

(5)修整工序

坯料在锻模内制成模锻件后,还须经过一系列修整工序,以保证和提高锻件质量。修整工序包括以下内容:

①切边与冲孔。模锻件一般都带有飞边及连皮,须在压力机上进行切除。切边与冲孔根据不同情况可在热态或冷态下进行。

②校正。在切边及其他工序中都可能引起锻件的变形,许多锻件,特别是形状复杂的锻件在切边冲孔后还应进行校正。校正可在终锻模膛或专门的校正模内进行。

③热处理。目的是消除模锻件的过热组织或加工硬化组织,以达到所需的力学性能。常用的热处理方式为正火或退火。

④清理。为了提高模锻件的表面质量,改善模锻件的切削加工性能,模锻件需进行表面清理,去除在生产中产生的氧化皮、所沾油污及其他表面缺陷等。

⑤精压。对于要求尺寸精度高和表面粗糙度小的模锻件,还应在压力机上进行精压。精压分为平面精压和体积精压两种。

（6）确定锻造温度范围

模锻件的生产也在一定温度范围内进行,与自由锻生产相似。

3）锤上模锻件的结构工艺性

设计模锻零件时,应根据模锻特点和工艺要求,使其结构符合下列原则:

①模锻零件应具有合理的分模面,以使金属易于充满模腔,模锻件易于从锻模中取出,且敷料最少,锻模容易制造。

②模锻零件上,除与其他零件配合的表面外,均应设计为非加工表面。模锻件的非加工表面之间形成的角应设计模锻圆角,与分模面垂直的非加工表面,应设计出模锻斜度。

③零件的外形应力求简单、平直、对称,避免零件截面间差别过大或具有薄壁、高肋、等不良结构。一般来说,零件的最小截面与最大截面之比不宜小于0.5,如图3.30（a）所示零件的凸缘太薄、太高,中间下凹太深,金属不易充型。如图3.30（b）所示零件过于扁薄,薄壁部分金属模锻时容易冷却,不易锻出,对保护设备和锻模也不利。如图3.30（c）所示零件有一个高而薄的凸缘,使锻模的制造和锻件的取出都很困难。改成如图3.30（d）所示形状则较易锻造成形。

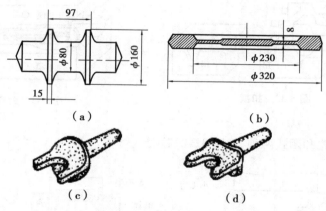

图 3.30　模锻件结构工艺性

④在零件结构允许的条件下,应尽量避免有深孔或多孔结构。孔径小于30mm或孔深大于直径两倍时,锻造困难。

⑤对复杂锻件,为减少敷料,简化模锻工艺,在可能的条件下,应采用锻造—焊接或锻造—机械连接组合工艺。

3.4.2　胎模锻

胎模是一种不固定在锻造设备上的模具,结构较简单、制造容易,如图3.31所示。胎模锻是在自由锻设备上用胎模生产模锻件的工艺方法,因此,胎模锻兼有自由锻和模锻的特点。胎模锻适合于中小批量生产小型多品种的锻件,特别适合于没有模锻设备的工厂。

1）胎模的种类

根据胎模的结构形式不同,胎模可分为扣模和合模和套模3种。

（1）扣模

扣模由上扣和下扣组成,或只有下扣,上扣由上砧代替（图3.32）。利用扣模锻造时,坯料不需转动,成形后将锻件翻转90°以平整侧面。锻件既不产生飞边也不产生毛刺。常用来生

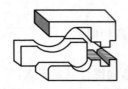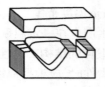

图 3.31　胎模示意图

产非回转体的细长杆类锻件的全部或局部扣形。

（2）合模

合模由上模和下模及导向装置组成（图 3.33）。在上下模的分模面上环绕模膛开有飞边槽。金属在模膛中成形时，多余金属流入飞边槽形成横向飞边，锻后需要将飞边切除。合模是一种通用性较广的胎模，适用于各类锻件的终锻成形，尤其适用于形状复杂的非回转体（连杆、叉形件）锻件。生产率高，劳动条件好，模具寿命长。但有飞边损耗，制造复杂，所需设备吨位大等缺点。

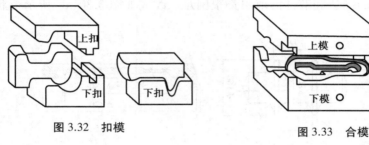

图 3.32　扣模　　　　　　　　　图 3.33　合模

（3）套模

套模可分为开式和闭式两种，如图 3.34 所示。

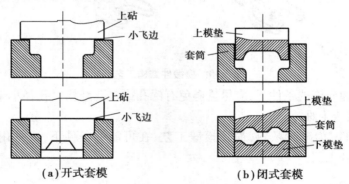

（a）开式套模　　　　　　　　　（b）闭式套模

图 3.34　套模

开式套模只有下模，上模由上砧代替。金属在模膛中成形，然后在上端面形成横向小飞边。主要用于圆盘类锻件（如法兰盘、齿轮等）的制坯或具有平面端面的锻件的最终成形。开式套模结构简单，制造容易，金属容易充满模膛，所需设备吨位小，生产率高，是应用较广的一种胎膜。因此，当锻件批量较小时，应尽量简化锻件的端面，优先采用开式套模。

闭式套模由套筒、上模垫和下模垫组成，下模垫也可用下砧代替。与开式套模不同的是，锤头的打击力通过上模垫作用于金属，金属在封闭的模膛中变形。主要用于端面带有凸台或凹坑的回转体锻件的制坯或最终成形。

闭式套模由于能够锻出具有凸凹端面的锻件,且没有飞边,因此它具有节省金属材料的优点。但是由于上模垫与坯料接触时间长,金属容易冷却,不易充满模腔,需要较大能力的锻造设备;且模具笨重,寿命低,工人劳动强度大。

2)胎模锻的工艺过程

胎模锻的工艺过程主要包括制定工艺规程、制造胎模、备料、加热、锻制及后续工序等。在工艺规程制定过程中,分模面的选取可灵活些,其数量不限于一个,而且在不同工序中可选取不同的分模面,以便制造胎模和使锻件成形。图 3.35 所示为法兰盘锻件图,图 3.36 所示为法兰盘的胎膜锻过程。先用自由锻将加热后的坯料镦粗到接近法兰盘的形状后,再将其放到套模的模筒中终锻成形,最后将连皮切除。

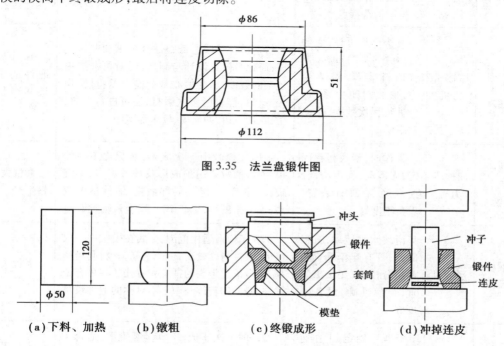

图 3.35 法兰盘锻件图

(a)下料、加热　　(b)镦粗　　(c)终锻成形　　(d)冲掉连皮

图 3.36 法兰盘的胎模锻过程

3)胎模锻的特点及应用

胎模锻是介于自由锻和模锻之间的一种锻造方法。与自由锻相比,具有生产率高,锻件的精度高,表面质量好,且不需要昂贵的设备,工艺操作灵活等优点。与模锻相比,胎模锻的锻件精度低,工人的劳动强度大。因此,胎模锻主要适用于中小批量的、形状简单的中小型锻件的成形或大件的局部成形。多在没有模锻设备的中小型工厂应用。

3.4.3 压力机上模锻

用于模锻生产的压力机有摩擦压力机、平锻机、水压机、曲柄压力机等,其工艺特点的比较见表 3.6。

1)曲柄压力机上模锻

曲柄压力机上模锻是一种比较先进的模锻方法。电动机通过飞轮释放能量,曲柄连杆机构带动滑块沿导轨作上下往复运动,进行锻压工作。锻模分别安装在滑块的下端和工作台上。

2)摩擦压力机上模锻

摩擦压力机是靠飞轮旋转所积蓄的能量转化成金属的变形能进行锻造。摩擦压力机行程速度介于模锻锤和曲柄压力机之间,有一定的冲击作用,滑块行程和冲击能量都可自由调节,坯料在一个模腔内可多次锻击,因而工艺性能广泛,既可完成镦粗、成形、弯曲、预锻、终锻等成形工序,也可进行校正、精整、切边、冲孔等后续工序的操作,必要时,还可作为板料冲压的设备使用(表3.6)。

表3.6　压力机上模锻方法的工艺特点比较

锻造方法	设备类型		工艺特点	应用
	结构	构造特点		
摩擦压力机上模锻	摩擦压力机	滑块行程可控,速度为(0.5～1.0)m/s,带有顶料装置,机架受力,形成封闭力系,每分钟行程次数少,传动效率低	特别适合于锻造低塑性合金钢和非铁金属;简化了模具设计与制造,同时可锻造更复杂的锻件;承受偏心载荷能力差;可实现轻、重打,能进行多次锻打,还可进行弯曲、精压、切飞边、冲连皮、校正等工序	中、小型锻件的小批和中批生产
曲柄压力机上模锻	曲柄压力机	工作时,滑块行程固定,无震动,噪声小,合模准确,有顶杆装置,设备刚度好	金属在模腔中一次成形,氧化皮不易除掉,终锻前常采用预成形及预锻工步,不宜拔长、滚挤,可进行局部镦粗,锻件精度较高,模锻斜度小,生产率高,适合短轴类锻件	大批大量生产
平锻机上模锻	平锻机	滑块水平运动,行程固定,具有互相垂直的两组分模面,无顶出装置,合模准确,设备刚度好	扩大了模锻适用范围,金属在模腔中一次成形,锻件精度较高,生产率高,材料利用率高,适合锻造带头的杆类和有孔的各种合金锻件,对非回转体及中心不对称的锻件较难锻造	大批大量生产
水压机上模锻	水压机	行程不固定,工作速度为(0.1～0.3)m/s,无震动,有顶杆装置	模锻时一次压成,不宜多腔模锻,适合于锻造镁铝合金大锻件,深孔锻件,不太适合于锻造小尺寸锻件	大批大量生产

3.5　板料冲压

3.5.1　概述

冲压是利用安装在压力机上的模具对金属或非金属材料施加压力,使其产生分离或塑性变形,从而获得所需零件的一种压力加工方法。通常是在室温下进行的,故又称为冷冲压。冲压件的厚度一般都不超过3～4 mm,故也称薄板冲压。

冲压的工艺特点与应用如下所述:

①应用范围广。可冲压金属材料,也可冲压非金属材料;可加工仪表上的小型制件,也可加工诸如汽车纵梁等大型制件;可获得形状较简单的一般零件,也可获得其他加工方法难以或无法加工的复杂零件。

②冲压生产操作简单,便于实现机械化和自动化,生产率高。

③冲压件尺寸精度高,互换性好,冲压后一般不再进行机械加工,或者只进行一些钳工修整,即可作为零件使用,成本低。

④冲压模具结构复杂,精度要求高,制造费用高。因此,只有在大批量生产的条件下,采用冲压加工才是经济合理的。

⑤材料必须具有足够塑性,且厚度受到一定的限制。

总的来看,冲压是一种高质量、高效率、低能耗、低成本的加工方法。它在现代工业的许多部门都得到广泛的应用,特别在汽车、拖拉机、航空、电机、电器、无线电、仪器仪表、兵器以及日用品生产等工业部门中占有重要的地位。

3.5.2 板料冲压的基本工序

一个冲压零件通常是通过一道或几道冲压工序而制成的。冲压基本工序可分为分离工序和变形工序两大类。

1)分离工序

使坯料的一部分和另一部分互相分离的工序。分离工序冲压方法有剪切、落料、冲孔和修整等。

(1)剪切

用剪刀或冲模将坯料按不封闭轮廓进行分离的工序。

(2)落料和冲孔

将坯料沿封闭轮廓分离的工序称为落料或冲孔,统称为冲裁。这两个工序的坯料变形过程与模具结构基本相同。只是其目的不同。落料是被分离的材料中间部分为成品,周边部分是废料;冲孔是被分离的部分为废料,而周边部分是成品。

图3.37所示为冲裁时板料的变形和分离过程。凸模和凹模的边缘都带有锋利的刃口。当凸模向下运动压住板料时,板料受到挤压,产生弹性变形并进而产生塑性变形,当上下刃口附近材料内的应力超过一定限度后,即开始出现裂纹。随着冲头(凸模)继续下压,上下裂纹逐渐向板料内部扩展直至汇合,板料即被切离。

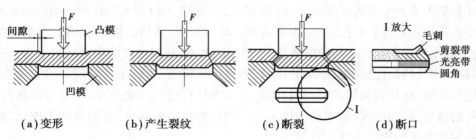

(a)变形　　　(b)产生裂纹　　　(c)断裂　　　(d)断口

图3.37　冲裁时板料变形和分离过程

(3)修整

修整是通过凸模与凹模的刃口切除经冲孔或落料零件切口上的少量金属,以提高切口的

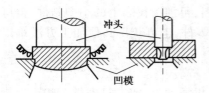

图 3.38　修整工序简图

精度和光洁程度。修整后的切口,其表面粗糙度 Ra 可达 $0.8\sim0.4~\mu m$,精度可达 IT 6~7。修整过程金属切除情况如图 3.38 所示。

2)变形工序

变形工序是坯料在模具作用下,当应力超过材料的屈服极限时,坯料的一部分相对于另一部分产生塑性变形而改变其形状的加工工序,冲压方法有弯曲、拉深、翻边、成形和收口等。

(1)弯曲

弯曲是将平直的坯料或半成品用模具及其他工具弯曲成具有一定角度或一定形状制件的冲压方法(图 3.39(a))。弯曲工序在冲压工艺中占有很大的比重。

弯曲结束外载荷去除后,被弯曲材料的形状和尺寸发生与加载时变形方向相反的变化,从而消去一部分弯曲变形的效果,这种现象称为回弹,如图 3.39(b)所示。对于回弹现象,可在设计弯曲模具时,使模具角度比成品角度小一个回弹角。

在弯曲时,由于坯料受到凸模的冲击力的作用而产生大量的塑性变形,并且这些变形均集中在坯料与凸模相接触的狭窄区域内,变形的坯料内侧受压应力的作用,外侧受拉应力的作用。弯曲半径 r 越小,应力越大,当拉应力超过坯料的抗拉强度时,会造成坯料的开裂,为了避免出现裂纹,除了选择合适的材料和限制最小弯曲半径 r_{min},使 $r_{min} \geq (0.1\sim1)t$(t 为坯料厚度)外,还要使弯曲方向与坯料的流线方向一致。

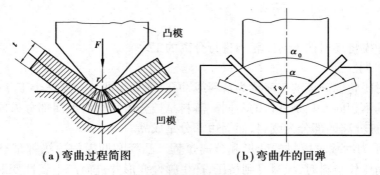

(a)弯曲过程简图　　　　　　(b)弯曲件的回弹

图 3.39　弯曲示意图

(2)拉深

使坯料变形成为中空的杯形或盒形成品的工序,如图 3.40 所示为用圆形板料拉成筒形件的拉深变形过程示意图。在拉深时,为了避免将坯料拉裂,需将凸模和凹模的边缘均加工成圆角;为了减小坯料和模具之间的摩擦,减少模具的磨损,在拉深之前应在坯料上涂上一层润滑剂;当被拉深件的深度较大且厚度较小时,容易出现折皱,为防止这种现象的发生,常采用压板将坯料压紧;在拉制很深的工件时,不允许一次拉得过深以免拉穿,应分几次进行,逐渐增加工件的深度,即多次拉深,并且在拉深工序间进行再结晶退火,以消除加工硬化,恢复其塑性。拉深中常见的废品如图 3.41 所示。

(3)翻边

翻边是沿直线或曲线将毛坯或半成品的平面部分或曲面部分弯折成竖立边缘的冲压方法,如图 3.42 所示。

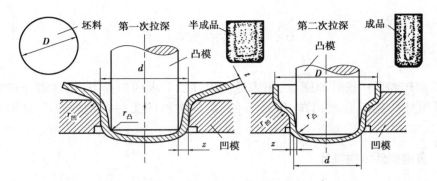

图 3.40 圆形板料拉成筒形件的拉深变形过程示意图

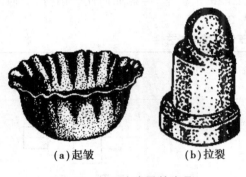

（a）起皱　　　　（b）拉裂

图 3.41 拉深中常见的废品

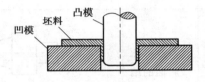

图 3.42 翻边

（4）成形

成形是指利用局部变形使坯料或半成品改变形状的工序，如图 3.43 所示为带有鼓肚的容器的成形简图，它是利用橡皮芯子来增大预先拉深成筒形的半成品的中间部分。

（5）收口

收口是使拉深成品的边缘部分的直径减小的工序，如图 3.44 所示。图中 d_0 为拉深成品的平均直径，d 为收口部分的平均直径。

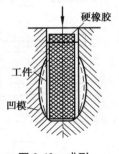

图 3.43 成形

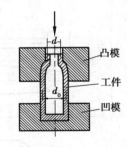

图 3.44 收口

3.6 锻压件结构设计

锻压件结构和形状设计原则是:在满足使用性能要求的前提下,结合锻压设备和工具的特点,锻压件结构应合理简单、锻造方便、减少材料和工时的消耗以及有利于提高生产率。

3.6.1 自由锻件结构设计

自由锻主要生产形状简单、精度较低和表面粗糙度较高的毛坯。这是设计锻件结构时要首先考虑的因素。同时,还要在保证零件使用性能的前提下,考虑如何便于锻打,如何才能提高生产效率。自由锻件的结构工艺性要求见表 3.7。

表 3.7　自由锻压件的结构工艺性

序号	结构工艺性内容	不好	好
1	避免锥体或斜面的结构设计		
2	避免几何体的交接处形成空间曲线		
3	避免加强筋、工字形截面		

续表

序号	结构工艺性内容	不好	好
4	合理采用组合结构：每个简单件锻造成形后，再用焊接或机械连接方式构成整体零件	整体锻件	组合结构
5	避免凸台或其他非规则截面及外形	叉形件内部台阶	

3.6.2　模锻件结构设计

模锻件的结构工艺性要求见表 3.8。

表 3.8　模锻件的结构工艺性

序号	结构工艺性内容	不好	好
1	应有一个合理的分模面,有利于坯料充满模腔,节约材料		
2	应有适当的模锻斜度和锻件圆角,便于脱模		
3	结构尽量对称,有利于模具的设计制造		
4	锻件上不宜有过高过窄的肋板或过薄的辐板,以简化模具制造,提高模具寿命		

3.6.3　冲压件结构设计

表 3.9 列举了生产中冲压件结构设计时应注意的主要问题。

表 3.9 冲压件结构工艺性

冲压件分类	结构工艺性说明	图例
冲裁件	冲裁件的外形应便于合理排料,减少废料,尽可能采用圆形、矩形等规则形状;以提高材料的利用率	 (a) 材料利用率高 (b) 材料利用率低
	避免长槽和细长的悬臂结构,模具制造困难	
	冲裁时由于受凸、凹模强度和模具结构的限制,冲裁件的最小尺寸有一定限制。孔间距离、孔与零件边缘之间的距离和孔的尺寸不可太小,这些值的大小与板料厚度 t 有关	
弯曲件	弯曲边不能过短,弯曲件的直边高度 $H \geqslant 2t$。若 $H<2t$,则应增加直边高度,弯好后再切掉多余材料	

续表

冲压件分类	结构工艺性说明	图例
弯曲件	弯曲预先已冲孔的毛坯时,当 $t<2$ mm时,$L \geq t$;当 $t \geq 2$ mm时,$L \geq 2t$	
	形状应尽量对称,弯曲半径应左右一致,保证板料受力时平衡,防止产生偏移。当弯曲不对称制件时,也可考虑成对弯曲后再切	
	在弯曲半径较小的弯边交接处,易产生应力集中而开裂。可在弯曲前钻出止裂孔或止裂槽,以防裂纹的产生	
拉深件	拉深件的形状应力求简单、对称,高度应尽量小一些,一次成形的无凸缘筒形零件拉深高度应满足:$H \leq (0.5 \sim 0.7)d$(d 为拉深件壁厚中径)	
	拉深件的圆角半径一般情况下:$R>r$;$R \geq 2t$,最好 $R \geq (4 \sim 8)t$;$r \geq t$,最好 $r \geq (3 \sim 5)t$;当 $R<2t$ 或 $r<t$时,需增加整形工序 $r' \geq 3t$ 拉深件底或凸缘上的孔边到侧壁距离应满足:$a \geq R+0.5t$	

复习思考题

3.1 何谓加工硬化？加工硬化在生产中有何利弊？如何消除加工硬化？

3.2 何谓冷变形？冷变形对金属的组织和性能有何影响？请举例说明。

3.3 何谓金属的锻造性能？影响金属锻造性能的因素有哪些方面？

3.4 自由锻有哪些基本工序？它们各有何特点？各适用于锻造哪类零件？

3.5 制订零件的自由锻工艺时应考虑哪些问题？

3.6 试比较各种模锻方法的工艺特点及应用。

3.7 终锻模膛为什么要设计飞边槽？

3.8 绘制模锻件图时分模面的选择应遵循哪些原则？

3.9 和自由锻相比，模锻有何特点？

3.10 根据模膛的功用不同，锻模模膛分为哪几种？各有何特点？

3.11 生活用品中有哪些产品是采用板料冲压制成的？举例说明其冲压工序。

3.12 板料冲压的基本工序有哪些？

3.13 板料冲压的模具有哪几种类型？各有何特点？

第 **4** 章
焊 接

4.1 概 述

焊接就是通过加热或加压，或两者并用，用或不用填充材料，使焊件达到原子间结合的一种加工工艺方法。在金属加工领域中，焊接是发展非常迅速的一种加工方法，目前已成为一门独立的学科，并在机械制造、航空航天、石油化工、冶金、能源、交通和建筑等领域得到了广泛的应用。

4.1.1 焊接的分类

焊接方法的种类很多，按照焊接过程的特点可分为三大类，即熔化焊、压力焊和钎焊，如图 4.1 所示。

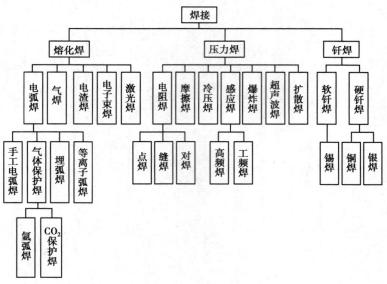

图 4.1 焊接种类

1)熔化焊

熔化焊(熔焊)是指在焊接过程中将待焊处的母材金属熔化以形成焊缝的焊接方法。按加热的热源不同,熔焊有电弧焊、气焊、电渣焊、电子束焊和激光焊等方法。

2)压力焊

压力焊(压焊)是在焊接过程中必须对焊件施加压力(加热或不加热)以完成焊接的方法,如电阻焊、摩擦焊、冷压焊、感应焊、爆炸焊、超声波焊、扩散焊等。

3)钎焊

钎焊是指采用比母材熔点低的金属材料作钎料,将焊件和钎料加热到高于钎料熔点、低于母材熔点的温度,利用液态钎料润湿母材、填充接头间隙并与工件实现原子间的相互扩散而实现焊接的方法。钎焊包括软钎焊、硬钎焊等。

4.1.2　焊接的特点

焊接方法的主要特点如下所述:

1)适应性强

多样的焊接方法几乎可焊接所有的金属材料和部分非金属材料。可焊范围较广,而且连接性能较好。焊接接头可达到与工件金属等强度或相应的特殊性能。

2)满足特殊连接要求

不同材料焊接在一起,能使零件的不同部分或不同位置具备不同的性能,达到使用要求。如防腐容器的双金属简体焊接、钻头工作部分与柄的焊接、水轮机叶片耐磨表面堆焊等。

3)节省材料,减轻质量

焊接的金属结构件可比铆接件节省材料 10%～25%,采用点焊的飞行器结构质量明显减轻,油耗降低,运载能力提高。

4)简化复杂零件和大型零件的制作过程

焊接方法灵活,可化大为小,以简拼繁,加工快,工时少,生产周期短。许多结构都以铸—焊、锻—焊的形式组合,简化了加工工艺。

尽管如此,焊接加工在应用中仍存在某些不足之处。例如,不同焊接方法的焊接性能有较大差别,焊接接头的组织不均匀、焊接过程所产生的应力、变形和裂纹等问题,都有待于进一步研究和完善。

4.1.3　焊接的应用

焊接方法在工业生产中主要用于:

1)制造金属结构件

焊接方法广泛应用于各种金属结构件的制造,如桥梁、船舶、压力容器、化工设备、机动车辆、矿山机械、发电设备及飞行器等。

2)制造机器零件和工具

焊接件具有刚性好、改型快、周期短、成本低的优点,适合于单件或小批量生产加工各类机器零件和工具。如机床机架和床身、大型齿轮和飞轮、各种切削工具等。

3)修复

采用焊接方法修复某些缺陷、失去精度或有特殊要求的工件,可延长使用寿命,提高使用性能。

近年来,焊接技术迅速发展,新的焊接方法不断出现,在应用了计算机技术后,使其功能大增。焊接的精密化和智能化必将效力无比。

4.2　焊条电弧焊

焊条电弧焊又称手工电弧焊,是熔化焊中最基本的一种焊接方法,是指用手工操作焊条进行焊接的电弧焊方法。焊条电弧焊利用电弧产生的热熔化被焊金属,使之形成永久结合。由于它所需要的设备简单、操作灵活,可对不同焊接位置、不同接头形式的焊缝方便地进行焊接,因此是目前应用最为广泛的焊接方法。

焊条电弧焊按电极材料的不同可分为熔化极焊条电弧焊和非熔化极焊条电弧焊。非熔化极焊条电弧焊如手工钨极气体保护焊。熔化极焊条电弧焊是以金属焊条作电极,电弧在焊条端部和母材表面燃烧的方法。

图 4.2 是焊条电弧焊示意图,由焊机、焊接电缆、焊钳、焊条、电弧、工件和接地电缆等组成的。图中的电路是以弧焊电源为起点,通过焊接电缆、焊钳、焊条、工件、接地电缆形成回路。在有电弧存在时形成闭合回路,形成焊接过程。焊条和工件在这里既可作为焊接材料,也可作为导体。焊接开始后,电弧的高热瞬间熔化了焊条端部和电弧下面的工件表面,使之形成熔池,焊条端部的熔化金属以细小的熔滴状过渡到熔池中去,与母材熔化金属混合,凝固后成为焊缝。

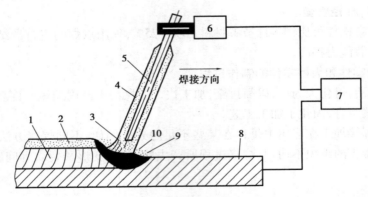

图 4.2　焊条电弧焊示意图

1—焊缝;2—渣壳;3—熔滴;4—药皮;5—焊芯;6—焊钳;
7—焊机;8—工件;9—金属熔滴;10—电弧

焊条电弧焊的主要设备是弧焊机。按产生电流的种类不同,弧焊机分为直流弧焊机和交流弧焊机。直流弧焊机供给焊接电弧的电流是直流电,其特点是电弧稳定,焊接质量较好,但是直流弧焊机结构复杂,成本高,维修困难,工作时噪声大。交流弧焊机供给焊接电弧的电流是交流电,其特点是焊机结构简单,制造方便,成本低,使用可靠,维修容易,工作时噪声小,但电弧稳定性较直流弧焊机差。

电弧焊所用的弧焊机需根据焊条和被焊材料选取。使用酸性焊条焊接低碳钢一般构件时,应优先考虑选用价格低廉、维修方便的交流弧焊机;使用碱性焊条焊接高压容器、高压管道等重要钢结构,或焊接合金钢、有色金属、铸铁时,则应选用直流弧焊机。购置能力有限而焊件材料的类型繁多时,可考虑选用通用性强的交、直流两用弧焊机。当采用某些碱性药皮焊条时,必须选用直流焊接电源。

4.2.1　焊接电弧

1)电弧的产生

焊接电弧的产生过程如图 4.3 所示。焊接时,电极(炭棒、钨极或焊条)与工件瞬时接触,产生很大的短路电流,接触点处的电流密度很大,在短时间内产生了大量的热,使电极末端与工件温度迅速升高。将电极稍提起,此时电极与工件间形成了由高温空气、金属及药皮蒸气所组成的气体空间,这些高温气体极易被电离。在电场力的作用下,自由电子奔向阳极,正离子奔向阴极。在它们运动途中和到达电极与工件表面时,不断发生碰撞与复合,形成了电弧,并产生大量的热和光。

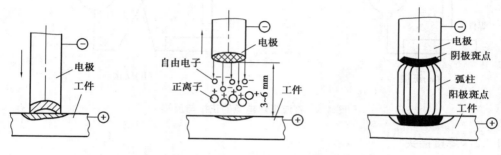

图 4.3　焊接电弧产生示意图

焊接电弧开始引燃时的电压称为引弧电压(电焊机空载电压),一般为 50~80 V。电弧稳定燃烧时的电压称为电弧电压(工作电压),一般为 20~30 V。

2)电弧的组成

焊接电弧是在电极与工件之间的气体介质中强烈而持久的放电现象,即在局部气体介质中有大量电子流通过的导电现象。产生电弧的电极可以是金属丝、钨丝、碳棒或焊条。

焊接电弧根据其物理特征,沿长度方向上可划分为 3 个区域,即阳极区、弧柱区和阴极区,如图 4.4 所示。

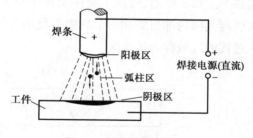

图 4.4　焊接电弧示意图

(1)阳极区

阳极区主要由电子撞击阳极时电子的动能和位能(逸出功)转化而来,产生的热量约占电弧总热量的 43%,平均温度约 2 600 K。

(2)弧柱区

弧柱区主要由带电粒子复合时释放出相当于电离能的能量转化而来,热量约占电弧总热量的 21%,平均温度约 6 100 K。

(3)阴极区

阴极区主要由正离子碰撞阴极时的动能及其与电子复合时释放的位能(电离能)转化而

来,产生的热量约占电弧总热量的 36%,平均温度约 2 400 K。

电弧作为热源,其基本特点是电压低、电流大、温度高、发光强、热量集中,因此焊接时金属熔化得特别快。

由于电弧产生的热量在阳极和阴极有一定差异,因此,在使用直流电焊机焊接时,有两种接线方法,即正接和反接,如图 4.5 所示。焊件接正极,焊条接负极,为正接法。正接法有利于加快焊件的熔化,保证足够的熔深,适用于厚板焊接,提高生产率。焊件接负极,焊条接正极,为反接法。该接法适用于焊接有色金属及薄钢板,以免烧穿焊件,获得良好的工艺性。对于交流弧焊电源,因其极性是周期性改变的,故不存在正接与反接的问题。

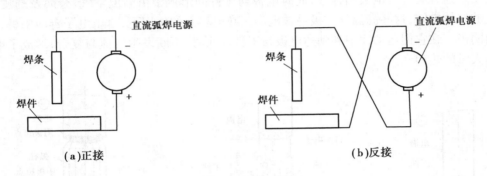

图 4.5　直流弧焊电源的正接与反接

4.2.2　焊接接头

1)焊接接头的组成

焊接接头由焊缝金属、熔合区和热影响区 3 部分组成,如图 4.6 所示。焊接时,母材局部受热熔化形成熔池,熔池不断移动并冷却后形成焊缝;焊缝两侧部分母材受焊接加热的影响而引起金属内部组织和力学性能变化的区域,称为焊接热影响区;焊接接头中焊缝与热影响区过渡的区域称为熔合区。

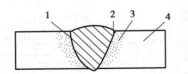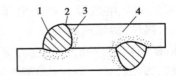

图 4.6　焊接接头

1—焊缝;2—熔合区;3—热影响区;4—母材

2)焊缝的形成过程

焊条电弧焊时,电弧是在焊条与焊件之间燃烧。在电弧高温作用下,靠近电弧底部的焊件金属被加热熔化,形成一个充满液体金属的椭圆形凹坑,称为焊接熔池。焊条电弧焊的过程如图 4.7 所示。焊条末端也被加热熔化形成液态熔滴并放出大量气体。由于焊条药皮熔化速度较焊芯慢,在焊条末端形成叭喇口形状的小套筒。药皮产生的大量气体在小套筒内被加热到很高的温度,体积急剧膨胀,形成强有力的定向气流。一方面排除焊接区的空气,对焊接区金属起到保护作用,同时把熔化的金属熔滴和熔渣吹入熔池,并对熔池产生强烈的搅拌作用,使其混合均匀。在焊接高温下,金属、熔液和气体之间进行着一系列复杂而激烈的物理化学反应(称为焊接冶金反应)。这些反应一方面可起到精炼焊缝金属和提高焊缝质量的作用;另一方面又可导致焊缝缺陷的产生。随着焊条轴向送进(以保持一定的电弧长度),电弧沿焊接方向移动,熔池前部金属不断熔化,熔池后部则随着温度降低,逐渐冷却到金属凝固温度以下,结晶成为焊缝。由于熔渣比重小,熔点较低,始终覆盖在熔池表面,凝固时间晚于焊缝金属,故增强了对焊缝金属的保护效果,防止空气进入焊接区。

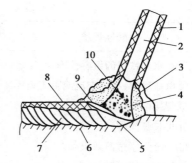

图 4.7　手工电弧焊的过程

1—药皮;2—焊芯;3—保护气;4—电弧;
5—熔池;6—母材;7—焊缝;
8—渣壳;9—熔渣;10—熔滴

4.2.3　焊条

1)焊条的组成及作用

焊条是由焊芯和药皮两部分组成的。焊条长度一般为 250~450 mm,其规格是以焊芯直径来表示的,常用的有 $\phi1.6$、$\phi2.0$、$\phi2.5$、$\phi3.2$、$\phi4.0$ 和 $\phi5.0$ mm几种规格。

（1）焊芯

焊条中被药皮包裹的金属芯称为焊芯。焊接时其作用有二:一是作为电极传导电流并产生电弧;二是焊芯本身熔化作为填充金属,与被焊母材熔合在一起。焊芯的化学成分和杂质含量均直接影响焊缝质量。焊芯用钢分为碳素钢、合金钢和不锈钢 3 类,其牌号冠以"焊"字,代号为"H",随后的数字和符号意义与结构钢牌号相似。例如,H08MnA 中 H 表示焊丝;08 表示 $\omega_C = 0.08\%$;$\omega_{Mn} < 1.5\%$;A 表示高级优质钢。

（2）药皮

压涂在焊芯表面上的涂料层称为药皮。它由矿石、岩石、铁合金和化工物料等的粉末混合后黏结在焊芯上制成。药皮在焊接过程中主要起机械保护、冶金处理渗合金和改善焊接工艺性能的作用。

2)焊条的分类、型号及牌号

（1）焊条的分类

焊条的品种很多,通常可从焊条的药皮成分、熔渣的酸碱度及用途来分类。

①按焊条药皮的主要成分分类,可分为氧化钛型、氧化钛钙型、钛铁矿型、氧化铁型、纤维素型、低氢型、石墨型和盐基型等。

②按焊条药皮熔化后的熔渣特性分类,可分为酸性焊条和碱性焊条两大类,其特性对比见表 4.1。

a.酸性焊条:是指焊条其熔渣以酸性氧化物(如 SiO_2、TiO_2 等)为主的焊条。

b.碱性焊条:是指焊条熔渣以碱性氧化物(如 CaO、FeO、MgO 等)和萤石(CaF_2)为主的焊条。

表 4.1　酸性焊条和碱性焊条的特性对比

酸性焊条	碱性焊条
①对水和铁锈的敏感性不大	①对水和铁锈的敏感性较大
②电弧稳定,可用交流或直流施焊	②须用直流反接施焊;药皮加稳弧剂后,可交、直流两用施焊
③焊接电流较大	③比同规格酸性焊条约小10%
④可长弧操作	④须短弧操作,否则易引起气孔
⑤合金元素过渡效果差	⑤合金元素过渡效果好
⑥熔深较浅,焊缝成形较好	⑥熔深稍深,焊缝成形一般
⑦熔渣呈玻璃状,脱渣较方便	⑦熔渣呈结晶状,脱渣不及酸性焊条
⑧焊缝的常、低温冲击韧度一般	⑧焊缝的常、低温冲击韧度较高
⑨焊缝的抗裂性较差	⑨焊缝的抗裂性好
⑩焊缝的含氢量较高,影响塑性	⑩焊缝的含氢量低
⑪焊接时烟尘较少	⑪焊接时烟尘稍多

③按焊条的用途分类,可分为碳钢焊条、低合金钢焊条、不锈钢焊条、堆焊焊条、铸铁焊条、铜及铜合金焊条、铝及铝合金焊条、镍及镍合金焊条、钼和铬钼耐热钢焊条以及特殊用途焊条等十几类。

（2）焊条的型号

按国家标准《碳钢焊条》(GB/T 5117—2012)的规定,碳钢焊条的条型号是根据熔敷金属的力学性能、药皮类型、焊接位置和电流种类来划分的。字母"E"表示焊条;前两位数字表示熔敷金属抗拉强度的最小值,大小为前两位数字×10 MPa;第三位数字表示焊条的焊接位置,"0"及"1"表示焊条适用于全位置焊接,"2"表示焊条只适用于平焊及平角焊,"4"表示焊条适用于向下立焊;第三位数字和第四位数字组合在一起时,表示焊接电流种类及药皮类型。

例 E4315:E 表示焊条;

43 表示熔敷金属抗拉强度的最小值为 430 MPa;

1 表示焊条适用于全位置焊接;

15 表示焊条药皮为低氢钠型,采用直流反接焊接。

（3）焊条的牌号

焊条的型号和牌号都是焊条的代号,焊条型号是指国家标准规定的各类焊条的代号,是反应焊条主要性能的编号方法。牌号则是焊条制造厂对作为产品出厂的焊条规定的代号,是对焊条产品的具体命名,是根据焊条主要用途及性能编制的。

焊条牌号的编制方法是:牌号最前面的字母表示焊条各大类,用途不同的焊条分类与对应牌号见表4.2;第一、二位数字表示各大类中的若干小类,例如,对于结构钢焊条则表示焊缝金属的不同强度级别;第三位数字表示焊条药皮类型和焊接电源种类,见表4.3。

表 4.2 用途不同的焊条分类与对应牌号

名称	焊条牌号	名称	焊条牌号
结构钢焊条	J×××	铸铁焊条	Z×××
钼及铬钼耐热钢焊条	R×××	镍及镍合金焊条	Ni×××
低温焊条	W×××	铝及铝合金焊条	L×××
不锈钢焊条	G××× A×××	铜及铜合金焊条	T×××
堆焊焊条	D×××	特殊用途焊条	Ts×××

表 4.3 焊条牌号末尾数字与焊条药皮类型及焊接电流种类之间的关系

末尾数字	药皮类型	焊接电流种类	末尾数字	药皮类型	焊接电流种类
××0	不属已规定的类型		××5	纤维素型	交流或直流正、反接
××1	氧化钛型	交流或直流正、反接	××6	低氢钾型	交流或直流反接
××2	氧化钛钙型		××7	低氢钠型	直流反接
××3	钛铁矿型		××8	石墨型	交流或直流正、反接
××4	氧化铁型		××9	盐基型	直流反接

例如 J507:J 表示结构钢焊条;

50 表示熔敷金属抗拉强的最小值为 500 MPa;

7 表示低氢型药皮,只适用于直流电源。

焊条的牌号和型号之间是有对照关系的,因此实际使用时应注意查阅有关手册加以对照,以便正确使用。

3)焊条的选用原则

手工电弧焊时选用焊条的基本原则如下所述:

(1)等强度原则

等强度原则即选用与母材同强度等级的焊条。一般用于焊接低碳钢和低合金结构钢。

(2)同成分原则

同成分原则即选择与母材化学成分相同或相近的焊条,一般用于焊接耐热钢和不锈钢等。

(3)抗裂纹原则

抗裂纹原则是指选用抗裂性好的碱性焊条,以免在焊接和使用过程中接头产生裂纹。一般用于焊接刚度大、形状复杂和使用中承受动载荷的焊接结构。

（4）抗气孔原则

抗气孔原则是指如果受焊接工艺条件限制，焊件接头部位的油污和铁锈等不便清理，应选用抗气孔能力强的酸性焊条，以免焊接过程中气体滞留于焊缝中，形成气孔。

（5）低成本原则

低成本原则是指在满足使用要求的前提下，应尽量选用工艺性能好、成本低和效率高的焊条。

4.2.4　焊接接头的金属组织与性能

1）焊接工件温度的变化与分布

焊接时，电弧沿着工件逐渐移动并对工件进行局部加热。因此在焊接过程中，焊缝区的金属都是由常温状态开始被加热到较高的温度，然后再逐渐冷却到常温。但随着各点金属所在位量的不同，其最高加热温度是不同的。图 4.8 是焊接时焊件横截面上不同点的温度变化情况，由于各点离焊缝中心距离不同，所以各点的最高温度不同。又因热传导需要一定的时间，因此各点是在不同时间达到该点最高温度

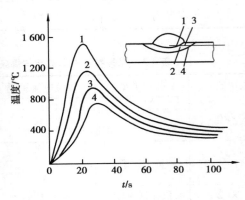

图 4.8　焊缝区各点温度变化示意图

的。但总的来看，在焊接过程中，焊缝受到一次冶金过程，焊缝附近区相当于受到一次不同规范的热处理，因此必然有相应的组织与性能的变化。

2）焊接接头金属组织与性能的变化

现以低碳钢为例来说明焊缝和焊缝附近区域由于受到电弧不同加热而产生的金属组织与性能的变化，如图 4.9 所示。

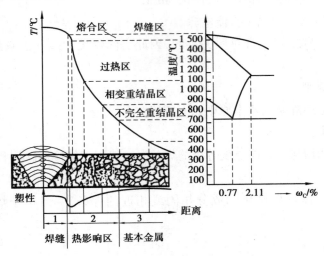

图 4.9　低碳钢焊接接头温度分布与组织变化

（1）焊缝金属的组织和性能

焊缝金属是由母材和焊条（丝）熔化形成的熔池冷却结晶而成的。焊缝金属在结晶时，是以熔池和母材金属的交界处的半熔化金属晶粒为晶核，沿着垂直于散热面方向反向生长为柱状晶，最后这些柱状晶在焊缝中心相接触而停止生长。由于焊缝组织是铸态组织，故晶粒粗大、成分偏析，组织不致密。但由于焊丝本身的杂质含量低及合金化作用，使焊缝化学成分优于母材，因此焊缝金属的力学性能一般不低于母材。

（2）热影响区的组织和性能

焊接热影响区是指焊缝两侧因焊接热作用而发生组织性能变化的区域。由于焊缝附近各点受热情况不同，热影响区可分为熔合区、过热区、相变重结晶区和不完全重结晶区等。

①熔合区是焊缝和基本金属的交界区，相当于加热到固相线和液相线之间，焊接过程中母材部分熔化，故也称为半熔化区。熔化的金属凝固成铸态组织，未熔化的金属因加热温度过高而成为过热粗晶。在低碳钢焊接接头中，熔合区虽然很窄（0.1~1 mm），但因强度、塑性和韧性都下降，而此处接头断面发生变化，引起应力集中，在很大程度上决定着焊接接头的性能。

②过热区被加热到 Ac_3 以上 100~200 ℃至固相线温度区间，奥氏体晶粒急剧长大，形成过热组织，因而过热区的塑性及韧性降低。对于易淬火硬化钢材，此区脆性更大。

③相变重结晶区被加热到 Ac_3 至 Ac_3 以上 100~200 ℃区间，金属发生重结晶，冷却后得到均匀而细小的铁素体和珠光体组织，其力学性能优于母材。

④不完全重结晶区相当于加热到 Ac_1~Ac_3 温度区间。珠光体和部分铁素体发生重结晶，使晶粒细化；部分铁素体来不及转变，冷却后晶粒大小不匀，因此力学性能稍差。

从图 4.9 左侧堆焊横截面的下部所示的性能变化曲线可知，在焊接热影响区中，熔合区和过热区的性能最差，产生裂缝和局部破坏的倾向性也最大，应使之尽可能减小。

4.2.5　焊接应力与变形

金属构件在焊接以后，总要发生变形和产生焊接应力，且二者是伴生的。焊接应力的存在，对构件质量、使用性能和焊后机械加工精度都有很大影响，甚至导致整个构件断裂；焊接变形不仅给装配工作带来很大困难，还会影响构件的工作性能。变形量超过允许数值时必须进行矫正，矫正无效时只能报废。因此，在设计和制造焊接结构时，应尽量减小焊接应力和变形。

1）焊接应力与变形的产生及形式

焊接过程中，对焊接件进行不均匀加热和冷却，是产生焊接应力和变形的根本原因。焊接加热时，焊缝及附近金属处于高温状态，因膨胀受阻，焊缝区受压应力作用，远离焊缝区受拉应力；焊后冷却时，因收缩受到焊件低温部分的阻碍，焊缝受拉应力，远离焊缝区受压应力，且整个工件尺寸有一定量的缩短。如果在焊接过程中焊件能自由伸缩，则焊后焊件变形较大而焊接应力较小；反之，如果焊件不能自由伸缩，则焊后焊接变形较小而焊接应力较大。

常见的焊接变形有收缩变形、角变形、弯曲变形、波浪变形和扭曲变形 5 种形式，如图4.10 所示。

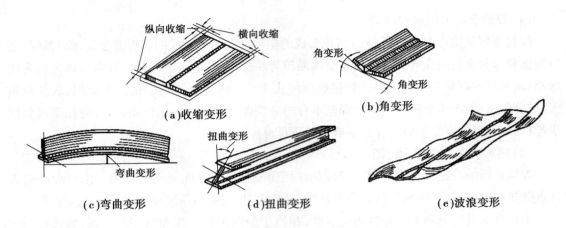

图 4.10　焊接变形的基本形式

①收缩变形焊件尺寸比焊前缩短的现象称为收缩变形。焊件在焊后沿焊缝长度方向的收缩称为纵向收缩,焊件在焊后垂直于焊缝方向的收缩称为横向收缩。

②角变形 V 形坡口对焊时,由于焊缝截面上下不对称,上下收缩量不同而引起的变形。

③弯曲变形主要是由结构上的焊缝布置不对称或焊件断面形状不对称所造成的。

④扭曲变形主要是焊缝角变形沿焊缝长度方向分布不均匀。扭曲变形往往与焊接方向或顺序不当有关,一般发生在有数条平行的长焊缝的焊件上,如焊接工字梁。

⑤波浪变形常发生于板厚小于 6 mm 的薄板焊接过程中,又称为失稳变形。

焊接应力和变形是形成各种焊接裂纹的重要因素,在一定条件下还会影响焊件的强度、刚度、受压时的稳定性、加工精度等。

2)焊接应力和变形的减小与防止

(1)合理设计焊接结构

在保证结构有足够承载能力的情况下,尽量减少焊缝数量、焊缝长度及焊缝截面积;使结构中所有焊缝尽量处于对称位置;焊接厚大工件时,应开两面坡口;避免焊缝交叉或密集;尽量采用大尺寸板料及合适的型钢或冲压件代替板材拼焊,以减少焊缝数量、减小变形。

(2)顶热和缓冷

焊前将焊件预热到350~400 ℃再进行焊接,可使焊缝金属和周围金属的温差减小,从而显著减小焊接应力及焊接变形;同时,焊后要缓冷。

(3)加余量法

工件下料时,给工件尺寸加大一定的收缩余量(通常为 0.1% ~ 0.2%),以补偿焊后的收缩。

(4)反变形法

通过计算或凭实际经验预先判断焊后的变形大小和方向,焊前将焊件安置在与焊接变形方向相反的位置。

(5)刚性固定法

利用工装夹具或定位焊等强制手段固定被焊工件来减小焊接变形(图4.11)。该法能有效地减小焊后角变形和波浪变形,但会产生较大的焊接应力,因此,一般只用于塑性较好的低碳钢结构,对于淬硬性较大的金属不能使用,以免焊后断裂。

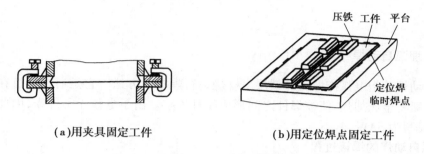

(a)用夹具固定工件　　　　　　(b)用定位焊点固定工件

图 4.11　刚性固定法防止焊接变形示意图

（6）合理的焊接顺序

如果构件对称两侧都有焊缝,应设法使两侧焊缝的收缩能相互抵消或减弱。图 4.12 所示为 X 形坡口多层焊工件,按图 4.12(a)所示的次序依次焊接,可减小焊接变形。

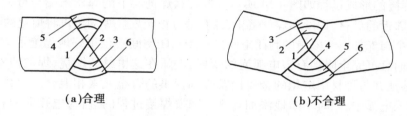

(a)合理　　　　　　　　　　(b)不合理

图 4.12　X 形坡口焊接次序

焊接焊缝较多的结构件时,应先焊错开的短焊缝,再焊直通长焊缝,尽量使焊缝自由收缩,以防止在焊缝交接处产生裂纹。

3）焊接应力的消除和焊接变形的矫正

实际生产中,即使采用了一定的工艺措施,有时焊件还会产生过大的变形或存在一定的应力,而重要的焊件不允许应力存在。为此,就应消除残余焊接应力,矫正变形。

（1）消除焊接应力的方法

①锤击焊缝法焊后用圆头小锤对红热状态下的焊缝进行锤击,可延展焊缝,从而使焊接应力得到一定的释放。

②焊后热处理最常用的消除焊接残余应力的方法是低温退火,即将焊后的工件加热到 $600 \sim 650$ ℃,再保温一段时间,然后缓慢冷却。整体退火可消除 $80\% \sim 90\%$ 的残余应力,不能进行整体退火的工件可用局部退火法。

（2）焊接变形的矫正

①机械矫正法在机械力的作用下,如压力机、矫直机或手工等,使变形工件恢复到原来的形状和尺寸。机械矫正法适用于塑性较好、厚度不大的焊件。

②火焰矫正法利用金属局部受热后的冷却收缩来抵消已发生的焊接变形。火焰矫正法主要用于低碳钢和低淬硬倾向的低合金钢。

4.3 其他焊接方法

4.3.1 埋弧自动焊

埋弧自动焊是指电弧掩埋在焊剂层下燃烧进行焊接的方法。它是通过保持在焊丝和工件之间的电弧将金属加热,使被焊件之间形成刚性连接。由于电弧光不外露,因此被称为埋弧焊,英文缩写为 SAW。

1) 埋弧自动焊的焊接过程

埋弧自动焊时,焊剂由给送焊剂盒中流出,均匀地堆敷在装配好的焊件(母材)表面,堆敷高度一般为 40~60 mm。焊丝由自动送丝机构自动送进,经导电嘴进入电弧区。焊接电源分别接在导电嘴和焊件上,以便产生电弧。给送焊剂管、自动送丝机构及控制盘等通常都装在一台电动小车上。小车可按调定的速度沿着焊缝自动行走,如图 4.13 所示。

埋弧焊焊缝的形成过程如图 4.14 所示。颗粒状焊剂层下的焊丝末端与母材之间产生电弧,电弧热使邻近的母材、焊丝和焊剂熔化,并有部分被蒸发。焊剂蒸汽将熔化的焊剂(熔渣)排开,形成一个与外部空气隔绝的封闭空间。这个封闭空间不仅很好地隔绝了空气与电弧和熔池的接触,而且可完全阻挡有害电弧光的辐射,电弧在这里继续燃烧,焊丝便不断地熔化,呈滴状进入熔池并与母材中熔化的金属以及焊剂提供的合金元素相混合。熔化的焊丝不断地被补充,送入电弧中,同时不断地添加焊剂。随着焊接过程的进行,电弧向前移动,焊接熔池随之冷却而凝固,形成焊缝。密度较小的熔化焊剂浮在焊缝表面形成渣壳,未熔化的焊剂可回收再用。

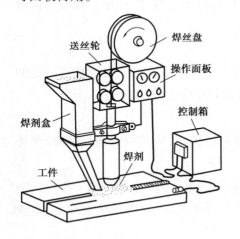

图 4.13 埋弧自动焊方法   图 4.14 埋弧焊焊缝的形成过程

2) 埋弧自动焊的特点及应用

①埋弧焊可以采用较大的焊接电流,生产效率高。

②焊剂保护性好,焊接过程稳定,焊缝质量高。

③节省材料与电能,无弧光,少烟尘,劳动条件好。

④焊前准备工作时间长,接头的加工与装配要求高。

⑤设备比较复杂,适应性差,只适宜厚、大件直线焊缝或大直径环缝的平位置焊接。

埋弧焊主要应用于中厚钢板焊件的大面积拼接、钢结构及容器的焊接,在船舶、锅炉、化工容器、桥梁等方面应用较为广泛。

4.3.2 气体保护焊

气体保护电弧焊是指采用外加气体作为电弧介质并保护电弧和焊接区的电弧焊。常用的保护气体有氩气和二氧化碳气体两种。

气体保护电弧焊是明弧焊接,焊接时便于监视焊接过程,故操作方便,可实现全位置自动焊接,焊后还不用清渣,可节省较多时间,大大提高了生产率。另外,由于保护气流对电弧有冷却压缩作用,电弧热量集中,因而焊接热影响区窄,工件变形小,特别适合于焊接薄板。

1)氩弧焊

氩弧焊是使用氩气作为保护的一种气体保护焊方法。氩弧焊过程如图4.15所示。它是利用从焊枪喷嘴中喷出的氩气流,在电弧区形成严密封闭的保护层将金属熔池与空气隔绝以防止空气的侵入,同时用电弧产生的热量来熔化填充焊丝和工件局部金属,液态金属熔池冷却后形成焊缝。

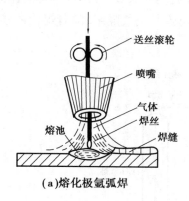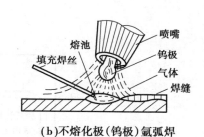

(a)熔化极氩弧焊　　　　　**(b)不熔化极(钨极)氩弧焊**

图4.15　氩弧焊示意图

由于氩气是一种惰性气体,不与金属起化学反应,因此不会使被焊金属中的合金元素烧损,能充分保护金属熔池不被氧化,又因氩气在高温时不溶于液态金属中,故焊缝不易引起气孔。因此,氩气的保护作用是有效和可靠的,可得到较高的焊接质量。

氩弧焊按所使用的电极不同,分为非熔化极(钨极)氩弧焊即钨极氩弧焊(TIG焊)和熔化极氩弧焊(MIG焊)两种。

(1)钨极氩弧焊(TIG焊)

TIG焊常采用熔点较高的钍钨极棒或铈钨极棒作为电极,焊接过程中电极本身不熔化,故不属于熔化极电弧焊。钨极氩弧焊又分为手工焊和自动焊两种。焊接时填充焊丝在钨极前方添加。当焊接薄板时,一般不需开坡口和加填充焊丝。

TIG焊的电流种类与极性的选择是:焊接镁、铝及其合金时,采用交流电;焊接其他金属(低合金钢、不锈钢、耐热钢、钛及钛合金、铜及铜合金等)时,采用直流正接。由于钨极的承载电流能力有限,其功率受到限制,因此,钨极氩弧焊一般只适用于焊接厚度小于6 mm的工件。

（2）熔化极氩弧焊（MIG 焊）

MIG 焊是以连续送进的焊丝作为电极，电弧产生在焊丝与工件之间，焊丝不断送进，并熔化过渡到焊缝中去，因而焊接电流可大大提高。熔化极氩弧焊可分为半自动焊和自动焊两种，一般采用直流反接法。与 TIG 焊相比，MIG 焊可采用高密度电流，母材熔深大，填充金属熔敷速度快，生产率高。

MIG 焊和 TIG 焊一样，几乎可焊接所有的金属，尤其适合于焊接铝及铝合金、铜及铜合金以及不锈钢等材料，主要用于中、厚板的焊接。目前采用熔化极脉冲氩弧焊可以焊接薄板，进行全位置焊接，实现单面焊双面成形以及封底焊。

2）二氧化碳气体保护焊

CO_2 气体保护焊是利用 CO_2 作为保护气体，依靠焊丝与焊件之间产生的电弧来熔化金属的气体保护焊方法，简称为 CO_2 焊。CO_2 焊是目前焊接钢铁材料的重要焊接方法之一，在许多金属结构的生产中已逐渐取代了焊条电弧焊和埋弧焊。

（1）CO_2 焊的焊接过程

CO_2 焊的焊接过程如图 4.16 所示，焊接电源的两输出端分别接在焊枪和焊件上，盘状焊丝由送丝机构带动，经软管与导电嘴不断向电弧区域送给，同时，CO_2 气体以一定的压力和流量送入焊枪，通过喷嘴后，形成一股保护气流，使熔池和电弧与空气隔绝，随着焊枪的移动，熔池金属冷却凝固成焊缝。

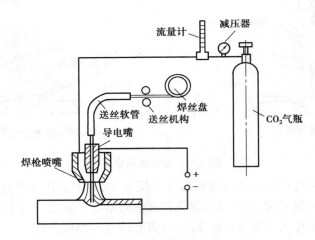

图 4.16　CO_2 焊的焊接过程示意图

（2）CO_2 气体保护焊的特点

①成本低。CO_2 气体来源广，价格便宜，而且电能消耗少，故使焊接成本降低。通常 CO_2 气体保护焊的成本只有埋弧焊或焊条电弧焊的 40%～50%。

②生产效率高。由于焊接电流密度较大，电弧热量利用率较高，焊后不需清渣，从而提高了生产率。CO_2 气体保护焊的生产率是焊条电弧焊的 2～4 倍。

③操作性能好。CO_2 气体保护焊电弧是明弧，可清楚看到焊接过程，无熔渣。适合全位置焊接。

④焊接质量较好。焊缝含氢量低,采用合金钢焊丝易于保证焊缝性能。电弧在气流压缩下燃烧,热量集中,因而焊接热影响区较小,变形和产生裂纹的倾向性小。

⑤飞溅率较大,因此焊缝表面成形较差。

⑥很难用交流电源进行焊接,焊接设备比较复杂。

⑦不能焊接容易氧化的有色金属。

CO_2 气体保护焊通常用于焊接低碳钢、低合金结构钢。除了适用于焊接结构的生产外,还适用于耐磨零件的堆焊、铸钢件的补焊等。

4.3.3 气焊和气割

1)气焊

气焊是利用可燃气体与助燃气体混合点燃后所形成的气体火焰作为热源,加热局部母材和填充金属使其达到熔融状态,冷却凝固后形成焊缝的工艺方法。最常用的是氧-乙炔焊,利用氧-乙炔焰进行焊接。

气焊时,乙炔(C_2H_2)为可燃气体,氧气为助燃气体。乙炔和氧气在焊炬中混合均匀后从焊嘴喷出燃烧,先将工件的焊接处金属加热到熔化状态,同时把金属焊丝熔入接头的空隙中,形成金属熔池,熔池金属冷却形成焊缝。气焊时气体燃烧,产生大量的 CO_2、CO、H_2 气体笼罩熔池,起保护作用。气焊使用不带药皮的光焊丝作填充金属。气焊过程如图 4.17 所示。

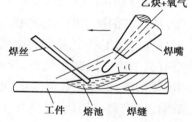

图 4.17 气焊过程示意图

气焊具有设备简单、操作方便、成本低和适应性强等优点,但由于火焰温度低(最高约为 3 150 ℃)、加热分散、热影响区宽、焊件变形大且过热严重,因此,气焊接头质量不如焊条电弧焊容易保证。气焊设备由氧气瓶、乙炔瓶、减压阀、回火防止器及焊炬等组成。

（1）气焊火焰的种类及应用

气焊时通过调节氧气阀和乙炔阀,可改变氧气和乙炔的混合比例,从而得到 3 种不同的气焊火焰,即中性焰、碳化焰和氧化焰。

①氧化焰当氧气和乙炔的比例大于 1.2 时,得到的火焰是氧化焰。用此种火焰焊接金属能使熔池氧化沸腾,钢性能变脆,故除焊接黄铜之外,一般很少使用。

②中性焰(正常焰)中性焰是指在一次燃烧区内既无过量氧又无游离碳火焰(最高温度为 3 100~3 200 ℃),中性焰中氧和乙炔的比例为 1~1.2。中性焰使用较多,如焊接低碳钢、中碳钢、低合金钢、紫铜、铝合金等。

③碳化焰当氧气和乙炔的比例小于 1 时,得到的火焰是碳化焰。用此种火焰焊接金属能使金属增碳,通常用于焊接高碳钢、高速钢、铸铁及硬质合金等。

（2）接头形式和焊接准备

气焊可进行平、立、横、仰等各种空间位置的焊接。其接头形式也有对接、搭接、角接和 T 形接头等。在气焊前,必须彻底清除焊丝和焊件接头处表面的油污、油漆、铁锈以及水分等,否则不能进行焊接。

（3）焊丝与焊剂

在焊接时，气焊的焊丝作为填充金属，与熔化的母材一起形成焊缝，因此，焊丝质量对焊件性能有很大的影响。焊接时常根据焊件材料选择相应的焊丝。

焊剂的作用是保护熔池金属，除去焊接过程中形成的氧化物，增加液态金属的流动性。焊接低碳钢时，由于中性焰本身具有相当的保护作用，可不用焊剂。焊剂的主要成分有硼酸、硼砂、磷酸钠等。

（4）气焊的应用

目前，在工业生产中，气焊主要用于焊接薄板、小直径薄壁管、铸铁、有色金属、低熔点金属及硬质合金等。气焊火焰还可用于钎焊、火焰矫正等。

2）气割

（1）气割原理

气割是利用高温的金属在纯氧中燃烧而将工件分离的加工方法。气割使用的气体和供气装置可与气焊通用。

气割时，先用氧-乙炔焰将金属加热到燃点，然后打开切割氧阀门，放出一股纯氧气流，使高温金属燃烧。燃烧后生成的液体熔渣，被高压氧流吹走，形成切口，如图 4.18 所示。金属燃烧放出大量的热，又预热了待切割的金属。因此，气割是预热→燃烧→吹渣形成切口，不断重复进行的过程。气割所用的割炬与焊炬有所不同，多了一个切割氧气管和切割氧阀门。

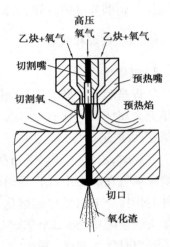

图 4.18　气割示意图

（2）金属的气割性能

只有符合下列条件的金属才能进行气割：

①金属在氧气中的燃点应低于金属自身的熔点。

②气割时金属氧化物的熔点应低于金属熔点，且流动性好。

③金属在氧流中燃烧时能释放出较多的热量。

④金属的导热性不能太高。

⑤金属中阻碍气割过程和提高钢的可淬性的杂质要少。纯铁、低碳钢、中碳素钢和低合金结构钢具有很好的气割性能，因钢中主要成分是铁，其燃烧时生成 FeO、Fe_3O_4 和 Fe_2O_3，放出大量的热。并且熔点低，流动性好，故切口光洁整齐而质量好。但气割铸铁时，因其燃点高于熔点，且渣中有大量黏稠的 SiO_2 妨碍切割进行。气割铝和不锈钢，因存在高熔点 Al_2O_3 和 Cr_2O_3 膜，故也不能用一般气割方法切割。

4.3.4　电渣焊

电渣焊是利用电流通过液态熔渣时所产生的电阻热熔化母材和填充金属进行焊接的方法。它与电弧焊不同，除引弧外，焊接过程中不产生电弧。

电渣焊一般在立焊位置进行，焊前将边缘经过清理、侧面经过加工的焊件装配成接头形式，焊接过程如图 4.19 所示。

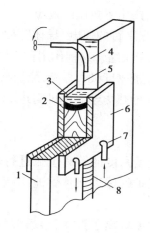
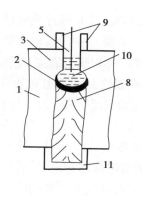

图 4.19 电渣焊过程示意图

1—焊件；2—金属熔池；3—熔渣；4—导丝管；5—焊丝；6—水冷铜块；
7—冷却水；8—焊缝；9—引出板；10—金属熔滴；11—引弧板

焊件与填充焊丝接电源两极，在接头底部焊有引弧板，顶部装有引出板。在接头两侧还装有强制成形装置即冷却滑块(一般用铜板制成并通水冷却)，以利于熔池冷却结晶。焊接时将焊剂装在引弧板、冷却滑块围成的盒状空间里。送丝机构送入焊丝，同引弧板接触后引燃电弧，电弧高温使焊剂熔化，形成液态熔渣池。当渣池液面升高淹没焊丝末端后，电弧自行熄火，电流通过熔渣，进入电渣焊过程。由下液态熔渣具有较大电阻，电流通过时产生的电阻热将使熔渣温度升高达 1 700~2 000 ℃，使与之接触的那部分焊件边缘及焊丝末端熔化，熔化的金属在下沉过程中，同熔渣进行一系列冶金反应，然后沉积于渣池底部，形成金属熔池。以后随着焊丝不断送入与熔化，金属熔池不断升高并将渣池上推，冷却滑块也同步上移，渣池底部则逐渐冷却凝固成焊缝，将两焊件连接起来。密度小的渣池浮在上面既作为热源，又隔离空气，保护熔池金属不受侵害。

电渣焊具有全厚度一次成形、焊缝金属纯度高、焊接热循环平缓与焊缝和热影响区晶粒粗大等特点。电渣焊主要用于焊接厚度大于 30 mm 的厚大工件。由于焊接应力小，它不仅适合焊接低碳钢，还适合于焊接中碳钢和合金结构钢。目前电渣焊是制造大型铸-焊、锻-焊复合结构，如水压机、水轮机和轧钢机上大型零件的重要工艺方法。

4.3.5 等离子弧焊

1)等离子弧的形成

等离子弧的产生原理如图 4.20 所示。钨极与工件之间加一高压，经高频振荡器的激发，使气体电离形成电弧，电弧通过细孔喷嘴时，弧柱截面缩小，产生机械压缩效应；喷嘴内通入高速保护气流(如氩气、氮气等)，此冷气流均匀地包围着电弧，使

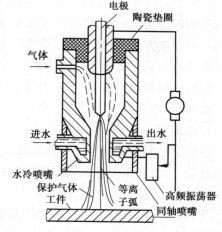

图 4.20 等离子弧焊原理图

183

弧柱外围受到强烈冷却,于是弧柱截面进一步缩小,产生了热压缩效应。

此外,带电离子在弧柱中的运动可看成是无数根平行的通电"导体"其自身磁场所产生的电磁力使这些"导体"互相吸引靠拢,电弧受到进一步压缩。这种作用称为电磁压缩效应。这3种压缩效应作用在弧柱上,使弧柱被压缩得很细,电流密度极大提高,能量高度集中,弧柱区内的气体完全电离,从而获得等离子弧。这种等离子弧的热力学温度可高达 15 000~16 000 K 能够用于焊接和切割。

2)等离子弧焊接

借助水冷喷嘴对电弧的拘束作用,获得较高能量密度的等离子弧进行焊接的方法,称为等离子弧焊。焊接时,在等离子弧周围还要喷射保护气体以保护熔池,一般保护气体和等离子气体相同,通常为氩气。

按焊接电流大小的不同,等离子弧焊分为穿透型等离子弧焊、熔透型等离子弧焊和微束等离子弧焊。

3)等离子弧焊接的特点与应用

等离子弧焊具有能量集中、温度高(弧柱温度高达 15 000~500 000 ℃)、穿透性好、电弧稳定和调节性能好(弧柱的粗细长短与刚柔、温度高低等均可方便地进行调节)等优点。因此,焊接 12 mm 厚的工件可不开坡口,能一次单面焊透双面成形;其焊接热影响区小,焊件变形小;而且焊接速度快,生产率高。但等离子弧焊设备复杂,气体消耗大,焊接成本高,并且只适宜于室内焊接,因此应用范围受到一定限制。

现在等离子弧焊已广泛应用于化工、原子能、精密仪器仪表及尖端技术领域的不锈钢、耐热钢、铜合金、铝合金、钛合金及钨、钼、钴、铬、镍、钛的焊接。

此外,利用高温高速的等离子弧还可切割任何金属和非金属材料,包括氧乙炔焰不能切割的材料,而且切口窄而光滑,切割效率比氧-乙炔焰切割的效率提高 1~3 倍。用等离子弧焊将高熔点合金与耐磨、耐腐蚀合金对零件进行表面堆焊和喷涂,也得到越来越广泛的应用。

4.3.6 压力焊

压力焊是将被焊工件在固态下通过加压(加热或不加热)措施,克服其连接表面的不平度和氧化物等杂质的影响,使其分子或原子间接近到晶格之间的距离,从而形成不可拆连接接头的一类焊接方法,也称为固相焊接。为了降低加压时材料的变形抗力,增加材料的塑性,压焊时在加压的同时常伴随加热措施。

按所施加焊接能量的不同,压焊的基本方法可分为电阻焊(包括点焊、缝焊、凸焊和对焊)、摩擦焊、超声波焊、扩散焊、冷压焊、爆炸焊和锻焊等。

1)电阻焊

电阻焊是利用电流通过焊件及其接触面产生的电阻热作热源,将焊件局部加热到塑性或熔融状态,然后在压力下形成焊接接头的一种焊接方法。电阻焊可分为点焊、缝焊、凸焊和对焊 4 种类型。

与其他焊接方法相比,电阻焊具有生产率高、焊件变形小、劳动条件好、不需填充材料和易于实现自动焊等特点。但设备比一般熔化焊复杂,耗电量大,适用的接头形式和可焊工件厚度受到一定限制,且焊前清理要求高。

（1）点焊

点焊是利用柱状电极在两块搭接工件接触面之间形成焊点将工件焊在一起的焊接方法。点焊原理如图4.21所示。

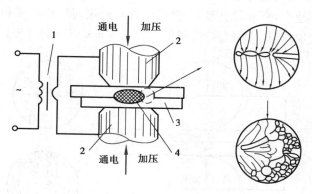

图4.21 点焊原理
1—阻焊变压器；2—电极；3—工件；4—熔核

焊接时，将工件放入两电极之间，电极施加压力压紧工件后，电源通过电极向工件通电加热，在工件内部形成熔核。熔核中的液态金属在电磁力作用下发生强烈搅拌，熔核内的金属成分均匀化，结晶界面迅速消失，断电后在电极压力作用下凝固结晶，形成点焊接头。同时，在接头周围形成一个尚未达到熔化状态的环状塑性变形区，称为塑性环。塑性环的存在可防止周围气体侵入和液态熔核金属沿板缝向外喷溅。

普通的点焊循环包括预压、通电加热、冷却结晶和休止4个相互衔接的阶段。

①预压阶段t_1。从电极开始下降到焊接电流接通这段时间为预压阶段。预压的目的是使工件间紧密接触，并使接触面上凸点处产生塑性变形，破坏表面的氧化膜，以获得稳定的接触电阻。

②通电加热阶段t_2。焊接电流通过工件并产生熔核的时间即为通电加热阶段。当预压力使工件紧密接触后，即可通电焊接。当焊接工艺参数合适时，金属总是在电极夹持处的两工件接触面上开始熔化，并不断扩展而逐步形成熔核。熔核在电极压力作用下结晶（断电），结晶后在两工件间形成牢固的结合。

③冷却结晶阶段t_3。指焊接电流切断后电极压力继续保持的一段时间，此阶段也称为锻压阶段。当熔核达到合适的形状与尺寸后，切断焊接电流，熔核在电极压力作用下冷却结晶。

④休止阶段t_4。指由电极开始提升到电极再次下降，准备在下一个焊点处压紧工件的过程。电极提升必须在焊接电流切断之后进行，否则电极间将引起火花，使电极烧损，工件烧穿。休止时间只适用于焊接循环重复进行的场合。点焊通常按电极馈电方向在一个点焊循环中所能形成的焊点数分类，可分为双面单点焊、单面双点焊、单面单点焊、双面双点焊和多点焊等。

点焊主要用于焊接薄板结构，板厚一般在4 mm以下，特殊情况可达10 mm。这种方法广泛用来制造汽车车厢、飞机外壳等轻型结构。

（2）缝焊

缝焊就是将工件装配成搭接或对接接头并置于两滚轮电极之间，滚轮加压工件并转动，连续或断续送电,形成一条连续焊缝的电阻焊方法,缝焊即连续点焊。缝焊原理如图 4.22 所示。由于缝焊机的电极是两个可以旋转的盘状电极,故缝焊又称为滚焊。按熔核重叠程度不同,缝焊可分为滚点焊和气密缝焊,后者应用较为广泛。缝焊在汽车、拖拉机、飞机发动机和密封容器等产品的制造中得到广泛应用。缝焊焊缝具有表面光滑美观和气密性好的特点,但在焊接过程中分流现象严重。因此,缝焊只适于焊接 3 mm 以下的薄板焊接。

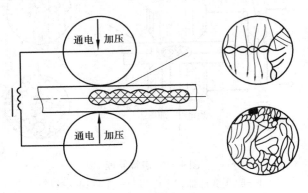

图 4.22 缝焊原理

(3)对焊

对焊是把两工件相对放置,利用电阻热为热源,然后加压将两工件沿整个端面同时焊接起来的电阻焊方法。对焊按加压和通电方式的不同可分为电阻对焊和闪光对焊。

①电阻对焊。是把工件装在对焊机的两个电极夹具上对正、夹紧,并施加预压力,使两工件的端面挤紧,然后通电。由于两工件接触处实际接触面积较小,因而电阻较大,当电流通过时,就会在此产生大量的电阻热,使接触面附近金属迅速加热到塑性状态,然后增大压力,切断电源。使接触处产生一定的塑性变形而形成接头。

电阻对焊具有接头光滑、毛刺小和焊接过程简单等优点,但接头的机械性能较低。焊前必须对焊件端面进行除锈和修整,否则焊接质量难以保证。电阻对焊主要用于截面尺寸小且截面形状简单(如圆形、方形等)的金属型材的焊接。

②闪光对焊。闪光对焊时,将工件装在电极夹头上夹紧,先接通电源,然后逐渐靠拢。由于工件接头端面比较粗糙,开始只有少数几个点接触,当强大的电流通过接触面积很小的几个点时,就会产生大量的电阻热,使接触点处的金属迅速熔化甚至汽化,熔化的金属在电磁力和气体爆炸力作用下连同表面的氧化物一起向四周喷射,产生火花四溅的闪光现象。继续推进焊件,闪光现象便在新的接触点产生,待两工件的整个接触端面有一个薄层金属熔化时,迅速加压并断电,两个工件便在压力作用下冷却凝固而焊接在一起。

闪光对焊对工件端面的平整度要求不高,接头质量也比电阻对焊的好,但操作比较复杂,对环境也会造成一定的污染。闪光对焊广泛用于焊接钢筋、车圈、管道和轴等。

2)摩擦焊

摩擦焊是利用工件接触端面相对运动中相互摩擦所产生的热量,使端部达到热塑性状态,然后迅速顶锻完成焊接的一种压焊方法。

摩擦焊的主要优点是:焊接效率高、接头质量高、工件的尺寸精度高、异种材料的焊接性好、节能省材和易于实现机械化与自动化焊接。

摩擦焊的主要缺点是:摩擦焊接头毛刺难以清除和摩擦焊接头无损检测,及对于非圆形截面焊接较困难。另外,设备复杂,焊机的一次性设备投资较大。

摩擦焊目前已在各种工具、阀门、石油钻杆、电机与电力设备、工程机械以及航空航天、船舶、高速列车和汽车等制造领域获得了广阔的应用前景。

4.3.7 钎焊

钎焊作为一种连接金属的方法,已有几千年的历史。钎焊是采用比母材熔点低的金属材料作钎料,将焊件(母材)与钎料热到高于钎料熔点,但低于母材熔点的温度、利用液态钎料润湿母材,填充接头间隙并与母材相互扩散而实现连接焊件的方法。

与一般焊接方法相比,钎焊的加热温度较低,焊接的应力和变形较小。对材料的组织和性能影响很小,易于保证焊件尺寸。钎焊还可以实现连接异种金属或合金以及金属与非金属的连接。因此,钎焊在电工、仪表、航空等机械制造业中得到广泛应用。

1)硬钎焊

使用硬钎料进行的钎焊称硬钎焊,熔点高于 450 ℃ 的钎料称为硬钎料。有铜基、铝基、银基、镍基钎料等,常用的为铜基。焊接时需要加钎剂,铜基钎料常用硼砂、硼酸、氯化物、氟化物等。硬钎焊的加热方式有氧-乙炔火焰加热、电阻加热、感应加热、炉内加热等。适合于工作温度较高,受力较大的工件,如刀具的焊接。

2)软钎焊

使用软钎料进行的钎焊称软钎焊,熔点低于 450 ℃ 的钎料称为软钎料。有锡铅钎料、锡银钎料、铅基钎料、镉基钎料等,常用的是锡铅钎料(又称焊锡)。软钎焊常用的钎剂为松香、氯化锌溶液。钎焊时可用烙铁、炉子加热焊件。软钎料强度低,工作温度低,主要用于工作温度较低,受力较小的工件。如电子元件的焊接。

4.4 常用金属材料的焊接

4.4.1 金属材料的焊接性

1)金属焊接性概念

金属焊接性是金属材料对焊接加工的适应性,是指金属在一定的焊接方法、焊接材料、工艺参数及结构形式的条件下,获得优质焊接接头的难易程度。它包括工艺焊接性和使用焊接性两个性能。

①工艺焊接性是指在一定焊接工艺条件下,能否获得优质和无缺陷的焊接接头的能力。它不仅取决于金属本身的成分与性能,而且与焊接方法、焊接材料和工艺措施有关。

②使用焊接性是指焊接接头或整体结构满足技术条件中所规定的使用性能的程度。使用性能取决于焊接结构的工作条件和设计上提出的技术要求。通常包括常规力学性能、低温韧性、抗脆断性能、高温蠕变、疲劳性能、持久强度、耐蚀性能和耐磨性能等。

2)影响金属焊接性的因素

焊接性是金属材料的一种工艺性能。除了受材料本身性质影响外,还受工艺条件、结构条件和使用条件的影响。

3）焊接性的评定

在焊接结构中最常用的材料是钢材，通常用碳当量来评定钢的焊接性。将钢中合金元素的含量，按其对焊接性的影响换算成碳的相当含量，加上碳含量的总和称为碳当量。国际焊接学会推荐的碳当量计算公式为

$$C_E = \omega_C + \frac{1}{6}\omega_{Mn} + \frac{1}{5}\omega_{Cr} + \frac{1}{5}\omega_{Mo} + \frac{1}{5}\omega_V + \frac{1}{15}\omega_{Cu} + \frac{1}{15}\omega_{Ni}$$

式中 ω_x——表示该元素在钢中的质量分数，%，计算碳当量时，应取其成分的上限。

实践证明，钢的碳当量越高，焊接性越差。当 $C_E < 0.4\%$ 时，钢的焊接性良好；当 $C_E = 0.4\% \sim 0.6\%$ 时，钢的焊接性尚可；当 $C_E > 0.6\%$ 时，钢的焊接性不好。除化学成分对钢的焊接性产生影响外，焊件的厚度等其他因素也有影响，因此，应综合分析。

4.4.2 碳素结构钢的焊接

1）低碳钢的焊接

低碳钢中碳元素和合金元素的含量都少，碳当量 C_E 一般不会超过 0.4%，淬硬倾向和冷裂倾向小，焊接性优良。一般情况下，不需要特殊的工艺措施。但对于厚度大于 50 mm 的构件，需采用多层焊，焊后应进行消除应力退火。在低温条件下焊接刚度大的构件时，由于温差大使变形又受到限制，会导致较大的焊接应力，应进行焊前预热，重要的构件常进行焊后去应力退火或正火。

低碳钢焊接时能采用的焊接方法很多，几乎可采用各种方法进行焊接。在选择低碳钢的焊接方法时，应综合考虑结构形状、板厚、焊缝位置、生产批量及工厂设备等条件。常用的焊接方法有焊条电弧焊、气焊、埋弧自动焊、电渣焊及 CO_2 焊等。

2）中碳钢的焊接

中碳钢中的 $\omega_C = 0.25\% \sim 0.6\%$，碳当量 $C_E > 0.4\%$，其焊接特点是淬硬倾向和冷裂纹倾向较大，焊缝金属热裂倾向较大。与低碳钢相比，由于碳含量较高，钢中碳含量的增加，钢材的强度和硬度增加，塑性和韧性下降，焊接性变差。主要焊接缺陷是热裂纹、冷裂纹、气孔和接头脆性，有时热影响区的强度还会下降。当钢中的杂质较多，焊件刚性较大时，焊接问题会更加突出。

中碳钢大都用于制造机械零件，焊接中碳钢多采用的焊接方法主要是焊条电弧焊。其工艺要点如下所述：

①选用抗裂性好的碱性低氢型焊条，采用 U 形坡口、小电流多层焊，以尽量减少母材的熔化量，降低焊缝含碳量。

②焊前预热，焊后缓冷，预热温度一般为 150~250 ℃。对含碳量高的厚板刚性结构，预热温度可提高到 250~400 ℃。焊后缓慢冷却，可减小焊接应力，防止裂纹的产生。

③焊后热处理，以消除焊接应力，改善金属组织性能。一般采用 600~650 ℃ 回火处理。对出现回火软化区的焊件，应根据对使用性能影响的程度，可考虑再进行热处理。

3）高碳钢的焊接

高碳钢（含碳量大于 0.6%）焊接性更差，对焊接工艺的要求更加严格。除了提高预热温度外，还应选择塑性好的低碳钢焊条或不锈钢焊条、镍基焊条（用于重要零件焊补），来防止裂

纹的产生,但这类焊接接头往往不容易达到与母材等强度的要求。

4.4.3　普通低合金结构钢的焊接

普通低合金结构钢(简称普低钢)是在碳素钢的基础上加入了一定量合金元素(合金元素总量<3%)的合金钢。普通低合金结构钢中加入的合金元素有锰、硅、钼、钛、铜、硼、铬和锌等,这些元素的加入可满足钢材对强度、韧性、耐磨性、耐腐蚀性和耐低温性等一系列指标的要求。普通低合金结构钢可分为4类,即强度钢、耐热钢、耐蚀钢和低温钢。普通低合金强度钢按屈服极限可分为6个强度等级,即300、350、400、450、500和550 MPa。

1)普通低合金结构钢的焊接性

在焊接工艺条件一定时,影响普通低合金结构钢焊接性的主要因素是钢中碳和合金元素的含量。由于普通低合金结构钢的化学成分不同,性能差异很大,所以焊接性的差异也较大。

$\sigma_S = 300 \sim 400$ MPa 的普低钢, $C_E < 0.4\%$,焊接性与低碳钢差不多,热影响区的淬硬倾向比低碳钢稍大。可参照低碳钢的焊接工艺进行焊接。对厚板刚性结构或在低温下焊接时,应将焊件预热到 100 ℃ 以上在进行焊接。

$\sigma_S \geq 450$ MPa 的普低钢,随着 C_E 值的增大,焊接性逐渐变差,焊接时淬硬倾向逐渐增加。当结构刚性大、焊缝含氢量过高时,冷裂纹倾向显著增大。由于普低钢中含碳量低,杂质受到严格控制,一般不容易产生热裂纹。

2)防止冷裂纹的工艺措施

①严格控制焊缝含氢量,尽可能选用碱性低氢型焊条或焊剂,焊前按说明书规定严格烘干焊条或焊剂,仔细清理焊丝、焊件坡口及其附近的油污和铁锈等污物,防止含氢物质进入焊接区。

②焊前预热,焊后缓冷,可减缓焊缝冷却速度,减小接头的淬硬倾向和内应力。

③焊后及时对焊件进行高温回火处理(回火温度一般为 600~650 ℃,保温 1~2 h),即可消除焊件的内应力,使焊接接头中过饱和的氢原子在高温下加速向外扩散逸出,避免产生延迟裂纹。

4.4.4　不锈钢的焊接

不锈钢是指主加元素铬的质量分数 $\omega_{Cr} > 12\%$ 的钢,它在空气中具有不易生锈的特性。通常所说的不锈钢实际是不锈钢和耐酸钢的总称。按组织状态不同不锈钢可分为奥氏体不锈钢、铁素体不锈钢、马氏体不锈钢、双相不锈钢和沉淀硬化不锈钢 5 种,其中以奥氏体不锈钢的焊接性最好,广泛用于石油、化工、动力、航空、医药和仪表等部门的焊接结构中,本节主要介绍奥氏体不锈钢的焊接。

1)奥氏体不锈钢的焊接性

奥氏体不锈钢的金相组织为奥氏体,它是在高铬不锈钢中加入适当的镍(ω_{Ni} 为 8% ~ 25%)而形成的具有奥氏体组织的不锈钢。奥氏体的塑性和韧性很好,具有良好的焊接性。焊接时一般不需要采取特殊的焊接工艺措施。

2)铁素体不锈钢的焊接性

铁素体不锈钢的焊接是热影响区中的铁素体晶粒易过热粗化,使焊接接头的塑性、韧性急剧下降甚至开裂。因此,焊前预热温度应在 150 ℃ 以下。

3) 马氏体不锈钢的焊接性

马氏体不锈钢的焊接性差,因此,焊前预热温度为 $200 \sim 400$ ℃,焊后要进行热处理。如不能实施焊前预热或热处理,应选用奥氏体不锈钢焊条。

4.4.5 铸铁焊补

1) 铸铁的焊接性

铸铁焊接性能差,一般不作为焊接结构件,但对于铸铁件的局部缺陷进行焊补很有经济价值。

铸铁焊补的主要问题表现在以下两个方面:一是焊接接头容易生成白口组织和淬硬组织,难以机加工;二是焊接接头容易出现裂纹。

2) 焊接方法及焊接工艺要点

铸铁件的焊补方法通常采用气焊和手工电弧焊,在要求不高时也可采用钎焊。根据焊接时预热温度的高低,又分为热焊法和冷焊法两类。

（1）热焊法

热焊法是焊前及焊接过程中将工件整体或局部预热到 $600 \sim 700$ ℃,焊后缓慢冷却的工艺方法。焊件受热较均匀,焊接应力小,冷却速度慢、有利于石墨充分析出,故可有效地防止焊接区产生白口组织和裂纹,焊接质量好,焊后易于进行机械加工。热焊法的缺点是:焊接成本高、生产率低,焊件在加热和冷却过程中易发生变形,焊工劳动条件差。因此,热焊法主要用于形状复杂、对焊接质量要求高和焊后需要进行机械加工的重要铸件。

热焊法一般采用铸铁焊丝(可用浇铸件的同炉铁水铸造制成),外加熔剂(气剂 201 或硼等)进行气焊,或采用铸铁芯焊条(如 Z248 等)进行电弧焊。

（2）冷焊法

冷焊法是指焊接时不预热或预热温度低于 400 ℃的焊补方法。它主要靠调整焊缝化学成分来防止焊件产生裂纹和减小白口化倾向。冷焊法一般多采用手弧焊,具有生产率高、焊件变形小和劳动条件好等优点。但其焊缝化学成分、组织和颜色往往不同于母材。焊接时,母材熔化对焊缝成分起到稀释作用,使焊缝成分发生变化,并呈现出不均匀性。在熔合区和热影响区往往因含碳量高,焊接时冷速快而形成白口组织。冷焊铸铁时,因采用的焊条种类不同,焊缝组织相接头的切削加工性有较大的差异。

4.4.6 有色金属的焊接

1) 铝及铝合金的焊接

（1）铝及铝合金的焊接性

①铝易氧化,合金元素易蒸发烧损。由于铝对氧的亲和力很大,焊接时极易氧化生成高熔点的氧化铝(Al_2O_3 的熔点为 2 050 ℃),覆盖在金属表面,阻碍金属的熔合,并可能造成夹渣和未焊透等缺陷。焊接含镁、锌等低沸点元素的铝合金时,因这些元素极易蒸发氧化,使焊缝化学成分发生较大变化,从而引起机械性能降低。

②易产生氢气孔。液态铝可溶解大量氢气(固态铝几乎不溶解氢),当氢溶入液态铝中,

在熔池凝固之前来不及逸出,就以气泡形式残留在焊缝中形成气孔。

③焊缝产生热裂纹的倾向较大,焊件易变形。由于铝及铝合金的线膨胀系数和凝固收缩率比碳钢大,焊接时易产生较大的焊接应力与变形。当结构刚性大或焊缝杂质含量偏高时,很容易引起裂纹。

④易产生熔池塌陷和烧穿现象。高温时铝的强度和塑性很低,因此不能支持熔池金属的质量而使熔池塌陷。铝及铝合金由固态转变为液态时,无颜色变化。焊接操作人员不能根据熔池颜色变化进行控制,可能出现烧穿现象,常采用垫板来防漏。

⑤焊接接头不等强性。铝及铝合金焊接时,由于热影响区受热而发生软化,强度降低而使焊接接头和母材不能达到等强度。为了减少不等强性,焊接时可采用小线能量焊接或焊后进行热处理。

（2）焊接方法及焊接工艺要点

目前,常用焊接铝及铝合金的方法有钨极氩弧焊、熔化极氩弧焊和脉冲焊。根据工件结构形式和对接头性能的不同要求也常采用焊条电弧焊、电阻焊、等离子弧焊、气焊、真空电子束焊、激光焊和钎焊等。

焊接铝及铝合金时,可选择与母材化学成分相同的铝焊条或焊丝。并且必须注意以下问题:

①焊前应对工件和焊丝进行严格的清理,去除表面油污及氧化膜。氩弧焊时氩气纯度应高于99.9%。手弧焊或气焊时,焊前应对焊条药皮或熔剂(一般由氯化物和氟化物组成)进行严格的烘干处理,以防止氢、氧进入焊接区。

②采用热量集中的热源,快速连续施焊。对接触强腐蚀性介质的焊件,应尽量采用双面焊;当采用单面焊时,应在接触腐蚀介质的一面施焊,以保证焊件工作表面的质量。

③采用氯化物和氟化物作熔剂时(如气焊、钎焊和手弧焊),焊后必须彻底清洗残留在焊件上的熔渣,以防止熔渣腐蚀焊件,引起焊接接头的破坏。

2）铜及铜合金的焊接

（1）铜及铜合金的焊接性

①焊缝成形能力差。熔化焊焊接铜及大多数铜合金时容易出现工件难于熔合、坡口焊不透和表面成形差的外观缺陷。

②焊缝及热影响区热裂倾向大。产生裂纹的主要原因:首先,Cu_2O可溶于液态的金属铜,而实际上其与铜生成熔点略低于铜的低熔点共晶;其次,铜和很多铜合金在加热过程中没有同素异构转变,晶粒粗大倾向严重;最后,铜及铜合金的膨胀系数和收缩率较大,增加了焊接接头的应力,更增大了接头的热裂倾向。

③气孔倾向严重。铜及铜合金产生气孔的倾向远比钢大。其中的一个原因是铜的导热性好,焊接熔池凝固速度快,液态熔池中气体上浮的时间短,来不及逸出,易于产生气孔。但根本原因是气体溶解度随温度下降而急剧下降和化学反应产生气体所致。

④焊接接头性能下降。铜及铜合金在熔焊过程中,由于晶粒严重长大,杂质和合金元素的掺入,使合金元素氧化蒸发,接头性能发生了很大的变化,如塑性严重变坏、导电性下降和耐蚀性下降等。

（2）焊接方法及焊接工艺要点

目前,焊接铜及铜合金较理想的方法是氩弧焊。当对焊接质量要求不太高时,也常采用气焊、手弧焊和钎焊等。

气焊紫铜和青铜时,应采用中性焰;气焊黄铜时宜采用弱氧化焰,配用含硅和铝等合金元素的焊丝(如丝221、丝222、丝224等)。焊接时,焊丝中的硅和铝等元素与氧反应形成高熔点的氧化物薄膜,覆盖在熔池表面,可阻止熔池中的锌元素的蒸发和烧损。

采用各种焊接方法焊接铜及铜合金时,焊前都要仔细清除焊丝、焊件坡口及附近表面的油污、氧化物等杂质。气焊、钎焊或电弧焊时,焊前应对熔剂(气剂和钎剂)或焊条药皮作烘干脱水处理,焊后应彻底清洗残留在焊件上的熔剂和熔渣以免引起焊接接头的腐蚀破坏。

4.5 焊接结构工艺设计

焊接结构的设计,除考虑结构的使用性能、环境要求和国家的技术标准与规范外,还应考虑结构的工艺性和现场的实际情况,力求生产率高、成本低,满足经济性的要求。焊接结构工艺一般包括焊接结构材料选择、焊接方法选择、焊缝布置和焊接接头设计等方面的内容。

4.5.1 焊接结构件材料的选择

在满足焊接件使用性能的前提下,应尽量选用焊接性好的材料。

1)应尽可能选择焊接性良好的材料

一般在保证满足焊接结构使用要求的前提下,应尽可能地选择焊接性良好的材料。低碳钢和 ω_c 当量<0.4%的低合金钢,都具有良好的焊接性,在设计焊接结构时应尽量选用;强度等级较低的低合金钢,其焊接性和低碳钢一样,条件允许时,应优先选用;强度等级较高的低合金钢,其焊接性差些,但采用合适的焊接材料与工艺也能获得满意的接头,设计强度要求高的重要结构可采用。

2)尽量少用异种金属的焊接

因为异种钢几乎不能用熔化焊的方法获得满意的接头,若必须采用异种金属焊接,须尽量选择化学成分、物理性能相近的材料。

3)尽量选用各种型材

如工字钢、槽钢、角钢等,不仅能减少焊缝数量和简化焊接工艺,而且能增加结构件的强度和刚性。

4.5.2 焊接方法的选择

焊接方法的选择应充分考虑材料的焊接性、焊件厚度、焊缝位置、生产批量及焊接质量等因素。在保证获得优质焊接接头的前提下,优先选择常用的焊接方法,若生产批量较大,还需考虑的有高的生产率和低廉的成本,具体见表4.4。

表 4.4 常见焊接方法的选择

焊接方法	主要接头形式	焊接位置	材料选择	应用
手工电弧焊	对接、角接、搭接、T 形接	全位置	碳钢、低合金钢、铸铁、铜及铜合金、铝及铝合金	各类中小型结构
埋弧自动焊		平焊	碳钢、合金钢	成批生产、中厚板长直焊缝和较大直径环焊缝
氩弧焊		全位置	铝、铜、镁、钛及其合金,耐热钢、不锈钢	致密、耐蚀、耐热的焊件
CO_2 气体保护焊			碳钢、低合金钢、不锈钢	
等离子弧焊	对接、搭接		耐热钢、不锈钢、铜、镍、钛及其合金	一般焊接方法难以焊接的金属和合金
电渣焊	对接	立焊	碳钢、低合金钢、铸铁、不锈钢	大厚铸、锻件的焊接
点焊	搭接	全位置	碳钢、低合金钢、不锈钢、铝及铝合金	焊接薄板壳体
缝焊				焊接薄壁容器和管道
对焊	对接	平焊		杆状零件的焊接
摩擦焊			各类同种金属和异种金属	圆形截面零件的焊接
钎焊	搭接		碳钢、合金钢、铸铁、非铁合金	强度要求不高,其他焊接方法难以焊接的焊件

4.5.3 焊接接头及坡口形式的选择

1)接头形式的选择

接头形式的选择是根据焊接结构的形状、强度要求、工件厚度、焊接材料消耗量及其他焊接工艺决定的。其中焊接碳钢和低合金钢基本接头形式有对接、角接、T 形接和搭接,其接头形式及基本尺寸如图 4.23 所示。

(1)对接接头

如图 4.23(a)所示,对接接头是最常见的一种接头形式,它具有应力分布均匀、焊接质量容易保证、节省材料等优点,但对焊前准备和装配质量要求较高。按照坡口形式的不同可分为 I 形对接接头(不开坡口)、Y 形坡口接头、U 形坡口接头、双 Y 形坡口接头和双 U 形坡口接头等。一般厚度不大于 6 mm 时,采用不开坡口而留一定间隙的双面焊;中等厚度及大厚度构件的对接焊,为了保证焊透,必须开坡口。Y 形坡口便于加工,但焊后构件容易发生变形;双 Y 形坡口由于焊缝截面对称,焊后工件的变形及内应力比 Y 形坡口小,在相同板厚条件下,双 Y 形坡口比 Y 形坡口要减少 1/2 填充金属量。U 形及双 U 形坡口,焊缝填充金属量更少,焊后变形也很小,但这种坡口加工困难,一般用于重要结构。

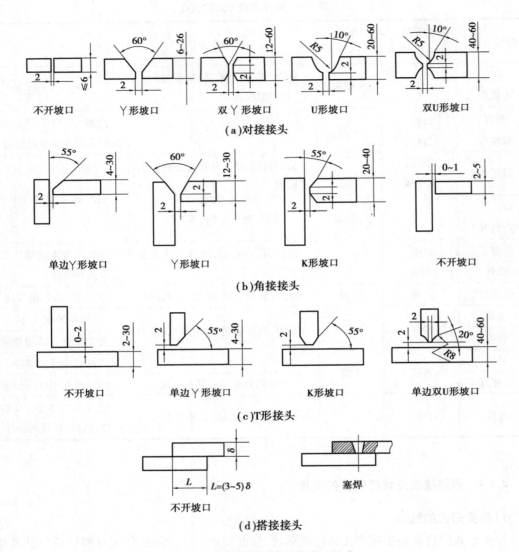

图 4.23　常见焊接接头及其坡口形式

（2）角接接头

如图 4.23（b）所示，根据坡口形式的不同，角接接头可分为不开坡口、丫形坡口、K 形坡口及单边丫形坡口等几种形式。通常厚度不大于 2 mm 的角接接头可采用卷边形式；厚度为 2~8 mm 的角接接头，往往不开坡口；大厚度而又必须焊透的角接接头及重要构件角接头，则应开坡口，坡口形式同样要根据工件厚度、结构形式及承载情况而定。

（3）T 形接头

T 形接头根据焊件厚度和承载情况，可分为不开坡口、单边双 U 形坡口、单边丫形坡口和 K 形坡口等几种形式，如图 4.23（c）所示。T 形接头焊绝大多数情况只能承受较小剪切应力或仅作为非承载焊缝，因此，厚度不大于 30 mm 时可以不开坡口。对于要求载荷的 T 形接头，为了保证焊透，应根据工件厚度、接头强度及焊后变形的要求来确定所开坡口形式。

（4）搭接接头

搭接接头因两焊件不在同一平面，受力时焊缝处易产生应力集中和附加弯曲应力降低了接头强度，但对装配要求不高，一般用在不重要的结构中。搭接接头分为不开坡口搭接和塞焊两种形式，如图 4.23（d）所示。不开坡口搭接一般用于厚度不大于 12 mm 的钢板，搭接部分长度为 3~5 倍的板厚。

2）坡口形式的选择

根据设计或工艺需要，在焊件的待焊部位加工成一定几何形状的沟槽称为坡口，可以用机械、火焰或电弧等方式进行加工。

（1）开坡口的目的

开坡口的目的主要包括：

①保证电弧能深入焊缝根部使其焊透，并获得良好的焊缝。

②对于合金钢，坡口还能起到调节母材金属和填充金属比例（即熔合比）的作用。

（2）开坡口的原则

坡口的形式和尺寸主要由板厚、焊接方式、焊接位置和工艺等决定，主要原则如下所述：

①焊缝中填充的材料少；

②具有良好的可焊性；

③坡口的形状应容易加工；

④便于调整焊接变形。

4.5.4　合理布置焊缝的位置

1）焊缝形式

按焊缝的空间位置可分为平焊、立焊、横焊、仰焊 4 种，如图 4.24 所示。平焊的操作容易，劳动条件好，生产率高，质量易于保证，应尽量把焊缝放在平焊的位置上施焊。在进行立焊、横焊和仰焊时，由于重力的作用，被熔化的金属会向下滴落而造成施焊困难，因此应尽量避免。

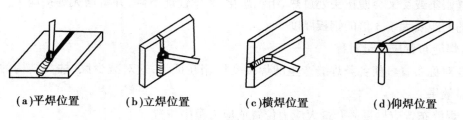

（a）平焊位置　　　　（b）立焊位置　　　　（c）横焊位置　　　　（d）仰焊位置

图 4.24　焊缝形式

2）焊缝布置

（1）焊缝应尽量处于平焊位置

平焊容易操作，劳动条件好，生产率高，焊缝质量容易得到保证。应尽量设置平焊缝，避免仰焊缝，减少立焊缝。

（2）尽量减少焊缝数量

减少焊缝数量可减小焊接加热，减小焊接应力和变形，同时减少焊接材料的消耗，降低成本,提高生产率。尽量选用轧制型材,以减少备料工作量和焊缝数量,形状复杂的部位可采用冲压件、铸钢件等以减少焊缝数量。如图 4.25 所示,是采用型材和冲压件减少焊缝数量的实例。

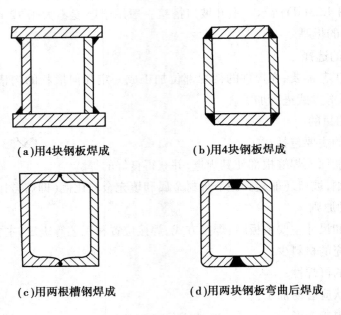

（a)用4块钢板焊成　　　　　　（b)用4块钢板焊成

（c)用两根槽钢焊成　　　　　　（d)用两块钢板弯曲后焊成

图 4.25　减少焊缝数量

（3)焊缝布置要便于施焊

焊接时焊缝布置要留有足够的操作空间,使焊接工具能自如地进行操作。焊接时尽量少翻转,以提高生产率。点焊与缝焊应考虑电极伸入是否方便。自动焊结构的设计应使接头处施焊时容易存放焊剂。

（4)焊缝布置应尽可能分散,避免密集或交叉

焊缝密集或交叉会使接头处过热、组织恶化、力学性能下降,并将增大焊接应力。一般两条焊缝的间距要大于 3 倍的钢板厚度。

（5)焊缝布置应尽量对称

焊缝对称布置可使各条焊缝产生的焊接变形相互抵消,这对减少梁、柱类结构的弯曲变形有明显效果。

（6)焊缝布置应尽量避开最大应力位置或应力集中位置

焊接接头往往是焊接结构的薄弱环节,存在残余应力和焊接缺陷,因此焊缝应避开应力较大位置和集中位置。

（7)焊缝布置应避开机械加工表面

某些焊接构件的一些部位需先机械加工再焊接,如焊接轮毂、管配件、传动支架等,则焊缝位置应尽量远离已加工表面,以避免或减少焊接应力与变形对已加工表面精度的影响。如果焊接结构要求整体焊后再进行切削加工,则焊后一般要先进行消除应力处理,然后再进行切削加工。在机加工要求较高的表面上,尽量不要设置焊缝。

复习思考题

4.1 焊接电弧是如何形成的？由哪几部分组成？正、反接法在生产上有什么实际意义？

4.2 熔化焊、压力焊、钎焊的主要区别是什么？

4.3 如何防止焊接变形？减少焊接应力的工艺措施有哪些？

4.4 酸性焊条与碱性焊条有何不同？试比较其差异。

4.5 焊条和药皮在焊接过程中所起的作用是什么？

4.6 常用的接头形式有哪几种？坡口的作用是什么？

4.7 与手弧焊比较，埋弧焊有何特点？

4.8 气体保护焊的主要特点是什么？常用的保护气体有哪些？

4.9 采用手工电弧焊，低碳钢的热影响区与中、高碳钢的热影响区有何不同？通常采用哪些措施来防止中、高碳钢产生焊接裂纹？

4.10 奥氏体不锈钢焊接的主要问题是什么？

4.11 铸铁的焊补有哪些困难？通常采用什么样的焊补方法？

4.12 铝、铜及其合金焊接常用哪些方法？优先采用哪种为好？为什么？

4.13 从工艺性角度考虑，焊接件的结构设计应注意哪些问题？

第 5 章
金属切削加工基础知识

金属切削加工的方法有很多,尽管它们的形式有所不同,但却有着许多共同的规律和现象。掌握这些规律和现象,对正确应用各种金属切削加工方法有着重要的意义。本章主要介绍切削加工过程的切削运动、切削刀具以及其过程的基本规律等金属切削加工基础知识。

5.1 加工质量

为了保证机电产品的质量,设计时应对零件提出加工质量的要求,机械零件的加工质量包括加工精度和表面质量两方面,它们的好坏将直接影响产品的使用性能、使用寿命、外观质量、生产率和经济性。

5.1.1 加工精度

经机械加工后,零件的尺寸、形状、位置等参数的实际数值与设计理想值的符合程度称为机械加工精度,简称加工精度。实际值与理想值相符合的程度越高,即偏差(加工误差)越小,加工精度越高。

机械加工精度包括尺寸精度、形状精度和位置精度。

1)尺寸精度

零件的直径、长度、表面距离等尺寸的实际数值与理想数值相接近的程度。尺寸公差是指允许尺寸的变动量,等于最大极限尺寸与最小极限尺寸代数差的绝对值。

2)形状精度

加工后零件上的线、面的实际形状与理想形状的符合程度。形状公差是指单一实际要素的形状所允许的变动全量,包括直线度、平面度、圆度、圆柱度、线轮廓度和面轮廓度6个项目。

3)位置精度

加工后零件上的点、线、面的实际位置与理想位置的符合程度。位置公差是指关联实际要素的位置对基准所允许的变动全量,它限制零件的两个或两个以上的点、线、面之间的相互位置关系,包括平行度、垂直度、倾斜度、同轴度、对称度、位置度、圆跳动和全跳动8个项目。

5.1.2　表面质量

零件的机械加工质量不仅指加工精度,而且包括加工表面质量。

加工表面质量主要是指零件加工后的表面粗糙度以及表面层材质的变化。

1) 表面粗糙度

表面粗糙度是指在切削加工中,由于刀痕、塑性变形、震动和摩擦等原因,会使加工表面产生微小的峰谷,这些微小峰谷的高低程度和间距状况称为表面粗糙度。

表面粗糙度对零件的耐磨性、抗腐蚀性和配合性质等有很大影响。它直接影响机器的使用性能和寿命。一般来说,零件的表面粗糙度越小,零件的使用性能越好,寿命也越长,但零件的制造成本也会相应增加。

2) 表面层材质的变化

表面层材质的变化是指零件加工后在表面层内出现不同于基体材料的力学、冶金、物理及化学性能的变质层。具体表现为加工硬化、金相组织变化、残余应力产生、热损伤、疲劳强度变化及耐腐蚀性下降等。

在确定零件加工精度和表面粗糙度时,总的原则是在满足零件使用性能要求和后续工序要求的前提下,尽可能选用较低的精度等级和较大的表面粗糙度值。

5.2　切削运动

5.2.1　切削运动

金属切削过程中,刀具和工件之间必须要有一定的相对运动,按刀具和工件在运动中所起的作用不同,切削运动可分为主运动和进给运动两种。

1) 主运动

主运动是使刀具和工件产生主要相对运动以进行切削的运动。主运动的特点是运动速度最高,消耗功率最大,一般只有一个。如图 5.1(a)所示的外圆车削中,工件的回转运动为主运动。

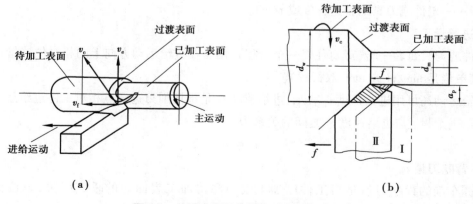

(a)　　　　　　　　　　　　　　(b)

图 5.1　外圆车削的切削运动与加工表面

2）进给运动

进给运动是新的金属不断投入切削,使切削能持续进行以形成所需工件表面的运动。进给运动的特点是运动速度低,消耗功率小。进给运动可以有几个,可以是连续运动,也可以是间歇运动。如图 5.1(a)所示的外圆车削中,刀具沿工件轴线方向的直线运动称为进给运动。

3）合成切削运动

主运动和进给运动合成后的运动称为合成切削运动。外圆车削时,合成切削运动速度 v_e 的大小和方向矢量式为

$$v_e = v_c + v_f \tag{5.1}$$

5.2.2　工件表面

在切削过程中,工件上有以下 3 个变化着的表面(图 5.1):

①待加工表面:工件上即将被切除的表面。

②已加工表面:切去材料后形成的新的工件表面。

③过渡表面:加工时主切削刃正在切削的表面,它处于已加工表面和待加工表面之间。

5.2.3　切削用量

切削用量是指切削过程中切削速度 v_c、进给量 f 和背吃刀量 a_p 三者的总称。它表示主运动及进给运动量,是用于调整机床的重要参数。

1）切削速度 v_c

刀刃上选定点相对于工件的主运动速度称为切削速度,单位为 m/s 或 m/min。计算切削速度时,应选取刀刃上速度最高的点进行计算。主运动为旋转运动时,切削速度计算公式为

$$v_c = \frac{\pi d n}{1\ 000} \tag{5.2}$$

式中　d——完成主运动的工件或刀具的最大直径,mm;

　　　n——工件或刀具的转速,r/s 或 r/min。

2）进给量 f

工件或刀具每转一转(或每往复一个行程),两者在进给运动方向上的相对位移量称为进给量,其单位是 mm/r(或 mm/双行程)。

进给运动还可用进给速度 v_f 表示,进给速度 v_f 是指切削刃选定点相对工件进给运动的瞬时速度。进给量 f 与进给速度 v_f 之间的关系为

$$v_f = nf \tag{5.3}$$

3）背吃刀量 a_p

外圆车削的背吃刀量是指工件已加工表面和待加工表面间的垂直距离,单位为 mm(图 5.1(b)),其计算公式为

$$a_p = \frac{d_w - d_m}{2} \tag{5.4}$$

式中　d_w——工件上待加工表面直径,mm;

　　　d_m——工件上已加工表面直径,mm。

5.2.4　切削层参数

切削时,沿进给运动方向移动一个进给量所切除的金属层称为切削层。切削层的截面尺寸参数称为切削层参数。切削层参数通常在与主运动方向相垂直的平面内观察和度量,如图5.2 所示。

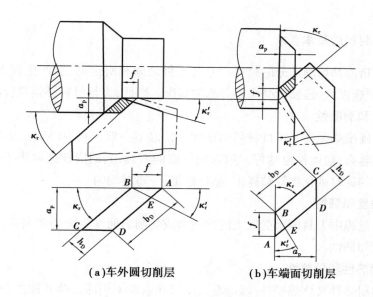

（a）车外圆切削层　　　　（b）车端面切削层

图 5.2　切削层参数

1）切削层公称厚度 h_D

垂直于过渡表面所度量的切削层尺寸称为切削层公称厚度 h_D(以下简称为切削厚度)。车外圆时((图 5.2(a)),若主切削刃为直线,则

$$h_D = f \sin \kappa_r \tag{5.5}$$

式中　h_D——切削刃单位长度上的切削负荷,mm。

2）切削层公称宽度 b_D

沿过渡表面所度量的切削层尺寸称为切削层公称宽度 b_D(以下简称为切削宽度)。车外圆时(图 5.2(a)),若主切削刃为直线,则

$$b_D = \frac{a_p}{\sin \kappa_r} \tag{5.6}$$

式中　b_D——切削刃参加切削的工作长度,mm。

3）切削层公称横截面积 A_D

切削层的横截面积称为切削层公称横截面积 A_D(以下简称为切削面积),单位 mm²。对

于车削

$$A_D = h_D \cdot b_D = a_p \cdot f \tag{5.7}$$

5.3 刀具材料

机械加工是通过使用不同的机床(如车床、铣床、钻床、磨床、刨床等),利用刀具切除工件上多余的材料,从而获得合格的零件。由此可知,刀具的作用十分重要。而刀具材料又是刀具切削性能的根本因素,直接影响了加工效率、加工质量、加工成本以及刀具耐用度。

5.3.1 刀具材料的基本要求

刀具材料是指刀具切削部分的材料。它与工件之间相对运动,会产生较大的摩擦、冲击和压力,由于切削速度快,还要承受高温等恶劣状况。因此,刀具材料必须符合以下要求。

1)高的硬度和耐磨性

刀具材料的硬度必须高于工件材料的硬度。常温下一般应在 60 HRC 以上。一般来说,刀具材料的硬度越高,耐磨性也越好。但对同硬度的刀具,其耐磨性还取决于他们的显微组织。耐磨性越好的材料碳化物颗粒越多,晶粒越细,分布越均匀。

2)足够的强度和韧性

为防止切削过程中刀具因承受较大的冲击力或切削力而发生断裂和崩刃,刀具材料必须要有足够的强度和韧性。

3)良好的耐热性和导热性

刀具材料的耐热性又称热硬性或红硬性,是指在高温下仍能保持其硬度和强度。它是衡量刀具材料切削性能的重要指标。耐热性越好,刀具材料在高温时抗塑性变形的能力、抗磨损的能力也越强。刀具材料的导热性越好,切削时产生的热量越容易传导出去,从而降低切削部分的温度,减轻刀具磨损。耐热性越好的材料允许的切削速度越高。

4)良好的工艺性

为便于制造,要求刀具材料具有良好的可加工性。包括热加工性能(热塑性、可焊性、淬透性)和机械加工性能。

5)良好的经济性

此外,在选用刀具材料时,还需考虑经济性。经济性差的刀具材料难于推广使用。

5.3.2 常用刀具材料

刀具材料的种类很多,常用的有工具钢(包括碳素工具钢、合金工具钢和高速钢)、硬质合金、陶瓷、超硬材料(金刚石和立方氮化硼等)4 类。不同刀具材料的基本性能及用途见表5.1。

表 5.1　不同刀具材料的基本性能

种类	常用牌号	硬度 HRC /HRA	抗弯强度 /GPa	热硬性 /℃	用途
碳素工具钢	T8A T10A T12A	60~64 (81~83)	2.45~2.75	200~250	用于手动工具,如锉刀、锯条、錾子等
合金工具钢	9SiCr CrWMn	60~65 (81~84)	2.45~2.75	250~300	用于低速成形刀具,如丝锥、板牙、铰刀等
高速钢	W9Mo3Cr4V W6Mo5CrV2	62~69 (82~87)	3.43~4.41	550~600	用于机动复杂的中速刀具,如钻头、铣刀、齿轮刀具等
硬质合金	K 类 P 类 M 类	69~82 (89~93)	1.08~2.16	800~1 100	用于机动简单的高速切削刀具,如车刀、刨刀、铣刀刀片
陶瓷	SG4、AT6	1 500~2 100 HV (93~94)	0.4~1.115	1 200	多用于车刀,适宜精加工连续切削
立方碳化硼 (CBN)	FD、LBN-Y	7 300~9 000 HV	0.57~0.81	1 200~1 500	用于加工高硬度、高强度材料(特别是铁族材料)
人造金刚石		10 000 HV	0.42~1.0	700~800	用于有色金属的高精度、低粗糙度切削,也用于非金属精密加工,不切削铁族金属

　　碳素工具钢和合金工具钢,因耐热性很差,只适合做手工刀具。当前使用的刀具材料有高速钢、硬质合金钢、金刚石、陶瓷和立方氮化硼。一般机加工使用最多的是高速钢和硬质合金钢。

1)高速钢

　　高速钢是在合金工具钢中加入较多的钨(W)、钼(Mo)、铬(Cr)、钒(F)等合金元素的高合金工具钢。

　　高速钢具有较高的强度、韧性和耐热性。其抗弯强度是硬质合金的 2~3 倍,韧性是硬质合金的 9~10 倍;切削温度在 500~600 ℃时,仍能保持高硬度;具有一定的硬度和耐磨性,同时还具有良好的工艺性。因刃磨时能获得锋利的刃口,又称"风钢"或"锋钢"。因其刃口颜色呈白色,又称"白钢"。

　　高速钢适用于制造各种复杂及大型成形刀具,如成形车刀、各种铣刀、钻头、拉刀、齿轮刀具和螺纹刀具等,可加工从有色金属刀高温合金的各种材料。

　　高速钢按性能不同,可分为普通高速钢和高性能高速钢。按制造工艺可分为熔炼高速钢和粉末冶金高速钢。

（1）普通高速钢

普通高速钢具有一定的硬度（62～67 HRC）和耐磨性、较高的强度和韧性，切削钢料时切削速度一般不高于50～60 m/min，不适合高速切削和较硬材料的切削。常用牌号有W18Cr4V（钨系高速钢，简称W18）、W6Mo5Cr4V2（钨钼系高速钢，简称M2）。

（2）高性能高速钢

在普通高速钢中加入一些钒（F）、钴（Co）、铝（Al）等元素，同时增加一些碳含量，从而得到耐热性、耐磨性更高的新钢种——高性能高速钢。一般加热到630～650 ℃时仍能保持60 HRC的硬度，因此切削性能优于普通高速钢，寿命是普通高速钢的1.5～3倍，但这类钢的综合性能不如普通高速钢。

高性能高速钢适用于高强度钢、高温合金、钛合金、不锈钢等难加工材料的切削加工。我国最常用的高性能高速钢有钴高速钢和铝高速钢，常用牌号有9W18Cr4V、W6Mo5Cr4V3、W2Mo9Cr4VCo8、W6Mo5Cr4V2Al等。

（3）粉末冶金高速钢

粉末冶金高速钢是用高压氩气或氮气雾化熔融的高速钢水，直接得到细小的高速钢粉末，高温下压制成致密的钢坯，而后锻压成材或刀具形状。粉末冶金高速钢的抗弯强度与韧性得以提高，一般比熔炼高速钢高出20%～50%，在化学成分相同的情况下，粉末冶金高速钢比熔炼高速钢硬度提高1～1.5 HRC，高温硬度（550～600 ℃）提升尤为明显。

适合于制造切削难加工材料的刀具、大尺寸刀具（如滚刀、插齿刀）、精密刀具、磨加工量大的复杂刀具、高动载荷下使用的刀具等。

2）硬质合金

硬质合金是用钴（Co）、钼（Mo）、镍（Ni）作黏结剂将硬度和熔点都很高的碳化物烧结而成的粉末冶金制品。其常温硬度可达78～82 HRC，能耐850～1 000 ℃的高温，切削速度可比高速钢高4～10倍。但其冲击韧性与抗弯强度远比高速钢差，因此很少做成整体式刀具。实际使用中，常采用刀片焊接式或用机械夹固式固定在刀体上。

我国将硬质合金分为K类、P类和M类3类。

（1）K类（YG）

K类即钨钴类，由碳化钨和钴组成。这类硬质合金韧性较好，但硬度和耐磨性较差，适用于加工铸铁、青铜等脆性材料。常用的牌号有：YG8、YG6、YG3，它们制造的刀具依次适用于粗加工、半精加工和精加工。数字表示Co含量的百分数，YG6即含Co为6%，含Co越多，则韧性越好。

（2）P类（YT）

P类即钨钴钛类，由碳化钨、碳化钛和钴组成。这类硬质合金有较好的耐热性和耐磨性，但抗冲击韧性较差，适用于加工钢料等韧性材料。常用的牌号有：YT5、YT15、YT30等，其中的数字表示碳化钛含量的百分数，碳化钛的含量越高，则耐磨性较好、韧性越低。这3种牌号的硬质合金制造的刀具分别适用于粗加工、半精加工和精加工。加工含钛的不锈钢及钛合金时，不宜选用YT类合金。

（3）M 类（YW）

M 类即钨钴钛钽铌类。在钨钴钛类硬质合金中加入少量的稀有金属碳化物（TaC 或 NBC）组成。它具备了前两类硬质合金的优点,提高了常温、高温硬度和强度,抗热冲击性和耐磨性。既能加工脆性材料,又能加工韧性材料,同时还能加工高温合金、耐热合金及合金铸铁等难加工材料。但 YW 类合金价格较贵,主要用于加工难加工材料。常用牌号有 YW1、YW2。

5.3.3　其他刀具材料简介

1）涂层硬质合金

这种材料是采用化学气相沉积（CVD）法或物理气相沉积（PVD）法在韧性、强度较好的硬质合金基体上或高速钢基体上涂覆一层或多层极薄的高硬度和高耐磨度的难熔金属化合物而得到的。涂层硬质合金既具有基体材料的强度和韧性,又具有很高的耐磨性。常用的涂层材料有 TiC、TiN、Al_2O_3 等。TiC 的韧性和耐磨性好;TiN 的抗氧化、抗黏结性好;Al_2O_3 的耐热性好。使用时可根据不同的需要选择涂层材料。

2）陶瓷

陶瓷是在氧化铝或氮化硅中添加少量金属,将其置于高压高温下烧结所得到的材料。陶瓷刀具材料具有很高的硬度及耐磨性,有很高的耐热性。硬度可达 78 HRC 以上,能耐 1 200~1 450 ℃ 的高温,故能承受较高的切削速度。但抗弯强度低,冲击韧性差,易崩刃。用作刀具的陶瓷材料按其化学成分可分为高纯氧化物陶瓷和复合陶瓷,主要用于钢、铸铁、高硬度材料及高精度零件的精加工。

3）金刚石

金刚石分人造和天然两种。做切削刀具的材料,大多数是人造金刚石,其硬度极高,可达 10 000 HV（硬质合金仅为 1 300~1 800 HV）,因此具有很好的耐磨性。但韧性差,对铁类材料亲和力大,因此一般不宜加工黑色金属。主要用于硬质合金、玻璃纤维塑料、硬橡胶、石墨、陶瓷、有色金属等材料的高速精加工。

4）立方氮化硼（CNB）

立方氮化硼是人工合成的超硬刀具材料,其硬度可达 7 300~9 000 HV,仅次于金刚石的硬度。但热稳定性好,能耐 1 400~1 500 ℃ 的高温,与铁族材料亲和力小。但强度低,焊接性差。目前主要用于加工淬火钢、冷硬铸铁、高温合金和一些难加工材料。

5.4　刀具切削部分的几何角度

任何刀具都由参与切削的刀头和用于装夹固定的刀柄两个部分构成。虽然用于机械加工的刀具种类很多,但刀具切削部分的结构和几何角度有许多共同的特征。如图 5.3 所示,车刀的切削部分可看成各种刀具的基本形态,各种刀具的每个刀齿,都像是一个车刀的刀头。那么,我们就以外圆车刀为例对刀具标注角度进行研究分析。

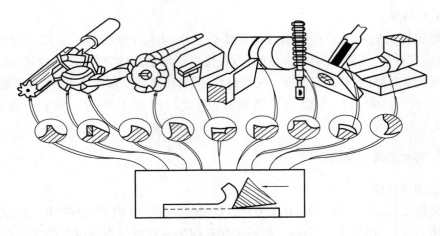

图 5.3　各种刀具切削部分

5.4.1　车刀的组成

车刀由切削和刀柄两个部分组成。切削部分承担切削加工任务,刀柄用以装夹在机床刀架上。切削部分是由一些面、切削刃组成。通常用的外圆车刀是由一个刀尖、两条切削刃、3个刀面组成的,如图 5.4 所示。

1)刀面

①前刀面 A_γ:切屑流过刀具的表面。

②主后刀面 A_α:刀具上与工件过渡表面相对的表面。

③副后刀面 A'_α:刀具上与工件已加工表面相对的表面。

2)切削刃

①主切削刃 S:前刀面与后刀面的交线,承担主要的切削工作。

②副切削刃 S':前刀面与副后刀面的交线,承担少量的切削工作。

③刀尖是主、副切削刃相交的一点,实际上该点不可能磨得很尖,而是由一段折线或微小圆弧组成,微小圆弧的半径称为刀尖圆弧半径,用 r_ε 表示,如图 5.5 所示。

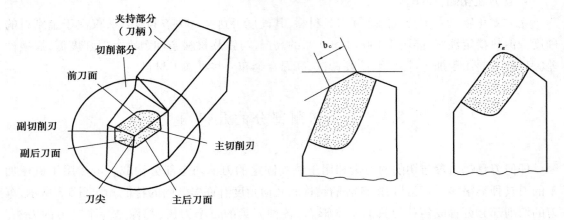

图 5.4　车刀的组成　　　　图 5.5　直线过渡刃和圆弧过渡刃

3）车刀的结构形式

常用车刀的结构形式有以下 4 种，如图 5.6 所示。

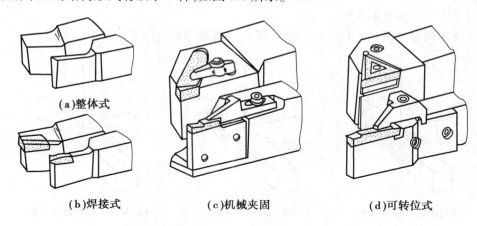

（a）整体式　　　　　　　　（b）焊接式　　　　（c）机械夹固　　　　　　（d）可转位式

图 5.6　常用车刀结构形式

（1）整体式结构

刀头的切削部分是在刀头上直接磨出来的，整体车刀的材料多选用高速钢制成，一般用于低速切削。

（2）焊接式结构

将硬质合金刀片焊在刀头上。焊接的硬质合金车刀，可用于高速切削。

（3）机械夹固式结构

机械夹固结构又有两种：一种是把刀片夹固在刀头上；另一种是把钎焊好的刀片夹固在刀体上。

（4）可转位式结构

生产大量的有多个主切削刃、可更换使用的硬质合金刀片，安装在刀杆槽中，刀片可以转动，当一条切削刃用钝后可以迅速转位将相邻的新刀刃换成主切削刃继续工作，直到全部刀刃用钝后才取下刀片，换上新的刀片继续工作。

5.4.2　刀具几何角度参考系

为了便于确定车刀上的几何角度，常选择某一参考系作为基准，通过测量刀面或切削刃相对于参考系坐标平面的角度值来反映它们的空间方位。

刀具几何角度参考系有两类，即刀具标注角度参考系和刀具工作角度参考系。

1）刀具标注角度参考系

（1）假设条件

刀具标注角度参考系是刀具设计时标注、刃磨和测量角度的基准，在此基准下定义的刀具角度称刀具标注角度。为了使参考系中的坐标平面与刃磨、测量基准面一致，特别规定了如下假设条件。

①假设运动条件：用主运动向量 v_c 近似地代替相对运动合成速度向量 v_e（即 $v_f = 0$）。

②假设安装条件：规定刀杆中心线与进给运动方向垂直；刀尖与工件中心等高。

207

（2）刀具标注角度参考系种类

根据 ISO 3002/1—1997 标准推荐,刀具标注角度参考系有正交平面参考系、法平面参考系和假定工作平面参考系 3 种。

①正交平面参考系:如图 5.7（a）所示,正交平面参考系由以下三个平面组成:

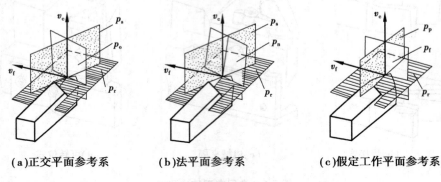

（a）正交平面参考系   （b）法平面参考系   （c）假定工作平面参考系

图 5.7   刀具标注角度参考系

基面 p_r 是过切削刃上某选定点平行或垂直于刀具在制造、刃磨及测量时适合于安装或定位的一个平面或轴线,一般来说,其方位要垂直于假定的主运动方向。车刀的基面都平行于它的底面。

主切削平面 p_s 是过切削刃某选定点与主切削刃相切并垂直于基面的平面。

正交平面 p_o 是过切削刃某选定点并同时垂直于基面和切削平面的平面。

过主、副切削刃某选定点都可建立正交平面参考系。基面 p_r、主切削平面 p_s、正交平面 p_o 3 个平面在空间相互垂直。

②法平面参考系:如图 5.7（b）所示,法平面参考系由 p_r、p_s 和法平面 p_n 组成。其中法平面 p_n 是过切削刃某选定点垂直于切削刃的平面。

③假定工作平面参考系:如图 5.7（c）所示,假定工作平面参考系由 p_r、p_f 和 p_p 组成。假定工作平面 p_f 是过切削刃某选定点平行于假定进给运动并垂直于基面的平面。背平面 p_p 是过切削刃某选定点既垂直于假定进给运动又垂直于基面的平面。

刀具设计时标注、刃磨、测量角度最常用的是正交平面参考系。

2）刀具工作角度参考系

刀具工作角度参考系是刀具切削工作时角度的基准(不考虑假设条件),在此基准下定义的刀具角度称刀具工作角度。它同样有正交平面参考系、法平面参考系和假定工作平面参考系。

5.4.3   刀具标注角度

除用必要的尺寸描述刀具的几何形状外,主要使用的是刀具的几何角度来对刀具进行描述。刀具标注角度主要有 5 个,如图 5.8 所示,即前角 γ_o、后角 α_o、主偏角 κ_r、副偏角 κ'_r 和刃倾角 λ_s。

正交平面参考系中的刀具标注角度如下所述:

1）前角 γ_o

基面 p_r 与前刀面 A_γ 之间的夹角(图 5.8)。如图 5.9 所示,当前刀面与切削平面 p_s 间的夹角小于 90°时,取正号;大于 90°时,则取负号;等于 90°时,取 0。

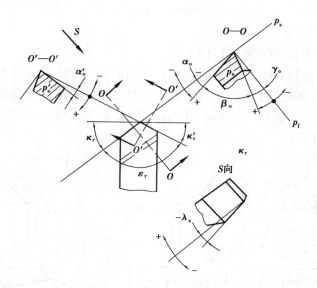

图 5.8　车刀的几何角度

前角越大,主切削刃越锋利。但是,如果前角过大的话,又会削弱切削刃的强度,造成刀具崩坏。

2)后角 α_o

切削平面 p_s 与主后刀面 α_α 之间的夹角,如图 5.8 所示。

后角越大,主后刀面与工件之间的摩擦越小。

3)楔角 β_o

前刀面 α_γ 与主后刀面 α_α 间的夹角,如图 5.8 所示。

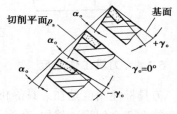

图 5.9　刀具前角的正负

前角、后角与楔角之间的关系如下:

$$\beta_o = 90° - (\gamma_o + \alpha_o)$$

4)主偏角 κ_r

主切削平面 p_s 与假定工作平面 p_f(即进给方向)间的夹角,如图 5.8 所示。

主偏角的大小影响主切削刃参加切削的长度和刀具的寿命,还能影响径向切削力的大小及工件的表面粗糙度。主偏角越小,主切削刃参加切削的长度越长,切屑宽而薄,因而散热较好,对延长刀具使用寿命有利。小的主偏角会使刀具作用在工件上的径向力增大,在加工刚度不足的工件时,易产生弯曲和震动。另外,主偏角越小,工件表面粗糙度也就越小。

5)副偏角 κ_r'

副切削刃 S' 在基面 p_r 上的投影与进给反方向的夹角,如图 5.8 所示。

副偏角越小,切削刃痕的理论残留面积的高度也越小,可以有效地减少已加工表面的粗糙度。同时,还加强了刀尖强度,改善了散热条件。但副偏角过小会增加副切削刃的工作长度,增大副后刀面与已加工表面的摩擦,易引起系统震动,反而增大表面粗糙度。

6)刀尖角 ε_r

主切削刃和副切削刃在基面上的投影之间的夹角,如图 5.8 所示。主偏角、副偏角和刀尖角的关系如下:

$$\varepsilon_r = 180° - (\kappa_r + \kappa'_r)$$

7) 刃倾角 λ_s

主切削刃 S 与基面 p_r 的夹角,如图 5.8 所示。

其作用主要是控制切屑的流动方向,同时能影响刀头的强度。如图 5.10 所示,主切削刃与基面平行时,$\lambda_s = 0$;刀尖处于主切削刃的最低点时,λ_s 为负值,刀尖强度增大,切屑流向已加工表面,用于粗加工;刀尖处于主切削刃的最高点时,λ_s 为正值,刀尖强度削弱,切屑流向待加工表面,用于精加工。

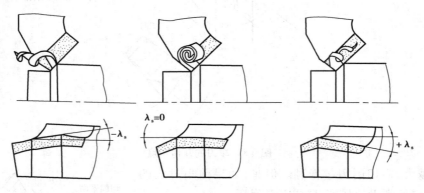

图 5.10 刃倾角对排屑方向的影响

5.4.4 刀具工作角度

刀具标注角度是在刀具静止角度参考系中确定的,建立刀具静止角度参考系时我们提出了要符合 3 个假设。然而,在实际工作中,刀具与工件间的相对运动、刀具的安装位置都会发生变化,这时就要由刀具工作角度起作用了。研究刀具工作角度的变化趋势,对刀具的设计、改进、革新有重要的指导意义。

刀具在工作角度参考系中确定的角度称为刀具工作角度。刀具工作角度与标注角度的唯一区别在于:用合成运动方向 v_f 取代主运动方向 v_c,用实际进给运动方向取代假设进给运动方向。

影响刀具工作角度的主要因素有:横向和纵向进给量增大时,都会使工作前角增大,工作后角减小;外圆刀具安装高度不与工件中心线对齐时,工作前角、后角将发生变化;刀杆中心线与进给量方向不垂直时,工作的主副偏角将增大或减小。

1) 进给量对工作角度的影响

在切削过程中,由于进给运动的影响,使原标注坐标系中的基面、切削平面向进给方向倾斜了一个角度,成为工作坐标系中的基面、切削平面。如图 5.11 所示,车端面时,轨迹为螺旋线,其切线角度差为 μ_f,计算公式为:

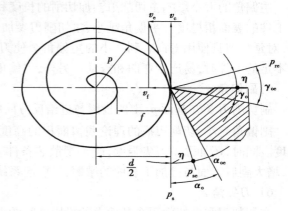

图 5.11 进给量对工作角度的影响

$$\tan \eta = \frac{f}{\pi d}$$

式中　f——进给量。

使工作前角增加,即

$$\gamma_{oe} = \gamma_o + \eta$$

工作后角减小,即

$$\alpha_{oe} = \alpha_o - \eta$$

2) 刀尖安装高低对工作角度的影响

当刀尖安装高度高于工件中心线时,如图 5.12(a)所示,则工作前角 γ_{oe} 增大,α_{oe} 减小。即

$$\gamma_{oe} = \gamma_o + \theta, \alpha_{oe} = \alpha_o - \theta$$

若刀尖安装高度低于工件中心线时,如图 5.12(b)所示,则工作角度 γ_{oe} 减小,α_{oe} 增大。

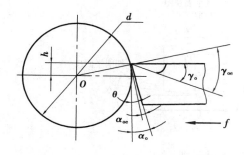 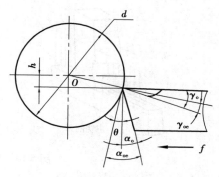

(a)刀尖高于工作中心　　　　　(b)刀尖低于工作中心

图 5.12　刀尖安装高低对工作角度的影响

3) 刀杆中心线与进给方向不垂直时对工作角度的影响

如图 5.13 所示,当刀杆中心逆时针偏移一个角度 θ 后,其 κ_r 增大,κ'_r 则减小,即

$$\kappa_{re} = \kappa_r + \theta, \kappa'_{re} = \kappa'_r - \theta$$

若刀杆中心顺时针偏移一个角度 θ,则 κ_r 减小,κ'_r 增大。

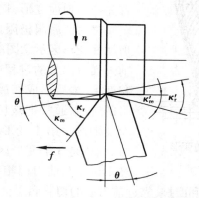

图 5.13　刀杆中心线与进给方向
不垂直时对工作角度的影响

5.5　金属切削过程

金属切削过程是指工件上一层多余的金属被刀具切除的过程和已加工表面的形成的过程。在这个过程中始终存在着刀具与工件(金属材料)之间切削和抗切削的矛盾,并产生一系列重要现象。如形成切屑、切削力、切削热与切削温度及刀具的磨损等。研究金属切削过程中这些现象的基本理论、基本规律对提高金属切削加工的生产率和工件表面的加工质量,减少刀具的损耗极大。

在对金属切削过程进行实验研究时,常用的切削模型是直角自由切削,所谓自由切削就是只有一个直线切削刃参加切削,如图 5.14 所示。

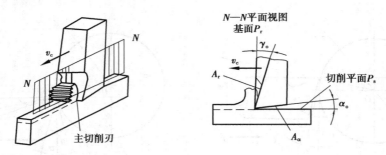

图 5.14　直角自由切削模型

5.5.1　切屑的形成过程

实验研究表明,金属切削与非金属切削不同,金属切削的特点是被切金属层在刀具的挤压、摩擦作用下产生变形后转变为切屑和形成已加工表面。

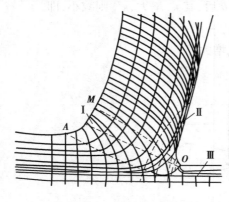

图 5.15　金属切削过程中的变形
滑移线和流线

图 5.15 是根据金属切削实验绘制的金属切削过程中的变形滑移线和流线,由图可知,工件上的被切削层在刀具的挤压作用下,沿切削刃附近的金属首先产生弹性变形,接着由剪应力引起的应力达到金属材料的屈服极限以后,切削层金属便沿倾斜的剪切面变形区示意图滑移,产生塑性变形,然后在沿前刀面流出去的过程中,受摩擦力作用再次发生滑移变形,最后形成切屑。为了进一步分析切削层变形的规律,通常把被切削刃作用的金属层划分为 3 个变形区。第 I 变形区位于切削刃和前刀面的前方,面积是 3 个变形区中最大的,为主变形区;第 II 变形区是与前刀面相接触的附近区域,切屑沿前刀面流出时,受到前刀面的挤压和摩擦,靠近前刀面的切屑底层会进一步发生变形;第 III 变形区是已加工表面靠近切削刃处的区域,这一区域金属受到切削刃钝圆部分和后刀面的挤压、摩擦与回弹,发生变形造成加工硬化。

这 3 个变形区各具有特点,又存在着相互联系、相互影响。同时,这 3 个变形区都在切削刃的直接作用下,是应力集中,变形比较复杂的区域。下面分别加以讨论。

5.5.2　第Ⅰ变形区

这一区域是由靠近切削刃的 OA 线处开始发生塑性变形,到 OM 线处剪切滑移变形基本完成,是形成切屑的主要变形区。OM 称为终剪切线或终滑移线,而 OA 称为始剪切线或始滑移线,从 OA 到 OM 之间的整个第Ⅰ变形区内,其变形的主要特征就是被切金属层在刀具前刀面和切削刃的作用下,沿滑移线的剪切变形,以及随之产生的加工硬化。

在一般的切削速度范围内,第Ⅰ变形区的宽度为 0.02～0.2 mm,速度越高,宽度越小,因此可以把第Ⅰ变形区近似看成是一个剪切面,用 OM 表示。

由于工件材料和切削条件的不同,切屑过程中的变形情况也不同,因而产生的切屑形状也不同,从变形的观点来看,可将切屑的形状分为 4 种类型,如图 5.16 所示。

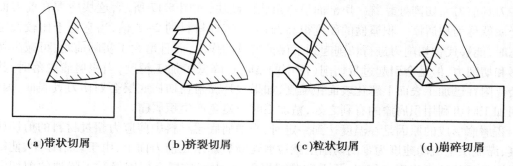

|(a)带状切屑|(b)挤裂切屑|(c)粒状切屑|(d)崩碎切屑|

图 5.16　切屑的种类

1)带状切屑

在切削过程中,切削层变形终了时,如其金属的内应力还没有达到强度极限时,就会形成连绵不断的切屑,在切屑靠近前刀面的一面很光滑,另一面略呈毛茸状,这就是带状切屑。当切削塑性较大的金属材料如碳素钢、合金钢、铜和铝合金或刀具前角较大,切削速度较高时,经常出现这类切屑。

2)挤裂切屑

挤裂切屑又称节状切屑。在切屑形成过程中,如变形较大其剪切面上局部所受到的剪应力达到材料的强度极限时,则剪切面上的局部材料就会破裂成节状,但与前刀面接触的一面常互相连接因而未被折断,这就是挤裂切屑。工件材料塑性越差或用较大进给量低速切削钢材时,较易得到这类切屑。

3)粒状切屑

粒状切屑又称单元切屑。在切屑形成过程中,如其整个剪切面上所受到的剪应力均超过材料的破裂强度时,则切屑就成为粒状切屑,形状似梯形。

4)崩碎切屑

切削铸铁、黄铜等脆性材料时,切削层几乎不经过塑性变形阶段就产生崩裂,得到的切屑呈现不规则的粒状,工件加工后的表面也极为粗糙。

前 3 种切屑是切削塑性金属时得到的,形成带状切屑时切削过程最平稳,切削力波动较小,已加工表面粗糙度较小,但带状切屑不易折断,常缠在工件上,损坏已加工表面,影响生产,甚至伤人。因此要采取断屑措施,例如,在前刀面上磨出卷屑槽等。形成粒状切屑时,切削力波动最大。在生产中一般常见的是带状切屑,当进给量增大,切削速度降低,则可由带状切屑转化为挤裂切屑。在形成挤裂切屑的情况下,如果进一步减小前角或加大进给量降低切削速度,就可得到粒状切屑;反之,如果加大前角,减小进给量,提高切削速度,变形较小则可得到带状切屑,这说明切屑的形态是可以随切削条件而转化的。

5.5.3　第Ⅱ变形区

被切削层金属经过终滑移线 OM 形成切屑沿前刀面流出时,切屑底层仍受到刀具的挤压和接触面之间强烈的摩擦,继续以剪切滑移为主的方式变形,其切屑底层的变形程度比切屑上层剧烈,从而使切屑底层晶粒弯曲拉长,在摩擦阻力的作用下,这部分切屑流动速度减慢,称为滞流层。

在切削速度不高而又能形成连续性切屑的情况下,加工一般钢料或其他塑性材料时,常常在刀具前刀面切削处黏着一块剖面呈三角状的硬块,如图 5.17 所示,这块冷焊在前刀面上的金属就称为积屑瘤。积屑瘤的硬度很高,通常是工件材料的 2~3 倍,当它处于比较稳定的状态时,能够代替切削刃进行切削起到了保护刀具的作用,而且增大了实际前角,可减少切屑变形和切削力,但是会引起过量切削(图中的 Δh_D),降低了加工精度,当积屑瘤脱落时,其残片会黏附在已加工表面上恶化表面粗糙度,如果残片黏附在切屑底层会划伤刀具表面,因此,在粗加工时可利用积屑瘤的有利之处,精加工时应避免产生积屑瘤。

积屑瘤形成的原因是在温度达到一定时,当切屑底层材料中剪应力超过材料的剪切屈服强度,滞流层中流动速度为零的切削层就被剪切断裂黏结在前刀面上,由于黏结作用,使得切屑底层的晶粒纤维化程度很高,几乎和前刀面平行,由于这层金属因经受了强烈的剪切滑移作用,产生加工硬化,因此它能代替切削刃继续剪切较软的金属层,这样依次逐层堆积,高度逐渐增大就形成了积屑瘤。长高的积屑瘤在外力或震动作用下会发生局部破裂和脱落,继而重复生长与脱落。

影响积屑瘤产生的主要因素是工件材料和切削速度。工件材料塑性越好,越易生成积屑瘤;实践证明,切削速度很高或很低时,很少生成积屑瘤,在某一速度范围内,积屑瘤容易生成,图 5.18 是切削速度与积屑瘤高度 H_b 的关系曲线。此外增大刀具前角、改善前刀面的表面粗糙度、使用合适的切削液,都可减少或避免积屑瘤生成。

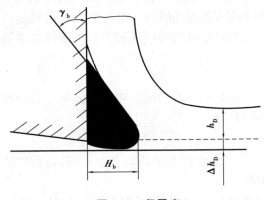

图 5.17　积屑瘤

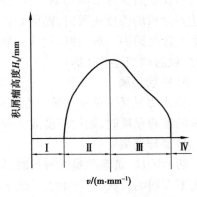

图 5.18　积屑瘤高度与切削速度关系

5.5.4　第Ⅲ变形区

第Ⅲ变形区在刀具后刀面和已加工表面接触的区域上,是已加工表面受到后刀面的挤压和摩擦作用后形成的变形区。由于刀具钝圆半径的存在,在已加工表面形成过程中出了挤压和摩擦使表面层产生变形之外,表面层还受到切削热的作用,这些都将影响已加工表面的质量。

这 3 个变形区域汇集在切削刃附近,相互影响和相互关联,称为切削区域。切削过程中产生的各种现象均与这 3 个区域的变形有关。

5.6　切削力

金属切削时,刀具切入工件使被切金属层发生变形成为切屑所需要的力称为切削力。研究切削力对刀具、机床、夹具的设计和使用都具有很重要的意义。

5.6.1　切削力的来源、合力及其分力

金属切削时,力来源于两个方面:其一是克服在切屑形成过程中工件材料对弹性变形和塑性变形的变形抗力;其二是克服切屑与前刀面和后刀面的摩擦阻力。变形力和摩擦力形成了作用在刀具上的合力 F。因此,为了便于测量、计算和反映实际作用的需要,常将合力 F 分解为互相垂直的 F_c、F_f 和 F_p 3 个分力,如图 5.19 所示。

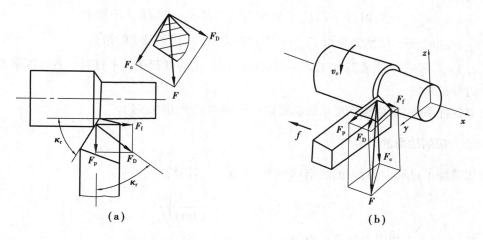

图 5.19　切削合力及其分力

1)主切削力 F_c(主切削力 F_z)

在主运动方向上的分力,其切于加工表面,并与基面垂直。F_c 用于计算刀具强度,设计机床零件,确定机床功率等。

2)进给力 F_f(进给抗力 F_x)

在进给运动方向上的分力,它处于基面内与进给方向相反。F_f 用于设计机床进给机构和

确定进给功率等。

3) 背向力 F_p（切深抗力 F_y）

在垂直于工作平面上的分力，它处于基面内并垂直于进给方向。F_p 用来计算工艺系统刚度等。它也是使工件在切削过程中产生震动的力。

由图 5.19 可知，进给力 F_f 和背向力 F_p 的合力 F_D 作用在基面上且垂直于主切削刃。

F、F_D、F_f、F_p 之间的关系为

$$F = \sqrt{F_c^2 + F_p^2} = \sqrt{F_c^2 + F_f^2 + F_p^2}$$

$$F_f = F_D \sin \kappa_r \qquad F_p = F_D \cos \kappa_r$$

5.6.2 切削力的计算

为了计算切削力，人们进行了大量的试验和研究。但所得到的一些理论公式还是不能比较精确地进行切削力的计算。因此，目前生产实际中采用的计算公式都是通过大量的试验经数据处理后而得到的经验公式。

切削力的经验公式应用比较广泛，其形式如下所述：

$$F_c = C_{F_c} \cdot a_p\, x_{F_c} \cdot f\, y_{F_c} \cdot v_c\, n_{F_c} \cdot \kappa_{F_c}$$

$$F_p = C_{F_p} \cdot a_p\, x_{F_p} \cdot f\, y_{F_p} \cdot v_c\, n_{F_p} \cdot \kappa_{F_p}$$

$$F_f = C_{F_f} \cdot a_p\, x_{F_f} \cdot f\, y_{F_f} \cdot v_c\, n_{F_f} \cdot \kappa_{F_f}$$

式中 C_{F_c}、C_{F_f}、C_{F_p}——取决于工件材料和切削条件的系数；

x_{F_c}、y_{F_c}、n_{F_c}——切削力分力 F_c 公式中背吃刀量 a_p、进给量 f 的指数；

x_{F_p}、y_{F_p}、n_{F_p}——切削力分力 F_p 公式中背吃刀量 a_p、进给量 f 的指数；

x_{F_f}、y_{F_f}、n_{F_f}——切削力分力 F_f 公式中背吃刀量 a_p、进给量 f 的指数；

κ_{F_c}、κ_{F_f}、κ_{F_p}——当实际加工条件与求得经验公式的试验条件不符时。各种因素对各切削分力的修正系数。

式中各种系数、指数和修正系数都可以在切削用量手册中查到。

5.6.3 切削功率的计算

在切削加工过程中，所需的切削功率 P_c 可按下式计算：

$$P_c = 10^3 \left(F_c \cdot v_c + \frac{F_f \cdot v_f}{1\,000} \right)$$

式中 F_c、F_f——主切削力和进给力，N；

v_c——切削速度，m/s；

v_f——进给速度，mm/s；

一般情况下，F_f 小于 F_c，且 F_f 方向的速度很小，因此，F_f 所消耗的功率远小于 F_c，可以忽略不计。切削功率计算式可简化为

$$P_c = 10^3 \cdot F_c \cdot v_c$$

根据上式求出切削功率，可按下式计算机床电动机功率 P_E 为

$$P_{\mathrm{E}} = \frac{P_{\mathrm{c}}}{\eta_{\mathrm{c}}}$$

式中　η_{c}——机床传动效率,一般取 $\eta_{\mathrm{c}} = 0.75 \sim 0.85$。

5.6.4　影响切削力的主要因素

1) 工件材料

工件材料的强度、硬度越高,剪切屈服强度 τ_{s} 就越高,切削时产生的切削力越大。如加工 60 钢的切削力 F_{c} 比 45 钢增大 4%,加工 35 钢的切削力 F_{c} 比 45 钢减小 13%。

工件材料的塑性、冲击韧度越高,切削变形越大,切屑与刀具间摩擦增加,则切削力越大。例如,不锈钢 1Cr18Ni9Ti 的延伸率是 45 钢的 4 倍,故切削时变形大,切屑不易折断,加工硬化严重,产生的切削力比 45 钢增大 25%。加工脆性材料时,因塑性变形小,切屑与刀具间摩擦小,切削力较小。

2) 刀具几何参数

前角 γ_{o} 增大,切削变形减小,故切削力减小。主偏角对切削力 F_{c} 的影响较小,而对进给力 F_{f} 和背向力 F_{p} 影响较大,由图 5.20 可知,当主偏角增大时,F_{f} 增大,F_{p} 减小。

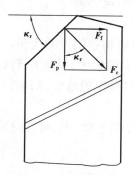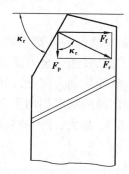

图 5.20　主偏角对 F_{f} 和 F_{p} 的影响

实践证明,刃倾角 λ_{s} 在很大范围($-40° \sim +40°$)内变化时,对 F_{c} 没有什么影响,但 λ_{s} 增大时,F_{f} 增大,F_{p} 减小。

3) 切削用量

切削用量对切削力的影响较大,背吃刀量和进给量增加时,使切削面积 AD 成正比增加,变形抗力和摩擦力加大,因而切削力随之增大,当背吃刀量增大一倍时,切削力近似成正比增加,因此切削力经验公式中 a_{p} 的指数 $X_{F_{z}}$ 近似等于 1。进给量 f 增大一倍时,切削面积 A_{c} 也成正比增加,但变形程度减小,使切削层单位面积切削力减小,因而切削力只增大 70% ~ 80%。故在切削力经验公式中,f 的指数小于 1。

切削塑性材料时,切削速度对切削力的影响分为有积屑瘤阶段和无积屑瘤阶段两种情况。如图 5.21 所示,在低速范围内,随着切削速度的增加,积屑瘤逐渐长大,刀具实际前角增大,使切削力逐渐减小。在中速范围内,积屑瘤逐渐减小并消失,使切削逐渐增至最大。在高速阶段,由于切削温度升高,摩擦力逐渐减小,使切削力得到稳定降低。

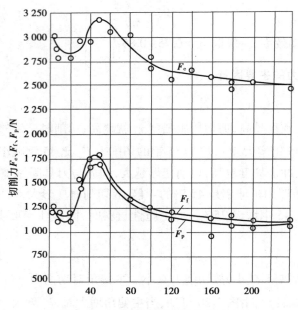

图 5.21　切削速度对切削力的影响

4)其他因素

刀具材料与工件材料之间的摩擦系数 μ 会直接影响切削力的大小。一般按立方碳化棚刀具、陶瓷刀具、涂层刀具、硬质合金刀具、高速钢刀具的顺序,切削力依次增大。

切削液有润滑作用,使切削力降低。切削液的润滑作用越好,切削力的降低越显著。在较低的切削速度下,切削液的润滑作用更为突出。

刀具后刀面磨损带 V_B 越大,摩擦越强烈,切削力也越大。V_B 对背向力的影响最为显著。

5.7　切削热和切削温度

切削热是切削过程的重要物理现象之一。切削温度影响工件材料的性能、前刀面上的摩擦系数和切削力的大小;影响刀具磨损和刀具寿命;影响积屑瘤的产生和加工表面质量;也影响工艺系统的热变形和加工精度。因此,研究切削热和切削温度具有重要的实际意义。

5.7.1　切削热的产生和传出

切削过程中所消耗的能量有 98%～99% 转换为热能,因此,可近似地认为单位时间内所产生的切削热为

$$Q = F_c \cdot v_c$$

式中　Q——单位时间内产生的切削热,J/s。

切削区域产生的切削热,在切削过程中分别由切屑、工件、刀具和周围介质向外传导出去,例如,在空气冷却条件下车削时,切削热 50%～86% 由切屑带走,40%～10% 传入工件,9%～3% 传入刀具,1%左右通过辐射传入空气。

切削温度是指前刀面与切屑接触区内的平均温度,它是由切削热的产生与传出的平衡条件所决定的。产生的切削热越多,传出的越慢,切削温度越高;反之,切削温度就越低。凡是增大切削力和切削功率的因素都会使切削温度上升。而有利于切削热传出的因素都会降低切削温度。

5.7.2　切削温度的分布

在切削过程中,切屑、刀具和工件上不同部位的切削温度分布是不均匀的,如图 5.22 所示。在前刀面和后刀面上,最高温度点都不在切削刃上,而是在离切削刃有一定距离的地方。这是摩擦热沿前刀面不断增加的缘故。在靠近前刀面的切屑底层上,温度变化很大,说明前刀面上的摩擦热集中在切屑底层。在已加工表面上,较高温度仅存在切削刃附近的一个很小的范围,说明温度的升降是在极短的时间内完成的。

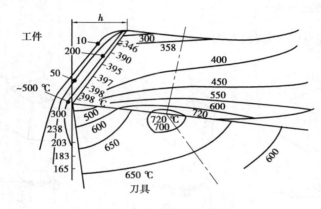

图 5.22　切削温度分布图

5.7.3　影响切削温度的主要因素

1) 工件材料

工件材料的强度、硬度越高,切削时消耗的功就越多,产生的切削热也越多,切削温度就越高。工件材料的热导率越大,通过切屑和工件传出的热量就越多,切削温度下降就越快。

2) 刀具几何参数

前角增大,切削层变形小,产生的热量少,切削温度降低;但过大的前角会减少散热体积,当前角大于 20~25 ℃时,前角对切削温度的影响减少。主偏角减小,使切削宽度增大,散热面积增加,切削温度下降。

3) 切削用量

对切削温度影响最大的切削用量是切削速度,其次是进给量,而背吃刀量的影响最小,这是因为当切削速度 v_c 增加时,单位时间内参与变形的金属量增加而使消耗的功率增大,提高了切削温度;当 f 增加时,切屑变厚,由切屑带走的热量增多,故切削温度上升不甚明显;当 a_p 增加时,产生的热量和散热面积同时增大,故对切削温度的影响也小。通过实验可得出切削温度经验公式。

4) 其他因素

刀具后刀面磨损量增大时,加剧了刀具与工件间的摩擦,使切削温度升高,切削速度越高,刀具磨损对切削温度的影响就越显著。

切削时,使用切削液对降低切削温度、减少刀具磨损和提高已加工表面质量有明显的效果。切削液的润滑作用可以减少摩擦,减小切削热的产生。

5.8　刀具磨损和刀具寿命

进行金属切削加工时,刀具一方面将切屑切离工件,另一方面自身也要发生磨损或破损。磨损是连续的、逐渐的发展过程;而破损一般是随机的、突发的破坏(包括脆性破损和塑性破损)。这里仅分析刀具的磨损。

5.8.1　刀具的磨损形式

刀具的磨损形式有以下 3 种,如图 5.23 所示。

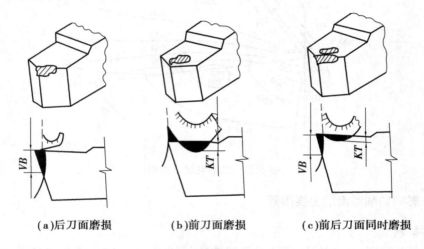

（a）后刀面磨损　　　　（b）前刀面磨损　　　　（c）前后刀面同时磨损

图 5.23　刀具磨损形式

1)前刀面磨损

切削塑性材料时,如果切削速度和切削厚度较大,刀具前刀面上会形成月牙洼磨损。它是以切削温度最高点的位置为中心开始发生,然后逐渐向前向后扩展,深度不断增加。当月牙洼发展到其前缘与切削刃之间的棱边变得很窄时,切削刃强度降低,容易导致切削刃破损。前刀面月牙洼磨损值以其最大深度 KT 表示。

2)后刀面磨损

后刀面与工件表面实际上接触面积很小,因此接触压力很大,存在着弹性和塑性变形,因而磨损就发生在这个接触面上。在切铸铁和以较小的切削厚度切削塑性材料时,主要也是发生这种磨损。后刀面磨损带宽度往往是不均匀的,可划分为 3 个区域,如图 5.24 所示。

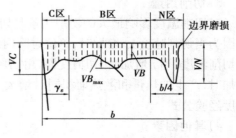

图 5.24　后刀面磨损情况

（1）C 区刀尖磨损

强度较低，散热条件差，磨损较严重，其最大值为 VC。

（2）N 区边界磨损

切削钢料时主切削刃靠近工件待加工表面处的后刀面（N 区）上，磨成较深的沟，以 VN 表示。这主要是工件在边界处的加工硬化层和刀具在边界处的较大应力梯度和温度梯度所致。

（3）B 区中间磨损

在后刀面磨损带的中间部位磨损比较均匀，其平均宽度以 VB 表示，而其最大宽度以 VB_{max} 表示。

3）前后刀面同时磨损

在常规条件下，加工塑性金属常常出现图 5.23 所示的前后刀面同时的磨损情况。

5.8.2　刀具磨损的原因

刀具磨损不同于一般的机械零件的磨损，因为与刀具表面接触的切屑底面是活性很高的新鲜表面，刀面上的接触压力很大（可达 $2\sim3$ GPa）接触温度很高（如硬质合金加工钢，可达 $800\sim1\,000$ ℃以上），因此刀具磨损存在着机械的、热的和化学的作用，既有工件材料硬质的刻划作用而引起的磨损，也有黏结、扩散、氧化等引起的磨损。

1）磨料磨损

磨料磨损是由于工件材料中的杂质、材料基体组织中的碳化物、氮化物、氧化物等硬质点对刀具表面的刻划作用而引起的机械磨损。

2）黏结磨损

在切削过程中，当刀具与工件材料的摩擦面上具备高温、高压和新鲜表面的条件，接触面达到原子间距离时，就会产生吸附黏结现象，又称为冷焊。各种刀具材料都会发生黏结磨损，磨损的程度主要取决于工件材料与刀具材料的亲和力和硬度比，切削温度、压力及润滑条件等。黏结磨损是硬质合金刀具在中等偏低切削速度时磨损的主要原因。

3）扩散磨损

当切削温度很高时，刀具与工件材料中的某些化学元素能在固体下互相扩散，使两者的化学成分发生变化，削弱了刀具材料的性能，加速磨损进程。扩散磨损是硬质合金刀具在高温（$800\sim1\,000$ ℃）下切削产生磨损的主要原因之一。一般从 800 ℃开始，硬质合金中的 Co、C、W 等元素会扩散到切屑中而被带走，同时切屑中的 Fe 也会扩散到硬质合金中，使刀面的硬度和强度下降，脆性增加，磨损加剧。不同元素的扩散速度不同，例如，Ti 的扩散速度比 C、Co、W 等元素低得多，故 YT 类硬质合金抗扩散能力比 YG 类强。

4）氧化磨损

当切削温度为 $700\sim800$ ℃时，空气中的氧与硬质合金中的钴、碳化钨、碳化钛等发生氧化作用生成疏松脆弱的氧化物。这些氧化物容易被切屑和工件擦走，加速了刀具磨损。

5.8.3　刀具的磨损过程及磨钝标准

1) 刀具的磨损过程

如图 5.25 所示,刀具的磨损过程可分为 3 个阶段:

(1)初期磨损阶段

这一阶段的磨损速度较快,因为新刃磨的刀具表面较粗糙,并存在显微裂纹、氧化或脱碳等缺陷,而且切削刃较锋利,后刀面与加工表面接触面积较小,压应力较大,所以容易磨损。

(2)正常磨损阶段

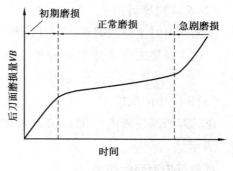

图 5.25　刀具的磨损过程

经过初期磨损后,刀具粗糙表面已经磨平,缺陷减少,刀具后刀面与加工表面接触面积变大,压强减小,进入比较缓慢的正常磨损阶段。后刀面的磨损量与切削时间近似地成比例增加。正常切削时,这个阶段时间较长,是刀具的有效工作时期。

(3)急剧磨损阶段

当刀具的磨损带达到一定程度后,刀面与工件摩擦过大,导致切削力与切削温度均迅速增高。磨损速度急剧增加。生产中为了合理使用刀具,保证加工质量,应在发生急剧磨损之前就及时换刀。

2) 刀具的磨钝标准

刀具磨损到一定限度后就不能继续使用。这个磨损限度称为磨钝标准。由于多数切削情况下均可能出现后刀面的均匀磨损量,此外,VB 值比较容易测量和控制,因此常用 VB 值来研究磨损过程,作为衡量刀具的磨钝标准。ISO 标准统一规定以 1/2 背吃刀量处的后刀面上测定的磨损带宽度 VB 作为刀具的磨钝标准。自动化生产中的精加工刀具,常以沿工件径向的刀具磨损尺寸作为刀具的磨钝标准,称为径向磨损量 NB。

在国家标准 GB/T 16461—1996 中规定高速钢刀具、硬质合金刀具的磨钝标准见表 5.2。

表 5.2　高速钢刀具、硬质合金刀具的磨钝标准

工件材料	加工性质	磨钝标准 VB/mm	
		高速钢	硬质合金
碳钢、合金钢	粗车	1.5~2.0	1.0~1.4
	精车	1.0	0.4~0.6
灰铸铁、可断铸铁	粗车	2.0~3.0	0.8~1.0
	半精车	1.5~2.0	0.6~0.8
耐热钢、不锈钢	粗车、精车	1.0	1.0

5.8.4　刀具寿命

在生产实际中,为了更加方便、快速、准确地判断刀具的磨损情况,一般以刀具寿命来间接地反映刀具的磨钝标准。刀具寿命 T 的定义为:刀具由刃磨后开始切削,一直到磨损量达到刀具的磨钝标准所经过的总切削时间。

刀具寿命反映了刀具磨损的快慢程度。刀具寿命长表明刀具磨损速度慢;反之,表明刀具磨损速度快。影响切削温度和刀具磨损的因素都同样影响刀具寿命。切削用量对刀具寿命的影响较为明显,通过切削实验,可以得出 v_c、f、a_p 对刀具寿命 T 的影响关系式为

$$T = \frac{C_T}{v_c^X \cdot f^Y \cdot a_p^Z}$$

用 YT5 硬质合金车刀切削 $\sigma_b = 0.637$ GPa($f > 0.7$ mm/r)的碳钢时,切削用量与刀具寿命的关系为

$$T = \frac{C_T}{v_c^5 \cdot f^{2.25} \cdot a_p^{0.75}}$$

由上式可知,切削速度对刀具寿命的影响最大,进给量次之,背吃刀量最小。这与三者对切削温度的影响顺序完全一致。反映出切削温度对刀具寿命有着重要的影响。

刀具寿命是一个具有多种用途的重要参数,如用来确定换刀时间;衡量工件材料切削加工性和刀具材料切削性能的优劣;判定刀具几何参数及切削用量的选择是否合理等,都可用它来表示和说明。

5.9　工件材料的切削加工性

工件材料的切削加工性是指将其加工成合格零件的难易程度。某种材料切削加工的难易,不仅取决于材料本身,还取决于具体的加工要求及切削条件。

加工要求和生产条件不同,评定材料切削加工性的指标也不相同。常用的评定指标有下面几种。

1) 刀具寿命指标

在相同的切削条件下,使刀具寿命高的工件材料,其切削加工性好。或者在一定刀具寿命(T)下,所允许的最大切削速度(v_T)高的工件材料,其切削加工性就好。由于材料的切削加工性概念具有相对性,因此常以抗拉强度 $\sigma_b = 0.637$ GPa 的 45 钢的 v_{60} 作为基准,写作(v_{60})$_j$,而把其他被切削材料的 v_{60} 与之相比,可得到该材料的相对切削加工性 κ_r,即

$$\kappa_r = \frac{v_{60}}{(v_{60})_j}$$

凡是 $\kappa_r > 1$ 的材料,比 45 钢容易切削;凡是 $\kappa_r < 1$ 的材料,比 45 钢难切削。常用金属材料的相对加工性及等级见表 5.3。

223

表 5.3　工件材料的相对切削加工性及等级

加工性等级	名称及种类		相对加工性 κ_r	代表性材料
1	很容易切削材料	一般有色金属	>3.0	5-5-5 铜铅合金、铜铝合金、铝镁合金
2	容易切削易削钢	易削钢	2.5~3.0	退火 1.5Cr $\sigma_b = 0.372\sim0.441$ GPa 自动机钢 $\sigma_b = 0.392\sim0.490$ GPa
3		较易削钢	1.6~2.5	正火 30 钢 $\sigma_b = 0.441\sim0.549$ GPa
4	普通材料	一般钢及铸铁	1.0~1.6	45 钢、灰铸铁、结构钢
5		稍难切削材料	0.65~1.0	2Cr13 调质 $\sigma_b = 0.8288$ GPa 85 钢轧制 $\sigma_b = 0.8829$ GPa
6	难切削材料	较难切削材料	0.5~0.65	45Cr 调质 $\sigma_b = 1.03$ GPa 60Mn 调质 $\sigma_b = 0.9319\sim0.981$ GPa
7		难切削材料	0.15~0.5	50CrV 调质，1Cr18Ni9Ti 未淬火 α 相钛合金
8		很难切削材料	<0.15	β 相铁合金，镍基高温合金

2) 已加工表面质量指标

以常用材料是否容易保证得到所要求的已加工表面质量,作为评定材料切削加工性的指标。一般精加工的零件可用表面粗糙度值来评定材料的切削加工性的指标。一般精加工的零件可用表面粗糙度值来评定材料的切削加工性。对某些有特殊要求的零件,在评定材料切削加工性时,不仅用表面粗糙度值指标还要用表面层材质的变化指标来全面评定。

3) 切削力或切削温度指标

在相同的切削条件下,凡使切削力加大、切削温度增高的工件材料,其切削加工性就差;反之,其切削加工性就好,在粗加工或机床动力不足时,常以此指标来评定材料的切削加工性。

4) 切屑控制性能指标

在自动机床或自动生产线上,常用切屑控制的难易程度来评定材料的切削加工性。凡切屑容易被控制或折断的材料,其切削加工性就好;反之则差。

一种工件材料很难在各个方面都能获得较好的切削加工性指标,只能根据需要选择一项或几项作为衡量其切削加工性的指标。在一般的生产中,常以保证一定的刀具寿命所允许的切削速度作为评定材料切削加工性的指标。

5.10　金属切削条件的选择

金属切削加工过程的效率、质量和经济性等问题,除了与机床设备的工作能力、操作者技术水平、工件的形状、生产批量、刀具的材料及工件材料的切削加工性有关外,还受到切削条件的影响和制约。这些切削条件包括几何参数和刀具的寿命,切削用量及切削过程的冷却润滑等。

5.10.1　刀具几何参数的选择

刀具的几何参数,对切削过程中的金属切削变形、切削力、切削温度、工件的加工质量及刀具的磨损都有显著的影响。选择合理的刀具几何参数,可使刀具潜在的切削能力得到充分发挥,降低生产成本,提高切削效率。

刀具几何参数包含切削刃的形状、切削区的剖面形式、刀面形式和刀具几何角度 4 个方面,这里主要讨论刀具几何角度的合理选择,即前角、后角、主偏角、副偏角、刃倾角及副后角的合理选择。

1)前角的选择

前角的大小将影响切削过程中的切削变形和切削力,同时也影响工件表面粗糙度和刀具的强度与寿命。增大刀具前角,可减小前刀面挤压被切削层的塑性变形,减小了切削力和表面粗糙度,但刀具前角增大,会降低切削刃和刀头的强度,刀头散热条件变差,切削时刀头容易崩刃,因此,合理前角的选择既要切削刃锐利,又要有一定的强度和一定的散热体积。

对不同材料的工件,在切削时用的前角不同,切削钢的合理前角比切削铸铁大,切削中硬钢的合理前角比切削软钢小。

对于不同的刀具材料,由于硬质合金的抗弯强度较低,抗冲击韧度差,因此合理前角也就小于高速钢刀具的合理前角。

粗加工、断续切削或切削特硬材料时,为保证切削刃强度,应取较小的前角,甚至负前角。表 5.4 为硬质合金车刀合理前角的参考值,高速钢车刀的前角一般比表中大 5°～10°。

表 5.4　硬质合金车刀合理前角的参考值

工件材料种类	合理前角的参考范围	
	粗车	精车
低碳钢	20～25	25～30
中碳钢	10～15	15～20
合金钢	10～15	15～20
淬火钢	−15 ～ −5	
不锈钢	15～20	20～25
灰铸铁	10～15	5～10
铜或铜合金	10～15	5～10
铝或铝合金	30～35	35～40
钛合金	5～10	

2)后角、副后角的选择

后角的大小将影响刀具后刀面与已加工表面之间的摩擦。后角增大可减小后刀面与加工表面之间的摩擦,后角越大,切削刃越锋利,但是切削刃和刀头的强度削弱,散热体积减小。

粗加工、强力切削及承受冲击载荷的刀具,为增加刀具强度,后角应取小些;精加工时,增大后角可提高刀具寿命和加工表面的质量。

工件材料的硬度与强度高,取较小的后角,以保证刀头强度;工件材料的硬度与强度低,塑性大,易产生加工硬化,为了防止刀具后刀面磨损,后角应适当加大。加工脆性材料时,切削力集中在刃口附近,宜取较小的后角。若采用负前角时,应取较大的后角,以保证切削刃锋利。

尺寸刀具精度高,取较小的后角,以防止重磨后刀具尺寸的变化。

为了制造、刃磨的方便,一般刀具的副后角等于后角。但切断刀、车槽刀、锯片铣刀的副后角,受刀头强度的限制,只能取很小的数值,通常取 1°30′ 左右。表 5.5 为硬质合金车刀合理后角的参考值。

表 5.5 硬质合金车刀合理后角的参考值

工件材料种类	合理后角的参考范围	
	粗车	精车
低碳钢	8~10	10~12
中碳钢	5~7	6~8
合金钢	5~7	6~8
淬火钢	8~10	
不锈钢	6~8	8~10
灰铸铁	4~6	6~8
铜或铜合金	6~8	6~8
铝或铝合金	8~10	10~12
钛合金	10~15	

3) 主偏角、副偏角的选择

主偏角和副偏角越小,刀头的强度发越高,散热面积就越大,刀具寿命就越长。此外,主偏角和副偏角小时,工件加工后的表面粗糙度小;但是,主偏角和副偏角减小时,会加大切削过程中的背向力,容易引起工艺系统的弹性变形和震动。

主偏角的选择原则与参考值如下所述:

工艺系统的刚度较好时,主偏角可取小值,如 $\kappa_r = 30° \sim 45°$,在加工高强度、高硬度的工件材料时,可取 $\kappa_r = 10° \sim 30°$,以增加刀头的强度。当工艺系统的刚度较差或强力切削时,一般取 $\kappa_r = 60° \sim 75°$。车削细长轴时,为减小背向力,取 $\kappa_r = 90° \sim 93°$。在选择主偏角时,还要视工件形状及加工条件而定,如车削阶梯轴时,可取 $\kappa_r = 90°$,用一把车刀车削外圆、端面和倒角时,可取 $\kappa_r = 45° \sim 60°$。

副偏角的选择原则与参考值如下所述:

主要根据工件已加工表面的粗糙度要求和刀具强度来选择,在不引起震动的情况下,尽量取小值。精加工时,取 $\kappa_r' = 5° \sim 10°$;粗加工时,取 $\kappa_r' = 10° \sim 15°$。当工艺系统刚度较差或从工件中间切入时,可取 $\kappa_r' = 30° \sim 45°$。在精车时,可在副切削刃上磨出一段 $\kappa_r' = 0°$,长度为 $(1.2 \sim 1.5)f$ 的修光刃,以减小已加工表面的粗糙度值。

切断刀,锯片铣刀和槽铣刀等,为了保持刀具强度和重磨后宽度变化较小,副偏角宜取

1°30′。

　　4）刃倾角的选择

　　刃倾角的正负要影响切屑的排出方向。如图 5.26 所示。精车和半精车时刃倾角宜选用正值，使切屑流向待加工表面，防止划伤已加工表面。加工钢和铸铁，粗车时取负刃倾角 −5°~0°；车削淬硬钢时，取 −15°~−5°，使刀头强固，切削时刀尖可避免受到冲击，散热条件好，提高了刀具寿命。

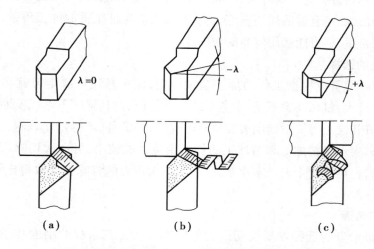

图 5.26　刃倾角的正负对切屑的排出方向的影响

　　增大刃倾角的绝对值，使切削刃变得锋利，可切下很薄的金属层。如微量精车、精刨时，刃倾角可取 45°~75°。大刃倾角刀具，使切削刃加长，切削平稳，排屑顺利，生产效率高，加工表面质量好。但工艺系统刚性差，切削时不宜选用负刃倾角。

5.10.2　刀具寿命的选择

　　刀具寿命对切削加工的生产率和生产成本有较大的影响。如果将刀具寿命度定得过高，必然要降低切削用量，使机加工时间增加，生产率降低，成本提高；如果将刀具寿命定得过低，虽然可采用较大的切削用量，但会增加换刀和磨刀的次数与时间，辅助时间延长，同样会降低生产率，增加成本。因此，应根据具体的生产条件制定出合理的刀具寿命。

　　确定合理的刀具寿命的方法有以下 3 种情况：

　　①根据单件平均生产时间最短的指标计算出来的最大生产率刀具寿命。

　　②根据单件平均加工成本最低的指标计算出来的最低成本刀具寿命。

　　③根据平均利润率最大的指标计算出来的最大利润刀具寿命。

　　在选择刀具耐用度时，通常依据具体情况下的产品销路情况来考虑。在产品销路不畅时或在产品初创阶段，宜采用最低成本寿命，以利于市场竞争。在产品销路畅通甚至供不应求时，宜采用最大利润寿命。在产品急需的情况下，宜采用最大生产率寿命。

　　在具体制定刀具寿命时，应注意到对于制造和刃磨都比较简单，且成本不高的刀具，寿命可定得低一些；反之，则应定得高一些。对于装卡和调整比较复杂的刀具，寿命应定得高些。切削大型工件时，为避免在切削过程中途换刀，刀具寿命应定得高些。

5.10.3　切削用量的选择

合理地选择切削用量,能够保证工件加工质量,提高切削效率,延长刀具使用寿命和降低加工成本。

根据不同加工性质对切削加工的要求,切削用量会选得不一样。粗加工时,应尽量保证较高的金属切除率和必要的刀具寿命,一般优先选择大的背吃刀量,其次选择较大的进给量,最后根据刀具寿命,确定合适的切削速度。精加工时,应保证工件的加工质量,一般选用较小的进给量和背吃刀量,尽可能选用较高的切削速度。

1) 背吃刀量的选择

粗加工的背吃刀量应根据工件的加工余量确定,应尽量用一次走刀就切除全部加工余量。当加工余量过大、机床功率不足、工艺系统刚度较低、刀具强度不够以及断续切削或冲击震动较大时,可分几次走刀。对切削表面层有硬皮的铸、锻件,应尽量使背吃刀量大于硬皮层的厚度,以保护刀尖。半精加工和精加工的加工余量一般较小,可一次切除。有时为了保证工件的加工质量,也可二次走刀。多次走刀时,第一次走刀的背吃刀量取得比较大,一般为总加工余量的 2/3~3/4。

2) 进给量的选择

粗加工时,进给量的选择主要受切削力的限制。在工艺系统的刚度和强度良好的情况下,可选用较大的进给量值。半精加工和精加工时,由于进给量对工件的已加工表面粗糙度值影响很大,进给量一般取得较小。通常按照工件加工表面粗糙度值的要求,根据工件材料、刀尖圆弧半径、切削速度等条件来选择合理的进给量。当切削速度提高,刀尖圆弧半径增大或刀具磨有修光刃时,可选择较大的进给量,以提高生产率。粗车时进给量的参考值和精车时进给量的参考值都可在切削用量手册中查到。

3) 切削速度的选择

在背吃刀量和进给量选定以后,可在保证刀具合理寿命的条件下,确定合适的切削速度。粗加工时,背吃刀量和进给量都较大,切削速度受刀具寿命和机床功率的限制,一般较低。精加工时,背吃刀量和进给量都取得较小,切削速度主要受工件加工质量和刀具寿命的限制,一般取得较高。选择切削速度时,还应考虑工件材料的切削加工性等因素。例如,加工合金钢、高锰钢、不锈钢、铸铁等的切削速度应比加工普通中碳钢的切削速度低 20%~30%,加工有色金属时,则应提高 1~3 倍。在断续切削和加工大件、细长件、薄壁件时,应选用较低的切削速度。切削速度的参考值可在切削用量手册中查到。

5.10.4　切削液的选择

1) 切削液的作用

切削液进入切削区,可改善切削条件,提高工件加工质量和切削效率。与切削液有相似功效的还有某些气体和固体,如压缩空气、二硫化铝和石墨等。切削液的主要作用如下所述:

(1)冷却作用

切削液能从切削区域带走大量切削热,从而降低切削温度。切削液的冷却性能的好坏,取决于它的导热系数、比热、汽化热、汽化速度、流量和流速等。

（2）润滑作用

切削液能渗入刀具与切屑和加工表面之间，形成一层润滑膜或化学吸附膜，以减小它们之间的摩擦。切削液润滑的效果主要取决于切削液的渗透能力、吸附成膜的能力和润滑膜的强度等。

（3）清洗作用

切削液大量的流动，可冲走切削区域和机床上的细碎切屑和脱落的磨粒。清洗性能的好坏，主要取决于切削液的流动性、使用压力和切削液的油性。

（4）防锈作用

在切削液中加入防锈剂，可在金属表面形成一层保护膜，对工件、机床、刀具和夹具等都能起到防锈作用。防锈作用的强弱，取决于切削液本身的成分和添加剂的作用。

2）切削液添加剂

为改善切削液的各种性能常在其中加入添加剂。常用的添加剂有以下几种。

（1）油性添加剂

此类添加剂含有极性分子，能在金属表面形成牢固的吸附膜，在较低的切削速度下起到较好的润滑作用。常用的油性添加剂有动物油、植物油、脂肪酸、胶类、醇类和脂类等。

（2）极压添加剂

此类添加剂是含有硫、磷、氯、碘等元素的有机化合物，在高温下与金属表面起化学反应，形成耐较高温度和压力的化学吸附膜，能防止金属界面直接接触，从而减小摩擦。

（3）表面活性剂

此类添加剂是使矿物油和水乳化，形成稳定乳化液的添加剂。表面活性剂是一种有机化合物，由可溶于水的极性基团和可溶于油的非极性基团组成，可定向地排列并吸附在油水两相界面上，极性端向水，非极性端向油，将水和油连接起来，使油以微小的颗粒稳定地分散在水中，形成乳化液。表面活性剂还能吸附在金属表面上，形成润滑膜，起油性添加剂的润滑作用。常用的表面活性剂有石油磺酸钠、油酸钠皂等。

（4）防锈添加剂

它是一种极性很强的化合物，与金属表面有很强的附着力，吸附在金属表面上形成保护膜，或与金属表面化合形成钝化膜起防锈作用。常用的防锈添加剂有碳酸钠、三乙醇胺、石油磺酸钡等。

3）常用切削液的种类与选用

（1）水溶液

水溶液的主要成分是水，其中加入了少量的有防锈和润滑作用的添加剂。水溶液的冷却效果良好，多用于普通磨削和其他精加工。

（2）乳化液

乳化液是将乳化油（由矿物油、表面活性剂和其他添加剂配成）用水稀释而成，用途广泛。低浓度的乳化液冷却效果较好，主要用于磨削、粗车、钻孔加工等。高浓度的乳化液润滑效果较好，主要用于精车、攻丝、铰孔、插齿加工等。

（3）切削油

切削油主要是矿物油（如机械油、轻柴油、煤油等），少数采用动植物油或复合油。普通车削、攻丝时，可选用机油。精加工有色金属或铸铁时，可选用煤油。加工螺纹时，可选用植物油。在矿物油中加入一定量的油性添加剂和极压添加剂，能提高其高温、高压下的润滑性能，可用于精铣、铰孔、攻丝及齿轮加工。

复习思考题

5.1　切削加工由哪些运动组成？它们各有什么作用？

5.2　用主偏角 $\kappa_r = 75°$ 车刀车削外圆，工件加工前直径为 74 mm，加工后直径为 66 mm，工件转速 $n = 220$ r/min，刀具每秒钟沿工件轴向移动 1.6 mm，试求进给量 f、背吃刀量 a_p、切削速度 v_c、切削厚度 h_D、切削宽度 b_D？

5.3　什么是积屑瘤？如何抑制积屑瘤生成？

5.4　切削有哪几种类型？各有哪些特点？

5.5　刀具材料应具备哪些性能特点？常用的刀具材料有哪几类？

5.6　影响切削温度的主要因素有哪些？

5.7　各切削分力对加工过程有何影响？

5.8　什么是刀具寿命？试分析 a_p、f、v_c 对它的影响。

5.9　何谓工件材料的切削加工性？它与哪些因素有关？

5.10　说明刀具前角和后角的大小对切削过程的影响。

5.11　切削用量三要素是什么？如何合理选择切削用量？

5.12　常用切削液有哪几种？各适用于什么场合？

第 **6** 章
机械零件表面加工

机械零件尽管种类繁多,其结构复杂程度不一,但其表面形状不外乎是几种基本形状的表面:平面、圆柱面、圆锥面以及各种成形面。当零件精度和表面质量要求较高时,需要在机床上使用切削刀具或磨具切除多余材料,以获取几何形状、尺寸精度和表面粗糙度都符合要求的零件,由于各种机械零件形状、尺寸和表面质量的不同,其切削加工方法和切削加工设备也就各不相同。本章仅就各种表面切削加工方法的基本原理、特点和应用范围以及所采用的加工设备分别介绍一些基础知识。

6.1 金属切削机床的基础知识

金属切削机床是用切削的方法将金属毛坯加工成机器零件的一种机器,人们习惯上称为机床。由于切削加工仍是机械制造过程中获取具有一定尺寸、形状和精度的零件的主要加工方法,所以机床是机械制造系统中最重要的组成部分,它为加工过程提供刀具与工件之间的相对位置和相对运动,为改变工件形状、质量提供能量。

6.1.1 机床的分类

目前金属切削机床的品种和规格繁多,为便于区别、使用和管理,需对机床进行分类。

根据国家标准《金属切削机床 型号编制方法》(GB/T 15375—2008),按加工性质和所用刀具的不同,机床可分为 11 大类:车床、钻床、镗床、磨床、齿轮加工机床、螺纹加工机床、铣床、刨插床、拉床、锯床和其他机床。

除了上述基本分类方法之外,根据机床的其他特征,还有其他分类方法。

按机床通用性程度的不同,可分为通用机床(或称万能机床)、专门化机床和专用机床 3 类。通用机床适用于单件小批量生产,加工范围较广,可加工多种零件的不同工序。例如,普通车床、卧式镗床、万能升降台铣床等;专门化机床用于大批量生产中,加工范围较窄,可加工不同尺寸的一类或几类零件的某一种(或几种)特定工序。例如,精密丝杠车床、曲轴轴颈车床等;专用机床通常应用于成批及大量生产中,这类机床是根据工艺要求专门设计制造的,专门用于加工某一种(或几种)零件的某一特定工序的。例如,加工车床导轨的专用磨床、加工车床主轴箱的专用镗床等。

在同一种机床中,按加工精度的不同,可分为普通精度级、精密级和高精度级机床。

按机床的质量和尺寸的不同,可分为:仪表机床、中型(一般)机床、大型机床(质量达10 t)、重型机床(质量 30 t 以上)、超重型机床(质量在 100 t 以上)。

按机床自动化程度的不同,可分为手动、机动、半自动和自动机床。

此外,机床还可按主要工作器官的数目进行分类,如单刀机床、多刀机床、单轴机床、多轴机床等。

目前,机床正在向数控化方向发展,而且其功能也在不断增加,除了数控加工功能外,还增加了自动换刀、自动装卸工件等功能。因此,也可按机床具有的数控功能分为一般数控机床、加工中心、柔性制造单元等。

随着新品种机床的不断出现,机床的分类也会越来越丰富。

6.1.2 机床型号的编制方法

机床型号是机床产品的代号,用以简明的表示机床的类型、通用和结构特性、主要技术参数等。《金属切削机床型号编制方法》(GB/T 15375—2008)的规定,我国的机床型号由汉语拼音字母和阿拉伯数字按一定规律组合而成,适用于各类通用机床和专用机床(组合机床除外)。

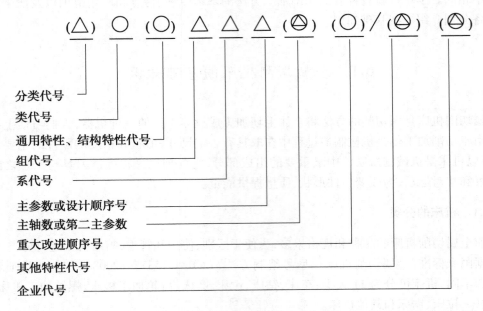

注:①"△"表示阿拉伯数字;②"○"表示大写汉语拼音字母;③"( )"表示可选项,无内容时,不表示,有内容时则不带括号;④"⬠"表示大写汉语拼音字母或阿拉伯数字或者两者兼有之。

1)通用机床型号的编制方法

(1)机床的类代号

用大写的汉语拼音字母表示,并按相应的汉字字意读音。当需要时,每类又可分为若干分类,分类代号用阿拉伯数字表示,放在类代号之前,但第一分类不予表示。机床的类代号、分类代号及其读音见表 6.1。

表 6.1　机床类代号和分类代号

类别	车床	钻床	镗床	磨床			齿轮加工机床	螺纹加工机床	铣床	刨插床	拉床	锯床	其他机床
代号	C	Z	T	M	2M	3M	Y	S	X	B	L	G	Q
读音	车	钻	镗	磨	二磨	三磨	牙	丝	铣	刨	拉	割	其

（2）机床的通用特性和结构特性代号

通用特性代号位于类代号之后，用大写汉语拼音字母表示。当某种类型机床除有普通型外，还有如表 6.2 所示的某种通用特性时，则在类代号之后加上相应特性代号。如"CK"表示数控车床；如果同时具有两种通用特性时，则可按重要程度排列，用两个代号表示，如"MBG"表示半自动高精度磨床。

对于主参数相同，而结构、性能不同的机床，在型号中用结构特性区分。结构特性代号在型号无统一含义，它只是在同类型机床中起区分结构、性能不同的作用。当机床具有通用特性代号时，结构特性代号位于通用特性代号之后，用大写汉语拼音字母表示。如 CA6140 中的"A"和 CY6140 中的"Y"，均为结构特性代号，它们分别表示为沈阳第一机床厂和云南机床厂生产的基本型号的卧式车床。为了避免混淆，通用特性代号已用的字母和"L""O"都不能作为结构特性代号使用。

表 6.2　机床通用特性代号

通用特性	高精度	精密	自动	半自动	数控	加工中心（自动换刀）	仿形	轻型	加重型	简式或经济型	柔性加工单元	数显	高速
代号	G	M	Z	B	K	H	F	Q	C	J	R	X	S
读音	高	密	自	半	控	换	仿	轻	重	简	柔	显	速

（3）机床的组别、系别代号

组、系代号用两位阿拉伯数字表示，前一位表示组别，后一位表示系别。每类机床按其结构性能及使用范围划分为用数字 0~9 表示的 10 个组。在同一组机床中，又按主参数相同、主要结构及布局形式相同划分为用数字 0~9 表示的 10 个系（组别、系别划分请查阅其他资料）。

（4）机床主参数、设计顺序号及第二主参数

机床主参数是表示机床规格大小的一种尺寸参数。在机床型号中，用阿拉伯数字给出主参数的折算值，位于机床组、系代号之后。折算系数一般是 1/10 或 1/100，也有少数是1。例如，CA6140 型卧式机床中主参数的折算值为 40（折算系数是 1/10），其主参数表示在床身导轨面上能车削工件的最大回转直径为 400 mm。各类主要机床的主参数及折算系数见表 6.3。

表 6.3 各类主要机床的主参数和折算系数

机床	主参数名称	折算系数
卧式车床	床身上最大回转直径	1/10
立式车床	最大车削直径	1/100
摇臂钻床	最大钻孔直径	1/1
卧式镗床	镗轴直径	1/10
坐标镗床	工作台面宽度	1/10
外圆磨床	最大磨削直径	1/10
内圆磨床	最大磨削孔径	1/10
矩台平面磨床	工作台面宽度	1/10
齿轮加工机床	最大工件直径	1/10
龙门铣床	工作台面宽度	1/100
升降台铣床	工作台面宽度	1/10
龙门刨床	最大刨削宽度	1/100
插床及牛头刨床	最大插削及刨削长度	1/10
拉床	额定拉力(t)	1/1

某些通用机床,当无法用一个主参数表示时,则用设计顺序号来表示。

第二主参数是对主参数的补充,如最大工件长度、最大跨距、工作台工作面长度等,第二主参数一般不予给出。

(5)机床的最大改进顺序号

当机床的性能及结构有重大改进,并按新产品重新设计、试制和鉴定时,在原机床型号尾部加重大改进顺序号,即汉语拼音字母 A、B、C……

(6)其他特性代号与企业代号

其他特性代号用以反映各类机床的特性,如对数控机床,可用来反映不同的数控系统;对于一般机床可用以反映同一型号机床的变型等。其他特性代号可用汉语拼音字母或阿拉伯数字或二者的组合来表示。企业代号与其他特性代号表示方法相同,位于机床型号尾部,用"－"与其他特性代号分开,读作"至"。若机床型号中无其他特性代号,仅有企业代号时,则不加"－",企业代号直接写在"/"后面。

根据通用机床型号编制方法,举例如下:

①MG1432A:表示高精度万能外圆磨床,最大磨削直径为 320 mm,经过第一次重大改进,无企业代号。

②Z3040×16/S2:表示摇臂钻床,最大钻孔直径为 40 mm,最大跨距为 1 600 mm,沈阳第二机床厂生产。

③CKM1116/NG:表示数控精密单轴纵切自动车床,最大车削棒料直径为 16 mm,宁江机床厂生产。

2）专用机床型号的编制方法

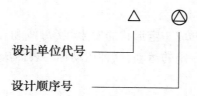

设计单位代号

设计顺序号

设计单位代号同通用机床型号中的企业代号,设计顺序号按各单位设计制造专用机床的先后顺序排列。例如,B1-015:表示北京第一机床厂设计制造的第 15 种专用机床。

6.1.3　零件表面的切削加工成形方法和机床的运动

1）零件表面的切削加工成形方法

在切削加工过程中,机床上的刀具和工件按一定的规律作相对运动,通过刀具对工件毛坯的切削作用,切除毛坯上多余金属,从而得到所要求的零件表面形状。机械零件的任何表面都可看成是一条线(称为母线)沿另一条线(称为导线)运动的轨迹。如图 6.1 所示,平面是由一条直线(母线)沿另一条直线(导线)运动而形成的;圆柱面和圆锥面是由一条直线(母线)沿着一个圆(导线)运动而形成的;普通螺纹的螺旋面是由"∧"形线(母线)沿螺旋线(导线)运动而形成的;直齿圆柱齿轮的渐开线齿廓表面是渐开线(母线)沿直线(导线)运动而形成的等。

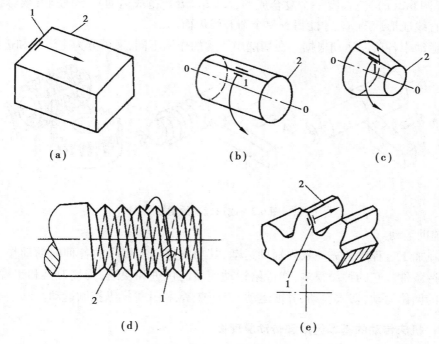

图 6.1　成形运动的组成

母线和导线统称为发生线。切削加工中发生线是由刀具的切削刃与工件间的相对运动得到的。一般情况下,由切削刃本身或与工件相对运动配合形成一条发生线(一般是母线),而另一条发生线则完全是由刀具和工件之间的相对运动得到的。这里,刀具和工件之间的相

235

对运动都是由机床来提供。

2）机床的运动

机床在加工过程中,必须形成一定形状的发生线(母线和导线),才能获取所需的工件表面形状。因此,机床必须完成一定的运动,这种运动称为表面成形运动。此外,还有多种辅助运动。

（1）表面成形运动

表面成形运动按其组成情况不同,可分为简单成形运动和复合成形运动两种。

如果一个独立的成形运动是单独的旋转运动或直线运动构成的,则此成形运动称为简单成形运动。例如,用车刀车削外圆柱面时(图 6.2(a))工件的旋转运动 B_1 产生圆导线,刀具纵向直线运动 A_2 产生直线母线,即加工出圆柱面。运动 B_1 和 A_2 是两个相互独立的表面成形运动,因此,用车刀车削外圆柱时属于简单成形运动。

如果一个独立的成形运动,是由两个以上的旋转运动或(和)直线运动,按某种确定的运动关系组合而成,则此成形运动称为复合成形运动。例如,用螺纹车刀车削螺纹表面时(图 6.2(b)),工件的旋转运动 B_{11} 和车刀的直线运动 A_{12} 按规定作相对运动,形成螺旋线导线,三角形母线(由刀刃形成,不需成形运动)沿螺旋线运动,形成了螺旋面。形成螺旋线导线的两个简单运动 B_{11} 和 A_{12},由于螺纹导程限定而不能彼此独立,它们必须保持严格的运动关系,从而 B_{11} 和 A_{12} 这两个简单运动组成了一个复合成形运动。又如,用齿轮滚刀加工直齿圆柱齿轮时(图 6.2(c))它需要一个复合成形运动 B_{11}、B_{12}(范成运动),形成渐开线母线,又需要一个简单直线成形运动 A_2,才能得到整个渐开线齿面。

成形运动中各单元运动根据其在切削中所起的作用不同,又可分为主运动和进给运动。

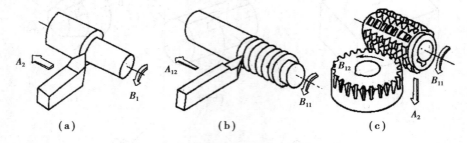

图 6.2　成形运动的组成

（2）辅助运动

机床在加工过程中还需一系列辅助运动,其功能是实现机床的各种辅助动作,为表面成形运动创造条件。它的种类很多,如进给运动前后的快进和快退,调整刀具和工件之间正确相对位置的调位运动,切入运动,分度运动,工件夹紧、松开等操纵控制运动。

6.1.4　机床传动的基本组成和传动原理图

1）机床传动的基本组成部分

机床的传动必须具备以下的 3 个基本部分。

（1）运动源

为执行件提供动力和运动的装置。通常为电动机,如交流异步电动机、直流电动机、直流和交流伺服电动机、步进电动机、交流变频调速电动机等。

（2）传动件

传递动力和运动的零件。如齿轮、链轮、带轮、丝杠、螺母等，除机械传动外，还有液压传动和电气传动元件等。

（3）执行件

夹持刀具或工件执行运动的部件。常用执行件有主轴、刀架、工作台等，是传递运动的末端件。

2）机床的传动链

为了在机床上得到所需要的运动，必须通过一系列的传动件把运动源和执行件或把执行件与执行件联系起来，以构成传动联系。构成一个传动联系的一系列传动件，称为传动链。根据传动链的性质，传动链可分为外联系传动和内联系传动链两类。

（1）外联系传动链

联系运动源与执行件的传动链，称为外联系传动链。它的作用是使执行件得到预定速度的运动，并传递一定的动力。此外，还起执行件变速、换向等作用。外联系传动链传动比的变化，只影响生产率或表面粗糙度，不影响加工表面的形状。因此，外联系传动链不要求两末端件之间有严格的传动关系。如卧式车床中，从主电动机到主轴之间的传动链，就是典型的外联系传动链。

（2）内联系传动链

联系两个执行件，以形成复合成形运动的传动链，称为内联系传动链。它的作用是保证两个末端件之间的相对速度或相对位移保持严格的比例关系，以保证被加工表面的性质。如在卧式车床上车螺纹时，连接主轴和刀具之间的传动链，就属于内联系传动链。此时，必须保证主轴（工件）每转一转，车刀移动工件螺纹一个导程，才能得到要求的螺纹导程。又如，滚齿机的范成运动传动链也属于内联系传动链。

3）机床传动原理图

在机床的运动分析中，为了便于分析机床运动和传动联系，常用一些简明的符号来表示运动源与执行件、执行件与执行件之间的传动联系，这就是传动原理图。图 6.3 为传动原理图常用的部分符号。

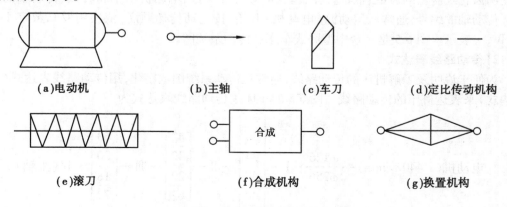

图 6.3　传动原理常使用的部分符号

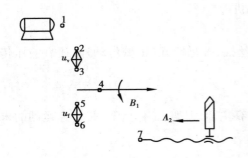

图 6.4　卧式车床传动原理图

下面以卧式车床的传动原理图为例,说明传动原理图的画法和所表示的内容。如图 6.4 所示,从电动机至主轴之间的传动属于外联系传动链,它是为主轴提供运动和动力的。即从电动机—1—2—u_v—3—4—主轴,这条传动链也称主运动传动链,其中 1—2 段和 3—4 段为传动比固定不变的定比传动结构,2—3 段是传动比可变的换置机构 u_v,调整 u_v 值用以改变主轴的转速。从主轴—4—5—u_f—6—7—丝杠—刀具,得到刀具和工件间的复合成形运动(螺旋运动),这是一条内联系传动链,其中 4—5 段和 6—7 段为定比传动机构,5—6 段是换置机构 u_f,调整 u_f 的值可得到不同的螺纹导程。在车削外圆面或端面时,主轴和刀具之间的传动联系无严格的传动比要求,二者的运动是两个独立的简单成形运动,因此,除了从电动机到主轴的主传动链外,另一条传动链可视为由电动机—1—2—u_v—3—5—u_f—6—7—刀具(通过光杆),此时这条传动链是一条外联系传动链。

传动原理图表示了机床传动的最基本特征。因此,用它来分析、研究机床运动时,最容易找出两种不同类型机床的最根本区别,对于同一类型机床来说,不管它们具体结构有何明显的差异,它们的传动原理图却是完全相同的。

6.1.5　机床传动系统图和运动计算

1)机床传动系统图

机床传动系统图是表示机床全部运动传动关系的示意图。它比传动原理图更准确、更清楚、更全面地反映了机床的传动关系。在图中用简单的规定符号代表各种传动元件(我国的机床传动系统图规定符号详见国家标准《机械制图　机构运动简图用图形符号》(GB 4460—2013)。

机床的传动系统画在一个能反映机床外形和各主要部件相互位置的投影面上,并尽可能绘制在机床外形的轮廓线内。图中的各传动元件是按照运动传递的先后顺序,以展开图的形式画出来的。该图只表示传动关系,并不代表各传动元件的实际尺寸和空间位置。在图中通常注明齿轮及涡轮的齿数、带轮直径、丝杠的导程和头数、电动机功率和转数、传动轴的编号等。传动轴的编号,通常从运动源(电动机)开始,按运动传递顺序,依次用罗马数字 Ⅰ、Ⅱ、Ⅲ、Ⅳ、…表示。图 6.5 是一台中型卧式车床主传动系统图。

2)传动路线表达式

为便于说明及了解机床的传动路线,通常把传动系统图数字化,用传动路线表达式(传动结构式)来表达机床的传动路线。图 6.5 的车床主传动路线表达式为

$$\text{电动机}(1\ 440\ \text{r/min})—\frac{\phi126}{\phi256}\ \text{I}—\begin{bmatrix}\dfrac{36}{36}\\[4pt]\dfrac{24}{48}\\[4pt]\dfrac{30}{42}\end{bmatrix}—\text{II}—\begin{bmatrix}\dfrac{42}{42}\\[4pt]\dfrac{22}{62}\end{bmatrix}—\text{III}—\begin{bmatrix}\dfrac{60}{30}\\[4pt]\dfrac{18}{72}\end{bmatrix}—\text{IV}(\text{主轴})$$

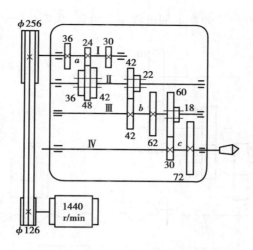

图6.5 12级变速车床主传动系统图

3)主轴转数级数计算

根据前述主传动路线表达式可知,主轴正转时,利用各滑移齿轮组齿轮轴向位置的各种不同组合,主轴可得 3×2×2＝12 级正转转速。同理,当电机反转时主轴可得 12 级反转转速。

4)运动计算

机床运动计算通常有以下两种情况:

①根据传动路线表达式提供的有关数据,确定某些执行件的运动速度或位移量。

②根据执行件所需的运动速度、位移量或有关执行件之间需要保持的运动关系,确定相应传动链中换置机构的传动比,以便进行调整。

【例6.1】 根据图 6.5 所示主传动系统,计算主轴转速。

主轴各级转速数值可应用下列运动平衡式进行计算。

$$n_{主} = n_{电} \times \frac{D}{D'}(1 - \varepsilon) \times \frac{Z_{I-II}}{Z'_{I-II}} \times \frac{Z_{II-III}}{Z'_{II-III}} \times \frac{Z_{III-IV}}{Z'_{III-IV}}$$

式中 $n_{主}$——主轴转速,r/min;

$n_{电}$——电动机转速,r/min;

D、D'——分别为主动、被动皮带轮直径,mm;

ε——三角带传动的滑动系数,可近似地取 $\varepsilon = 0.02$;

Z_{I-II}、Z_{II-III}、Z_{III-IV} 及 Z'_{I-II}、Z'_{II-III}、Z'_{III-IV}——分别为 I —II、II —III、III —IV 轴之间主动和被动齿轮齿数。

主轴各级转速均可由上述运动平衡式计算出来,如计算所得主轴最高转速和最低转速分别为

$$n_{主max} = 1\ 440 \times \frac{126}{256} \times (1 - 0.02) \times \frac{36}{36} \times \frac{42}{42} \times \frac{60}{30} = 1\ 440(\text{r/min})$$

$$n_{主min} = 1\ 440 \times \frac{126}{256} \times (1 - 0.02) \times \frac{24}{48} \times \frac{22}{62} \times \frac{18}{72} = 31.5(\text{r/min})$$

【例 6.2】 根据图 6.6 所示的车削螺纹进给传动链,确定挂轮变速机构的换置公式。

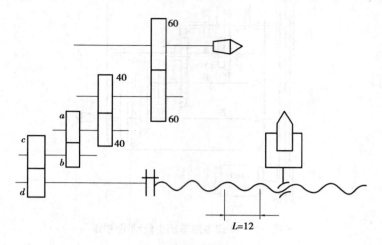

图 6.6 车削螺纹进给传动链

由图示得到的运动平衡式为

$$1 \times \frac{60}{60} \times \frac{40}{40} \times \frac{a}{b} \times \frac{c}{d} \times 12 = L_{\text{工}}$$

式中 $L_{\text{工}}$——被加工螺母的导程,mm。

将上式化简后,得到挂轮的换置公式

$$u_{\text{挂}} = \frac{a}{b} \times \frac{c}{d} = \frac{L_{\text{工}}}{12}$$

应用此换置公式,适当的选择挂轮 a、b、c、d 的齿数,就可车削出导程为 $L_{\text{工}}$ 的螺纹。

6.2 外圆表面加工

6.2.1 外圆表面的加工方法

轴类、套类和盘类零件是具有外圆表面的典型零件。外圆表面常用的机械加工方法有车削、磨削和各种光整加工方法。车削加工是外圆表面最经济有效的加工方法,但就其经济精度来说,一般适于作为外圆表面粗加工和半进精加工方法;磨削加工是外圆表面主要精加工方法,特别适用于各种高硬度和淬火后零件的精加工;光整加工是精加工之后进行的超精密加工方法(如滚压、抛光、研磨等),适用于某些精度和表面质量要求很高的零件。

由于各种加工方法所能达到的经济加工精度、表面粗糙度、生产率和生产成本各不相同,因此必须根据具体情况选用合理的加工方法,从而加工出满足零件图纸上要求的合格零件。表 6.4 为外圆表面各种加工方案和经济加工精度。

表6.4 外圆表面各种加工方案和经济加工精度

序号	加工方法	经济精度 （公差等级）	经济粗糙度 Ra 值/μm	使用范围
1	粗车	IT11～IT13	12.5～50	适用于淬火钢以外的各种金属
2	粗车-半精车	IT8～IT10	3.2～6.3	
3	粗车-半精车-精车	IT7～IT8	0.8～1.6	
4	粗车-半精车-精车-滚压	IT7～IT8	0.025 5～0.2	
5	粗车-半精车-磨削	IT8～IT7	0.4～0.8	主要用于淬火钢,也可用于未淬火钢,但不适用于有色金属
6	粗车-半精车-粗磨-精磨	IT6～IT7	0.1～0.4	
7	粗车-半精车-粗磨-精磨-超精加工（或轮式超精磨）	IT5	0.012～0.1 （或 $Rz0.1$）	
8	粗车-半精车-精车-精细车（金刚车）	IT6～IT7	0.025～0.4	主要用于要求较高的有色金属
9	粗车-半精车-粗磨-精磨-超精磨（或镜面磨）	IT5 以上	0.006～0.025 （或 $Rz0.1$）	极高精度的外圆加工
10	粗车-半精车-粗磨-精磨-研磨	IT5 以上	0.012～0.1 （或 $Rz0.1$）	

6.2.2 外圆表面的车削加工

1）外圆车削的形式和加工精度

车削外圆是一种最常见、最基本的车削方法,其主要形式如图 6.7 所示。

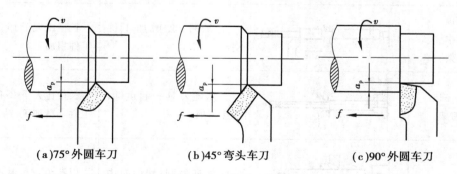

（a）75°外圆车刀   （b）45°弯头车刀   （c）90°外圆车刀

图 6.7 车削外圆的形成

车削外圆一般可分为荒车、粗车、半精车、精车和精细车,各种车削方案所能达到的加工精度和表面粗糙度各不相同,必须合理地选用。详见表 6.4。

2）外圆车削工件的装夹方法

外圆车削加工时,最常见的工件装夹方法见表 6.5。

表 6.5 最常见的工件装夹方法

名称	装夹简图	装夹特点	应用
三爪卡盘	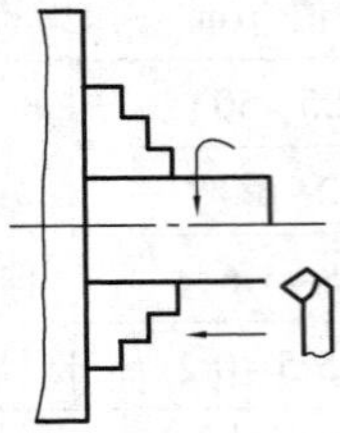	3 个卡爪可同时移动,自动定心,装夹迅速方便	长径比小于 4,截面为圆形,六方体的中、小型工件加工
四爪卡盘	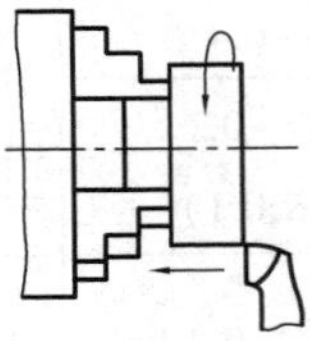	4 个卡爪都可单独移动,装夹工件需要找正	长径比小于 4,截面为方形、椭圆形的较大、较重的工件
花盘	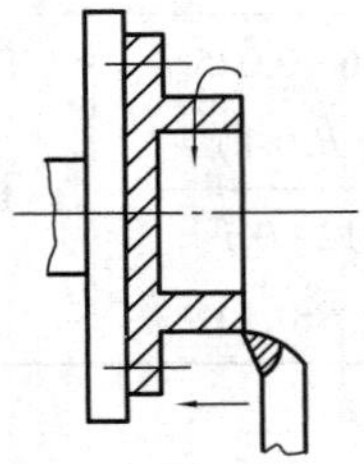	盘面上多通槽和 T 形槽,使用螺钉、压板装夹,装夹前需找正	形状不规则的工件、孔或外圆与定位基面垂直的工件的加工
双顶尖	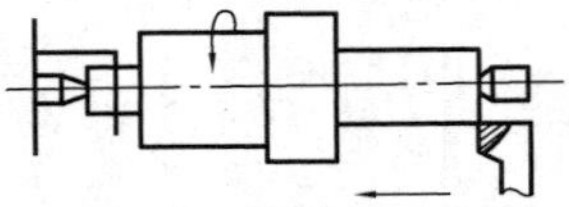	定心正确,装夹稳定	长径比为 4~15 的实心轴类零件加工
双顶尖中心架	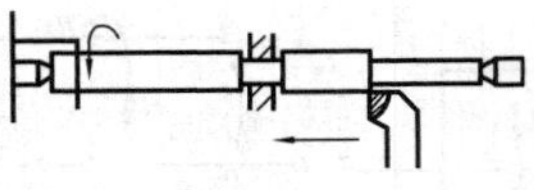	支爪可调,增加工件刚性	长径比大于 15 的细长轴工件粗加工
一夹一顶跟刀架	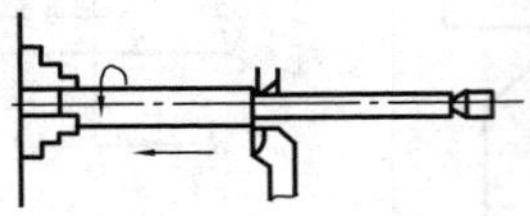	支爪随刀具一起运动,无接刀痕	长径比大于 15 的细长轴工件半精加工、精加工
心轴	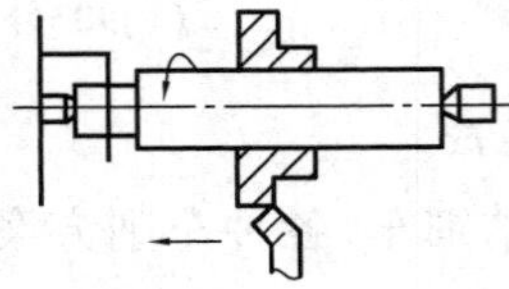	能保证外圆、端面对内孔的位置精度	以孔为定位基准的套类零件的加工

3)车刀的结构形式

车刀按结构不同可分为整体式、焊接式、机夹重磨式和机夹可转位式等几种。

整体式车刀是将车刀的切削部分与夹持部分用同一种材料制成,如尺寸不大的高速钢车

242

刀常用这种结构。

焊接式车刀是在碳钢刀杆（常用 45 钢）上根据刀片的形状和尺寸铣出刀槽后将硬质合金刀片钎焊在刀槽中，然后刃磨出所需的几何参数。焊接式车刀结构简单、紧凑、刚性好、灵活性大，可根据切削要求较方便地刃磨出所需角度，故应用广泛。但经高温钎焊的硬质合金刀片，易产生应力和裂纹，切削性能有所下降，并且刀杆不能重复使用，浪费较大。

机夹重磨式车刀的刀片与刀杆是两个可拆的独立元件，切削时靠夹紧元件将它们紧固在一起，由于避免了因焊接产生的缺陷，可提高刀具的切削性能，并且刀杆可多次使用。

机夹可转位式车刀是将压制有合理几何参数、断屑槽、并有几个切削刃的多边形刀片，用机械夹固的方法，装夹在标准刀杆上，以实现切削的一种刀具结构。当刀片的一个切削刃磨钝后，松开夹紧元件，把刀片转位换成另一新切削刃，便可继续使用。与焊接式车刀相比，机夹可转位式车刀具有切削效率高，刀片使用寿命长，刀具消耗费用低等优点。可转位车刀的刀杆可重复使用，节省了刀杆材料。刀杆和刀片可实现标准化、系列化，有利用刀具的管理工作。图 6.8 为常见车刀的结构示意图。

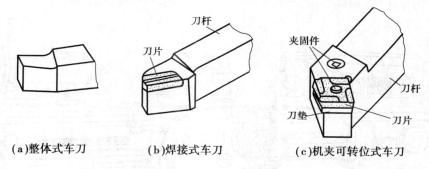

| (a)整体式车刀 | (b)焊接式车刀 | (c)机夹可转位式车刀 |

图 6.8　常用车刀结构示意图

4）外圆车刀的选择和装夹

外圆车刀应根据外圆表面加工方案选择。粗车外圆要求外圆粗车刀强度高，能在切削深度大或走刀速度快的情况下保持刀头坚固。精车外圆要求外圆车刀刀刃锋利、光洁。如图 6.8 所示，主偏角 $\kappa_r = 75°$ 外圆车刀刀头强度高，生产中常选用为外圆粗车刀。

主偏角 $\kappa_r = 45°$ 弯头车刀，使用方便，还可车端面和倒角，但因其副偏角 κ'_r 大，工件表面加工粗糙，不适于精加工；主偏角 $\kappa_r = 90°$ 的外圆车刀可用粗车或精车，还可车削有垂直台阶的外圆和细长轴。

车刀在刀架上的安装高度，一般应使刀尖在与工件旋转轴线等高的地方，安装时可用尾架顶尖作为标准，或在工件端面车一印痕，就可知道轴线位置，把车刀调整安装好。

车刀在刀架上的位置，一般应垂直于工件旋转轴线，否则会引起主偏角 κ_r 变化，还可能使刀尖扎入工件已加工表面或影响表面粗糙度质量。

5）车床

（1）车床的用途

车床主要用于加工零件的各种回转表面，如内外圆柱表面、内外圆锥表面、成形回转表面和回转体的端面等，有些车床还能车削螺纹表面。由于大多数机器零件都具有回转表面，并且大部分需要用车床来加工，因此，车床是一般机器制造厂中应用最广泛的一类机床，占机床

243

总数的 35% ~ 50%。

在车床上,除使用车刀进行加工之外,还可使用各种孔加工刀具(如钻头、铰刀、镗刀等)进行孔加工,或者使用螺纹刀具(丝锥、板牙)进行内、外螺纹加工。

(2)车床的运动

①工件的旋转运动。是车床的主运动,其特点是速度较高,消耗功率较大。

②刀具的直线移动。是车床的进给运动,是使毛坯上新的金属层被不断投入切削,以便切削出整个加工表面。

上述运动是车床形成加工表面形状所需的表面成形运动。车床上车削螺纹时,工件的旋转运动和刀具的直线移动则形成螺旋运动,是一种复合成形运动。

(3)车床的分类

为适应不同的加工要求,车床分为很多种类。按其结构和用途不同,可分为卧式车床(图6.9)、立式车床(图6.10)、转塔车床、回轮车床、落地车床、液压仿形及多刀自动和半自动车床、各种专用车床(如曲轴车床、凸轮车床等)、数控车床和车削加工中心等。

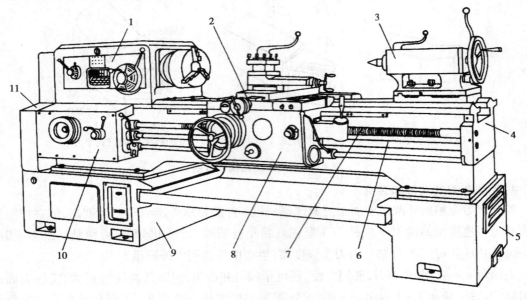

图 6.9 CA6140 型卧式车床

1、11—床腿;2—进给箱;3—主轴箱;4—床鞍;5—中滑板;6—刀架;

7—回转盘;8—小滑板;9—尾架;10—床身

6)CA6140 型卧式车床

(1)机床的工艺范围及其组成

CA6140 型卧式车床的工艺范围很广,能适用于各种回转表面的加工,如车削内外圆柱面、圆锥面、环槽及成形回转面;车削端面及各种常用螺纹;还可进行钻孔、扩孔、铰孔、滚花、攻螺纹和套螺纹等工作,其加工的典型表面如图6.11所示。

CA6140 型卧式车床的通用性较强,但机床的结构复杂且自动化程度低,加工过程中辅助时间较长,适用于单件、小批量生产及修理车间。CA6140 型卧式车床的布局及组成(图6.9)。

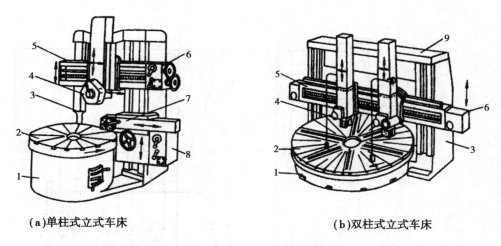

（a）单柱式立式车床　　　　　　　　　　　　（b）双柱式立式车床

图 6.10　CA6140 型立式车床

1—底座；2—工作台；3—立柱；4—垂直刀架；5—横梁；6—垂直刀架进给箱；

7—侧刀架；8—侧刀架进给箱；9—横梁

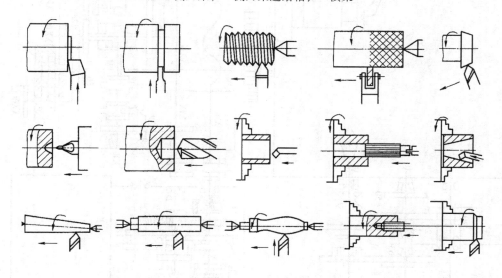

图 6.11　CA6140 型卧式车床加工的典型表面

（2）机床的传动系统

图 6.12 为 CA6140 型卧式车床的传动系统图。图中左上方的方框内表示机床的主轴箱，框中是从主电动机到车床主轴的主运动传动链。传达链中的滑移齿轮变速机构，可使主轴得到不同的转速；片式摩擦离合器换向机构，可使主轴得到正、反向转速。左下方框表示进给箱，右下方框表示溜板箱。从主轴箱中下半部分传动件，到左外侧的挂轮机构、进给箱中的传动件、丝杠或光杆以及溜板箱中的传动件，构成了从主轴到刀架的进给传动链。进给换向机构位于主轴箱下部，用于切削左旋或右旋螺纹，挂轮或进给箱中的变换机构，用来决定将运动传给丝杠还是光杆。若传给丝杠，则经过丝杠和溜板箱中的开合螺母，把运动传给刀架，实现切削螺纹传动链；若传给光杆，则通过光杆和溜板箱中的转换机构传给刀架，形成机动进给传动链。溜板箱中的转换机构用来确定是纵向进给还是横向进给。

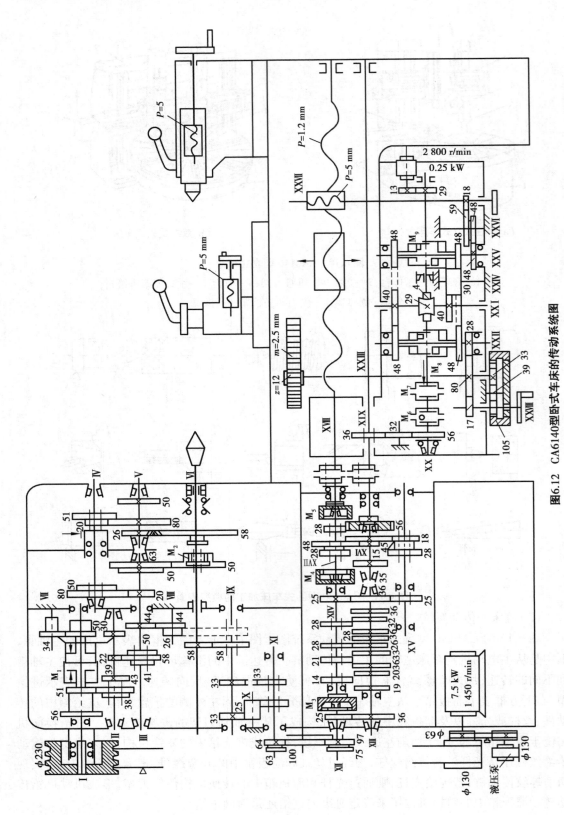

图6.12 CA6140型卧式车床的传动系统图

①主运动传动链。运动由主电动机经 V 带轮传动副 $\phi130$ mm/$\phi230$ mm 传至主轴箱中的轴 I，轴 I 上装有双向多片摩擦离合器 M_1，使主轴正转、反转或停止。主运动传动链的传动路线表达式为

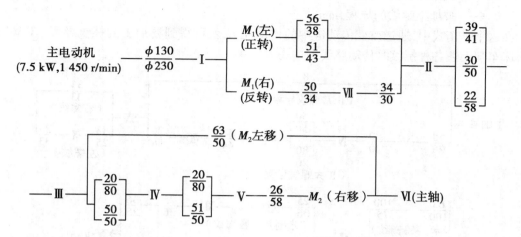

由传动路线表达式可知，主轴可获得 $2\times3\times[(2\times2)+1]=30$ 级正转转速，由于轴 III 至轴 V 间的两组双联滑移齿轮变速组的 4 种传动比为

$$u_1=\frac{20}{80}\times\frac{20}{80}=\frac{1}{16};u_2=\frac{20}{80}\times\frac{51}{50}\approx\frac{1}{4};$$

$$u_3=\frac{50}{50}\times\frac{20}{80}=\frac{1}{4};u_4=\frac{50}{50}\times\frac{50}{50}=1;$$

其中，$u_2=u_3$，所以实际上只有 3 种不同的传动比，因此主轴只能获得 $2\times3\times[(2\times2-1)+1]=24$ 级正转转速。同理主轴可获得 $3\times[(2\times2-1)+1]=12$ 级反转转速。

主轴反转时，轴 I—II 间传动比的值大于正转时传动比的值，所以反转转速大于正转转速。主轴反转一般不用于切削，而是用于车削螺纹时，切削完一刀后，使车刀沿螺旋线退回，以免下一次切削时"乱扣"。转速高，可节省辅助时间。

②车削螺纹传动链。CA6140 型车床能够车削米制、英制、模数制和径节制 4 种标准螺纹，还能车削大导程、非标准和较精密的螺纹，这些螺纹可以是左旋的也可以是右旋的。车削螺纹传动链的作用，就是要得到上述各种螺纹的导程。

不同标准的螺纹用不同的参数表示其螺距，表 6.6 列出了米制、英制、模数制和径节制 4 种螺纹的螺距参数及其与螺距 P、导程 L 之间的换算关系。

表 6.6　各种标准螺纹的螺距参数及其与螺距、导程之间的换算关系

螺纹种类	螺距参数	螺距/mm	导程/mm
米制	螺距 P/mm	$P=P$	$L=KP$
模数制	模数 m/mm	$P_m=\pi m$	$L_m=KP_m=K\pi m$
英制	牙数 a/(牙·in^{-1})	$P_a=25.4/a$	$L_a=KP_a=25.4K/a$
径节制	径节 DP(牙·in^{-1})	$P_{DP}=25.4\,\pi/DP$	$L_{DP}=KP_{DP}=25.4K\pi/DP$

注：表中 K 为螺纹线数。

车削螺纹时，必须保证主轴每转一转，刀具准确地移动被加工螺纹的一个导程 $L_{\text{工}}$，其运动平衡式为

$$I_{(主轴)} \times u \times L_丝 = L_工$$

式中　u——从主轴到丝杠之间的总传动比；

　　　$L_丝$——机床丝杠的导程（CA6140 型车床 $L_丝 = 12$ mm）；

　　　$L_工$——被加工螺纹的导程，mm。

在这个平衡式中，通过改变传动链中的传动比 u，就可得到要加工的螺纹导程。CA6140 型车床车削上述各种螺纹时传动路线表达式为

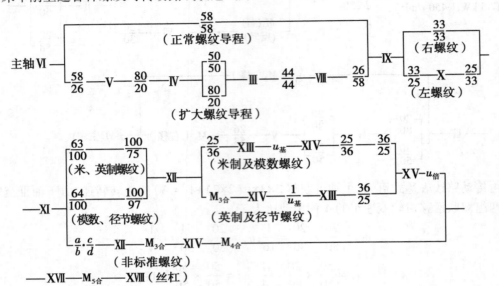

其中，$u_基$ 是轴 XⅢ 和轴 XⅣ 之间变速机构的 8 种传动比，即

$$u_{基1} = \frac{26}{28} = \frac{6.5}{7}; \quad u_{基2} = \frac{28}{28} = \frac{7}{7}; \quad u_{基3} = \frac{32}{28} = \frac{8}{7}; \quad u_{基4} = \frac{36}{28} = \frac{9}{7};$$

$$u_{基5} = \frac{19}{14} = \frac{9.5}{7}; \quad u_{基6} = \frac{20}{14} = \frac{10}{7}; \quad u_{基7} = \frac{33}{21} = \frac{11}{7}; \quad u_{基8} = \frac{36}{21} = \frac{12}{7}。$$

上述变速机构是获得各种螺纹的基本机构，称为基本螺距机构或称基本组。$u_倍$ 是轴 XV 和轴 XVII 之间变速机构的 4 种传动比，即

$$u_{倍1} = \frac{18}{45} \times \frac{15}{48} = \frac{1}{8}; \quad u_{倍2} = \frac{28}{35} \times \frac{15}{48} = \frac{1}{4};$$

$$u_{倍3} = \frac{18}{45} \times \frac{35}{28} = \frac{1}{2}; \quad u_{倍4} = \frac{28}{35} \times \frac{35}{28} = 1。$$

上述 4 种传动比按倍数关系排列。用于扩大机床车削螺纹导程的种数。这个变速机构称为增倍机构或增倍组。

在加工正常螺纹导程时，主轴 Ⅵ 直接传动轴 Ⅸ，其间传动比 $u_{正常} = \frac{58}{58} = 1$，此时能加工的最大螺纹导程 $L = 12$ mm。如果需要车削导程更大的螺纹时，可将轴 Ⅸ 的滑移齿轮 58 向右移动，使之与轴 Ⅷ 上的齿轮 26 啮合，从主轴 Ⅵ 至轴 Ⅸ 间的传动比为

$$u_{扩1} = \frac{58}{26} \times \frac{80}{20} \times \frac{50}{50} \times \frac{44}{44} \times \frac{26}{58} = 4;$$

$$u_{扩2} = \frac{58}{26} \times \frac{80}{20} \times \frac{80}{20} \times \frac{44}{44} \times \frac{26}{58} = 16。$$

这表明，当车削螺纹传动链其他部分不变时，只作上述调整，便可使螺纹导程比正常导程相应地扩大 4 倍或 16 倍。通常把上述传动机构称为扩大螺距机构。在 CA6140 型车床上，通过扩大螺距机构所能车削的最大米制螺纹导程为 192 mm。

必须指出的是，扩大螺距机构的传动比 $u_{扩}$ 是由主运动传动链中背轮机构齿轮的啮合位置所确定的，而背轮机构一定的齿轮啮合位置，又对应一定的主轴转速，因此，主轴转速一定时，螺纹导程可能扩大的倍数是确定的。具体地讲，主轴转速是 10~32 r/min 时，导程可扩大16 倍；主轴转速是 40~125 r/min 时，导程可扩大 4 倍；主轴转速更高时，导程不能扩大。这也正好符合大导程螺纹只能在低速时车削的实际需要。

当需要车削非标准螺纹和精密螺纹时，需将进给箱中的齿式离合器 M_3、M_4 和 M_5 全部接合上，此时，轴 XII、XIV、XVII 和丝杠 XVIII 联成一体，运动由挂轮直接传给丝杠，被加工螺纹的导程 $L_工$ 可通过选配挂轮来实现，因此，可车削任意导程的非标准螺纹。同时，由于传动链大大地缩短，减少了传动件制造和装配误差对螺纹螺距精度的影响，若选用高精度的齿轮作为挂轮，则可加工精密螺纹。挂轮换置公式为

$$u_{挂} = \frac{a}{b} \times \frac{c}{d} = \frac{L_工}{12}$$

③纵向和横向机动进给传动链。纵向进给一般用于外圆车削，而横向进给用于端面车削。为了减少丝杠的磨损和便于操纵，机动进给是由光杆经溜板箱传动的，其传动路线表达式为

$$主轴 - \begin{bmatrix} 米制螺纹传动路线 \\ 英制螺纹传动路线 \end{bmatrix} - XVII - \frac{28}{56} XIX(光杆) - \frac{36}{32} \times \frac{32}{36} - M_6$$

$$(超越离合器) - M_7(安全离合器) - XX - \frac{4}{29} - XXI -$$

$$\begin{bmatrix} \begin{bmatrix} -\dfrac{40}{48}M_8 \uparrow - \\ -\dfrac{40}{30} \times \dfrac{30}{48}M_8 \downarrow - \end{bmatrix} - XXII - \dfrac{28}{80} - XXIII - 齿轮(Z12) - 齿条 - 刀架(纵向进给) \\ \\ \begin{bmatrix} -\dfrac{40}{48}M_9 \uparrow - \\ -\dfrac{40}{30} \times \dfrac{30}{48}M_9 \downarrow - \end{bmatrix} - XXV - \dfrac{48}{48} \times \dfrac{59}{18} - XXVII - 刀架(横向进给) \end{bmatrix}$$

CA6140 型车床纵向机动进给量有 64 级。其中，当进给运动由主轴经正常螺距米制螺纹传动路线时，可获得范围为 0.08~1.22 mm/r 的 32 级正常进给量；当进给运动由主轴经正常螺距英制螺纹传动路线时，可获得 0.86~1.59 mm/r 的 8 级较大进给量；若接通扩大螺距机构，选用米制螺纹传动路线，并使 $u_倍 = 1/8$，可获得 0.028~0.054 mm/r 的 8 级用于高速精车的细进给量；而接通扩大螺距机构，采用英制螺纹传动路线，并适当调整增倍机构，可获得范围为 1.71~6.33 mm/r 的 16 级供强力切削或宽刃精车之用的加大进给量。

由分析可知，当主轴箱及进给箱中的传动路线相同时，所得到的横向机动进给量级数与纵向相同，且横向进给量 $f_横 = 1/2f_纵$。这是因为横向进给经常用于切槽或切断，容易产生震动，切削条件差，故使用较小进给量。

④刀架快速移动传动链。刀架快速移动是由装在溜板箱内的快速电动机(0.25 kW,2 800 r/min)驱动的。按下快速移动按钮,启动快速电动机后,由溜板箱中的双向离合器 M_8 和 M_9 控制其纵、横双向快速移动。

刀架快速移动时,可不必脱开机动进给传动链,在齿轮 56 与轴 XX 之间装有超越离合器 M_6,可保证光杆和快速电机同时传给轴 XX 运动而不相互干涉。

6.2.3 外圆表面的磨削加工

用磨具以较高的线速度对工件表面进行加工的方法称为磨削。磨削加工是一种多刀多刃的高速切削方法,它适用于零件精加工和硬表面的加工。

磨削的工艺范围很广,可划分为粗磨、精磨、细磨及镜面磨。各种磨削方案所能达到的经济加工精度和经济表面粗糙度值见表6.4。

磨削加工采用的磨具(或磨料)具有颗粒小、硬度高、耐热性好等特点,因此,可以加工较硬的金属材料和非金属材料,如淬硬钢、硬质合金刀具、陶瓷等;加工过程中同时参与切削运动的颗粒多,能切除极薄极细的切屑,因而加工精度高,表面粗糙度值小。磨削加工作为一种精加工方法,在生产中得到广泛应用。目前,由于强力磨削的发展,也可直接将毛坯磨削到所需要的尺寸和精度,从而获得了较高的生产率。

1)砂轮的特性与选择

砂轮是磨削加工中最主要的一类磨具。砂轮是在磨料中加入结合剂,经压坯、干燥和焙烧而制成的多孔体。由于磨料、结合剂及制造工艺等的不同,砂轮的特性差别很大,因此,对磨削的加工质量、生产率和经济性有着重要影响。砂轮的特性主要是由磨料、粒度、结合剂、硬度、组织、形状和尺寸等因素决定的。

(1)磨料

磨料是砂轮的主要组成成分,它应具有很高的硬度、耐磨性、耐热性和一定的韧性,以承受磨削时的切削热和切削力,同时还应具备锋利的尖角,以利磨削金属。常用磨料代号、特点及应用范围见表6.7。

表 6.7 常用磨料代号、特性及适用范围

系别	名称	代号	主要成分	显微硬度/HV	颜色	特性	适用范围
氧化物系	棕刚玉	A	Al_2O_3 91%~96%	2 200~2 280	棕褐色	硬度高,韧性好,价格便宜	磨削碳钢、合金钢、可锻铸铁、硬青铜
	白刚玉	WA	Al_2O_3 97%~99%	2 200~2 300	白色	硬度高于棕刚玉,磨粒锋利,韧性差	磨削淬硬的碳钢、高速钢
碳化物系	黑碳化硅	C	SiC>95%	2 840~3 320	黑色带光泽	硬度高于刚玉,性脆而锋利,有良好的导热性和导电性	磨削铸铁、黄铜、铝及非金属
	绿碳化硅	GC	SiC>99%	3 280~3 400	绿色带光泽	硬度和脆性高于黑碳化硅,有良好的导热性和导电性	磨削硬质合金、宝石、陶瓷、光学玻璃、不锈钢

系别	名称	代号	主要成分	显微硬度/HV	颜色	特性	适用范围
高硬磨料	立方氮化硼	CBN	立方氮化硼	8 000~9 000	黑色	硬度仅次于金刚石,耐磨性和导电性好,发热量小	磨削硬质合金、不锈钢、高合金钢等难加工材料
	人造金刚石	MBD	碳结晶体	10 000	乳白色	硬度极高,韧性很差,价格昂贵	磨削硬质合金、宝石、陶瓷等高硬度材料

（2）粒度

粒度是指磨料颗粒尺寸的大小。粒度分为磨粒和微粉两类。对于颗粒尺寸大于40 μm的磨料,称为磨粒。用筛选法分级,粒度号以磨粒通过的筛网上每英寸长度内的孔眼数表示。如60#的磨粒表示其大小刚好能通过每英寸长度上有 60 孔眼的筛网。对于颗粒尺寸小于40 μm的磨料,称为微粉。用显微测量法分级,用 W 和后面的数字表示粒度号,其 W 后的数值代表微粉的实际尺寸,如 W20 表示微粉实际尺寸为 20 μm。

砂轮的粒度对磨削表面的粗糙度和磨削效率影响很大。磨粒粗,磨削深度大,生产率高,但表面粗糙度值大;反之,则磨削深度均匀,表面粗糙度值小。因此粗磨时,一般选粗粒度,精磨时选细粒度。磨软金属时,多选用粗磨粒;磨削脆而硬的材料时,则选用较细的磨粒。粒度的选用见表6.8。

表 6.8　磨料粒度的选用

粒度号	颗粒尺寸范围/μm	适用范围	粒度号	颗粒尺寸范围/μm	适用范围
12~36	2 000~1 600 500~400	粗磨、荒磨、切断钢坯、打磨毛刺	W40~W20	40~28 20~14	精磨、超精磨、螺纹磨、珩磨
46~80	400~315 200~160	粗磨、半精磨、精磨	W14~W10	14~10 10~7	精磨、精细磨、超精磨、镜面磨
100~280	165~125 50~40	精磨、成形磨、刀具刃磨、珩磨	W7~W3.5	7~5 3.5~2.5	超精磨、镜面磨、制作研磨剂等

（3）结合剂

结合剂是把磨粒黏结在一起组成磨具的材料。砂轮的强度、抗冲击性、耐热性及耐腐蚀性,主要取决于结合剂的种类和性质。常用结合剂的种类、性能及适用范围见表6.9。

表 6.9　常用结合剂的种类、性能及适用范围

种类	代号	性能	适用范围
陶瓷	V	耐热性、耐腐蚀性好、气孔率大、易保持轮廓、弹性差	应用最广,适用于 $v<35$ m/s 的各种成形磨削、磨齿轮、磨螺纹等
树脂	B	强度高、弹性大、耐冲击、坚固性和耐热性差、气孔率小	适用于 $v>50$ m/s 的高速磨削,可制成薄片砂轮,用于磨槽、切割等

续表

种类	代号	性能	适用范围
橡胶	R	强度和弹性更高、气孔率小、耐热性差、磨粒易脱落	适用于无心磨的砂轮和导轮、开槽和切割的薄片砂轮、抛光砂轮等
金属	M	韧性和成形性好、强度大、但自锐性差	可制造各种金刚石磨具

（4）硬度

砂轮硬度是指砂轮工作时,磨粒在外力作用下脱落的难易程度。砂轮硬,表示磨粒难以脱落;砂轮软,表示磨粒容易脱落。砂轮的硬度等级及代号见表6.10。

表 6.10　砂轮的硬度等级及代号

硬度等级	大级	超软	软			中软		中		中硬			硬		超硬
	小级	超软	软1	软2	软3	中软1	中软2	中1	中2	中硬1	中硬2	中硬3	硬1	硬2	超硬
代号		D	E	F	G	H	J	K	L	M	N	P	Q	R	S	T	Y

砂轮的硬度与磨料的硬度是两个完全不同的概念。硬度相同的磨料可以制成硬度不同的砂轮,砂轮的硬度主要决定于结合剂性质、数量和砂轮的制造工艺。例如,结合剂与磨粒粘固程度越高,砂轮硬度越高。

砂轮硬度的选用原则是:工件材料硬,砂轮硬度应选用软一些,以便砂轮磨钝磨粒及时脱落,露出锋利的新磨粒继续正常磨削;工件材料软,因易于磨削,磨粒不易磨钝,砂轮应选硬一些。但对于有色金属、橡胶、树脂等软材料磨削时,由于切屑容易堵塞砂轮,应选较软砂轮。粗磨时,应选较软砂轮;而精磨、成形磨削时,应选用硬一些的砂轮,以保持砂轮的必要形状精度。机械加工中常用砂轮硬度等级为 H~N（软2~中2）。

（5）组织

砂轮的组织是指组成砂轮的磨粒、结合剂、气孔 3 个部分体积的比例关系。通常以磨粒所占砂轮体积的百分比来分级。砂轮有 3 种组织状态:紧密、中等、疏松;细分成 0~14 中间,共15 级。组织号越小,磨粒所占比例越大,砂轮越紧密;反之,组织号越大,磨粒所占比例越小,砂轮越疏松,见表6.11。

表 6.11　砂轮组织分类

组织号	0	1	2	3	4	5	6	7	8	9	10	11	12	13	14
磨粒率/%	62	60	58	56	54	52	50	48	46	44	42	40	38	36	34
类别	紧密				中等				疏松						
应用	精磨、成形磨				淬火工件、刀具				韧性大和硬度低的金属						

（6）形状与尺寸

砂轮的形状和尺寸是根据磨床类型、加工方法及工件的加工要求来确定的。常用砂轮名称、形状简图、代号和主要用途见表6.12。

砂轮的特性均标记在砂轮的侧面上,其顺序是:形状代号、尺寸、磨料、粒度号、硬度、组织号、结合剂、线速度。例如,外径300 mm,厚度50 mm,孔径75 mm,棕刚玉,粒度60,硬度L,5

号组织,陶瓷结合剂,最高工作线速度为 35 m/s 的平行砂轮,其标记为:砂轮 1-300×50×75-A60L5V-35m/s　GB 2484—94。

表 6.12　常用砂轮名称、形状简图、代号和主要用途

砂轮名称	代号	简图	主要用途
平行砂轮	1	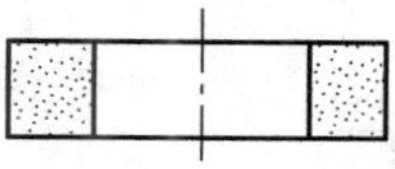	外圆磨、内圆磨、平面磨、无心磨、工具
薄片砂轮	41	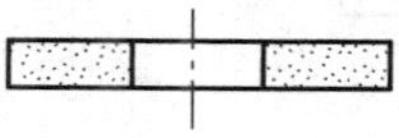	切断及切槽
筒形砂轮	2	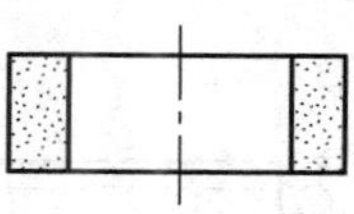	端磨平面
碗形砂轮	11	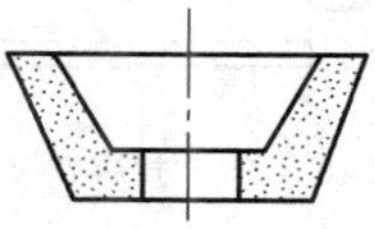	刃磨刀具、磨导轨
蝶形 1 号砂轮	12a	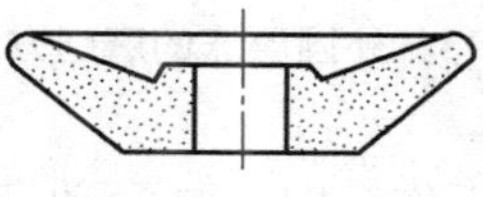	磨铣刀、铰刀、拉刀、磨齿轮
双斜边砂轮	4	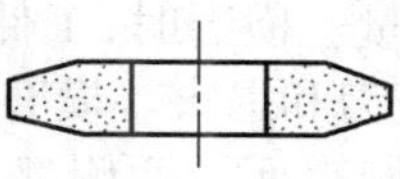	磨齿轮及螺纹
杯形砂轮	6	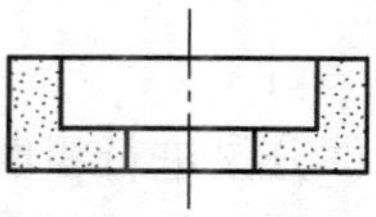	磨平面、内圆、刃磨刀具

2) 外圆磨床的磨削方法

外圆表面磨削一般在外圆磨床或无心外圆磨床上进行,也可采用砂带磨床磨削。在外圆磨床上磨削工件外圆时,轴类零件常用顶尖装夹,其方法与车削时基本相同,但磨床所用顶尖不随工件一起转动。这样,主轴与轴承的制造误差、轴承间隙、顶尖的同轴度误差等就不会反映到工件上,可提高加工精度。盘套类工件则用心轴和顶尖装夹,所用心轴和车削心轴基本相同,只是形状和位置精度以及表面粗糙度要求较严格。磨削短又无中心孔的轴类工件时,可用三爪自定心卡盘或四爪单动卡盘装夹。

在外圆磨床上常用的磨削方法有:

(1)纵磨法

如图 6.13(a)所示,砂轮高速旋转起切削作用,工件旋转作圆周进给运动,并和工作台一起作纵向往复直线进给运动。工作台每往复一次,砂轮沿磨削深度方向完成一次横向进给,每次进给(吃刀深度)都很小,全部磨削余量是在多次往复行程中完成的。当工件磨削接近最

终尺寸时(尚有余量 0.005~0.01 mm),应无横向进给光磨几次,直到火花消失为止。纵磨法加工精度和表面质量较高,适应性强,用同一砂轮可磨削直径和长度不同的工件,但生产率低。在单件、小批量生产及精磨中,应用广泛,特别适用于磨削细长轴等刚性差的工件。

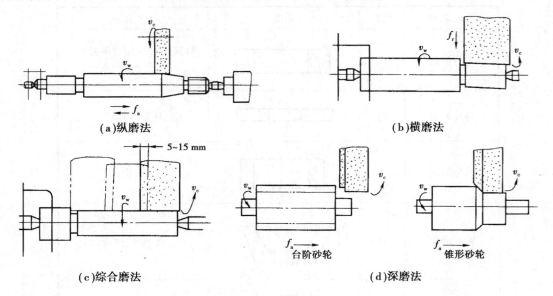

（a）纵磨法　　　　　　　　　　　　（b）横磨法

5~15 mm

（c）综合磨法　　　　台阶砂轮　　　　锥形砂轮　　（d）深磨法

图 6.13　外圆磨床的磨削方法

（2）横磨法（切入法）

如图 6.13(b)所示,磨削时,工件不作纵向往复运动,砂轮以缓慢的速度连续或间断地向工件作横向进给运动,直到磨去全部余量。横磨时,工件与砂轮的接触面积大,磨削力大,发热量大而集中,因此易发生工件变形、烧刀和退火。横磨法生产效率高,适用于成批或大量生产中,磨削长度短、刚性好、精度低的外圆表面及两侧都有台肩的轴颈。若将砂轮修整成形,也可直接磨削成形面。

（3）综合磨法

如图 6.13(c)所示,先用横磨法将工件分段进行粗磨,相邻之间有 5~15 mm 的搭接,每段上留有 0.01~0.03 mm 的精磨余量,精磨时采用纵磨法。这种磨削方法综合了纵磨和横磨法的优点,适用于磨削余量较大(余量为 0.7~0.6 mm)的工件。

（4）深磨法

如图 6.13(d)所示,磨削时,采用较小的纵向进给量(1~2 mm/r)和较大的吃刀深度(0.2~0.6 mm)在一次走刀中磨去全部余量。为避免切削负荷集中和砂轮外圆棱角迅速磨钝,应将砂轮修整成锥形或台阶形,外径小的台阶起粗磨作用,可修粗些;外径大的台阶起精磨作用,应修细些。深磨法可获得较高精度和生产率,表面粗糙度值较小,适用于大批大量生产中,加工刚性好的短轴。

3）无心外圆磨床的磨削方法

在无心磨床磨削工件外圆时,工件不用顶尖来定心和支承,而是直接将工件放在砂轮和导轮(用橡胶结合剂作的粒度较粗的砂轮)之间,由托板支承,工件被磨削的外圆面作定位面,如图 6.14(a)所示。无心外圆磨床的磨削方式有两种,即贯穿磨削法和切入磨削法。

（1）贯穿磨削法

贯穿磨削法又称为纵磨法,如图 6.14(b)所示,磨削时将工件从机床前面放到托板上,推

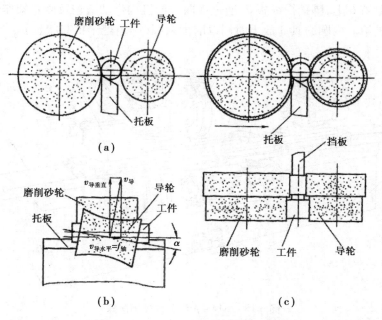

图 6.14　无心外圆磨削的加工示意图

入磨削区,由于导轮轴线在垂直平面内倾斜 α 角($\alpha = 1° \sim 6°$),导轮与工件接触处的线速度 $v_导$可以分解成水平和垂直两个方向的分速度 $v_{导水平}$ 和 $v_{导垂直}$,$v_{导垂直}$ 控制工件的圆周进给运动;$v_{导水平}$ 使工件作纵向进给。因此工件进入磨削区后,便既作旋转运动,又作轴向移动,穿过磨削区,工件就磨削完毕。α 角增大、生产率高,但表面粗糙度值增大;反之,情况相反。为保证导轮与工件呈线接触状态,需将导轮形状修整成回转双曲面形。这种磨削方法不适用带台阶的圆柱形工件。

（2）切入磨削法

切入磨削法又称为横磨法,是将工件放在托板和导轮之间,然后由工件(连同导轮)或磨削砂轮横向切入进给,磨削工件表面。这时导轮的中心线仅倾斜很小角度(约 30′),以便对工件产生一微小的轴向推力,使它靠住挡板,得到可靠轴向定位,如图 6.14(c)所示。切入磨法适用于磨削有阶梯或成形回转表面的工件,但磨削表面长度不能大于磨削砂轮宽度。

在磨床上磨削外圆表面时,应采用充足的切削液,一般磨钢件多用苏打水或乳化液;铝件采用加少量矿物油的煤油;铸铁、青铜件一般不用切削液,而用吸尘器清除尘屑。

4）M1432A 型万能外圆磨床

M1432A 型万能外圆磨床主要用于磨削内外圆柱面、内外圆锥面、阶梯轴轴肩以及端面和简单的成形回转表面等。它属于普遍精度级机床,磨削精度可达 IT7 ~ IT6 级,表面粗糙度 Ra 为 $1.25 \sim 0.08 \ \mu m$。这种机床万能性强,但自动化程度较低,磨削效率不高,适用于工具车间,维修车间和单件小批生产类型。其主参数为:最大磨削直径为 320 mm。

图 6.15 为 M1432A 型万能外圆磨床外形图。由图可知,在床身 1 的纵向导轨上装有工作台 8,台面上装有头架 2 和尾架 5,用以夹持不同长度的工件,头架带动工件旋转。工作台由液压传动沿床身导轨往复移动,使工件实现纵向进给运动。工作台由上下两层组成,其上部可相对下部在水平面内偏转一定的角度(一般不大于±10°),以便磨削锥度不大的圆锥面。砂

轮架 4 安装在滑鞍 6 上,脚踏操纵板 7,通过横向进给机构带动滑鞍及砂轮架作快速进退或周期性自动切入进给。内圆磨具 3 放下时用以磨削内圆(图示处于抬起状态)。

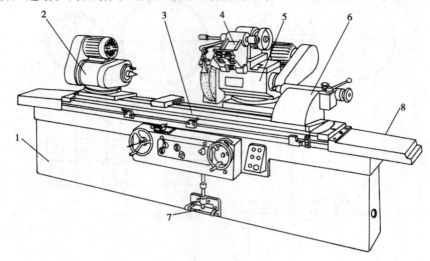

图 6.15　M1432A 型万能外圆磨床

1—床身;2—头架;3—内圆磨具;4—砂轮架;5—尾架;6—滑鞍;7—脚踏操纵板;8—工作台

图 6.16 为万能外圆磨床的典型加工方法,图 6.16(a)为用纵磨法磨削外圆柱面,图 6.16(b)为扳转工作台用纵磨法磨削长圆锥面,图 6.16(c)为扳动砂轮架用切入法磨削短圆锥面,图 6.16(d)为扳动头架用纵磨法磨削圆锥面,图 6.16(e)为用内圆磨具磨削圆柱孔。

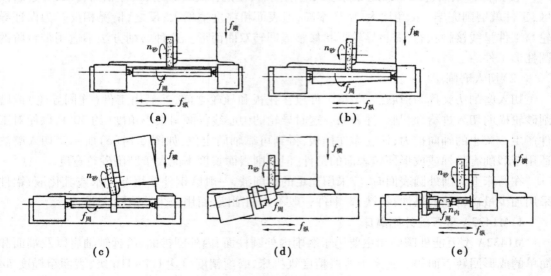

图 6.16　万能外圆磨床典型加工示意图

分析 M1432A 型万能外圆磨床的典型加工方法可知,机床必须具备以下运动:外圆磨和内圆磨砂轮的旋转主运动;工件圆周进给运动;工件(工作台)往复纵向进给运动;砂轮横向进给运动。此外,机床还应有两个辅助运动,即砂轮横向快速进退和尾架套筒缩回,以便装卸工件。

6.3　内圆表面加工

6.3.1　内圆表面的加工方法

内圆表面(即内孔)也是组成零件的基本表面之一。零件上有多种多样的孔,如螺钉、螺栓的紧固孔;套筒、法兰盘及齿轮等回转体零件上的孔;箱体类零件上的主轴及传动轴的轴承孔;炮筒、空心轴内的深孔(一般 $l/d \geqslant 10$);以及常用于保证零件间配合准确性的圆锥孔等。

与外圆表面的加工相比,内圆表面的加工条件差,因为孔加工刀具或磨具的尺寸(直径、长度)受被加工孔本身尺寸的限制,刀具的刚性差,容易产生弯曲变形及震动;切削过程中,孔内排屑、散热、冷却、润滑条件差。因此,孔的加工精度和表面粗糙度都不易控制。此外,大部分孔加工刀具为定尺寸刀具,刀具直径的制造误差和磨损,将直接影响孔的加工精度。故在一般情况下,加工孔比加工同样尺寸、精度的外圆表面要困难些。当一个零件要求内圆表面与外圆表面必须保持某种确定关系时,一般总是先加工内圆表面,然后再以内圆表面定位加工外圆表面。

内圆表面可以在车、钻、镗、拉、磨床上进行。常用的加工方法有钻孔、扩孔、铰孔、镗孔、拉孔和磨孔等。选择加工方法时,应考虑孔径大小、深度、精度、工件形状、尺寸、质量、材料、生产批量及设备等具体条件。对于精度要求较高的孔,最后还须经珩磨或研磨及滚压等精密加工。

内圆表面的各种加工方案及其所能达到的经济加工精度和表面粗糙度值,详见表 6.13。

表 6.13　内圆表面的各种加工方案

序号	加工方案	经济精度级	表面粗糙度 $Ra/\mu m$	适用范围
1	钻	IT11~IT12	12.5	加工未淬火钢及铸铁实心毛坯,也可加工有色金属(但表面粗糙度稍粗糙,孔径小于 15~20 mm)
2	钻-铰	IT9	1.6~3.2	
3	钻-铰-精铰	IT7~IT8	0.8~1.6	
4	钻-扩	IT10~IT11	6.3~12.5	同上,但孔径大于 15~20 mm
5	钻-扩-铰	IT8~IT9	1.6~3.2	
6	钻-扩-粗铰-精铰	IT7	0.8~1.6	
7	钻-扩-机铰-手铰	IT6~IT7	0.1~0.4	
8	钻-扩-拉	IT7~IT9	0.1~1.6	大批大量生产(精度由拉刀精度决定)

续表

序号	加工方案	经济精度级	表面粗糙度 $Ra/\mu m$	适用范围
9	粗镗(或扩孔)	IT11~IT12	6.3~12.5	除淬火钢外各种材料,毛坯有铸出孔或锻出孔
10	粗镗(粗扩)-半精镗(精扩)	IT8~IT9	1.6~3.2	
11	粗镗(扩)-半精镗(精扩)-精镗(铰)	IT7~IT8	0.8~1.6	
12	粗镗(扩)-半精镗(精扩)-精镗-浮动镗刀精镗	IT6~IT7	0.4~0.8	
13	粗镗(扩)-半精镗-磨孔	IT7~IT8	0.2~0.8	主要用于淬火钢,也可用于未淬火钢,但不宜用于有色金属
14	粗镗(扩)-半精镗-粗磨-精磨	IT6~IT7	0.1~0.2	
15	粗镗-半精镗-精镗-金刚镗	IT6~IT7	0.05~0.4	主要用于精度要求高的有色金属加工
16	钻-(扩)-粗铰-精铰-珩磨 钻-(扩)-拉-珩磨 粗镗-半精镗-精镗-珩磨	IT6~IT7	0.025~0.2	精度要求很高的孔
17	以研磨代替上述方案中的珩磨	IT6级以上		

6.3.2 钻削加工

用钻头在实体材料上加工孔的方法称为钻孔;用扩孔钻对已有孔进行扩大再加工的方法称为扩孔,将它们统称为钻削加工。钻削加工主要在钻床上进行。钻削加工操作简便,适应性强,应用很广。

1)钻孔

钻孔最常用的刀具是麻花钻,用麻花钻钻孔的尺寸精度为IT11~IT13,表面粗糙度 Ra 为 12.5~50 μm,属于粗加工。钻孔主要用于质量要求不高的孔的终加工,例如,螺栓孔、油孔等,也可作为质量要求较高孔的预加工。

麻花钻由工具厂专业生产,其常备规格为 $\phi0.1~\phi80$ mm。麻花钻的结构主要由柄部、颈部及工作部分组成,如图6.17所示。

柄部是钻头的夹持部分,用以传递扭矩和轴向力。柄部有直柄和锥柄两种形式,钻头直径小于12 mm时制成直柄,如图6.17(a)所示;钻头直径大于12 mm时制成莫氏锥度的圆锥柄,如图6.17(c)所示。锥柄后端的扁尾可插入钻床主轴的长方孔中,以传递较大的扭矩。

颈部是柄部和工作部分的连接部分,是磨削柄部时砂轮的退刀槽,也是打印商标和钻头规格的地方。直柄钻头一般不制有颈部。

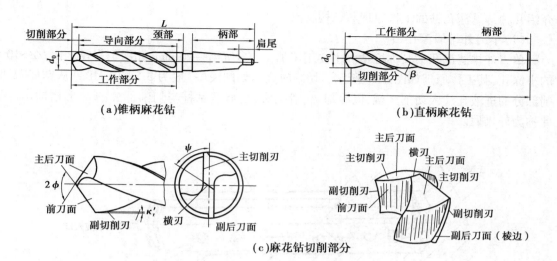

图 6.17　麻花钻的结构

钻头的工作部分包括切削部分和导向部分。切削部分担负主要切削工作,如图 6.17(c)所示,切削部分由两条主切削刃、两条副切削刃和一条横刃及两个前刀面和两个主后刀面组成。螺旋槽的一部分为前刀面,钻头的顶锥面为主后刀面。导向部分的作用是当切削部分切入工件后起导向作用,也是切削部分的后备部分。导向部分有两条螺旋槽和两条棱边,螺旋槽起排屑和输送切削液作用,棱边起导向、修光孔壁作用。导向部分有微小的倒锥度,即从切削部分向柄部每 100 mm 长度上钻头直径 d_0 减少 0.03~0.12 mm,以减少与孔壁的摩擦。

麻花钻的主要几何角度有顶角 2ϕ,螺旋角 β,前角 γ_0,后角 α_0 和横刃斜角 ψ 等。这些几何角度对钻削加工的性能、切削力大小、排屑情况等都有直接的影响,使用时要根据不同加工材料和切削要求来选取。

麻花钻虽然是孔加工的主要刀具,长期以来一直被广泛使用,但是由于麻花钻在结构上存在着比较严重的缺陷,致使钻孔的质量和生产率受到很大影响,这主要表现在以下几个方面:

①钻头主切削刃上各点的前角变化很大,钻孔时,外缘处的切削速度最大,而该处的前角最大,刀刃强度最薄弱,因此钻头在外缘处的磨损特别严重。

②钻头横刃较长,横刃及其附近的前角为负值,达 -60°~-55°。钻孔时,横刃处于挤刮状态,轴向抗力较大。同时横刃过长,不利于钻头定心,易产生引偏,致使加工孔的孔径增大,孔不圆或孔的轴线歪斜等。

③钻削加工过程是半封闭加工。钻孔时,主切削刃全长同时参加切削,切削刃长,切屑宽,而各点切屑的流出方向和速度各异,切屑呈螺卷状,而容屑槽又受钻头本身尺寸的限制,因而排屑困难,切削液也不易注入切削区域,冷却和散热不良,大大降低了钻头的使用寿命。

2)钻深孔

对于孔的深度与直径之比 $l/d = 5~10$ 的普通深孔,可用接长麻花钻加工;对于孔的深度与直径之比 $l/d > 5~10$ 的深孔,必须采用特殊结构的深孔钻才能加工。

深孔加工难度大,技术要求高,这是深孔加工的特点所决定的。因此,设计和使用深孔钻时应注意钻头的导向,防止偏斜;保证可靠的断屑和排屑;采取有效的冷却和润滑措施。下面介绍几种常见深孔钻的工作原理与结构特点。

（1）单刃外排屑深孔钻

单刃外排屑深孔钻又称枪钻。主要用于加工直径 $d=3\sim20$ mm,孔深与直径之比 $l/d>100$ 的小深孔,其工作原理如图 6.18 所示。切削时高压切削液(一般为 3.5~10 MPa)从钻杆和切削部分的进液孔注入切削区域,以冷却、润滑钻头,切屑经钻杆与切削部分的 V 形槽冲出,因此称为外排屑。

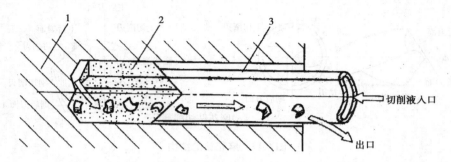

图 6.18　单刃外排屑深孔钻工作原理
1—工件;2—切削部分;3—钻杆

枪钻的特点是结构较简单,钻头背部圆弧支承面在切削过程起导向定位作用,切削稳定,孔加工直线性好。

（2）错齿内排屑深孔钻

错齿内排屑深孔钻适于加工直径 $d>20$ mm,孔深与直径比 $l/d<100$ 的直径较大的深孔。其工作原理如图 6.19 所示。切削时高压切削液(一般为 2~6 MPa)由工件孔壁与钻杆的表面之间的间隙进入切削区,以冷却、润滑钻头切削部分,并利用高压切削液把切屑从钻头和钻管的内孔中冲出。

错齿内排屑深孔钻的切削部分由数块硬质合金刀片交错排列焊接在钻体上,实现了分屑,便于切屑排出;切屑是从钻杆内部排出而不与工件已加工表面接触,因此可获得好的加工表面质量;分布在钻头前端的硬质合金导向条,使钻头支承在孔壁上,实现了切削过程中的导向,增大了切削过程的稳定性。

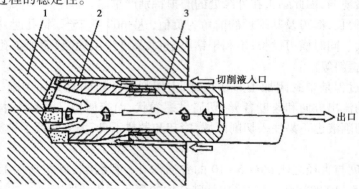

图 6.19　错齿内排屑深孔钻工作原理
1—工件;2—钻头;3—钻杆

（3）喷吸钻

喷吸钻适用于加工直径 $d=16\sim65$ mm,孔深与直径比 $l/d<100$ 的中等直径一般的深孔。喷吸钻主要由钻头、内钻管、外钻管 3 个部分组成,钻头部分的结构与错齿内排屑深孔钻基本相同。其工作原理如图 6.20 所示。工作时,切削液以一定的压力(一般为 0.98~1.96 MPa)从内外钻管之间输入,其中 2/3 的切削液通过钻头上的小孔压向切削区,对钻头切削部分及导向部分进行冷却与润滑;另外 1/3 的切削液则通过内钻管上月牙形槽喷嘴喷入内钻管,由于月牙形槽缝隙很窄,喷入的切削液流速增大而形成一个低压区,切削区的高压与内钻管内的低压形成压力差,使切削液和切屑一起被迅速"吸"出,提高了冷却和排屑的效果,因此喷吸钻是一种效率高,加工质量好的内排屑深孔钻。

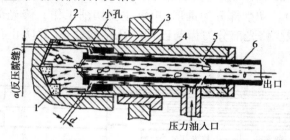

图 6.20　喷吸钻工作原理

1—钻头;2—工件;3—钻套;4—外钻管;5—月牙形槽喷嘴;6—内钻管

3）扩孔

扩孔是用扩孔钻对工件上已钻出、铸出或锻出的孔进行扩大加工。扩孔可在一定程度上校正原孔轴线的偏斜,扩孔的精度可达 IT9~IT10,表面粗糙度 Ra 值可达 3.2~6.3 μm,属于半精加工。扩孔常用作铰孔前的预加工,对于质量要求不高的孔,扩孔也可作孔加工的最终工序。

扩孔用的扩孔钻结构形式分为带柄和套式两类。如图 6.21 所示,带柄的扩孔钻由工作部分及柄部组成;套式的扩孔钻由工作部分及 1:30 锥孔组成。

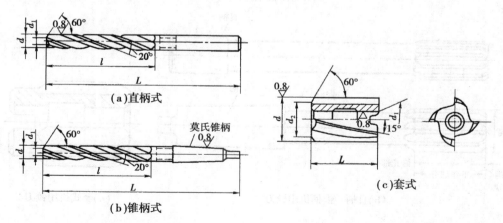

图 6.21　扩孔钻类型

扩孔钻与麻花钻相比,容屑槽浅窄,可在刀体上作出 3~4 个切削刃,因此可提高生产率。同时,切削刃增多,棱带也增多,从而提高了扩孔钻的导向作用,使切削较稳定。此外,扩孔钻没有横刃,钻芯粗大,轴向力小,刚性较好,可采用较大的进给量。

选用扩孔钻时应根据被加工孔及机床夹持部分的形式,选用相应直径及形式的扩孔钻。

通常直柄扩孔钻适用范围为 $d = 3 \sim 20$ mm;锥柄扩孔钻适用范围为 $d = 7.5 \sim 50$ mm;套式扩孔钻主要用于大直径及较深孔的扩孔加工,其适用范围为 $d = 20 \sim 100$ mm。扩孔余量一般为 $0.5 \sim 4$ mm(直径值)。

4)铰孔

用铰刀从被加工孔的孔壁上切除微量金属,使孔的精度和表面质量得到提高的加工方法,称为铰孔。铰孔是应用较普遍的对中小直径孔进行精加工的方法之一,它是在扩孔或半精镗孔的基础上进行的。根据铰刀的结构不同,铰孔可以加工圆柱孔、圆锥孔;可以用于操作,也可以在机床上进行。铰孔后孔的精度可达 IT7~IT9,表面粗糙度 Ra 值达 $0.4 \sim 1.6$ μm。

铰刀的结构如图 6.22 所示,铰刀由柄部、颈部和工作部分组成。工作部分包括切削部分和修光部分(标准部分)。切削部分为锥形,担负主要切削工作。修光部分起校正孔径、修光孔壁和导向作用。为减少修光部分刀齿与已加工孔壁的摩擦,并防止孔径扩大,修光部分的后端为倒锥形状。

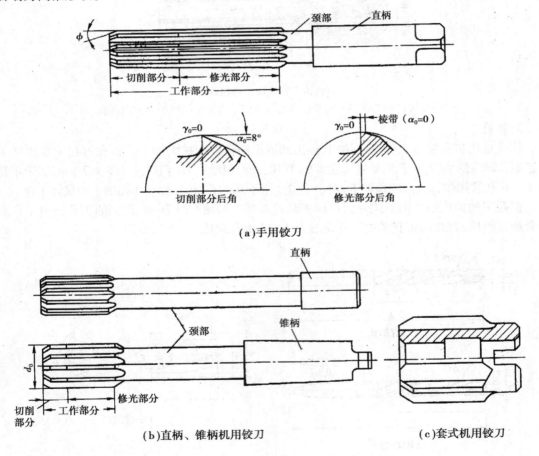

图 6.22　铰刀结构

铰刀可分为手用铰刀和机用铰刀两种。手用铰刀为直柄(图 6.22(a)),其工作部分较长,导向性好,可防止铰孔时铰刀歪斜。机用铰刀又分为直柄、锥柄和套式 3 种(图 6.22(b)、(c))。

选用铰刀时,应根据被加工孔的特点及铰刀的特点正确选用。一般手用铰刀用于小批生产或修配工作中,对未淬硬孔进行手工操作的精加工。手用铰刀适用范围为 $d = 1 \sim 71$ mm。

机用铰刀适用于在车床、钻床、数控机床等机床上使用。主要对钢、合金钢、铸铁、铜、铝等工件的孔进行半精加工和精加工。一般机用铰刀的适用范围为 $d = 1 \sim 50$ mm,套式机用铰刀适合于较大孔径的加工,其范围为 $d = 23.6 \sim 100$ mm。

另外,铰刀分为 3 个精度等级,分别用于不同精度孔的加工(H7、H8、H9)。在选用时,应根据被加工孔的直径、精度和机床夹持部分的形式来选用相应的铰刀。

铰孔生产率高,容易保证孔的精度和表面粗糙度,但铰刀是定值刀具,一种规格的铰刀只能加工一种尺寸和精度的孔,且不宜铰削非标准孔、台阶孔和盲孔。对于中等尺寸以下较精密的孔,钻—扩—铰是生产中经常采用的典型工艺方案。

5)钻床

钻床主要是用钻头钻削直径不大,精度要求较低的孔,此外还可进行扩孔、铰孔、攻螺纹等加工。加工时,工件固定不动,刀具旋转形成主运动,同时沿轴向移动完成进给运动。钻床的应用很广,其主要加工方法如图 6.23 所示。

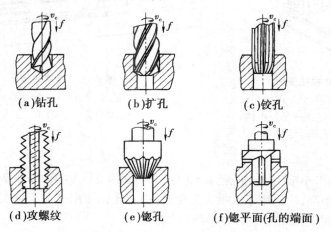

(a)钻孔　　　　(b)扩孔　　　　(c)铰孔

(d)攻螺纹　　　(e)锪孔　　　　(f)锪平面(孔的端面)

图 6.23　钻床的加工方法

钻床的主要类型有台式钻床、主式钻床、摇臂钻床以及深孔钻床等。

(1)立式钻床

立式钻床是应用较广的一种机床,其主参数是最大钻孔直径,常用的有 25、35、40 和 50 mm等几种。

立式钻床的特点是主轴轴线是垂直布置,而且位置是固定的。加工时,为使刀具旋转中心线与被加工孔的中心线重合,必须移动工件,因此,立式钻床只适用于加工中小工件上直径 $d \leqslant 50$ mm 的孔。图 6.24 是立式钻床的外形图。变速箱中装有主运动变速传动机构,进给箱中装有进给运动变速机构及操纵机构。加工时,进给箱固定不动,转动操纵手柄,由主轴随主轴套筒在进给箱中作直线移动来完成进给运动。工作台和进给箱都装在立柱的垂直导轨上,并可上下调整位置,以适应加工不同高度的工件。

(2)摇臂钻床

摇臂钻床广泛用于大中型零件上直径 $d \leqslant 80$ mm 孔的加工,其外形如图 6.25 所示。主轴箱可以在摇臂上水平移动,摇臂既可以绕立柱转动,又可沿立柱垂直升降。加工时,工件在工作台或机座上安装固定,通过调整摇臂和主轴箱的位置,使主轴 5 中心线与被加工孔的中心线重合。

263

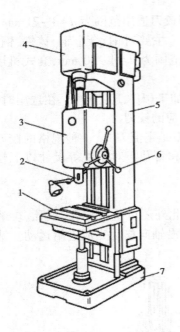
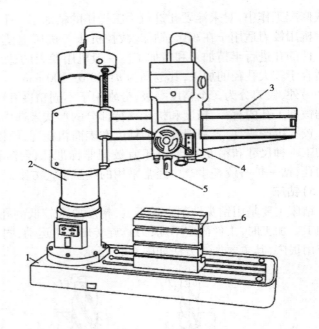

图 6.24　立式钻床图
1—工作台;2—主轴;3—进给箱;
4—变速箱;5—立柱;6—操纵手柄;
7—底座

图 6.25　摇臂钻床
1—底座;2—立柱;3—摇臂;
4—主轴箱;5—主轴;6—工作台

（3）其他钻床

台钻是一种加工小型工件上孔径 $d=0.1\sim13$ mm 的立式钻床;多轴钻床可同时加工工件上的很多孔,生产率高,广泛用于大批大量生产;中心孔钻床用来加工轴类零件两端面上中心孔;深孔钻床用于加工孔深与直径比 $l/d>5$ 的深孔。

6.3.3　镗削加工

镗孔是用镗刀在已加工孔的工件上使孔径扩大并达到精度和表面粗糙度要求的加工方法。

镗孔是常用的孔加工方法之一,其加工范围广泛。一般镗孔的精度可达 IT7~IT8,表面粗糙度 Ra 为 $0.8\sim1.6$ μm;精细镗时,精度可达 IT6~IT7,表面粗糙度 Ra 为 $0.1\sim0.8$ μm。根据工件的尺寸形状、技术要求及生产批量的不同,镗孔可在镗床、车床、铣床、数控机床和组合机床上进行。一般回旋体零件上的孔,多用车床加工;而箱体类零件上的孔或孔系(即要求相互平行或垂直的若干孔),则可在镗床上加工。

镗孔不但能校正原有孔轴线偏斜,而且能保证孔的位置精度,因此镗削加工适用于加工机座、箱体、支架等外形复杂的大型零件上的孔径较大、尺寸精度要求较高、有位置要求的孔和孔系。

1)镗刀

镗刀有多种类型,按其切削刃数量可分为单刃镗刀、双刃镗刀和多刃镗刀;按其加工表面可分为通孔镗刀、盲孔镗刀、阶梯孔镗刀和端面镗刀;按其结构可分为整体式、装配式和可调式。图 6.26 所示为单刃镗刀和多刃镗刀的结构。

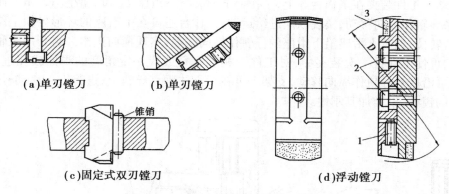

(a)单刃镗刀　　　　(b)单刃镗刀

(c)固定式双刃镗刀　　　　(d)浮动镗刀

图6.26　单刃镗刀和多刃镗刀的结构

（1）单刃镗刀

单刃镗刀刀头结构与车刀类似，刀头装在刀杆中，根据被加工孔孔径大小，通过手工操纵，用螺钉固定刀头的位置。刀头与镗杆轴线垂直（图6.26（a））可镗通孔，倾斜安装（图6.26（b））可镗盲孔。

单刃镗刀结构简单，可校正原有孔轴线偏斜和小的位置偏差，适应性较广，可用来进行粗加工、半精加工或精加工。但是，所镗孔径尺寸的大小要靠人工调整刀头的悬伸长度来保证，较为麻烦，加之仅有一个主切削刃参加工作，故生产效率较低，多用于单件小批量生产。

（2）双刃镗刀

双刃镗刀有两个对称的切削刃，切削时径向力可相互抵消，工件孔径尺寸和精度由镗刀径向尺寸保证。

图6.26（c）为固定式双刃镗刀。工作时，镗刀块可通过斜楔、锥销或螺钉装夹在镗杆上，镗刀块相对于轴线的位置偏差会造成孔径误差。固定式双刃镗刀是定尺寸刀具，适用于粗镗或半精镗直径较大的孔。

图6.26（d）为可调节浮动镗刀块，调节时，先松开螺钉2，转动螺钉1，改变刀片的径向位置至两切削刃之间尺寸等于所要加工孔径尺寸，最后拧紧螺钉2。工作时，镗刀块在镗杆的径向槽中不紧固，能在径向自由滑动，刀块在切削力的作用下保持平衡对中，可减少镗刀块安装误差及镗杆径向跳动所引起的加工误差，而获得较高的加工精度。但它不能校正原有孔轴线偏斜或位置误差，其使用应在单刃镗之后进行。浮动镗削适于精加工批量较大、孔径较大的孔。

2）镗床

镗床主要用于加工尺寸较大且精度要求较高的孔，特别是分布在不同表面上、孔距和位置精度要求很严格的孔系，如箱体、汽车发动机缸体等零件上的孔系加工。镗床工作时，由刀具作旋转主运动，进给运动则根据机床类型和加工条件的不同或者由刀具完成，或者由工件完成。镗床主要类型有卧式镗床、坐标镗床以及金刚镗床等。

（1）卧式镗床

卧式镗床的外形如图6.27所示，主要由床身10、主轴箱8、工作台3、平旋盘5、前立柱7和后立柱2等组成。主轴箱中装有镗轴6、平旋盘5及主运动和进给运动的变速、操纵机构。加工时，镗轴6带动镗刀旋转形成主运动，并可沿其轴线移动实现轴向进给运动；平旋盘5只作旋转运动，装在平旋盘端面燕尾导轨中的径向刀架4除了随平旋盘一起旋转外，还可带动刀具沿燕尾导轨作径向进给运动；主轴箱8可沿前立柱7的垂直导轨作上下移动，以实现垂直进给运动。工件装夹在工作台3上,工作台下面装有下滑座11和上滑座12,下滑座可沿床身10水平导轨作纵向移动,实现纵向进给运动;工作台还可在上滑座的环形导轨上绕垂直轴回转,进行转位;以及上滑座沿下滑座的导轨作横向移动,实现横向进给。再利用主轴箱上下位置调节,可使工件在一次装夹中,对工件上相互平行或成一定角度的平面或孔进行加工。后立柱2可沿床身导轨作纵向移动,支架1可在后立柱垂直导轨上,进行上下移动,用以支承悬伸较长的镗杆,以增加其刚性。

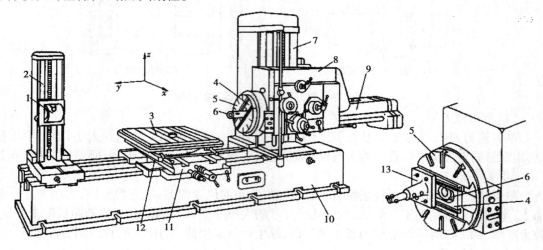

图 6.27　卧式镗床

1—支架;2—后立柱;3—工作台;4—径向刀架;5—平旋盘;6—镗轴;7—前立柱;
8—主轴箱;9—后尾筒;10—床身;11—下滑座;12—上滑座;13—刀座

综上所述,卧式镗床的主运动有镗轴和平旋盘的旋转运动(二者是独立的,分别由不同的传动机构驱动);进给运动有镗轴的轴向进给运动,平旋盘上径向刀架的径向进给运动,主轴箱的垂直进给运动,工作台的纵向、横向进给运动;此外,辅助运动有工作台转位,后立柱纵向调位,后立柱支架的垂直方向调位,以及主轴箱沿垂直方向和工作台沿纵、横方向的快速调位运动。

卧式镗床结构复杂,通用性较大,除可进行镗孔外,还可进行钻孔、加工各种形状沟槽、铣平面、车削端面和螺纹等。卧式镗床的主参数是镗轴直径。它广泛用于机修和工具车间,适用于单件小批量生产。图 6.28 为其典型加工方法。

其中,图 6.28(a)为利用装在镗轴上的镗刀镗孔,纵向进给运动 f_1 由镗轴移动完成;图 6.28(b)为利用后立柱支架支承长镗杆镗削同轴孔,纵向进给运动 f_3 由工作台移动完成;图 6.28(c)为利用平旋盘上刀具镗削大直径孔,纵向进给运动 f_3 由工作台完成;图 6.28(d)为利用装在镗轴上的端铣刀铣平面,垂直进给运动 f_2 由主轴箱完成;图 6.28(e)、(f)为利用装在平旋盘径向刀架上的刀具车内沟槽和端面,径向进给运动 f_4 由径向刀架完成。

(2)坐标镗车

该类机床上具有坐标位置的精密测量装置,加工孔时,按直角坐标来精密定位,故称为坐标镗床。坐标镗床是一种高精度机床,主要用于镗削高精度的孔,特别适用于相互位置精度很高的孔系,如钻模、镗模等的孔系。坐标镗床还可进行钻孔、扩孔、铰孔及精铣加工。此外,还可作精密刻线、样板画线、孔距及直线尺寸的精密测量等工作。

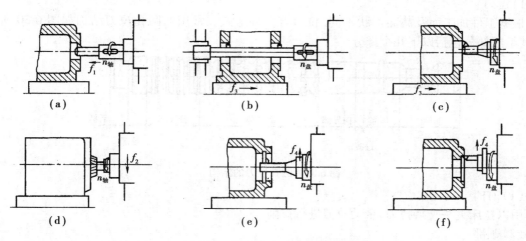

图 6.28　卧式镗床的典型加工方法

6.3.4　拉削加工

在拉床上用拉刀加工工件的工艺过程,称为拉削加工。拉削工艺范围广,不但可以加工各种形状的通孔,还可拉削平面及各种组合成形表面。图 6.29 所示为适用于拉削加工的典型工件截面形状。由于受拉刀制造工艺以及拉床动力的限制,过小或过大尺寸的孔均不适宜拉削加工(拉削孔径一般为 10 ~ 100 mm,孔的深径比一般不超过 5),盲孔、台阶孔和薄壁孔也不适宜拉削加工。

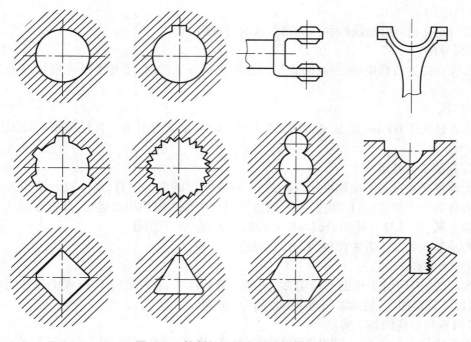

图 6.29　拉削加工的典型工件截面形状

1)拉刀

根据工件加工面及截面形状不同,拉刀有多种形式。常用的圆孔拉刀结构如图6.30所示,其组成部分包括以下几个部分。

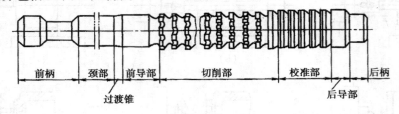

前柄　颈部　前导部　　切削部　　　校准部　后柄

过渡锥　　　　　　　　　　　后导部

图6.30　圆孔拉刀的结构

（1）前柄

用以拉床夹头夹持拉刀,带动拉刀进行拉削。

（2）颈部

颈部是前柄与过渡锥的连接部分,可在此处打标记。

（3）过渡锥

起对准中心的作用,使拉刀顺利进入工件预制孔中。

（4）前导部

前导部起导向和定心作用,防止拉孔歪斜,并可检查拉削前的孔径尺寸是否过小,以免拉刀第一个切削齿载荷太重而损坏。

（5）切削部

承担全部余量的切除工作,由粗切齿、过渡齿和精切齿组成。

（6）校准部

用以校正孔径,修光孔壁,并作为精切齿的后备齿。

（7）后导部

用以保持拉刀最后正确位置,防止拉刀在即将离开工件时,工件下垂而损坏已加工表面或刀齿。

（8）后柄

用作直径大于60 mm既长又重拉刀的后支承,防止拉刀下垂。直径较小的拉刀可不设后柄。

2)拉孔的工艺特点

分析前述圆孔拉刀的结构可知,拉刀是一种高精度的多齿刀具,由于拉刀从头部向尾部方向其刀齿高度逐齿递增,拉削过程中,通过拉刀与工件之间的相对运动,分别逐层从工件孔壁上切除金属(图6.31),从而形成与拉刀的最后刀齿同形状的孔。

拉孔与其他孔加工方法比较,具有以下特点:

（1）生产率高

拉削时,拉刀同时工作的刀齿数多、切削刃总长度长,在一次工作行程中就能完成粗加工、半精加工及精加工,机动时间短,因此生产率很高。

（2）可获得较高的加工质量

拉刀为定尺寸刀具,有校准齿对孔壁进行校准、修光;拉孔切削速度低($v_e = 2 \sim 8$ m/min),拉削过程平稳,因此可获得较高的加工质量。一般拉孔精度可达IT7~IT8级,表面粗糙度Ra为0.1~1.6 μm。

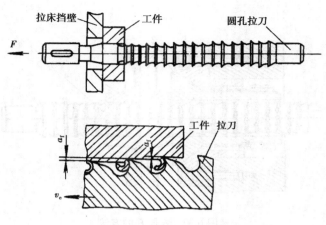

图 6.31　拉刀拉孔过程

（3）拉刀使用寿命长

由于拉削速度低，切削厚度小，每次拉削过程中，每个刀齿工作时间短，拉刀磨损慢，因此拉刀耐用度高，使用寿命长。

（4）拉削运动简单

拉削的主运动是拉刀的轴向移动，而进给运动是由拉刀各刀齿的齿升量 a_f（见图 6.31）来完成的。因此，拉床只有主运动，没有进给运动，拉床结构简单，操作方便。但拉刀结构较复杂，制造成本高。拉削多用于大批大量或成批生产中。

3）拉床

拉床按用途可分为内拉床和外拉床；按机床布局可分为卧式和立式。其中，卧式内拉床应用普遍。

图 6.32 为卧式内拉床的外形结构。液压缸 1 固定于床身内，工作时，液压泵供给压力油驱动活塞，活塞带动拉刀 4，连同拉刀尾部活动支承 5 一起沿水平方向左移，装在固定支承上的工件 3 即被拉制出符合精度要求的内孔，其拉力通过压力表 2 显示。

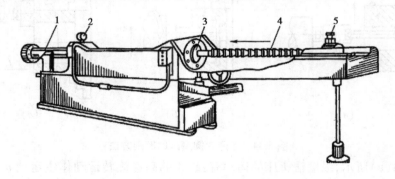

图 6.32　卧式内拉床
1—液压缸；2—压力表；3—工件；4—拉刀；5—活动支承

拉削圆孔时，工件一般不需夹紧，只以工件端面支承，因此，工件孔的轴线与端面之间应有一定的垂直度要求。当孔的轴线与端面不垂直时，则需将工件的端面紧贴在一个球面垫板上，如图 6.33 所示，在拉削力作用下，工件 3 连同球面垫板 2 在固定支承架 1 上作微量转动，以使工件轴线自动调到与拉刀轴线一致的方向。

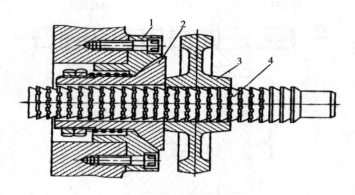

图 6.33 拉圆孔的方法
1—固定支承架;2—球面垫板;3—工件;4—拉刀图

6.3.5 内圆磨削

内圆表面的磨削可以在内圆磨床上进行,也可在万能外圆磨床上进行。内圆磨床的主要类型有普通内圆磨床、无心内圆磨床和行星内圆磨床。不同类型的内圆磨床其磨削方法是不相同的。

1)内圆磨削方法

(1)普通内圆磨床的磨削方法

普通内圆磨床是生产中应用最广的一种,图 6.34 所示为普通内圆磨床的磨削方法。磨削时,根据工件的形状和尺寸不同,可采用纵磨法(图 6.34(a))、横磨法(图 6.34(b)),有些普通内圆磨床上备有专门的端磨装置,可在一次装夹中磨削内孔和端面(图 6.34(c)),这样不仅容易保证内孔和端面的垂直度,而且生产效率较高。

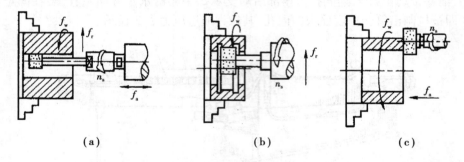

(a)　　　　　　　　(b)　　　　　　　　(c)

图 6.34 普通内圆磨床的磨削方法

如图 6.34(a)所示,纵磨法机床的运动有:砂轮的高速旋转运动作主运动 n_s;头架带动工件旋转作圆周进给运动 f_w,砂轮或工件沿其轴线往复作纵向进给运动 f_a,在每次(或几次)往复行程后,工件沿其径向作一次横向进给运动 f_r。这种磨削方法适用于形状规则、便于旋转的工件。

横磨法无须纵向进给运动 f_a,如图 6.34(b)所示,横磨法适用于磨削带有沟槽表面的孔。

(2)无心内圆磨床磨削

如图 6.35 所示为无心内圆磨床的磨削方法。磨削时,工件 4 支承在滚轮 1 和导轮 3 上,压紧轮 2 使工件紧靠导轮 3,工件即由导轮 3 带动旋转,实现圆周进给运动 f_w。砂轮除了完成主运动 n_s 外,还作纵向进给运动 f_a 和周期性横向进给运动 f_r。加工结束时,压紧轮沿箭头 A 方向摆开,以便装卸工件。这种磨削方法适用于大批大量生产中,外圆表面已精加工的薄壁工件,如轴承套等。

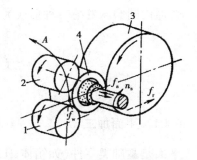

图 6.35　无心内圆磨床的磨削方法
1—滚轮;2—压紧轮;3—导轮;4—工件

2) 内圆磨削的工艺特点及应用范围

内圆磨削与外圆磨削相比,加工条件比较差,内圆磨削具有以下一些特点:

①砂轮直径受到被加工孔径的限制,直径较小。砂轮很容易磨钝,需要经常修整和更换,增加了辅助时间,降低了生产率。

②砂轮直径小,即使砂轮转速高达每分钟几万转,要达到砂轮圆周速度 25~30 m/s 也是十分困难的,由于磨削速度低,因此内圆磨削比外圆磨削效率低。

③砂轮轴的直径尺寸较小,而且悬伸较长,刚性差,磨削时容易发生弯曲和震动,从而影响加工精度和表面粗糙度。内圆磨削精度可达 IT6~IT8,表面粗糙度 Ra 可达 0.2~0.8 μm。

④切削液不易进入磨削区,磨屑排除较外圆磨削困难。

虽然内圆磨削比外圆磨削加工条件差,但仍然是一种常用的精加工孔的方法。特别适用于淬硬的孔、断续表面的孔(带键槽或花键槽的孔)和长度较短的精密孔加工。磨孔不仅能保证孔本身的尺寸精度和表面质量,还能提高孔的位置精度和轴线的直线度;用同一砂轮,可以磨削不同直径的孔,灵活性大。内圆磨削可以磨削圆柱孔(通孔、盲孔、阶梯孔)、圆锥孔及孔端面等。

3) 普通内圆磨床

图 6.36 为普通内圆磨床外形图。它主要由床身 1、工作台 2、头架 3、砂轮架 4 和滑鞍 5 等组成。磨削时,砂轮轴的旋转为主运动,头架带动工件旋转运动为圆周进给运动,工作台带动头架完成纵向进给运动,横向进给运动由砂轮架沿滑鞍的横向移动来实现。磨锥孔时,需将头架转过相应角度。

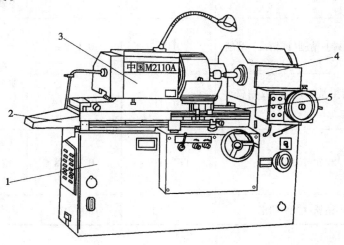

图 6.36　普通内圆磨床
1—床身;2—工作台;3—头架;4—砂轮架;5—滑鞍

271

普通内圆磨床的另一种形式为砂轮架安装在工作台上工作纵向进给运动。

6.4 平面加工方法

6.4.1 平面加工

平面是基础类零件(如箱体、工作台、床身及支架等)的主要表面,也是回旋体零件的重要表面之一(如端面、台肩面等)。根据平面所起的作用不同,可将其分为非结合面、结合面、导向面、测量工具的工作平面等。平面的加工方法有车削、铣削、刨削、磨削、拉削、研磨、刮研等。其中,刨削、铣削、磨削是平面的主要加工方法。

由于平面作用不同,其技术要求不同,因此采用不同的加工方案时,应根据工件的技术要求、毛坯种类、原材料状况及生产规模等因素进行合理选用,以保证平面加工质量。常用的平面加工方案见表6.14。

表 6.14　平面加工方案

序号	加工方案	经济精度级	表面粗糙度 $Ra/\mu m$	适用范围
1	粗车-半精车	IT9	3.2~6.3	回转体零件的端面
2	粗车-半精车-精车	IT7~IT8	0.8~1.6	
3	粗车-半精车-磨削	IT6~IT8	0.2~0.8	
4	粗刨(或粗铣)-精刨(或精铣)	IT8~IT10	1.6~6.3	精度不太高的不淬硬平面
5	粗刨(或粗铣)-精刨(或精铣)-刮研	IT6~IT7	0.1~0.8	精度要求较高的不淬硬平面
6	粗刨(或粗铣)-精刨(或精铣)-磨削	IT7	0.2~0.8	精度要求较高的淬硬平或不淬硬平面
7	粗刨(或粗铣)-精刨(或精铣)-粗磨-精磨	IT6~IT7	0.02~0.4	
8	粗铣-拉削	IT7~IT9	0.2~0.8	大量生产,较小平面(精度与拉刀精度有关)
9	粗铣-精铣-精磨-研磨	IT5 以上	0.06~0.1	高精度平面

6.4.2　刨削与插削加工

1）刨削加工

在刨床上使用刨刀对工件进行切削加工,称为刨削加工。刨削加工主要用于加工各种平面(如水平面、垂直面和斜面等)和沟槽(如 T 形槽、燕尾槽、V 形槽等)。刨削加工的典型表面如图 6.37 所示(图中的切削运动是按牛头刨床加工时标注的)。

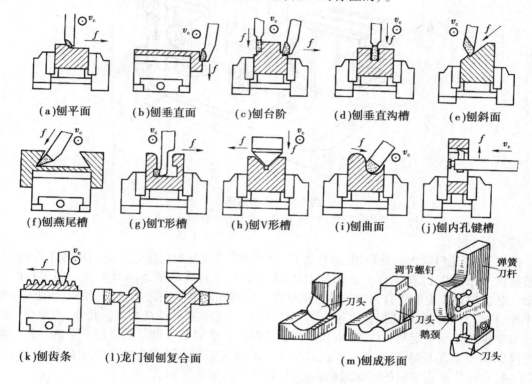

(a)刨平面　　(b)刨垂直面　　(c)刨台阶　　(d)刨垂直沟槽　　(e)刨斜面

(f)刨燕尾槽　　(g)刨T形槽　　(h)刨V形槽　　(i)刨曲面　　(j)刨内孔键槽

(k)刨齿条　　(l)龙门刨刨复合面　　(m)刨成形面

图 6.37　刨削加工典型表面

刨削加工常见的机床有牛头刨床和龙门刨床两种。

（1）牛头刨床

如图 6.38 所示,牛头刨床主要由床身、横梁、工作台、滑枕、刀架等组成,因其滑枕和刀架形似"牛头"而得名。牛头刨床工作时,装有刀架 1 的滑枕 3 由床身 4 内部的摆杆带动,沿床身顶部的导轨作直线往复运动,由刀具实现切削过程的主运动。夹具或工件则安装在工作台 6 上,加工时,工作台 6 带动工件沿横梁 5 上导轨作间歇横向进给运动。横梁 5 可沿床身的垂直导轨上下移动,以调整工件与刨刀的相对位置。刀架 1 还可沿刀架座上的导轨上下移动(一般为手动),以调整刨削深度,以及在加工垂直平面和斜面作进给运动时。调整转盘 2,可以使刀架左右回旋,以便加工斜面和斜槽。

牛头刨床的刀具只在一个运动方向上进行切削,刀具在返回时不进行切削,空行程损失大,此外,滑枕在换向的瞬间,有较大的冲击惯性,因此主运动速度不能太高;加工时通常只能单刀加工,因此它的生产率比较低。牛头刨床的主参数是最大刨削长度。它适用于单件小批量生产或机修车间,用来加工中小型工件的平面或沟槽。

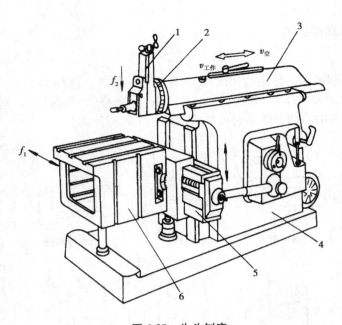

图 6.38　牛头刨床

1—刀架;2—转盘;3—滑枕;4—床身;5—横梁;6—工作台

（2）龙门刨床

图 6.39 是龙门刨床的外形图,因它具有一个"龙门"式框架而得名。龙门刨床工作时,工件装夹在工作台 9 上,随工作台沿床身 10 的水平导轨作直线往复运动以实现切削过程的主运动。装在横梁 2 上的垂直刀架 5、6 可沿横梁导轨作间歇的横向进给运动,用以刨削工件的水平面,垂直刀架的溜板还可使刀架上下移动,作切入运动或刨竖直平面。此外,刀架溜板还能绕水平轴调整至一定角度位置,以加工斜面或斜槽。横梁 2 可沿左右立柱 3、7 的导轨作垂直升降以调整垂直刀架位置,适应不同高度工件的加工需要。装在左右立柱上的侧刀架 1、8 可沿立柱导轨作垂直方向的间歇进给运动,以刨削工件竖直平面。

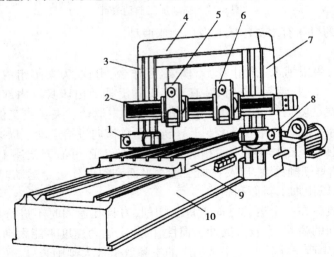

图 6.39　龙门刨床

1、8—左右侧刀架;2—横梁;3、7—立柱;4—顶梁;5、6—垂直刀架;9—工作台;10—床身

274

与牛头刨床相比,龙门刨床具有形体大、动力大、结构复杂、刚性好、工作稳定、工作行程长、适应性强和加工精度高等特点。龙门刨床的主参数是最大刨削宽度。它主要用来加工大型零件的平面,尤其是窄而长的平面,也可加工沟槽或在一次装夹中同时加工数个中小型工件的平面。

(3)刨刀

刨刀的结构与车刀相似,其几何角度的选取原则也与车刀基本相同。但因刨削过程中有冲击,因此刨刀的前角比车刀小 5°~6°;而且刨刀的刃倾角也应取较大的负值,以使刨刀切入工件时产生的冲击力作用在离刀尖稍远的切削刃上。刨刀的刀杆截面比较粗大,以增加刀杆刚性和防止折断。如图 6.40 所示,刨刀刀杆有直杆和弯杆之分,直杆刨刀刨削时,如遇加工余量不均或工件上的硬点时,切削力的突然增大将增加刨刀的弯曲变形,造成切削刃扎入已加工表面,降低了已加工表面的精度和表面质量,也容易损坏切削刃(图 6.40(a))。若采用弯杆刨刀,当切削力突然增大时,刀杆产生的弯曲变形会使刀尖离开工件,避免扎入工件(图 6.40(b))。

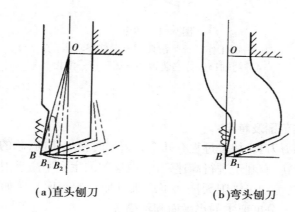

(a)直头刨刀　　　　　　　　(b)弯头刨刀

图 6.40　刨刀刀杆形状

(4)刨削加工的工艺特点

①刨床结构简单,调整、操作方便;刨刀制造、刃磨、安装容易,加工费用低。

②刨削加工切削速度低,加之空行程所造成的损失,生产率一般较低。但在加窄长面和进行多件或多刀加工时,刨削的生产率并不比铣削低。

③刨削特别适宜加工尺寸较大的 T 形槽、燕尾槽及窄长的平面。

2)插削加工

插削和刨削的切削方式基本相同,只是插削是在竖直方向进行切削。因此,可以认为插床是一种立式的刨床。图 6.41 是插床的外形图。插削加工时,滑枕 2 带动插刀沿垂直方向作直线往复运动,实现切削过程的主运动。工件安装在圆工作台 1 上,圆工作台可实现纵向、横向和圆周方向的间歇进给运动。此外,利用分度装置 5,圆工作台还可进行圆周分度。滑枕导轨座 3 和滑枕一起可以绕销轴 4 在垂直平面内相对立柱倾斜 0°~8°,以便插削斜槽和斜面。

插床的主参数是最大插削长度。插削主要用于单件、小批量生产中加工工件的内表面,如方孔、多边形孔和键槽等。在插床上加工内表面,比刨床方便,但插刀刀杆刚性差,为防止"扎刀",前角不宜过大,因此加工精度比刨削低。

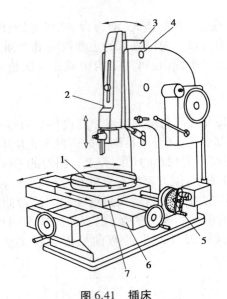

图 6.41　插床

1—圆工作台;2—滑枕;3—滑枕导轨座;
4—销轴;5—分度装置;6—床鞍;7—溜板

6.4.3　铣削加工

1)铣削加工的工艺范围及特点

①铣刀是典型的多刃刀具,加工过程有几个刀齿同时参加切削,总的切削宽度较大;铣削时的主运动是铣刀的旋转,有利于进行高速切削,故铣削的生产率高于刨削加工。

②铣削加工范围广,可加工刨削无法加工或难以加工的表面。例如,可铣削周围封闭的凹平面、圆弧形沟槽、具有分度要求的小平面和沟槽等。

③铣削过程中,就每个刀齿而言是依次参加切削,刀齿在离开工件的一段时间内,可以得到一定的冷却。因此,刀齿散热条件好,有利于减少铣刀的磨损,延长了使用寿命。

④由于是断续切削,刀齿在切入和切出工件时会产生冲击,而且每个刀齿的切削厚度也时刻在变化,这就引起切削面积和切削力的变化。因此,铣削过程不平稳,容易产生震动。

⑤铣床、铣刀比刨床、刨刀结构复杂,铣刀的制造与刃磨比刨刀困难,因此铣削成本比刨削高。

⑥铣削与刨削的加工质量大致相当,经粗、精加工后都可达到中等精度。但在加工大平面时,刨削后无明显接刀痕,而用直径小于工件宽度的端铣刀铣削时,各次走刀间有明显的接刀痕,影响表面质量。

铣削加工适用于单件小批量生产,也适用于大批量生产。

2)铣床及附件

铣床是用铣刀进行切削加工的机床,它的用途极为广泛。在铣床上采用不同类型的铣刀,配备万能分度头、回转工作台等附件,可以完成如图 6.42 所示的各种典型表面加工。

铣床工作时的主运动是主轴部件带动铣刀的旋转运动,进给运动是由工作台在 3 个互相垂直方向的直线运动来实现的。由于铣床上使用的是多齿刀具,切削过程中存在冲击和震动,这就要求铣床在结构上应具有较高的静刚度和动刚度。

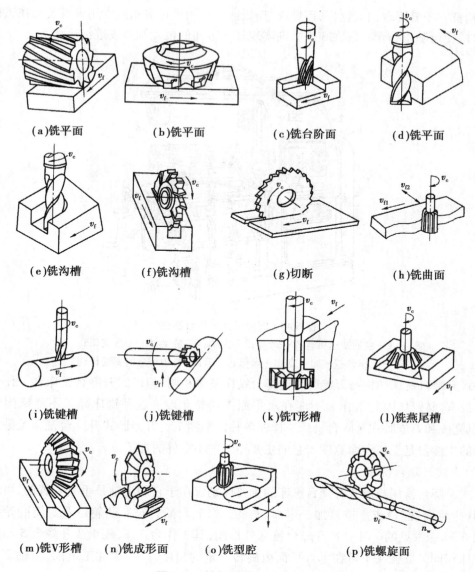

(a)铣平面　　　(b)铣平面　　　(c)铣台阶面　　　(d)铣平面

(e)铣沟槽　　　(f)铣沟槽　　　(g)切断　　　(h)铣曲面

(i)铣键槽　　　(j)铣键槽　　　(k)铣T形槽　　　(l)铣燕尾槽

(m)铣V形槽　　　(n)铣成形面　　　(o)铣型腔　　　(p)铣螺旋面

图 6.42　铣削的典型加工方法

铣床的类型有很多,主要类型有卧式升降台铣床、立式升降台铣床、工作台不升降铣床、龙门铣床、工具铣床;此外,还有仿形铣床、仪表铣床和各种专门化铣床(如键槽铣床、曲轴铣床)等。随着机床数控技术的发展,数控铣床、镗铣加工中心的应用也越来越普遍。

(1)万能卧式升降台铣床

万能卧式升降台铣床是指主轴轴线呈水平安置的,工作台可以作纵向、横向和垂直运动,并可在水平平面内调整一定角度的铣床。图 6.43 是一种应用最为广泛的万能卧式升降台铣床外形图。加工时,铣刀装夹在刀杆上,刀杆一端安装在主轴 3 的锥孔中,另一端由悬梁 4 右端的刀杆支架 5 支承,以提高其刚度。驱动铣刀作旋转主运动的主轴变速机构 1 安装在床身 2 内。工作台 6 可沿回转盘 7 上的燕尾导轨作纵向运动,回转盘 7 可相对于床鞍 8 绕垂直轴线调整至一定角度(±45°),以便加工螺旋槽等表面。床鞍 8 可沿升降台 9 上的导轨作平行于主轴轴线的横向运动,升降台 9 则可沿床身 2 侧面导轨作垂直运动。进给变速机构 10 及其操纵机构都置于升降台内。这样,用螺栓、压板或机床用平口虎钳或专用夹具装夹在工作台 6 上的工件,便可随工作台一起在 3 个方向实现任一方向的位置调整或进给运动。

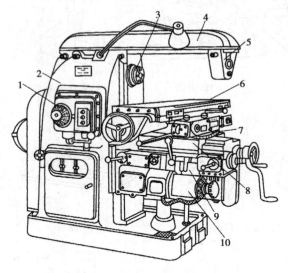

图 6.43　万能卧式升降台铣床

1—主轴变速机构;2—床身;3—主轴;4—悬梁;5—刀杆支架;
6—工作台;7—回转盘;8—床鞍;9—升降台;10—进给变速机构

卧式升降台铣床结构与万能卧式升降台铣床基本相同,但卧式升降台铣床在工作台和床鞍之间没有回转盘,因此工作台不能在水平面内调整角度。这种铣床除了不能铣削螺旋槽外,可以完成和万能卧式升降台铣床一样的各种铣削加工。万能卧式升降台铣床及卧式升降台铣床的主参数是工作台面宽度。它们主要用于中小零件的加工。

(2)立式升降台铣床

立式升降台铣床与卧式升降台铣床的主要区别仅在于它的主轴是垂直安置的,可用各种端铣刀(也称面铣刀)或立铣刀加工平面、斜面、沟槽、台阶、齿轮、凸轮以及封闭的轮廓表面等。图 6.44 为常见的一种立式升降台铣床外形图,其工作台 3、床鞍 4 及升降台 5 与卧式升降台铣床相同。立铣头 1 可在垂直平面内旋转一定的角度,以扩大加工范围,主轴 2 可沿轴线方向进行调整或作进给运动。

(3)龙门铣床

龙门铣床是一种大型高效能通用机床,主要用于加工各类大型工件上的平面、沟槽,它不仅对工件可以进行粗铣、半精铣,也可进行精铣加工。图 6.45 为具有 4 个铣头的中型龙门铣床。4 个铣头分别安装在横梁和立柱上,并可单独沿横梁或立柱的导轨作调整位置的移动。每个铣头即是一个独立的主运动部件,又能由铣头主轴套筒带动铣刀主轴沿轴向实现进给运动和调整位置的移动,根据加工需要每个铣头还能旋转一定的角度。加工时,工作台带动工件作纵向进给运动,其余运动均由铣头实现。由于龙门铣床的刚性和抗震性比龙门刨床好,它允许采用较大切削量,并可用几个铣头同时从不同方向加工几个表面,机床生产效率高,在成批和大量生产中得到广泛应用。龙门铣床的主参数是工作台面宽度。

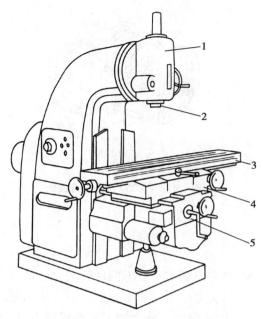

图 6.44　立式升降台铣床
1—立铣头;2—主轴;3—工作台;
4—床鞍;5—升降台

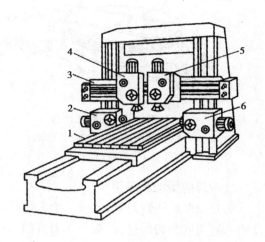

图 6.45　龙门铣床
1—工作台;2、6—水平铣头;3—横梁;
4、5—垂直铣头

（4）铣床附件

升降台式铣床配备有多种附件,用来扩大工艺范围。其中回转工作台(圆工作台)和万能分度头是常用的两种附件。

①回转工作台。安装在铣床工作台上,用来装夹工件,以铣削工件上的圆弧表面或沿圆周分度。如图 6.46 所示,用手轮转动方头 5,通过回转工作台内部的蜗杆涡轮机构,使转盘 1 转动,转盘的中心为圆锥孔,供工件定位用。利用 T 形槽、螺钉和压板将工件夹紧在转盘上。传动轴 3 和铣床的传动装置相连接,可进行机动进给。扳动手柄 4 可接通或断开机动进给。调整挡铁 2 的位置,可使转盘自动停止在所需的位置上。

②万能分度头。图 6.47 为 FW250 型(夹持工件最大直径为 250 mm)万能分度头的外形。万能分度头最基本的功能是使装夹在分度头主轴顶尖与尾座顶尖之间或夹持在卡盘上的工件,依次转过所需的角度,以达到规定的分度要求。万能分度头可以完成以下工作:由分度头主轴带动工件绕其自身轴线回转一定角度,完成等分或不等分的分度工作,用以铣削方头、六角头、直齿圆柱齿轮、键槽、花键等的分度工作;通过配备挂轮,将分度头主轴与工作台丝杠联系起来,组成一条以分度头主轴和铣床工作台纵向丝杠为两末端件的内联系传动链,用以铣削各种螺旋表面、阿基米德旋线凸轮等;用卡盘夹持工件,使工件轴线相对于铣床工作台倾斜一定角度,以铣削与工件轴线相交成一定角度的沟槽、平面、直齿锥齿轮、齿轮离合器等。

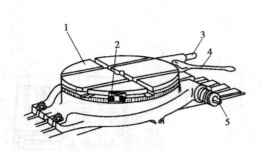

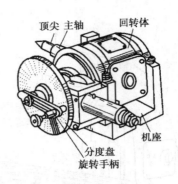

图 6.46　回转工作台

1—转盘;2—挡铁;3—传动轴;
4—手柄;5—方头

图 6.47　FW250 型万能分度头

3)铣刀的类型及应用

铣刀为多齿回转刀具,其每一个刀齿都相当于一把车刀固定在铣刀的回转面上。铣刀刀齿的几何角度和切削过程,都与车刀或刨刀基本相同。铣刀的类型很多,结构不一,应用范围很广,是金属切削刀具中种类最多的刀具之一。铣刀按其用途可分为加工平面用铣刀、加工沟槽用铣刀、加工成形面用铣刀等类型。通用规格的铣刀已标准化,一般均由专业工具厂制造。下面介绍几种常用铣刀的特点及适用范围。

(1)圆柱铣刀

圆柱铣刀一般都是用高速钢整体制造,直线或螺旋线切削刃分布在圆周表面上,没有副切削刃。螺旋形的刀齿切削时是逐渐切入和脱离工件的,因此切削过程较平稳,主要用于卧式铣床铣削宽度小于铣刀长度的狭长平面。

(2)面铣刀

面铣刀又称端铣刀,其主切削刃分布在圆柱或圆锥面上,端面切削刃为副切削刃。按刀齿材料可分为高速钢和硬质合金两大类,多制成套式镶齿结构。镶齿面铣刀刀盘直径一般为 $\phi 75 \sim \phi 300$ mm,最大可达 $\phi 600$ mm,主要用在立式或卧式铣床上铣削台阶面和平面,特别适合较大平面的铣削加工。用面铣刀加工平面,同时参加切削刀齿较多,又有副切削刃的修光作用,使加工表面粗糙度值小。硬质合金镶齿面铣刀可实现高速切削($100 \sim 150$ m/min),生产效率高,应用广泛。

(3)立铣刀

立铣刀一般由 3~4 个刀齿组成,圆柱面上的切削刃是主切削刃,端面上分布着副切削刃,工作时只能沿着刀具的径向进给,不能沿着铣刀轴线方向作进给运动。它主要用于铣削凹槽、台阶面和小平面,还可利用靠模铣削成形表面。

(4)三面刃铣刀

三面刃铣刀可分为直齿三面刃和错齿三面刃,它主要用在卧式铣床上铣削台阶面和凹槽。三面刃铣刀除圆周具有主切削刃外,两侧面也有副切削刃,从而改善了两端面切削条件,提高了切削效率,减小了表面粗糙度值。错齿三面刃铣刀,圆周上刀齿呈左右交错分布,与直齿三面刃铣刀相比,它切削较平稳、切削力小、排屑容易,故应用较广。

（5）锯片铣刀

锯片铣刀很薄，只有圆周上有刀齿，侧面无切削刃，用于铣削窄槽和切断工件。为了减小摩擦和避免夹刀，其厚度由边缘向中心减薄，使两侧面形成副偏角。

（6）键槽铣刀

键槽铣刀的外形与立铣刀相似，不同的是它在圆周上只有两个螺旋刀齿，其端面刀齿的刀刃延伸至中心，因此在铣两端不通的键槽时，可作适量的轴向进给。它主要用于加工圆头封闭键槽。铣削加工时，先轴向进给达到槽深，然后沿键槽方向铣出键槽全长。

其他还有角度铣刀、成形铣刀、T形槽铣刀、燕尾槽铣刀及头部形状根据加工需要可以是圆锥形、圆柱形球头和圆锥形球头的模具铣刀等。

4）铣削用量

（1）铣削用量要素

铣削时调整机床用的参量称为铣削要素，也称为铣削用量要素，其内容如下所述：

①铣削速度 v_c。即铣刀最大直径处切削刃的线速度，单位为 m/min。其值可用下式计算为

$$v_c = \frac{\pi d n}{1\ 000}$$

式中　d——铣刀直径，mm；

　　　n——铣刀转速，r/min。

②进给量。铣削进给量有 3 种表示方法。

a.每齿进给量 f_z：铣刀每转过一个刀齿时，工件与铣刀沿进给方向的相对位移量，单位为 mm/齿。

b.每转进给量 f：铣刀每转一转时，工件与铣刀沿进给方向的相对位移量，单位为 mm/r。

c.进给速度 v_f：单位时间（每分钟）内，工件与铣刀沿进给方向的相对位移量，单位是 mm/min。

f_z、f、v_f 三者的关系是

$$v_f = f \cdot n = f_z \cdot z \cdot n$$

式中　z——铣刀刀齿数。

铣削加工规定 3 种进给量是由于生产的需要，其中 v_f 用以机床调整及计算加工工时；每齿进给量 f_z 则用来计算切削力、验算刀齿强度。一般铣床铭牌上进给量是用进给速度 v_f 标注的。

③背吃刀量 a_p：是指平行于铣刀轴线测量的切削层尺寸，单位为 mm。周铣时 a_p 是已加工表面宽度，端铣时 a_p 是切削层深度。

④侧吃刀量 a_e：是指垂直于铣刀轴线测量的切削层尺寸，单位为 mm。周铣时 a_e 是切削层深度，端铣时 a_e 是已加工表面宽度。

（2）铣削用量的选择

铣削用量应根据工件材料、加工精度、铣刀耐用度及机床刚度等因素进行选择。首先选定铣削深度（背吃刀量 a_p），其次是每齿进给量 f_z，最后确定铣削速度 v_c。

表 6.15 和表 6.16 为铣削用量推荐值，供参考。

表 6.15　粗铣每齿进给量 f_z 的推荐值

刀具		材料	推荐进给量/(mm·齿$^{-1}$)
高速钢	圆柱铣刀	钢	0.1～0.15
		铸铁	0.12～0.20
	面铣刀	钢	0.04～0.06
		铸铁	0.15～0.20
	三面刃铣刀	钢	0.04～0.06
		铸铁	0.15～0.25
硬质合金铣刀		钢	0.1～0.20
		铸铁	0.15～0.30

表 6.16　铣削速度 v_c 的推荐值

工件材料	铣削速度/(mm·min^{-1})		说明
	高速钢铣刀	硬质合金铣刀	
20	20～40	150～190	粗铣时取小值,精铣时取大值 工件材料强度和硬度高取小值,反之取大值 刀具材料耐热性好取大值,反之取小值
45	20～35	120～150	
40Cr	15～25	60～90	
HT150	14～22	70～100	
黄铜	30～60	120～200	
铝合金	112～300	400～600	
不锈钢	16～25	50～100	

5)铣削方式

（1）周铣

用圆柱铣刀的圆周齿进行铣削的方式,称为周铣。周铣有逆铣和顺铣之分。

①逆铣。如图 6.48（a）所示,铣削时,铣刀每一刀齿在工件切入处的速度方向与工件进给方向相反,这种铣削方式称为逆铣。逆铣时,刀齿的切削厚度从零逐渐增大至最大值。刀齿在开始切入时,由于刀齿刃口有圆弧,刀齿在工件表面打滑,产生挤压与摩擦,使这段表面产生冷硬层,至滑行一定程度后,刀齿方能切下一层金属层。下一个刀齿切入时,又在冷硬层上挤压、滑行,这样不仅加速了刀具磨损,同时也使工件表面粗糙值增大。

由于铣床工作台纵向进给运动是用丝杠螺母副来实现的,螺母固定,丝杠带动工作台移动,由图 6.48（a）可知,逆铣时,铣削力 F 的纵向铣削分力 F_x 与驱动工作台移动的纵向力方向相反,这样使得工作台丝杠螺纹的左侧与螺母齿槽左侧始终保持良好接触,工作台不会发生窜动现象,铣削过程平稳。但在刀齿切离工件的瞬时,铣削力 F 的垂直铣削分力 F_z 是向上的,对工件夹紧不利,易引起震动。

②顺铣。如图 6.48（b）所示,铣削时,铣刀每一刀齿在工件切出处的速度方向与工件进给方向相同,这种切削方式称为顺铣。顺铣时,刀齿的切削厚度从最大逐步递减至零,没有逆铣

时的滑行现象,已加工表面的加工硬化程度大为减轻,表面质量较高,铣刀的耐用度比逆铣高。同时铣削力 F 的垂直分力 F_z,始终压向工作台,避免了工件的震动。

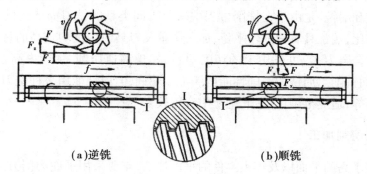

（a）逆铣　　　　　　　　　　　　（b）顺铣

图 6.48　周铣方式

顺铣时,切削力 F 的纵向分力 F_x。始终与驱动工作台移动的纵向力方向相同。如果丝杠螺母副存在轴向间隙,当纵向切削力 F_x 大于工作台与导轨之间的摩擦力时,会使工作台带动丝杠出现左右窜动,造成工作台进给不均匀,严重时会出现打刀现象。粗铣时,如果采用顺铣方式加工,则铣床工作台进给丝杠螺母副必须有消除轴向间隙的机构。否则宜采用逆铣方式加工。

（2）端铣

用端铣刀的端面齿进行铣削的方式,称为端铣。如图 6.49 所示,铣削加工时,根据铣刀与工件相对位置的不同,端铣分为对称铣和不对称铣两种。不对称铣又分为不对称逆铣和不对称顺铣。

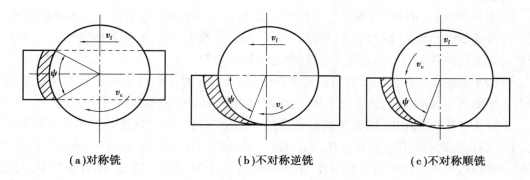

（a）对称铣　　　　　　　（b）不对称逆铣　　　　　　　（c）不对称顺铣

图 6.49　端铣方式

①对称铣。如图 6.49（a）所示,铣刀轴线位于铣削弧长的对称中心位置,铣刀每个刀齿切入和切离工件时切削厚度相等,称为对称铣。对称铣削具有最大的平均切削厚度,可避免铣刀切入时对工件表面的挤压、滑行,铣刀耐用度高。对称铣适用于工件宽度接近面铣刀的直径且铣刀刀齿较多的情况。

②不对称逆铣。如图 6.49（b）所示,当铣刀轴线偏置于铣削弧长的对称位置,且逆铣部分大于顺铣部分的铣削方式,称为不对称逆铣。不对称逆铣切削平稳,切入时切削厚度小,减小了冲击,从而使刀具耐用度和加工表面质量得到提高。适合于加工碳钢及低合金钢及较窄的工件。

③不对称顺铣。如图 6.49(c)所示,其特征与不对称逆铣正好相反。这种切削方式一般很少采用,但用于铣削不锈钢和耐热合金钢时,可减少硬质合金刀具剥落磨损。

上述的周铣和端铣,是由于在铣削过程中采用不同类型的铣刀而产生的不同铣削方式,两种铣削方式相比,端铣具有铣削较平稳,加工质量及刀具耐用度均较高的特点,且端铣用的面铣刀易镶硬质合金刀齿,可采用大的切削用量,实现高速切削,生产率高。但端铣适应性差,主要用于平面铣削。周铣的铣削性能虽然不如端铣,但周铣能用多种铣刀,铣平面、沟槽、齿形和成形表面等,适应范围广,因此生产中应用较多。

6.4.4 平面磨削加工

对于精度要求高的平面以及淬火零件的平面加工,需要采用平面磨削方法。平面磨削主要在平面磨床上进行。平面磨削时,对于形状简单的铁磁性材料工件,采用电磁吸盘装夹工件,操作简单方便,能同时装夹多个工件,而且能保证定位面与加工面的平行度要求。对于形状复杂或非铁磁性材料的工件,可采用精密平口虎钳或专用夹具装夹,然后用电磁吸盘或真空吸盘吸牢。

根据砂轮工作面的不同,平面磨削可分为周磨和端磨两类。

1)周磨

如图 6.50(a)、(b)所示,周磨是采用砂轮的圆周面对工件平面进行磨削。这种磨削方式,砂轮与工件的接触面积小,磨削力小,磨削热小,冷却和排屑条件较好,而且砂轮磨损均匀。

2)端磨

如图 6.50(c)、(d)所示,端磨是采用砂轮端面对工件平面进行磨削。这种磨削方式,砂轮与工件的接触面积大,磨削力大,磨削热多,冷却和排屑条件差,工件受热变形大。此外,由于砂轮端面径向各点的圆周速度不相等,砂轮磨损不均匀。

根据平面磨床工作台的形状和砂轮工作面的不同,普通平面磨床可分为 4 种类型:卧轴矩台式平面磨床、卧轴圆台式平面磨床、立轴圆台式平面磨床、立轴矩台式平面磨床。

上述 4 种平面磨床中,用砂轮端面磨削的平面磨床与用砂轮圆周面磨削的平面磨床相比,由于端面磨削的砂轮直径往往比较大,能同时磨削出工件的宽度和面积,同时砂轮悬伸长度短,刚性好,可采用较大的磨削用量,生产率较高。但砂轮散热、冷却、排屑条件差,因此加工精度和表面质量不高,一般用于粗磨。而用圆周面磨削的平面磨床,加工质量较高,但这种平面磨床生产效率低,适合于精磨。圆台式平面磨床和矩台式平面磨床相比,由于圆台式是连续进给,生产效率高,适用于磨削小零件和大直径的环行零件端面,不能磨削长零件。矩台式平面磨床,可方便磨削各种常用零件,包括直径小于工作台面宽度的环行零件。生产中常用的是卧轴矩台式平面磨床和立轴圆台式平面磨床。图 6.51 是卧轴矩台式平面磨床外形图。工作台 2 沿床身 1 的纵向导轨的往复直线进给运动由液压传动,也可手动进行调整。工件用电磁吸盘式夹具装夹在工作台上。砂轮架 3 可沿滑座 4 的燕尾导轨作横向间歇进给(或手动或液动)。滑座和砂轮架一起可沿立柱 5 的导轨作间歇的垂直切入运动(手动)。砂轮主轴由内装式异步电动机直接驱动。

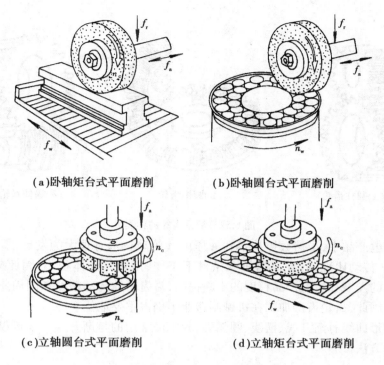

(a)卧轴矩台式平面磨削　　　　　(b)卧轴圆台式平面磨削

(c)立轴圆台式平面磨削　　　　　(d)立轴矩台式平面磨削

图 6.50　平面磨床加工示意图

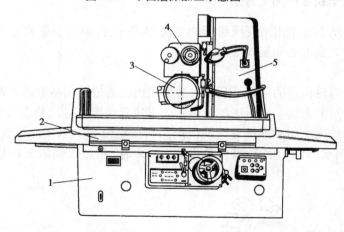

图 6.51　卧轴矩台式平面磨床

1—床身;2—工作台;3—砂轮架;4—滑座;5—立柱

6.5　齿轮的齿形加工

　　齿轮在各种机械、仪器、仪表中应用广泛,它是传递运动和动力的重要零件,齿轮的质量直接影响机电产品的工作性能、承载能力、使用寿命和工作精度等。常用的齿轮副有圆柱齿轮、圆锥齿轮及蜗杆涡轮等,如图 6.52 所示。其中,外啮合直齿圆柱齿轮是最基本的,也是应用最多的。

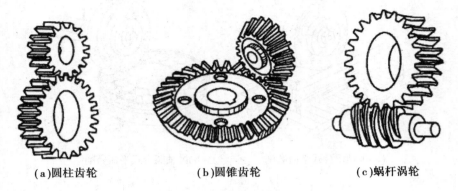

(a)圆柱齿轮　　　　　　(b)圆锥齿轮　　　　　　(c)蜗杆涡轮

图 6.52　常见齿轮的种类

在现代机电产品中,虽然数控技术和液压电气传动技术有很大的发展,但由于齿轮传动的传动效率高、传动比准确,在高速重载条件下工作,齿轮传动体积小,因此应用仍很广泛。随着科学技术的发展和机电产品精度的不断提高,对齿轮的传动精度和圆周速度等方面的要求越来越高。因此,齿轮齿形加工在机械制造业中仍占重要地位。

齿轮的齿形曲线有渐开线、摆线、圆弧等,其中最常用的是渐开线。本章仅介绍渐开线齿轮齿形的加工方法。

6.5.1　圆柱齿轮齿形加工方法

在齿轮的齿坯上加工出渐开线齿形的方法很多,按齿廓的成形原理不同,圆柱齿轮齿形的切削加工可分为成形法和展成法两种。

1)成形法

成形法加工齿轮齿形的原理是利用与被加工齿轮齿槽法向截面形状相符的成形刀具,在齿坯上加工出齿形的方法。成形法加工齿轮的方法有铣齿、拉齿、插齿及磨齿等,其中最常用的方法是在普通铣床上用成形铣刀铣削齿形。当齿轮模数 $m<8$ 时,一般在卧式铣床上用盘状铣刀铣削,如图 6.53(a)所示;当齿轮模数 $m \geqslant 8$ 时,在立式铣床上用指状铣刀铣削,如图 6.53(b)所示。

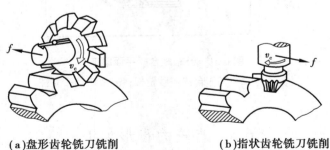

(a)盘形齿轮铣刀铣削　　　　　　(b)指状齿轮铣刀铣削

图 6.53　直齿圆柱齿轮的成形

铣削时,将齿坯装夹在心轴上,心轴装在分度头顶尖和尾座顶尖间,模数铣刀作旋转主运动,工作台带着分度头、齿坯作纵向进给运动,实现齿槽的成形铣削加工。每铣完一个齿槽,工件退回,按齿数 Z 进行分度,然后再加工下一个齿槽,直至铣完所有的齿槽。铣削斜齿圆柱齿轮应在万能铣床上进行,铣削时,工作台偏转一个齿轮的螺旋角 β,齿坯在随工作台进给的同时,由分度头带动作附加转动,形成螺旋线运动。

用成形法加工齿轮的齿廓形状是由模数铣刀刀刃形状来保证;齿廓分布的均匀性则由分度头分度精度保证。标准渐开线齿轮的齿廓形状是由该齿轮的模数 m 和齿数 Z 决定的。因此,要加工出准确的齿形,就必须要求同一模数不同齿数的齿轮都有一把相应的模数铣刀,这将导致刀具数量非常多,在生产中是极不经济的。在实际生产中,将同一模数的铣刀一般只作出 8 把,分别铣削齿形相近的一定齿数范围的齿轮。模数铣刀刀号及其加工齿数范围见表 6.17。

表 6.17　模数铣刀刀号及其加工齿数范围

刀号	1	2	3	4	5	6	7	8
加工齿数范围	12～13	14～16	17～20	21～25	26～34	35～54	55～134	135 以上

每种刀号齿轮铣刀的刀齿形状均按加工齿数范围中最少齿数的齿形设计。因此在该范围内加工其他齿数齿轮时,会有一定的齿形误差产生。

当加工精度要求不高的斜齿圆柱齿轮时,可借用加工直齿圆柱齿轮的铣刀。但此时铣刀的刀号应按照斜齿轮法向截面内的当量齿数 z_d 来选择。

$$z_d = \frac{z}{\cos^3\beta}$$

式中　z——斜齿圆柱齿轮齿数;

　　　β——斜齿圆柱齿轮的螺旋角。

成形法铣齿的优点在于:可在一般铣床上进行,对于缺乏专用齿轮加工设备的工厂较为方便;模数铣刀比其他齿轮刀具结构简单,制造容易,因此生产成本低。但由于每铣一个齿槽均需进行切入、切出、退刀以及分度等工作,加工时间和辅助时间长,因此生产效率低。由于受刀具的齿形误差和分度误差的影响,加工的齿轮存在较大的齿形误差和分齿误差,故铣齿精度较低。加工精度为 9~12 级、齿面粗糙度 Ra 为 3.2~6.3 μm。

成形法铣齿一般用于单件小批量生产或机修工作中,加工直齿、斜齿和人字齿圆柱齿轮,也可加工重型机械中精度要求不高的大型齿轮。

2)展成法

展成法加工齿轮齿形是利用一对齿轮啮合的原理来实现的。即把其中一个转化为具有切削能力的齿轮刀具,另一个转化为被切工件,通过专用齿轮加工机床,强制刀具和工件作严格的啮合运动(展成运动),在运动过程中,刀具切削刃的运动轨迹逐渐包络出工件的齿形。

展成法加工齿轮,一种模数和压力角的刀具,可加工出相同模数和压力角而齿数不同的齿轮,其加工过程是连续的,具有较高的加工精度和生产效率,是齿轮齿形主要的加工方法。滚齿和插齿是展成法中最常见的两种加工方法。

6.5.2　滚齿加工

1)滚齿加工原理

滚齿加工是按照展成法的原理来加工齿轮的。用滚刀来加工齿轮相当于一对交错轴的螺旋齿轮啮合。在这对啮合的齿轮副中,一个齿数很少、只有一个或几个,螺旋角很大,就演变成了一个蜗杆状齿轮,为了形成切削刃,在该齿轮垂直于螺旋线的方向上开出容屑槽,磨前、后刀面,形成切削刃和前、后角,于是就变成了滚刀。滚刀与齿坯按啮合传动关系作相对运动,在齿坯上切出齿槽,形成了渐开线齿面,如图6.54(a)所示。在滚切过程中,分布在螺旋线上的滚刀各刀齿相继切出齿槽中一薄层金属,每个齿槽在滚刀旋转中由几个刀齿依次切出,渐开线齿廓则由切削刃一系列瞬时位置包络而成,如图6.54(b)所示。因此,滚齿加时齿面的成型方法是展成法,成形运动是由滚刀的旋转运动和工件的旋转运动组成的复合运动$(B_{11}+B_{12})$,这个复合运动称为展成运动。当滚刀与工件连续啮合转动时,便在工件整个圆周上依次切出所有齿槽。在这一过程中,齿面的形成与齿轮分度是同时进行的,因而展成运动也就是分度运动。

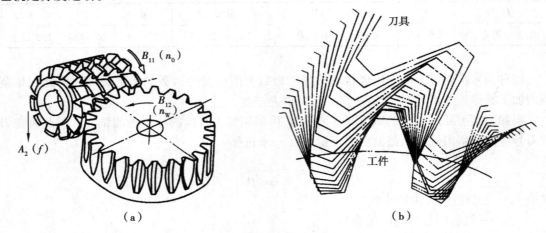

图 6.54　滚齿加工原理

综上所述,为了得到渐开线齿廓和齿轮齿数,滚齿时,滚刀和工件间必须保持严格的相对运动关系,即当滚刀转过1转时,工件相应地转过K/Z转(K为滚刀头数,Z为工件齿数)。

2)加工直齿圆柱齿轮的传动原理

在滚齿机上加工直齿圆柱齿轮必须具备两个运动,即形成渐开线齿廓的展成运动和形成直线齿面(导线)的运动。图6.55为滚切直齿圆柱齿轮的传动原理图。

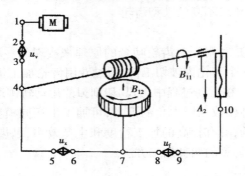

图 6.55　滚切直齿圆柱齿轮的传动原理图

(1)展成运动传动链

联系滚刀主轴的旋转运动B_{11}和工件旋转运动B_{12}的传动链(4—5—u_x—6—7—工作台)

为展成运动传动链。由这条传动链保证工件和刀具之间严格的运动关系,其中换置机构 u_x 用来适应工件齿数和滚刀头数的变化。这是一条内联系传动链,它不仅要求传动比准确,而且要求滚刀和工件两者旋转方向必须符合一对交错轴螺旋齿轮啮合时相对运动方向。当滚刀旋转方向一定时,工件的旋转方向由滚刀螺旋方向确定。

（2）主运动传动链

主运动传动链是联系动力源和滚刀主轴的传动链。如图 6.55 所示,主运动传动链为:电动机—1—2—u_v—3—4—滚刀。这是一条外联系传动链,其传动链中换置机构 u_v 用于调整渐开线齿廓的成形速度,应根据工艺条件确定滚刀转速来调整其传动比。

（3）垂直进给运动传动链

为了切出整个齿宽,滚刀在自身旋转的同时,必须沿工件轴线作直线进给运动 A_2,滚刀的垂直进给运动是由滚刀刀架沿立柱导轨移动实现的。在图 6.55 中,将工作台和刀架联系起来的垂直进给运动传动链为:7—8—u_f—9—10,传动链中的换置机构 u_f 用以调整垂直进给量的大小和进给方向,以适应不同加工表面粗糙度的要求。由于刀架的垂直进给运动是简单运动,因此,这条传动链是外联系传动链。通常以工作台(工件)每转一转,刀架的位移来表示垂直进给量的大小。

3) 加工斜齿圆柱齿轮的传动原理

斜齿圆柱齿轮与直齿圆柱齿轮相比,端面齿廓都是渐开线,但齿长方向不是直线,而是螺旋线。因此,加工斜齿圆柱齿轮也需要两个成形运动:一是形成渐开线齿廓的展成运动;另一个是形成齿长螺旋线的运动。前者与加工直齿圆柱齿轮相同,后者要求当滚刀沿工件轴向移动时,工件在展成法运动 B_{12} 的基础上再产生一个附加转动,以形成螺旋齿形线轨迹。

图 6.56(b)是滚切斜齿圆柱齿轮的传动原理图,其中展成运动传动链、垂直进给运动传动链、主运动传动链与直齿圆柱齿轮的传动原理相同,只是在刀架与工件之间增加了一条附加运动传动链:刀架(滚刀移动 A_{21})—12—13—u_y—14—15—合成机构—6—7—u_x—8—9—工作台(工件附加转动 B_{22}),以保证螺旋齿形线,这条传动链也称为差动运动传动链,其中换置机构 u_y 适应工件螺旋线导程 L 和螺旋方向的变化。图 6.56(a)可以形象地说明这个问题:设工件的螺旋线为右旋,当滚刀沿工件轴向进给 f(单位为 mm),滚刀由 a 点到 b 点,这时工件除了作展成运动 B_{12} 以外,还要再加转动 bb',才能形成螺旋齿形线。同理,当滚刀移至 c 点时,工件

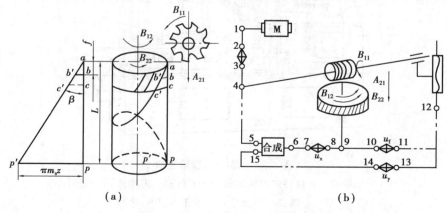

（a）　　　　　　　　　　　　　　　（b）

图 6.56　滚切斜齿圆柱齿轮的传动原理图

应附加转动 cc'。以此类推,当滚刀移至 p 点时(一个工件螺旋导程 L),工件附加转动 pp',正好附加转 1 圈。附加运动 B_{22} 的旋转方向与工件展成运动 B_{12} 旋转方向是否相同,取决于工件的螺旋方向及滚刀的进给方向。如图 B_{12} 和 B_{22} 同向,计算附加运动取加 1 圈,反之减 1 圈。在滚切斜齿圆柱齿轮时,要保证 B_{12} 和 B_{22} 这两个旋转运动同时传给工件又不发生干涉,需要在传动系统中配置运动合成机构,将这两个运动合成之后,再传给工件。工件的实际旋转运动是由展成运动 B_{12} 和形成螺旋线的附加运动 B_{22} 合成的。

4)滚齿加工的工艺特点

(1)加工精度高

属于展成法的滚齿加工,不存在成形法铣齿的那种齿形曲线理论误差,因此分齿精度高,一般可加工 7~8 级精度的齿轮。

(2)生产率高

滚齿加工属于连续切削,无辅助时间损失,生产率一般比铣齿、插齿高。

(3)一把滚刀可加工模数和压力角与滚刀相同而齿数不同的圆柱齿轮

在齿轮齿形加工中,滚齿应用最广泛,它除可加工直齿、斜齿圆柱齿轮外,还可以加工涡轮、花键轴等。但一般不能加工内齿轮、扇形齿轮和相距很近的双联齿轮。滚齿适用于单件小批量生产和大批大量生产。

5)Y3150E 型滚齿机的组成

Y3150E 型滚齿机是一种中型通用滚齿机,主要用于加工直齿和斜齿圆柱齿轮,也可采用径向切入法加工涡轮。可以加工的工件最大直径为 500 mm,最大模数为 8 mm,图 6.57 为 Y3150E 型滚齿机机床的外形图。立柱 2 固定在床身 1 上,刀架溜板 3 可沿立柱导轨上下移动。刀架体 5 安装在刀架溜板 3 上,可绕自己的水平轴线转位。滚刀安装在刀杆 4 上,作旋转运动。工件安装在工作台 9 的心轴 7 上,随工作台一起转动。后立柱 8 和工作台 9 一起装在床鞍 10 上,可沿机床水平导轨移动。用于调整工件的径向位置或作径向进给运动。

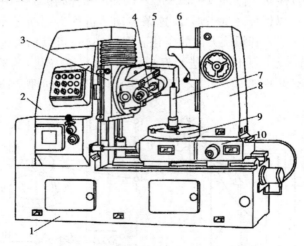

图 6.57　Y3150E 型滚齿机

1—床身;2—立柱;3—刀架溜板;4—刀杆;5—刀架体;6—支架;
7—心轴;8—后立柱;9—工作台;10—床鞍

6.5.3 插齿加工

1）插齿原理

插齿是利用插齿刀在插齿机上加工内、外齿轮或齿条等的齿面加工方法。

插齿的加工过程，从原理上讲，相当于一对直齿圆柱齿轮的啮合。工件和插齿刀的运动形式，如图 6.58（a）所示。插齿刀相当于一个在齿轮上磨出前角和后角，形成切削刃的齿轮，而齿轮齿坯则作为另一个齿轮。插齿时刀具沿工件轴线方向作高速往复直线运动，形成切削加工的主运动，同时还与工件作无间隙的啮合运动，在工件上加工出全部轮齿齿廓。在加工过程中，刀具每往复一次仅切出工件齿槽的很小一部分，工件齿槽的齿面曲线是由插齿刀切削刃多次切削的包络线所组成的，如图图 6.58（b）所示。

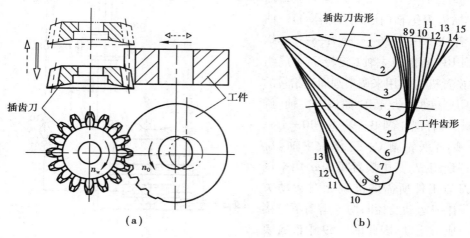

（a）　　　　　（b）

图 6.58　插齿原理

插齿加工时，插齿机必须具备以下运动：

（1）主运动

插齿刀的往复上下运动称为主运动。以每分钟的往复次数来表示，向下为切削行程，向上为返回行程。

（2）展成运动

插齿时，插齿刀和工件之间必须保持一对齿轮副的啮合运动关系，即插齿刀每转过一个齿（$1/Z_刀$圈）时，工件也必须转过一个齿（$1/Z_工$圈）。

（3）径向进给运动

为了逐渐切至工件的全齿深，插齿刀必须有径向进给运动。径向进给量是用插齿刀每次往复行程中工件或刀具径向移动的毫米数来表示。当达到全齿深时，机床便自动停止径向进给运动，工件和刀具必须对滚一周，才能加工出全部轮齿。

（4）圆周进给运动

展成运动只确定插齿刀和工件的相对运动关系，而运动快慢由圆周进给运动来确定。插齿刀每一往复行程在分度圆上所转过的弧长称为圆周进给量，其单位为 mm/往复行程。

（5）让刀运动

为了避免插齿刀在回程时擦伤已加工表面和减少刀具磨损,刀具和工件之间应让开一段距离,而在插齿刀重新开始向下工作行程时,应立即恢复到原位,以便刀具向下切削工件。这种让开和恢复原位的运动称为让刀运动。一般新型号的插齿机通过刀具主轴座的摆动来实现让刀运动,以减小让刀产生的震动。

图 6.59 是插齿机的传动原理图。主运动传动链由"电动机 M—1—2—u_v—3—4—5—曲柄偏心盘 A—插齿刀主轴（往复直线运动）"组成,其中换置机构 u_v 用于改变插齿刀每分钟往复行程数。圆周进给运动链由"插齿刀主轴（往复直线运动）—曲柄偏心盘 A—5—4—6—u_s—7—8—9—蜗杆涡轮副 B—插齿刀主轴（旋转运动）"组成,其中换置机构 u_s 用来调整圆周进给量的大小。展成运动传动链由"插齿刀主轴（旋转运动）—蜗杆涡轮副 B—9—8—10—u_c—11—12—蜗杆涡轮副 C—工作台主轴（旋转运动）"所组成,其中换置机构 u_c 用来调整插齿刀与工件所需的准确相对运动关系。由于让刀运动及径向切入运动不直接参加表面成形运动,因此图 6.59 中没有表示出来。

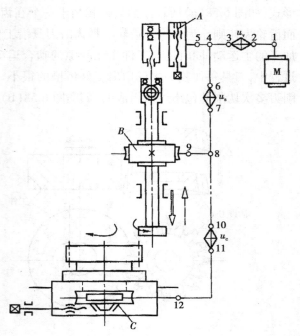

图 6.59　插齿机的传动原理

2）插齿加工的工艺特点

（1）插齿加工精度较高

由于插齿刀的制造、刃磨和检验均较滚刀简便,易保证制造精度,故可保证插齿的齿形精度高;但插齿加工时,刀具上各刀齿顺次切制工件的各个齿槽,因而,插齿刀的齿距累积误差将直接传递给被加工齿轮,影响被切齿轮的运动精度。

（2）插齿齿向偏差比滚齿大

由于插齿机的主轴回转轴线与工作台回转轴线之间存在平行度误差,加之插齿刀往复运动频繁,主轴与套筒容易磨损,因此插齿的齿向偏差通常比滚齿大。

（3）齿面粗糙度值较小

由于插齿刀是沿轮齿全长连续地切下切屑,还由于形成齿形包络线的切线数目比滚齿时多,因此插齿加工的齿面粗糙度优于滚齿。

（4）插齿生产率比滚齿低

插齿刀的切削速度受往复运动惯性限制难以提高,此外空行程损失大,因此生产率低于滚齿加工。

插齿适用于加工模数小,齿宽较窄的内齿轮、双联或多联齿轮、齿条、扇形齿等。

6.5.4　齿形的其他加工方法

对于 6 级精度以上的齿轮,或者淬火后的硬齿面加工,往往需要在滚齿、插齿之后经热处理再进行精加工,常用的齿面精加工方法有剃齿、珩齿和磨齿 3 种。以下简述这 3 种加工方法原理及应用。

1) 剃齿

剃齿是利用剃齿刀在专用剃齿机上对齿轮齿形进行精加工的一种方法,专门用来加工未经淬火(HRC35 以下)的圆柱齿轮。剃齿加工精度可达 6~7 级,齿面的表面粗糙度 Ra 可达 0.4~0.8 μm。

剃齿在原理上属于展成法加工。剃齿刀的形状类似螺旋齿轮,齿形做得非常准确,在齿面上沿渐开线方向开有许多小沟槽以形成切削刃(图 6.60(a))。当剃齿刀与被加工齿轮啮合运转时,剃齿刀齿面上的众多切削刃将从工件齿面上剃下细丝状的切屑,使齿形精度提高和齿面粗糙度值降低。

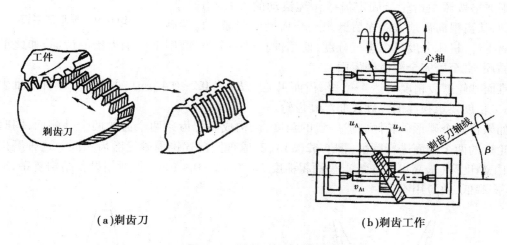

(a)剃齿刀　　　　　　　　(b)剃齿工作

图 6.60　剃齿刀和剃齿原理

剃齿加工时工件与刀具的运动形式如图 6.60(b)所示。工件安装在心轴上,由剃齿刀带动旋转,由于剃齿刀刀齿是倾斜的(螺旋角为 β),为使它能与工件正确啮合,必须使其轴线相对于工件轴线倾斜一个 β 角。剃齿时,剃齿刀在啮合点 A 的圆周速度 v_A 可分解为沿工件切向速度 v_{An} 和沿工件轴向速度 v_{At},v_{An} 使工件旋转,v_{At} 为齿面相对滑动速度,即剃齿速度。为了剃削工件的整个齿宽,工件应由工作台带动作往复直线运动。工作台每次往复行程终了时,剃齿刀沿工件径向作进给运动,使工件齿面每次被剃去一层 0.03~0.007 mm 的金属。在剃削过程中,剃齿刀时而正转,剃削轮齿的一个侧面;时而反转,剃削轮齿的另一个侧面。

剃齿加工主要用于提高齿形精度和齿向精度,降低齿面粗糙度值。剃齿不能修正分齿误差。剃后齿轮精度可达 6~7 级,表面粗糙度 Ra 为 0.2~0.8 μm。剃齿主要用于成批和大量生产中精加工齿面未淬硬的直齿和斜齿圆柱齿轮。

2) 磨齿

磨齿是用砂轮在专用磨齿机上对已淬火齿轮进行精加工的一种方法。磨齿按加工原理可分为成形法和展成法两种。

（1）成形法磨齿

成形法磨齿和成形法铣齿的原理相同,砂轮截面形状修整成与被磨齿轮齿槽一致,磨齿时的工作状况与盘状铣刀铣齿工作状况相似,如图6.61所示。

磨齿时的分度运动是不连续的,在磨完一个齿之后必须进行分度,再磨下一个齿,轮齿是逐个加工出来的。成形法磨齿由于砂轮一次就能磨削出整个渐开线齿面,故生产率高,但受砂轮修整精度和机床分度精度的影响,其加工精度较低（5~6级）,在生产中应用较少。

（2）展成法磨齿

展成法磨齿是将砂轮的磨削部分修整成锥面（图6.62（b））,以构成假想齿条的齿面。磨削时,砂轮作高速旋转运动（主运动）,同时沿工件轴向作往复直线运动,以磨出全齿宽。工件则严格按照一齿轮沿固定齿条作纯滚动的方式,边转动、边移动,从齿根向齿顶方向先后磨出一个齿槽两侧面。之后砂

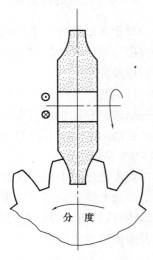

图6.61　成形法磨齿

轮退离工件,机床分度机构进行分度,使工件转过一个齿,磨削下一个齿槽的齿面,如此重复上述循环,直至磨完全部齿槽齿面。

锥面砂轮磨齿精度可达4~6级,齿面粗糙度 Ra 为 0.2~0.4 μm。主要用于单件小批生产中、加工精度要求很高的淬硬或非淬硬齿轮。

如果将两个碟形砂轮倾斜成一定的角度,以构成假想齿条两个齿的两个外侧面,同时对齿轮轮齿的两个齿面进行磨削（图6.62（a））,其原理同前述锥面砂轮磨齿相同。这种磨齿方法,加工精度高（最高可达3级）、齿面粗糙度 Ra 为 0.2~0.4 μm。但所用设备结构复杂,成本高、生产率低,故应用不广。

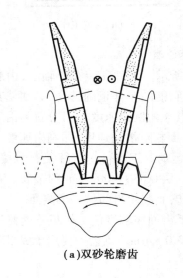

（a）双砂轮磨齿

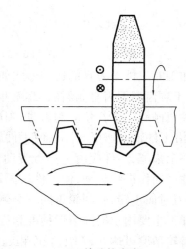

（b）单砂轮磨齿

图6.62　展成法磨齿

3) 珩齿

当工件硬度超过 HRC35 时，使用珩齿代替剃齿。珩齿是在珩磨机上用珩磨轮对齿轮进行精整加工的一种方法，其原理和运动与剃齿相同。

珩磨轮是用金刚砂及环氧树脂等浇注或热压而成的具有较高齿形精度的斜齿轮，它的硬度极高，其外形结构与剃齿刀相似，只是齿面上无容屑槽，是靠磨粒进行切削的。

珩磨时，珩磨轮转速高（为 1 000～2 000 r/min），可同时沿齿向和渐开线方向产生滑动进行连续切削，生产率高。珩磨过程具有磨、剃、抛光等综合作用。

珩齿对齿形精度改善不大，主要用于剃齿后需淬火齿轮的精加工，能去除氧化皮、毛刺，改善热处理后的轮齿表面粗糙度（Ra 为 0.2～0.4 μm）。珩齿也可用于非淬硬齿轮加工。

6.5.5　齿形加工方案的选择

齿形加工是齿轮加工的关键，其加工方案的选择取决于诸多因素，主要决定于齿轮的精度等级，此外还应考虑齿轮的结构特点、硬度、表面粗糙度、生产批量、设备条件等。常用齿形加工方案如下所述：

1) 9 级精度以下齿轮

一般采用铣齿—齿端加工—热处理—修正内孔的加工方案。若无热处理可去掉修正内孔的工序。此方案适用于单件小批生产或维修。

2) 7～8 级精度齿轮

采用滚（插）齿—齿端加工—淬火—修正基准—珩齿（研齿）的加工方案。若无淬火工序，可去掉修正基准和珩齿工序。此方案适于各种批量生产。

3) 6～7 级精度齿轮

采用滚（插）齿—齿端加工—剃齿—淬火—修正基准—珩齿（或磨齿）的加工方案。单件小批生产时采用磨齿方案；大批大量生产时采用珩齿方案。如不需淬火，则可去掉磨齿或珩齿工序。

4) 3～6 级精度齿轮

采用滚（插）齿—齿端加工—淬火—修正基准—磨齿加工方案。此方案适用各种批量生产。如果齿轮精度虽低于 6 级，但淬火后变形较大的齿轮，也需采用磨齿方案。

复习思考题

6.1　按加工性质和所用刀具的不同，机床可分为哪几类？

6.2　说明下列机床型号的意义：
X6132、X5032、C6132、Z3040、T6112、Y3150、C1312、B2010A。

6.3　何谓简单运动？何谓复合运动？试举例说明。

6.4　何谓外联系传动链？何谓内联系传动链？对这两种传动链有何不同要求？试举例说明。

6.5　根据题图 6.5(a)、(b)所示传动系统图，要求：

（1）分别列出图（a）、（b）的传动路线表达式；

（2）分析图（a）Ⅲ轴、图（b）Ⅴ轴的转速级数；

（3）分别计算图（a）Ⅲ轴、图（b）Ⅴ轴的最高转速和最低转速。

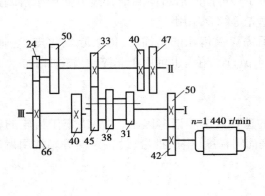

（a）

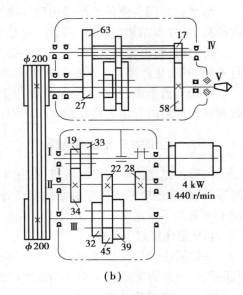

（b）

题 6.5 图

6.6　车刀按结构不同有哪几种类型，各有什么特点？

6.7　简述车削加工的工艺范围。

6.8　当 C6140 型卧式车床齿轮处于图 6.12 所示啮合位置时，试计算：刀架的纵、横进给量？ 如 M_5 接合，则车公制螺纹时的螺距是多大？

6.9　外圆表面常用加工方法有哪些？ 如何选用？

6.10　砂轮的特征主要取决于哪些因素？ 如何进行选择？

6.11　外圆磨削有哪几种方式？ 各有何特点？ 各适用于什么场合？

6.12　简述无心外圆磨削的特点及磨削方法。

6.13　简述 M1432A 型万能外圆磨床具备哪些运动？

6.14　万能外圆磨床上磨削锥面有哪几种方法？ 各适用于何种场合？ 应如何调整机床？

6.15　内圆表面常用加工方法有哪些？ 如何选用？

6.16　标准高速钢麻花钻由哪几部分组成？ 切削部分包括哪些几何参数？

6.17　试分析钻孔、扩孔和铰孔 3 种孔加工方法的工艺特点，并说明这 3 种孔加工工艺之间的联系。

6.18　镗削加工有何特点？ 常用的镗刀有哪几种类型？ 其结构和特点如何？

6.19　卧式镗床有哪些成形运动？ 说明它能完成哪些加工工作。

6.20　试述拉削工艺特点和应用。

6.21　常用圆孔拉刀的结构由哪几部分组成？ 各部分起什么作用？

6.22　试述内圆磨削的工艺特点及应用范围。

6.23　试述刨削的工艺特点和应用。

6.24 试述铣削加工的工艺范围及特点。

6.25 铣削为什么比其他切削加工方法容易产生震动?

6.26 端铣与周铣,逆铣与顺铣各有何特点? 应用如何?

6.27 试分析磨平面时,端磨法与周磨法各自的特点。

6.28 切削加工齿轮齿形,按齿形的成形原理,齿形加工分为哪两大类? 它们各自有何特点?

6.29 加工模数 $m = 3$ mm 的直齿圆柱齿轮,齿数 $Z_1 = 26$, $Z_2 = 34$,试选择盘形齿轮铣刀的刀号。在相同切削条件下,哪个齿轮加工精度高? 为什么?

6.30 滚齿和插齿加工各有何特点?

6.31 剃齿、磨齿、珩齿各有何特点? 适用于什么场合?

第 **7** 章

特种加工

随着工业生产的发展和科学技术的进步,具有高强度、高硬度、高韧性、高脆性、耐高温等特殊性能的新材料不断出现,使切削加工出现了许多新的困难和问题。如刀具、模具和量具等采用切削方法往往难于加工,特种加工就是在这种情况下产生和发展起来的。特种加工是直接利用电能、热能、光能、化学能、电化学能、声能等进行加工的工艺方法。与传统的切削加工相比,其加工机理完全不同,目前,在生产中应用的特种加工有电火花加工、电火花线切割加工、电铸加工、电解加工、超声加工、化学加工、激光加工、电子束加工和离子束加工等。

7.1 概 述

7.1.1 特种加工的概念

特种加工是一种利用电能、电化学能、声能或光能等能量,或选择几种能量的复合形式对材料进行加工的一种加工工艺。特种加工是指切削加工以外的一些新的加工方法,也称非传统加工技术。特种加工主要是用来加工刀具、量具、模具等高强度、高硬度、高耐磨性的零件。

特种加工主要解决以下问题:

1)解决各种难切削材料的加工问题

如硬质合金、钛合金、耐热钢、不锈钢、淬火钢、金刚石、宝石、石英以及锗、硅等各种高硬度、高强度、高韧性、高脆性的金属及非金属材料的加工。

2)解决各种特殊复杂型面的加工问题

如喷气涡轮机叶片、整体涡轮、发动机机匣、锻模和注塑模的内、外立体成形表面,各种冲模、冷拔模上特殊截面的型孔,枪和炮管内膛线、喷油嘴、棚网、喷丝头上的小孔、异形孔、窄缝等的加工。

3)解决各种超精密、光整或具有特殊要求的零件加工问题

如对表面质量和精度要求很高的航天、航空陀螺仪、伺服阀、细长轴、薄壁零件、弹性元件等低刚度的零件的加工,以及计算机、微电子工业大批量精密、微细元器件的生产制造。

7.1.2　特种加工的特点及发展

特种加工与传统的机械加工相比,特种加工具有以下特点:

①不是主要依靠机械能,而是主要依靠其他能量(如电、化学、光、声、热等)去除金属材料。

②加工过程中工具和工件之间不存在显著的机械切削力,故加工的难易与工件硬度无关。

③各种加工方法可任意复合、扬长避短,形成新的工艺方法,更突出其优越性,便于扩大应用范围。

7.1.3　特种加工的分类

一般加工可分为去除加工、结合加工、变形加工三大类。

去除加工又称为分离加工,是从工件上去除多余的材料。

结合加工是利用理化方法将不同材料结合在一起。又分为附着、注入、连接 3 种。

变形加工又称流动加工,是利用力、热、分子运动等手段使工件产生变形,改变其尺寸、形状和性能。

特种加工按能量来源和作用形式的不同可分为:

1)电火花加工

包括电火花成型加工、电火花穿孔加工和电火花线切割加工。

2)电化学加工

包括电解加工、电解磨削、电解研磨、电铸、电镀及涂镀。

3)高能束加工

包括激光束加工、电子束加工、离子束加工、等离子弧加工。

4)物料切蚀加工

超声加工、磨料流加工、液体喷射加工。

5)化学加工

化学铣削、化学抛光、光刻。

6)复合加工

电化学电弧加工、电解电化学机械磨削。

7.2　电火花加工

电火花加工是一种特种成形工艺方法,有别于传统的切削加工,虽然也属于材料去除成形工艺,但它是利用电能对工件实施成形加工的,尤其是对那些具有特殊性能(硬度高、强度高、脆性大、韧性好、熔点高)的金属材料和结构复杂、工艺特殊的工件实现成形加工特别有效。在模具的制造过程中,对于一些形状复杂的型腔、型孔和型槽往往都采用电火花加工。电火花加工发展到今天,其技术在模具制造领域的应用已非常成熟,成了主要的加工方法之一。

7.2.1　电火花加工的基本原理、特点及应用

1)电火花加工的基本原理

电火花加工的基本原理是通过电极与工件之间脉冲放电时的电腐蚀现象,有控制地去除材料,达到成形工件的目的。图7.1所示是电火花加工的基本原理。工具电极2和工件3保持适当间隙,并相对置于绝缘的工作液4(如煤油)中,并分别与直流电源E的负极、阳极相连接。脉冲发生器1由限流电阻R和电容器C构成。它的作用是利用电容器C的充电和放电,把电源E的直流电转变为脉冲电流。当接上100~250 V的直流电源E后,通过限流电阻

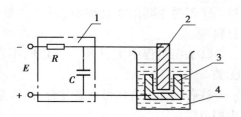

图7.1　电火花加工原理图
1—脉冲发生器;2—工具电极;
3—工件;4—工作液

R使电容器C充电,于是,电容器两端的电压由零迅速上升,电极与工件之间的电压也随之升高,当电压升高到等于电极与工件之间的放电间隙的击穿电压时,间隙介质被击穿,形成放电通道而产生火花放电,电容器将所储存的能量瞬间地(在电极与工件之间)释放出来,形成脉冲电流。由于放电时间极短,放电区域集中,因此能量很大,放电区的电流密度很大,温度很高(可达10 000 ℃左右),引起工件和工具电极表面的金属材料局部熔化或部分汽化。熔化或汽化了的金属在爆炸力的作用下被抛入工作液冷却为球状小颗粒,并被工作液立即冲离工作区,使工件表面腐蚀出一个微小凹坑,如图7.2所示。

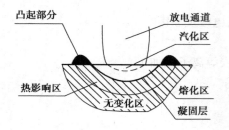
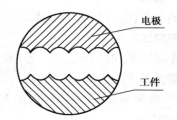

图7.2　放电凹坑示意图

工件与电极之间的间隙中充满介质,即工作液。当介质未被击穿时,其电阻很大,击穿后它的电阻迅速减小到接近于零。因此,间隙被击穿后电容器上的能量瞬间放尽,电压降低到接近于零,间隙中的介质立即恢复绝缘状态等待下一次脉冲放电。从现象上不难看出,电火花加工蚀除金属的基本过程应是:放电⇒击穿介质⇒蚀除金属⇒消电离＊/介质恢复绝缘⇒第二次放电……如此反复,周而复始。但实际上,电火花加工的过程是在极短的时间内,极小的空间里,电、磁、热、力、光、声综合作用的一个相当复杂的物理过程。

电火花加工是一次次火花放电蚀除金属的过程。每次放电产生一个微小凹坑,多次放电便产生无数小坑,就形成一个面(曲面或平面),如图7.2所示。电极在机床控制下,不断下降(相当于切削加工的进给运动),金属表面也就不断被蚀除,于是,电极的轮廓形状便可复印在工件上,达到加工的目的。电极是以一定的尺寸关系或者公差关系,严格按照工件的型面形状加工出来的。也可以说,工件的型面形状是由电极复印出来的,只是型面的凹凸方向恰好相反。

消电离——消除放电通道中因放电产生的带电粒子,使其复合成中性粒子,恢复间隙中液体介质的绝缘强度。

2) 电火花加工的主要特点

在电火花加工中工具电极相当于切削加工中的"刀具",但它与工件不直接接触,也没有宏观的机械力作用,蚀除材料的方式也不是靠机械能做功。所以,电火花加工具有以下特点:

（1）以柔克刚

由于电火花加工是一种腐蚀作用,在电极与工件材料的相对硬度上没有必须的要求,工具电极的材料硬度可以比工件材料的硬度低。因此,电火花加工适合加工切削方法难以加工甚至无法加工的特殊材料,如淬火钢、硬质合金、耐热合金以及各种超硬材料。

（2）工件不变形

由于电火花加工没有机械力作用,工件加工完后不会产生变形,因此,它适合加工小孔、深孔、窄槽等,不会因为工具和工件的刚性太差而无法加工。对于各种型腔、型孔、立体型面和形状复杂的工件,均可采用成形电极一次成形。

（3）易于实现控制和加工自动化

由于直接利用电能加工,而电能、电参数较机械量易于数字控制、适应控制、智能控制和无人化操作等。

（4）工具电极的制造有一定难度

电火花加工是根据电极形状复制工件的工艺过程,工件加工的好坏在很大程度上取决于电极制造,因此,精确地制造电极是加工过程的第一步,型腔或型孔越复杂,电极形状也就越复杂,加工制造也就越困难。

（5）电火花加工效率较低

电火花加工蚀除率不高,一般情况下,能采用切削机床加工的简单型面就尽量不采用电火花加工。

（6）电火花加工只适用于导电材料的工件

由于电火花加工中材料的去除是靠放电时的电热作用实现的,而被加工工件需要作为电火花加工中的一个电极,所以必须是导电材料。

3) 电火花加工的应用

电火花加工由于具有其他加工方法无法替代的加工能力和独特仿形效果,加上电火花加工工艺技术水平的不断提高、数控电火花加工机床的普及,其应用领域日益扩大,已在模具制造、机械、宇航、航空、电子、仪器、轻工业等部门用来解决各种难加工的材料和复杂形状零件的加工问题。

加工各种形状复杂的型腔和型孔。如冲模的型孔、锻模的型槽和注射模、吹塑模、压铸模等的型腔。

模具制造中有 30%~50%甚至更多的工作量可由电火花加工(包括线切割)来完成,如锻模,大约有 70%的工作量由电火花加工。只是随着数控机床的发展,有一些成形工作改成了数控加工。但是电火花加工的仿形能力和仿形效果是其他加工方法无法代替的。

电火花加工除了用来加工模具工件的型面外,还可用来加工模具中其他零件的型孔。这对保证模具制造质量,缩短模具制造周期十分有利。

电火花加工与成形磨削配合使用时,其效果更加显著。

7.2.2 电火花加工的设备

1)电火花加工机床

电火花成形加工的设备通常指电火花成形机床,也称为电火花成形机。它主要由机械部分(包括床身、立柱、纵横工作台、主轴头等);脉冲电源(内有脉冲电源、电极自动跟踪系统、操作系统);工作液循环处理系统等组成,如图 7.3 所示。

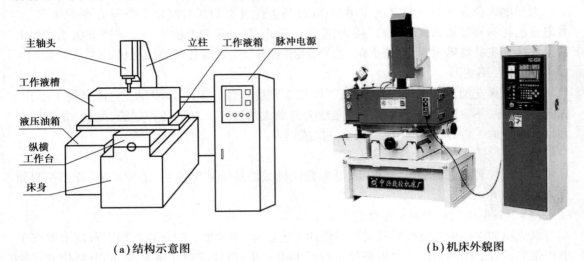

主轴头　立柱　工作液箱　脉冲电源

工作液槽

液压油箱

纵横
工作台

床身

(a)结构示意图　　　　　　　　　　　　(b)机床外貌图

图 7.3　单立柱式电火花成形加工机床

操作部分是操作控制面板上各种按钮、按键,以实现电火花加工的自动化控制和 CNC 控制。机械部分的床身起支承作用,纵横工作台可带着工件在水平面内沿 X、Y 方向移动。主轴头上装有主轴,可以在竖直(Z 方向)方向移动,并使主轴与工作台保持垂直关系。X、Y、Z 3 个方向互为垂直关系,是空间三坐标。

加工时,工件放置在工作液槽内。工具电极通过合适的夹具装在主轴上,与工件在一定的间隙下同时放置(淹没)在工作液中;脉冲电源给工件和工具电极提供脉冲电压和电流,使得工件与工具电极之间产生火花放电,实现电蚀效果,形成电火花加工。

电火花成形机床是机床行业中发展最快的机床之一。除单立柱式电火花机床外,还有台式、滑枕式和龙门式等。随着数控技术的不断发展与应用,近年来,一些能满足不同需要的新型电火花成形加工机床不断涌现,如三轴数控精密电火花加工机、三轴数控高速电火花小孔加工机、8 轴数控高速电火花小孔加工机、数控电火花内圆磨床以及微孔加工机等。

2)脉冲电源

脉冲电源是连续产生火花放电的能源,它对加工速度、表面粗糙度、工具电极损耗等都有很大影响。

(1)对脉冲电源的要求

脉冲电源的要求如下所述:

①影响工艺指标的主要参数可调,如脉宽、脉间(或宽间比)、峰值电流、开路电压等。

②通用电源的主要参数的调节范围广,以适应粗、中、精加工的要求,而且适应不同工件材料和不同工具电极材料进行加工的要求。

③专用脉冲电源主要参数的调节灵活方便,如高能小脉宽脉冲电源其波形及波形的前后沿变化率要具有灵活方便的可调性。

④性能稳定可靠,模块化结构,以便于检测和维修。

⑤无污染、低成本、低能耗、长寿命。

（2）脉冲电源的分类

脉冲电源按其组成电路器件可分为弛张式、电子管式、闸流管式、晶闸管式、晶体管式、MOS 管式脉冲电源等。

3）工具电极

电火花加工时,工具与工件两极同时受到不同程度的电腐蚀,单位时间内工件的电腐蚀量称为生产率 V_k,单位时间内工具的电蚀量称为工具损耗率 V_d。衡量某工具电极是否耐损耗,不仅要看工具损耗率 V_d 的大小,同时还应看所能达到的加工生产率 V_k,也即应知道每蚀除单位工具金属量时工具相对损耗了多少。因此,常用"相对损耗比"或"相对损耗率"作为工具耐损耗的指标,即

$$v = \frac{V_d}{V_k} \times 100\%$$

工具损耗率与所处极性和工具材料有关,根据加工需要确定极性后,正确选用工具材料是至关重要的。

一般常用黄铜或紫铜作为工具材料,但如果要尽可能减少电极的蚀耗,那么,最好采用铜基石墨或碳化物。采用铜基石墨作为工具电极时,工具尖端的紫铜基体将迅速蚀耗,而石墨熔点很高,会反过来阻止基体的进一步蚀耗,保护了工具电极其余部分的紫铜基体,也就保护了工具电极的形状和尺寸不过多地受到损耗,故能延长其使用寿命,加工精度较高。加工很小的深孔时,经常使用钨丝,因为它能较好地承受火花放电时产生的冲击波。

4）自动进给调节系统

自动进给调节系统是保证电极与工件间的放电间隙,同时检测极间电压或电流的变化,并通过液压伺服机构使主轴头按要求上下调节。

（1）自动进给调节系统的作用

自动进给调节系统的作用是维持某一稳定的放电间隙,保证电火花加工正常而稳定地进行,获得较好的加工效果。

（2）自动进给调节系统的类型

按执行元件可分为电液压式、步进电动机、宽调速力矩电动机、直流伺服电动机、交流伺服电动机、直线电动机等几种形式。

5）工作液循环系统

工作液循环系统是用来净化加工环境和工作液本身的循环过滤装置,包括工作液箱、工作液槽和液压油箱等。工作液的循环是在一定压力下的强迫循环,在循环过程中要带走电火花加工的电蚀产物(即前述的球状小颗粒)和加工热量,以达到净化加工环境的目的。

（1）工作液的作用

①压缩放电通道,提高放电的能量密度,提高蚀除效果。

②加速极间介质的冷却和消电离过程,防止电弧放电。

③加剧放电时的流体动力过程,以利于蚀除金属的抛出。

④通过工作液的流动,加速了蚀除金属的排出,以保持放电工作稳定。

⑤改变工件表面层的理化性质。

⑥减少工具电极损耗,加强电极覆盖效应。

（2）常用工作液

电火花加工用的工作液分为水溶性和油性两大类。主要有煤油、变压器油、锭子油、去离子水、蒸馏水等。

（3）工作液循环过滤系统

工作液循环方式常有冲油式和抽油式两种方式;而工作液过滤方式有自然沉淀法、介质过滤法、高压静电过滤、离心过滤法等。

7.2.3　电火花线切割加工

1）电火花线切割加工的原理

电火花线切割加工的原理与电火花加工一样都是基于电极间脉冲放电时的电火花腐蚀原理,实现工件的加工。不同的是线切割加工不用制造电极,只用钼丝或铜丝作为工具电极,工件按预定的轨迹运动,切割出所需求的形状。

如图 7.4 所示是电火花线切割加工原理图。如图 7.5 所示是线切割机床外形图。

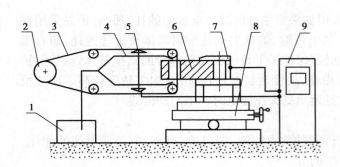

图 7.4　电火花线切割加工原理图
1—工作液箱;2—储丝筒;3—电极丝;4—供液管;5—进电块
6—工件;7—夹紧机构;8—工作台;9—脉冲电源

图 7.5　电火花线切割机床外形图

2）电火花线切割加工的特点

与电火花成形加工相比,电火花线切割加工具有以下特点:

①不需要制造复杂的成形电极。

②能够方便快捷地加工薄壁、窄槽、异形孔等复杂结构零件。

③一般采用精规准一次加工成形,在加工过程中大都不需要转换加工规准。

④由于采用移动的长电极丝进行加工,使单位长度电极丝的损耗较少,从而对加工精度的影响比较小,特别是在低速走丝线切割加工时,电极丝一次性使用,电极丝的损耗对加工精度的影响更小。

⑤工作液多采用水基乳化液,很少使用煤油,不易引燃起火,容易实现安全无人操作运行。

⑥没有稳定的拉弧放电状态。

⑦脉冲电源的加工电流较小,脉冲宽度较窄,属于中、精加工范畴,采用正极性加工方式。

3) 电火花线切割加工的应用

①适用于各种形式的冲裁模及挤压模、粉末冶金模、塑压模等通常带锥度的模具加工。

②高硬度材料零件的加工。

③特殊形状零件的加工。

④加工电火花成形加工用的铜、铜钨、银钨合金等材料电极。

7.3　电解加工

7.3.1　电解加工的基本原理

电解加工是利用金属在电解液中发生电化学阳极溶解的原理,将工件加工成形的一种工艺方法。如图 7.6(a)所示,加工时,工具接直流稳压电源(6~24 V)的阴极,工件接阳极。两极之间保持一定的间隙(0.1~1 mm)。具有一定压力(0.49~1.96 MPa)的电解液,从两极的间隙间高速流过。当电路接通后(电流可达 1 000~10 000 A),工件表面便产生阳极溶解。由于两极之间各点的距离不等,其电流密度也不相等,(图 7.6(b)中以细实线的疏密程度表示电流密度的大小,实线越密处电流密度越大),两极间距离最近的地方,通过的电流密度最大可达 $10 \sim 70 \text{ A/cm}^2$,该处的溶解速度最快。随着工具电极间工件不断送进(一般为 0.4~1.5 mm/min),工件表面不断被溶解(电解产物被电解液冲走),使电解间隙逐渐趋于均匀,工具电极的形状就被复制在工件上,如图 7.6(c)所示。

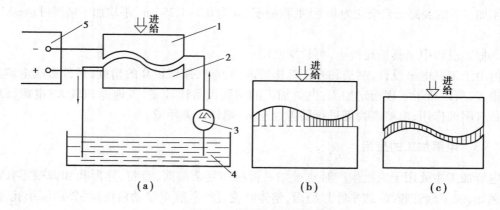

图 7.6　电解加工示意图

1—工具(阴极);2—工件(阳极);3—电解液泵;4—电解液;5—直流电源

电解加工钢制模具零件时,常用的电解液多为 NaCl 水溶液,其浓度(指质量分数)为 8%~14%。电解液的离解反应为

$$H_2O \Longrightarrow H^+ + [OH]^-$$

$$NaCl \Longrightarrow Na^+ + Cl^-$$

电解液中的 H^+、$[OH]^-$、Na^+、$Cl^- \rightarrow$ 离子在电场的作用下,正离子和负离子分别向阴极和阳极运动。阳极的主要反应如下:

$$Fe-2e \longrightarrow Fe^{2+}$$
$$Fe^{2+}+2[OH]^- \longrightarrow Fe(OH)_2$$

由于 $Fe(OH)_2$ 在水溶液中的溶解度很小,沉淀为墨绿色的絮状物,随着电解液的流动而被带走。并逐渐与电解液以及空气中的氧作用生成 $Fe(OH)_3$:

$$4Fe(OH)_2+2H_2O+O_2 \longrightarrow 4Fe(OH)_3\downarrow$$

$Fe(OH)_3$ 为黄褐色沉淀。

正离子 H^+ 从阴极获得电子成为游离的氢气,即

$$2H^++2e \longrightarrow H_2$$

由此可知,电解加工过程中,阳极不断以 Fe^{2+} 的形式被溶解,水被分解消耗,因而电解液的浓度稍有变化。电解液中的氯离子和钠离子起导电作用,本身并不消耗,所以 NaCl 电解液的使用寿命长,只要过滤干净,可长期使用。

7.3.2 电解加工的特点

电解加工与其他加工方法相比,具有以下特点:

①可加工高硬度、高强度、高韧性等难切削的金属材料(如高温合金、钛合金、淬火钢、不锈钢、硬质合金等),通用范围广。

②加工生产率高。由于所用的电流密度较大(一般为 $10\sim100$ A/cm),所以金属去除速度快,用该方法加工型腔比用电火花方法加工提高工效 4 倍以上,在某些情况下甚至超过切削加工。

③加工中工具和工件间无切削力存在,所以适用于加工易变形的零件。

④加工后的表面无残余应力和毛刺,粗糙度 Ra 为 $0.2\sim1.25$ μm,平均加工精度可达 ±0.1 mm 左右。

⑤加工过程中工具损耗极小,可长期使用。

但由于工具电极设计、制造和修正都比较困难,难以保证很高的精度,另外影响电解加工因素很多,所以难于实现稳定加工;电解加工的附属设备比较多,占地面积较大;电解液对机床设备有腐蚀作用;电解产物需进行妥善处理,否则将污染环境。

7.3.3 电解加工的应用

电解加工主要用于成批生产时对难加工材料和复杂型面、型腔、异形孔和薄壁零件的加工。例如,加工炮管膛线、透平叶片型面、整体叶轮、段模、航空发动机机匣、异形深小孔、内齿轮和花键孔等;还可用于去毛刺、刻印和电解扩孔。

7.4 超声波加工

7.4.1 超声波加工的基本原理

超声波加工是利用产生超声振动的工具,带动工件和工具间的磨料悬浮液,冲击和抛磨工件的被加工部位,使局部材料破坏而成粉末,以进行穿孔、切割和研磨等,如图 7.7 所示。加

工时工具以一定的静压力 F 压在工件上,在工具和工件之间送入磨料悬浮液(磨料和水或煤油的混合物),超声换能器产生 16 kHz 以上的超声频轴向振动,借助于变幅杆把振幅放大到 0.02～0.08 mm,迫使工作液中悬浮的磨粒以很大的速度不断地撞击、抛磨被加工表面,把加工区域的材料粉碎成很细的微粒,并从工件上去除下来。虽然一次撞击所去除的材料很少,但由于撞击的频率极高,因此仍有一定的加工速度。工作液受工具端面超声频振动作用而产生的高频、交变的液压冲击,使磨料悬浮液在加工间隙中强迫循环,将钝化了的磨料及时更新,并带走从工件上去除下来的微粒。随着工具的轴向进给,工具端部形状被复制在工件上。

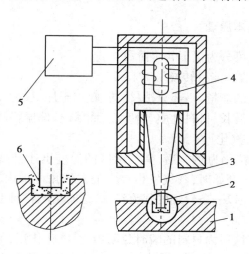

图 7.7　超声波加工原理图

1—工件;2—工具;3—变幅杆;4—换能器;5—超声发生器;6—磨料悬浮液

7.4.2　超声波加工的特点

超声波加工具有以下特点:

①适合于加工硬脆材料(特别是不导电的硬脆材料),如玻璃、石英、陶瓷宝石、金刚石、各种半导体材料、淬火钢、硬质合金等。

②由于是靠磨料悬浮液的冲击和抛磨去除加工余量,因此可采用较工件软的材料作工具。加工时不需要使工具和工件作比较复杂的相对运动。因此,超声波加工机床的结构比较简单,操作维修也比较方便。

③由于去除加工余量是靠磨料的瞬时撞击,工具对加工表面的宏观作用力小,热影响小,不会引起变形及烧伤,因此,适合于加工薄壁零件及工件上的窄槽、小孔。

7.4.3　超声波加工的应用

超声波加工主要应用在以下几个方面:

①超声波加工型腔、型孔,具有精度高、表面质量好的优点。

②用超声波切割脆硬的半导体材料。

③复合加工包括超声波电解复合加工、超声波电火花复合加工、超声波切削复合加工等。

④超声波清洗。在清洗溶液中引入超声波,可使精微零件中的细小孔、窄缝中的脏物加

速溶解、扩散、清洗干净。

⑤超声波焊接是利用高频振动产生的撞击能量,去除工件表面的氧化膜杂质,露出新的本体,在两个被焊接工件表面分子的撞击下,亲和、熔化并黏结在一起。

7.5 激光加工

7.5.1 激光加工的基本原理

激光加工的阶段大致可分为以下几个阶段:

(1)材料对激光的吸收和能量转换

激光入射材料表面上的能量,一部分被材料吸收用于加工,另一部分被反射、透射等损失掉。材料对激光的吸收与波长、材料性质、温度、表面状况、偏振特性等因素有关。

(2)材料的加热熔化、汽化

材料吸收激光能,并转化为热能后,其受射区的温度迅速升高,首先引起材料的汽化蚀除,然后才产生熔化蚀除。开始时,蒸气发生在大的立体角范围内,以后逐渐形成深的圆坑,一旦圆坑形成之后,蒸气便以一条较细的气流喷出,这时熔融材料也伴随着蒸气流溅出。

(3)蚀除产物的抛出

由于激光束照射加工区域内材料的瞬时急剧熔化、汽化作用,加工区内的压力迅速增加,并产生爆炸冲击波,使金属蒸气和熔融产物高速地从加工区喷射出来,熔融产物高速喷射时所产生的反冲力,又在加工区形成强烈的冲击波,进一步加强了蚀除产物的抛出效果。

7.5.2 激光的加工特点

①由于激光的功率密度高,加工的热作用时间很短,热影响区小,因此几乎可以加工任何材料,如各种金属材料、非金属材料(陶瓷、金刚石、立方氮化硼、石英等)。

②激光加工不需要工具,不存在工具损耗、更换和调整等问题,适于自动化连续操作。

③激光束可聚焦到微米级,输出功率可以调节,且加工中没有机械力的作用,故适合于精密微细加工。

④可透过透明的物质(如空气、玻璃等),故激光可在任意透明的环境中操作,包括空气、惰性气体、真空甚至某些液体。

⑤激光加工不受电磁干扰。

⑥激光除可用于材料的蚀除加工外,还可进行焊接、热处理、表面强化或涂敷、引发化学反应等加工。

7.5.3 激光加工工艺

1)激光打孔

适用于金刚石、红宝石、陶瓷、橡胶、塑料以及硬质合金、不锈钢等各种材料。

2)激光切割

激光切割可分为汽化切割、熔化切割和反应熔化切割3种,激光切割是利用高功率、高密度的激光束照射工件,在超过阈值功率密度的前提下,光束能量以及活性气体辅助切割过程附加的化学反应热能等被材料吸收,由此引起材料的熔化或汽化,形成孔洞。只要工件与激光之间有相对移动,就可实现激光切割。

除此之外,激光焊接、激光表面处理、激光淬火、激光表面合金化、激光涂敷、激光熔凝的应用也日趋广泛。

7.6　电子束加工

7.6.1　电子束加工的基本原理

电子束加工是在真空条件下,利用聚焦后能量密度极高的电子束,以极高的速度冲击到工件表面的极小面积上,在极短的时间内,其能量的大部分转变为热能,使被冲击部分的工件材料达到几千度以上的高温,从而引起材料的局部熔化和汽化,而实现加工的目的。

7.6.2　电子束加工的特点

①由于电子束能够极其微细地聚焦,甚至能聚焦到 0.1 μm,所以加工面积可以很小,是一种精密微细的加工方法。

②电子束能量密度很高,在极微小束斑上能达到 $10^6 \sim 10^9$ W/cm^2,使照射部分的温度超过材料的熔化和汽化温度,去除材料主要靠瞬时蒸发,是一种非接触式加工。

③由于电子束的能量密度高,而且能量利用率可达 90% 以上,因而加工生产率很高。

④可通过磁场或电场对电子束的强度、位置、聚焦等进行直接控制,所以整个加工过程便于实现自动化。

⑤由于电子束加工在真空中进行,因而污染少,加工表面不氧化,特别适用于加工易氧化的金属及合金材料,以及纯度要求极高的半导体材料。

⑥电子束加工需要一套专用设备和真空系统,价格较贵,因而生产应用有一定的局限性。

7.6.3　电子束加工应用

1) 电子束打孔

用电子束在玻璃、陶瓷、宝石等脆性材料上打孔,打孔前须预热。不仅可打圆孔,还可打斜孔和异形孔。

2) 电子束焊接

电子束焊接是利用电子束作为热源的一种焊接工艺。当高能量密度的电子束轰击焊件表面时,使焊件接头处的金属熔融,在电子束连续不断地轰击下,形成一个被熔融金属环绕着的毛细管状的熔池。

3) 电子束热处理

电子束热处理是把电子束作为热源,并适当控制电子束的功率密度,使金属表面加热而不熔化,达到热处理的目的。电子束热处理的加热速度和冷却速度都很高,在相变过程中,奥氏体化时间很短,只有几分之一秒乃至千分之一秒,奥氏体晶粒来不及长大,从而能获得一种超细晶粒组织,可使工件获得用常规热处理不能达到的硬度。

4)电子束曝光

电子束曝光是先利用低功率密度的电子束照射称为电致抗蚀剂的高分子材料,由入射电子与高分子相碰撞,使分子链被切断或重新聚合而引起分子量的变化,这一步骤也称为电子束光刻。

7.7　离子束加工

7.7.1　离子束加工的基本原理

离子束加工是利用离子束对材料进行成形或表面改性的加工方法。离子束加工时利用离子的撞击效应、溅射效应和注入效应。它是靠微观的机械撞击能量来加工的。由于离子质量比电子大数千、数万倍,所以离子束比电子束具有更大的撞击动能。

7.7.2　离子束加工的特点

1)加工精度高,易精确控制

离子束可通过离子光学系统进行聚焦扫描,共聚焦光斑可达 1 μm 以内,因而可精确控制尺寸范围。离子束轰击材料是逐层去除原子,因此离子刻蚀可以达到微米(0.001 μm)级的加工精度。离子镀膜可控制在亚微米级精度,离子注入的深度和浓度也可极精确地控制。

2)污染少

离子束加工在高真空中进行,污染少,特别适合于加工易氧化的金属、合金及半导体材料。

3)加工应力、变形极小

离子束加工是一种原子级或分子级的微细加工,作为一种微观作用,其宏观压力很小,适合于各类材料的加工,而且加工表面质量高。

7.7.3　离子束加工的应用

1)离子束刻蚀加工

离子束刻蚀加工是用离子撞击溅射去除工件材料的过程。为了避免入射离子与工件材料发生化学反应,必须用惰性元素的离子。常用氩气,因为氩气原子序数高,价格便宜。常用于加工陀螺仪空气轴承和动压马达上的沟槽,分辨率高、精度高、重复性好。

2)离子镀膜加工

(1)离子溅射镀膜

离子溅射镀膜是基于离子溅射效应的一种镀膜工艺,不同的溅射技术所采用的放电方式是不同的。如直流二极溅射利用直流辉光放电,三极溅射是利用热阴极支持的辉光放电,而磁控溅射则是利用环状磁场控制下的辉光放电。

适合于合金膜和化合膜等的镀制。溅射沉积最适合于镀制合金膜,具体有 3 种方法:多靶溅射、镶嵌溅射和合金靶溅射。化合物制膜包括直流溅射、射频溅射和反应溅射 3 种。

（2）离子镀

工件不仅接受靶材溅射来的原子,还同时接受离子的轰击。这种轰击使界面和膜层的性质发生某些变化,如膜层对基片的附着力、覆盖情况、密度以及内应力等。离子镀附着力强、膜层不易脱落。

3）离子注入加工

离子注入是将工件放在离子注入机的真空靶中,在几十至几百千伏的电压下,把所需元素的离子注入工件表面。离子注入工艺比较简单。它不受热力学限制,可以注入任何离子,而且注入量可以精确控制。注入的离子固溶于工件材料中,含量可达 10%~40%,注入深度可达 1 μm 甚至更深。

复习思考题

7.1　常规加工工艺和特种加工工艺有何区别?

7.2　电火花加工的工作原理,大致可分为哪几个阶段?

7.3　电火花加工时,为什么必须设有自动进给调节装置?

7.4　简述电火花加工时工作液的作用、常用类型。

7.5　电火花线切割加工和电火花成形加工有哪些共性和不同点?

7.6　电解加工的原理怎样? 电解加工属于哪类电化学加工类型?

7.7　什么是超声波? 为什么超声波加工工具必须做成上粗下细的棒料?

7.8　简述激光加工的基本原理,激光加工有哪些特点?

7.9　电子束加工与离子束加工在原理和应用范围上有何异同点?

7.10　常用的特种加工方法有哪几种?

第 **8** 章

先进制造技术

先进制造技术是制造业不断吸收信息技术、微电子技术、现代化管理技术等方面的成果，并将其综合应用于设计、制造、检测、管理、销售、使用、服务乃至回收的制造全过程，以实现优质、高效、低耗、清洁、灵活生产，提高对动态多变的产品市场的适应能力和竞争能力的制造技术的总称。先进制造技术的内涵和范围很广，本章主要介绍先进制造工程加工技术中的数控加工技术、快速成形技术、超精密与纳米加工技术、工业机器人、柔性制造技术和绿色制造技术的概念及应用。

8.1　数控加工技术

8.1.1　数字控制与数控机床的基本概念

数字控制(Numerical Control,NC)是一种借助数字、字符或者其他符号对机器设备的某一工作过程进行控制的自动化方法，简称数控。国标《机床数字控制术语》(GB 8129—1997)将"数控"定义为：用数字化信息对机床运动及其加工过程进行控制的一种方法。

数控机床就是数字控制机床(Computer Numerical Control Machine Tools)的简称，是一种装有数控系统的自动化机床。国际信息处理联盟(International Fedetation of Information Processing,IFIP)将其定义为：数控机床是一种装有程序控制的机床，机床的运动和动作按照这种程序系统发出的特定代码和符号编码组成的指令进行。

数控机床是电子技术、计算机技术、自动控制技术、精密测量、伺服驱动和精密机械结构等新技术综合应用的成果，是一种柔性好、敏捷高效的自动化机床。

8.1.2　数控机床的组成及工作原理

1)数控机床的组成

数控机床主要由以下几部分组成，如图 8.1 所示。

图 8.1　数控机床的组成

（1）加工程序

由于数控机床工作时,不需要工人直接操作机床,所以要对数控机床进行控制,必须编制加工程序。加工程序包括加工零件所需的全部操作信息和刀具相对工件位移信息等。加工程序一般存储在信息载体(也称控制介质)上,常用的信息载体有穿孔带、磁带、软盘、磁盘等。

（2）输入装置

输入装置的作用是将信息载体上的数控代码变成相应的电脉冲信号,传递并存入数控系统内。根据信息载体的不同,输入装置可以是光电阅读机、磁带机、软盘驱动器等。数控加工程序也可操作面板上的键盘,用手工方式(即 MDI 方式)直接输入数控系统,或者将加工程序由编程计算机用通信方式传送至数控机床的数控系统中。

（3）数控系统（CNC 装置）

数控系统是数控机床的核心。其功能是接受输入装置输入的数控程序中的加工信息,经过数控装置的系统软件或逻辑电路进行译码、运算和逻辑处理后,发出相应的脉冲送给伺服系统,使伺服系统带动机床的各个运动部件按数控程序预定要求动作。一般由输入输出装置、控制器、运算器、各种接口电路、CRT 显示器等硬件以及相应的软件组成。其作用是根据输入的加工程序或操作指令进行相应的处理,然后输出控制指令到相应的执行部件(伺服单元、驱动装置和 PLC 等),完成加工程序或操作人员所要求的工作。

（4）伺服系统及检测装置

伺服系统是数控系统的执行部分。伺服系统接受数控系统的指令信息,并按照指令信息的要求带动机床的移动部件运动或使执行部分动作,以加工出符合要求的工件。其作用是把来自数控装置的脉冲信号转换为机床移动部件的运动,它相当于手工操作人员的手,使工作台(或溜板)精确定位或按规定的轨迹作严格的相对运动,最后加工出符合图样要求的零件。

检测装置是将数控机床各坐标轴的实际位移量检测出来,经反馈系统输入机床的数控系统中。数控系统将反馈回来的实际位移量与设定位移量进行比较,控制伺服系统按指令设定值运动。

（5）机床本体

机床本体是数控机床的主体,它主要由主运动部件(主轴、主运动传动机构)、进给运动部件(工作台、拖板及相应的传动机构)、支承部件(立柱、床身等)及特殊装置、自动交换(APC)系统、自动刀具交换(ATC)系统和辅助装置(如冷却、润滑、排屑、转位和夹紧装置等)组成。机床本体是数控系统的控制对象,是实现加工零件的执行部件。

2）数控机床的工作原理

在数控机床上加工零件时,首先要将被加工零件图上的几何信息和工艺信息数字化(工件的尺寸、刀具运动中心轨迹、位移量、切削参数以及辅助操作)编制成数控加工程序,然后将程序输入数控装置中,经数控装置分析处理后,发出指令控制机床进行自动加工。

数控机床的运行处于不断地计算、输出、反馈等控制过程中,从而保证刀具与工件之间相对位置的准确性。如图 8.2 所示,数控机床加工零件的具体工作过程如下所述:

①按照图样的技术要求和工艺要求,编写加工程序。

②将加工程序输入数控系统中。

③数控系统对加工程序进行处理、运算。

④数控系统按各坐标轴分量将指令信号送到各轴驱动电路。

⑤驱动电路对指令信号进行转换、放大后,输入伺服电动机,驱动伺服电动机旋转。

⑥伺服电动机带动各轴运动,并进行反馈控制,使刀具、工件以及辅助装置严格按照加工程序规定的顺序、轨迹和参数工作,完成零件的加工。

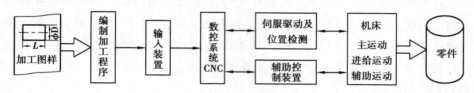

图 8.2　数控机床加工零件的工作过程

8.1.3　数控机床的分类

数控机床的种类繁多,根据其加工、控制原理、功能和组成,常用以下几种方法进行分类。

1)按工艺用途分类

（1）金属切削类数控机床

这类数控机床有与普通通用机床种类相同的数控车床、数控铣床、数控镗床、数控钻床、数控磨床、数控齿轮加工机床等。

（2）金属成形类数控机床

这类数控机床常见的有数控冲床、数控弯管机、数控折弯机、数控板材成形加工机床等。

（3）电加工类数控机床

这类数控机床常见的有数控电火花成形机床、数控电火花线切割机床、数控火焰切割机床、数控激光加工机床等。

2)按控制运动的方式分类

（1）点位控制数控机床

这类数控机床的数控装置只能控制机床移动部件从一个位置精确地移动到另一个位置,在移动过程中不进行任何加工,两相关位置之间的移动速度及路线决定了生产率。为了在精确定位的基础上有尽可能高的生产率,两相关位置之间的移动先是以快速移动到接近新的位置,然后降速 1~3 级,使之慢速趋近定位点,以保证其定位精度。这类数控机床主要有数控坐标镗床、数控钻床、数控冲床等。其相应的数控装置称为点位控制装置。如图 8.3 所示为数控钻床加工孔的示意图,若 A 孔加工后,钻头从 A 孔向 B 孔移动,可以是沿一个坐标轴方向移动完毕后,再沿另一个坐标轴方向移动（见图 8.3 中的轨迹 Ⅰ）,也可以是沿两坐标轴方向同时移动（见图 8.3 中的轨迹 Ⅱ）。

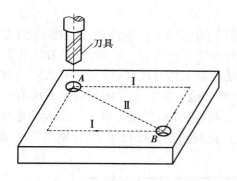

图 8.3　数控钻床孔加工(*A*、*B*—孔)

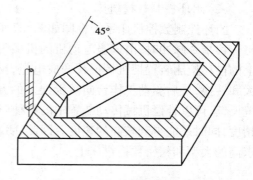

图 8.4　点位直线控制示意图

（2）点位直线控制数控机床

这类数控机床工作时,不仅要控制两相关点之间的位置,还要控制两相关点之间的移动速度和路线(即轨迹),其路线一般由与各轴线平行的直线组成。它和点位控制数控机床的区别在于,当机床移动部件移动时,点位直线控制数控机床可以沿一个坐标轴的方向进行切削加工,而且其辅助功能比点位控制数控机床多。这类控制机床主要有简易数控车床、数控镗铣床和数控加工中心等,相应的数控装置称为点位直线控制装置。如图 8.4 所示为点位直线控制示意图。

（3）轮廓控制数控机床

这类数控机床的控制装置能够同时对两个或两个以上的坐标轴进行控制。加工时不仅要控制起点和终点,还要控制整个加工过程中每点的速度和位置,使机床加工出符合图样要求的复杂形状的零件,并且它的辅助功能也比较齐全。这类数控机床主要有数控车床、数控镗铣床和数控磨床等,其相应的数控装置称为轮廓控制装置,如图 8.5 所示为轮廓控制示意图。

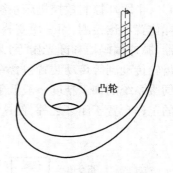

凸轮

图 8.5　轮廓控制示意图

3) 按伺服系统的控制分类

（1）开环控制数控机床

开环控制数控机床系统框图如图 8.6 所示。这种数控机床既没有工作台位移检测装置,也没有位置反馈和校正控制装置,数控装置发出信号的流程是单向的,因此不存在系统稳定性问题,也正是由于信息单向流程,它对机床移动部件的实际位置不作检验。所以这类数控机床加工精度不高,其精度主要取决于伺服系统的性能,但工作比较稳定,反应迅速,调试方便,维修简单,适用于一般要求的中小型数控机床。

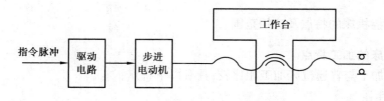

图 8.6　开环控制数控机床系统框图

（2）闭环控制数控机床

闭环控制数控机床系统框图如图 8.7 所示。这种数控机床的工作原理是：当数控装置发出位移指令脉冲时，由伺服电动机的机械传动装置使机床工作台移动。此时，安装在工作台上的位移检测装置把机械位移变成电量，反馈到输入端与输入信号比较，得到的差值经过放大和转换，最后驱动工作台向减少误差的方向移动，直至差值为零。由于闭环伺服系统有位置反馈，可以补偿机械传动装置中的各种误差、间隙和干扰的影响，因而可以达到很高的定位精度，同时还能得到较高的速度。因此，闭环控制系统广泛应用于数控机床上，特别是精度要求高的大型和精密数控机床上。

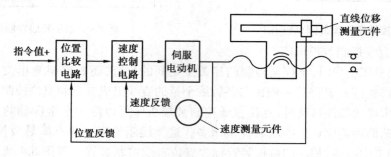

图 8.7　闭环控制数控机床系统框图

（3）半闭环控制数控机床

半闭环控制数控机床系统框图如图 8.8 所示。这类数控机床控制方式是：对工作台的实际位置不作检测，而是用安装在进给丝杠轴端或电动机轴端的角位移测量元件（如旋转变压器、脉冲编码器和圆光栅等）来代替测量工作台的直线位移。因这种系统没有将丝杠螺母副、齿轮传动副等传动装置包含在反馈系统中，故不能补偿该部分装置的传动误差，所以半闭环伺服系统的加工精度一般低于闭环伺服系统的加工精度。但半闭环伺服系统将惯性质量大的工作台置于闭环之外，使这种系统调试较容易，稳定性也较好。

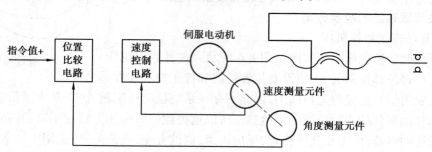

图 8.8　半闭环控制数控机床系统框图

8.1.4　数控机床的特点及应用范围

1）数控机床的加工特点

数控机床加工与普通机床加工相比较，具有以下特点：

（1）适应性强

适应性是指数控机床随生产产品变化而变化的适应能力，即所谓的柔性。在数控机床上改变加工的零件时,只需编制新零件的加工程序,输入新的加工程序后就能实现对新零件的加工,而不需改变机械部分的控制部分硬件,且生产过程是自动完成的。这就为复杂结构零件的单件小批量生产以及试制新产品提供了极大的方便。适应性强是数控机床最突出的优点,也是数控机床得以产生和迅速发展的主要原因。

（2）精度高、产品质量稳定

数控机床是按数字指令进行加工的,一般工作过程不需要人工干预,这就消除了操作者人为产生的误差。在设计制造数控机床时,采取了许多措施,使数控机床的机械部分达到了较高的精度和刚度。数控机床工作台的移动精度普遍达到了 $0.01 \sim 0.000\,1$ mm,而且进给传动链的反向间隙与丝杠螺距误差等,均可由数控装置进行补偿。数控机床的加工精度由过去的 ±0.01 mm 提高到 ±0.005 mm 甚至更高。此外,数控机床的传动系统与机床结构都具有很高的刚度和热稳定性。通过补偿技术,数控机床可获得比本身精度更高的加工精度;尤其能提高同一批零件生产的一致性,产品合格率高,加工质量稳定。

（3）高速度、高效率

零件的加工时间主要包括机动时间和辅助时间两部分。数控机床的主轴转速和进给量的变化范围比普通机床大,因此,数控机床的每一道工序都可选用最佳切削用量。由于数控机床刚度高,因此,允许进行大切削量的强力切削,从而提高了数控机床的切削效率,节省了机动时间。数控机床的移动部件空行程运动速度快,工件装夹时间短,刀具可自动更换,所以辅助时间比一般机床大为减少。

数控机床更换加工零件时几乎无须重新调整机床,节省了零件安装调整时间。数控机床加工质量稳定,一般只作首件检验和关键尺寸的抽检,因此节省了停机检验时间。在加工中心加工零件时,一台机床可实现多道工序的连续加工,其生产效率的提高就更为显著。

目前,高速数控机床车削的铣削的切削速度已经达到 $9\,000 \sim 20\,000$ m/min,主轴转速在 $40\,000 \sim 100\,000$ r/min,数控机床能在极短时间内实现升速和降速,以保持很高的定位精度;工作台的移动速度,在分辨率为 1 μm 时,可达 100 m/min,在分辨率 0.1 μm 时,可达到 240 m/min;自动换刀时间在 1 s 以内,工作台交换时间在 2.5 s 以内,并且高速化的趋势有增无减。

（4）自动化程度高、劳动强度低

数控机床对零件的加工是按事先编好的程序自动完成的,操作者除了装卸工件,操作键盘,进行关键工序的中间检测和观察机床运动外,不需要进行繁杂重复性手工操作,劳动强度与紧张程度均大为减轻,劳动条件也得到相应的改善。

（5）良好的经济效益

虽然数控机床设备昂贵,加工时分摊到每个零件上的折旧费较高,但在单件小批量生产的情况下,使用数控机床加工可节省画线工时,可减少调整、加工和检验时间,可直接节省生产费用。数控机床的加工精度稳定,废品率低,使生产成本进一步下降。此外,数控机床可一机多用,节省了厂房面积和建厂投资。因此,使用数控机床可获得良好的经济效益。

（6）有利于生产管理的现代化

数控机床使用数控信息与标准代码处理、传递信息,特别是在数控机床上使用计算机控制,为计算机辅助设计、制造及管理一体化奠定了基础。

2）数控机床的使用特点

（1）对操作和维修人员的技术水平要求较高

数控机床采用计算机控制，驱动系统具有较高的技术复杂性，机械部分的精度要求比较高，因此，要求数控机床的操作、维修及管理人员具有较高的文化水平和综合素质。

（2）对夹具和刀具的要求较高

数控机床对夹具的要求比较高，单件生产时一般采用通用夹具。而批量为了节省加工工时，就使用专用夹具。数控机床的夹具应定位可靠，可自动夹紧或松开工件。另外，夹具还应具有良好的排屑、冷却性能。

数控机床的刀具应具有以下特点：

①具有较高的精度、刀具寿命，几何尺寸稳定、变化小。

②刀具能实现机外预调和快速换刀，加工高精度孔时须试切削确定其尺寸。

③刀具的柄部应满足柄部标准的规定。

④很好地控制切屑的折断和排出。

⑤具有良好的冷却性能。

3）数控机床的结构特点

（1）高刚度和高抗震性

由于数控机床经常在高速的连续重载切削条件下工作，所以要求机床的床身、工作台、主轴、立柱、刀架等主要部件均需有很高的刚度，工作中应无变形和震动。

（2）高灵敏度

数控机床在加工过程中，要求运动部件具有高的灵敏度。导轨部件通常采用滚动导轨、塑料导轨、静压导轨等，以减少摩擦力，在低速运动时无爬行现象。

（3）热变形小

为了保证部件的运动精度，要求机床的主轴、工作台、刀架等运动部件的发热量要小，以防止产生热变形。为此，立柱一般采取双壁框式结构，在提高刚度的同时使零件结构对称，防止因热变形而产生倾斜偏移。通常采用恒温冷却装置，减少主轴轴承在运转中产生的热量。为了减少电动机运转发热的影响，在电动机上安装有散热装置和热管消热装置。

（4）高精度保持性

在高速、强力切削下满载工件时，为了保证机床长期具有稳定的加工精度，要求数控机床具有较高的精度保持性。

（5）高可靠性

数控机床应能在高负载下长时间无故障地连续工作，因而对机床部件和控制系统的可靠性提出了很高的要求。柔性制造系统中的数控机床可在 24 h 运转中实现无人管理，可靠性显得更为重要。

（6）工艺复合化和功能集成化

所谓"工艺复合化"，简单地说，就是"一次装夹、多工艺加工"。功能集成化主要是指数控机床的自动换刀机构和自动托盘交换装置的功能集成化。

4）数控机床的应用范围

数控机床具有普通机床不具备的许多优点，其应用范围正在不断地扩大，但它不能完全代替普通机床、组合机床和专用机床，也不能以最经济的方式解决机械加工中的所有问题。

数控机床最适合加工具有以下特点的零件：

①多品种小批量生产的零件。

②形状结构比较复杂的零件。

③精度要求比较高的零件。

④需要频繁发行的零件。

⑤价格昂贵，不允许报废的关键零件。

⑥需要生产周期短的急需零件。

8.2　快速成型技术

8.2.1　快速成型技术的概念

1）快速成型技术的产生

随着全球市场一体化的形成，制造业的竞争十分激烈，产品的开发速度日益成为市场竞争的主要矛盾，传统的大批量、刚性的方式及其制造技术已不能适应要求。另外，一个新产品的开发过程，总是要经过对初步设计的多次修改，才能真正推向市场。因此，产品开发的速度和制造技术的柔性就显得十分关键，客观上需要一种可直接将设计资料快速地转化为三维实体的技术。

快速成型（Rapid Prototype，RP）技术，也称快速原型制造，就是在这种社会背景下出现的。快速成型技术被认为是近 20 年来制造领域的一个重大成果。20 世纪 80 年代初，快速原型制造技术在美国出现，90 年代在全球得到迅速发展，是一门综合性、交叉性前沿技术，是先进制造技术的重要组成部分，也是制造技术的一次飞跃，具有很高的加工柔性和很快的市场响应速度，为制造技术的发展创造了一个新的机遇。

2）快速成型技术的概念

快速成型技术原理不同于传统的去除材料方法（如切削加工、电火花加工等）和变成方法（铸造、锻造、冲压等），而是利用光、电、热等手段，通过固化、烧结、切割、黏结、熔结、聚合作用等方法，有选择地固化（或烧结）液体（或固体）材料，是基于材料堆积法的一种高新制造技术，它综合利用 CAD 技术、数控技术、材料科学、机械工程、电子技术及激光技术的技术集成，以实现从零件设计到三维实体原型制造一体化的系统技术。它是一种基于离散堆积成型思想的新型成型技术，是由 CAD 模型直接驱动的快速完成任意复杂形状三维实体零件制造的技术总称。

快速成型技术无须准备任何模具、刀具和工装夹具，直接接受产品设计（CAD）数据，快速制造出新产品的样件、模具或模型。因此，快速成型技术的推广应用，可以大大缩短新产品开发周期，降低开发成本，提高开发质量。由传统的"去除法"到今天的"增长法"，由有模制造到无模制造，这就是快速成型技术对制造业产生的革命性意义。快速成型技术是在现代 CAD/CAM 技术、激光技术、计算机数控技术、精密伺服驱动技术以及新材料技术的基础上集成发展起来的。

8.2.2 快速成型技术的工作原理

快速成型技术采用离散/堆积成型原理,其过程是:先由三维 CAD 软件设计出所需零件的计算机三维曲面或实体模型;然后根据工艺要求,将其按一定厚度进行分层,使原来的三维电子模型变成二维截面信息,加入加工参数,产生数控代码;在计算机的控制下,数控系统以平面加工方式,有序地连续加工出每个薄层,并使它们自动粘接成形,这就是材料堆积的过程。不同种类的快速成型系统因所用成形材料不同,成形原理和系统特点也各有不同,但是其基本原理都是一样的,那就是"分层制造,逐层叠加",类似于数学上的积分过程。形象地讲,快速成型系统就像是一台"立体打印机",如图 8.9 所示。

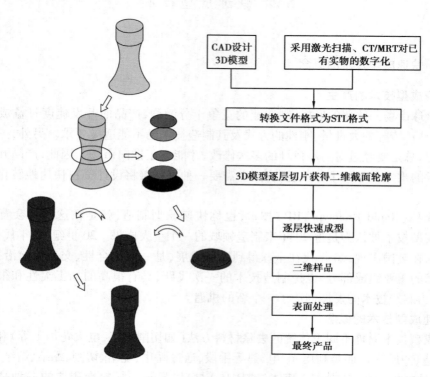

CAD设计
3D模型

采用激光扫描、CT/MRT对已
有实物的数字化

转换文件格式为STL格式

3D模型逐层切片获得二维截面轮廓

逐层快速成型

三维样品

表面处理

最终产品

图 8.9 快速成型技术基本原理

所以快速成型技术突破了传统加工中的金属成型(锻、冲、拉伸、铸、注塑加工)和切削成形的工艺方法,是一种使材料生长而不是去除材料的制造过程。其成形过程的主要特点如下:

①新的加工概念。快速成型技术采用材料累加的概念,即所谓让材料生长而非去除,因此,加工过程无须刀具、模具和工装夹具,且材料利用率极高。

②突破了零件几何形状复杂程度的限制,成形迅速,制造出的零件或模型是具有一定功能的三维实体。

③越过了 CAPP(Computer Aided Process Planning)过程,实现了 CAD/CAM 的无缝连接。

④快速成型系统是办公室运作环境,它真正变成了图形工作站的外设。

8.2.3　快速成型技术工艺方法

快速成型技术的具体工艺方法有很多,根据采用的材料和对材料的处理方式不同,主要有光固化成形工艺、分层实体造型工艺、选择性激光烧结成形工艺、熔融沉积成形工艺、三维打印技术、光屏蔽工艺、直接壳法、直接烧结技术、全息干涉制造等。下面选择前面 4 种典型的快速成型工艺方法进行介绍。

1) 光固化成形工艺

光固化成形工艺(Stereo Lithography Apparatus,SLA),也称光造型、立体光刻及立体印刷,如图 8.10 所示。其工艺过程是:以液态光敏树脂为材料充满液槽,由计算机控制激光束跟踪层状截面轨迹,并照射到液槽中的液体树脂,而使这一层树脂固化,之后升降台下降一层高度,已成形的层面上又布满了一层树脂,然后再进行新一层的扫描,新固化的一层牢固地粘在前一层上,如此重复直到整个零件制造完毕,得到一个三维实体模型。

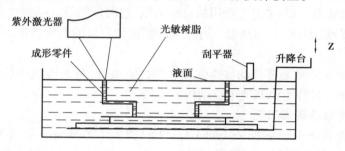

图 8.10　SLA 工艺原理图

SLA 工艺的特点如下所述:

①尺寸精度较高,SLA 工艺成形的零件的尺寸精度可达±0.1 mm。

②成形零件的表面质量好,强度和硬度高。

③成形过程自动化程度高,SLA 系统非常稳定,加工开始后,成形过程可以完全自动化,直至零件加工完成。

④原材料利用率高,材料的利用率将近 100%。

⑤能够制造形状特别复杂(如空心零件)和精细(如工艺品等)的零件。

⑥制作出来的零件可快速翻制各种模具,间接制模的理想方法。

SLA 工艺不足之处是需要支撑,树脂收缩会导致精度下降,另外光敏树脂有一定的毒性而不符合绿色制造发展趋势等。

2) 分层实体制造工艺

分层实体制造(Laminated Object Manufacturing, LOM)工艺,也称为叠层实体制造,如图 8.11 所示。单面涂有热熔胶的纸卷套在纸辊上,并跨过支撑辊缠绕在收纸辊上,伺服电动机带动收纸辊转动,使纸卷沿特定的方向移动一定距离,工作台上升至与纸面接触,热压辊沿纸面自右向左滚压,加热纸背面的热熔胶,使这一层纸与基板上的前一层纸黏合。CO_2 激光器发射的

图 8.11　LOM 工艺原理图

激光束跟踪零件的二维截面轮廓数据进行切割,并将轮廓外的废纸余料切割掉,以便于成形完成后的剥离,每切割一个截面,工作台连同被切出的轮廓层下降一定的高度,重复下一次工作循环,直至成形由一层层横截面粘叠的立体纸质零件。然后剥离废纸,即可得到性能似硬木或"塑料的纸质模样零件"。

LOM 工艺的特点如下所述:

①生产效率高。LOM 工艺只需在片材上切割出零件截面轮廓,而不用对整个截面进行扫描,因此成形效率比其他 RP 工艺高,非常适合制作大型原型件。

②零件精度高。LOM 工艺过程中不存在材料相变,因此不易引起翘曲变形,零件精度较高,小于 0.15 mm。

③无须设计和制作支撑结构。工件外框与截面轮廓之间的多余材料在加工中起到了支撑作用,所以 LOM 工艺无须另加支撑。

④后处理工艺简单。成形后废料易于剥离,且不须后固化处理。

⑤原型制作成本低。LOM 工艺常用的材料为纸、塑料薄膜等,这些材料价格便宜。

⑥制件能承受高达 600 ℃的高温。有较高的硬度和较好的力学性能,可以进行各种切削加工。

LOM 工艺的不足之处是零件的抗拉强度和弹性不够好,且易吸湿膨胀,因此成形后应尽快作表面防潮处理。另外不能制造中空结构的零件。

3)选择性激光烧结成形工艺

选择性激光烧结(Selective Laser Sintering,SLS)成形工艺是在一个充满氮气的惰性气体加工室中进行的,如图 8.12 所示。先将一层很薄的可熔性粉末沉积到成形桶的底板上,该底板可在成形桶内作上下垂直运动。然后按 CAD 数据控制 CO_2 激光束的运动轨迹,对可熔粉末进行扫描融化,并调整激光束强度正好能将层高为 0.125~0.25 mm 的粉末烧结成形。

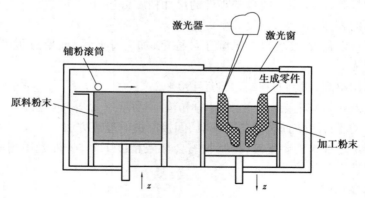

图 8.12 SLS 工艺原理图

这样,当激光束按照给定的路径扫描移动后,就能将所经过区域的粉末进行烧结,从而生成零件原型的一个截面。如同光固化成形工艺一样,选择性激光烧结成形工艺每层烧结都是在前一层顶部进行,这样,所烧结的当前层能够与前一层牢固地黏结。在零件原型烧结完成后,可用刷子或压缩空气将未烧结的粉末去除。

SLS 工艺的特点如下所述:

①取材广泛,SLS 工艺可采用加热时黏度降低的任何粉末材料,或各类含有黏结剂的涂

层颗粒制造出任何造型,适应不同的需要,特别是可以直接制造金属零件。

②不需要另外的支撑材料。因为没有烧结的粉末起到了支撑作用。

③制件具有较好的力学性能,成形零件可直接用做功能测试或小批量生产产品。

④材料的利用率高。未烧结的粉末可重复利用,并且材料价格较便宜、成本低。

SLS 工艺的不足之处在于成形速度较慢,成形的精度和表面质量不太高,而且成形过程中能量消耗比较高。

4)熔融沉积成形工艺

熔融沉积成形(Fused Deposition Manufacturing,FDM)工艺,又称为熔丝沉积制造,其工艺过程是以热塑性成形材料丝为材料,材料丝通过加热器的挤压头熔化成液体,由计算机控制挤压头沿零件的每一截面的轮廓和填充轨迹准确运动,通过送丝机构送进喷头,在喷头内被加热熔化,熔化的热塑料丝通过喷头挤出,覆盖于已建造的零件之上,并在极短的时间内迅速凝固,形成一层材料,并与前一层已成形材料黏结。之后,挤压头沿轴向上运动一微小距离进行下一层材料的建造。这样逐层由底到顶地堆积成一个实体模型或零件,如图 8.13 所示。

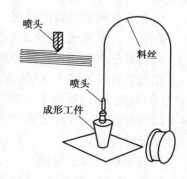

图 8.13　FDM 工艺原理图

熔融沉积成形工艺的特点如下所述:

①由于该工艺无须激光系统,因此设备使用、维护简单,成本较低,其设备成本往往只是 SLA 设备的 1/5。

②FDM 设备系统可以在办公室环境下使用。

③用蜡成形的零件可以直接用于失蜡铸造模造型。

④原材料在成形过程中无化学变化,制件翘曲变形小。

⑤当使用水溶性支撑材料时,支撑去除方便快捷,且效果较好。

FDM 工艺不足之处是成形精度比其他快速成形方法低,且成形时间较长。

8.2.4　快速成型技术的应用

快速成型技术的核心竞争力是其制造成本低和市场响应速度快,而生产厂家于利润和速度的考虑而逐步采用快速成型技术,从而促进快速成形技术得以迅速发展和推广应用,在工业造型、机械制造、航天航空、军事、建筑、影视、家电、轻工、医学、考古、文化艺术、雕刻、首饰等领域都得到了广泛应用。

快速成型技术的实际应用主要集中在以下几个方面:

1)在新产品造型设计过程中的应用

快速成型技术已为工业产品的设计开发人员建立了一种崭新的产品开发模式。运用 RP 技术能快速、直接、精确地将高等思想转化为具有一定功能的实物模型(样件),这不仅缩短了开发周期,而且降低了开发费用,也使企业在激烈的市场竞争中占有先机。

2)在机械制造领域的应用

由于 RP 技术自身的特点,其在机械制造领域内,获得广泛的应用,多用于制造单件、小批量金属零件的制造。有些特殊复杂制件,由于只需单件生产,或少于 50 件的小批量,一般均可用 RP 技术直接进行生产,成本低,周期短。

3)快速模具制造的应用

传统的模具生产时间长,成本高。将快速成型技术与传统的模具制造技术相结合,可大大缩短模具制造的开发周期,提高生产率,是解决模具设计与制造薄弱环节的有效途径。

4)在医学领域的应用

近年来,人们对 RP 技术在医学领域的应用研究较多,以医学影像数据为基础,利用 RP 技术制作人体器官模型,对外科手术有极大的应用价值。

5)在文化艺术领域的应用

在文化艺术领域,快速成型技术多用于艺术创作、文物复制、数字雕塑等。

6)在航空航天技术领域的应用

在航空航天领域中,空气动力学地面模拟实验(即风洞实验)是设计性能先进的天地往返系统(即航天飞机)所必不可少的重要环节。该实验中所用的模型形状复杂,精度要求高,又具有流线型特征,采用 RP 技术,根据 CAD 模型,由 RP 设备自动完成实体模型的制造,能很好地保证模型质量。

7)在家电行业的应用

目前,快速成形系统已经在国内的家电行业上得到了很大程度的普及和应用,如广东的美的、春兰、科龙、青岛的海尔等,都先后采用快速成形系统来开发新产品,收到了很好的效果。快速成形技术的应用很广泛,随着快速成型技术的不断成熟和完善,它将会在越来越多的领域得到推广和应用。

8.3　超精密与纳米加工技术

8.3.1　超精密加工技术

超精密加工技术是一门集机械、光学、电子、计算机、测量和材料科学等先进技术于一体的综合性技术。目前,超精密加工技术通常是指被加工零件的尺寸高于 0.1 μm,表面粗糙度 Ra 为 0.005~0.03 μm,加工时所用机床定位精度的分辨率和重复精度高于 0.01 μm 的加工技术,也称为亚微米级加工技术。

按照加工方式的不同,超精密加工可分为超精密切削、超精密磨料(固体磨料和游离磨料)磨削、超精密特种加工及复合加工。

1)镜面铣技术

(1)概述

所谓镜面铣削就是用普通的铣削加工方法获得被加工表面只有磨削加工才能达到的表面粗糙度和平面度。镜面铣削加工的原理就是在普通铣削加工的基础上,采用特殊的专用刀具,配合科学合理的切削参数,用铣削平面的理念进行加工完成。镜面铣关键部件为高精度主轴和低摩擦高平稳定性的滑台。

(2)镜面铣的应用

镜面铣削的平面度可达 0.1 μm。粗糙度除取决于机床、刀具的因素外,还与工件材料本身的特性有关,绝大多数情况下,以均方根值(r_ms)表示的粗糙度 Ra 为 1~5 nm。

①镜面铣削飞机玻璃:现代大型客机的窗户为有机玻璃制成,在飞机起降时,玻璃会屡遭大气中夹带的沙尘的碰撞而表面慢慢变得十分粗糙,直接影响飞行员和乘客的视线,这时玻璃必须进行重新抛光修复。采用传统的抛光方法,修复一块玻璃需要大约 1 h。如果采用镜面铣的方法,所需的时间不到抛光的一半,大大缩短飞机的维修时间,此法已被许多飞机维修中心所采用。

②坦克的光学系统窗口的镜面铣:现代作战坦克的火炮系统均采用光电控制,其观察系统除用于可见光,还能用于夜间观察红外线和物体热辐射形成的热像,为了在野外的恶劣环境下保护这些敏感光学元件,这些均装在坦克的内部,与外界接触的是一块对角线长约 200 mm 的窗玻璃,这块窗玻璃必须能透过各种波长的光。而窗玻璃采用宽带光学材料 ZnS 制造,这种材料加工性很差,特别是在抛光时,除表面污染外,极易形成刻痕。故采用传统的研磨与抛光方法,废品率很高,如果采用镜面铣,首先解决了表面污染问题,加工时窗玻璃只与金刚石刀具接触,而无其他媒体,金刚石化学性能十分稳定,不与 ZnS 发生化学反应。另外,这种窗玻璃加工的另一个难题是,窗玻璃内外光学表面的平行度要求在 1 μm 以下,常规的抛光方法很难保证精度要求。采用镜面铣时,可先铣削工作台面,使它与铣床导轨面平行,然后直接把工件放在工作台上进行加工,以确保工件的平行度。

2)金刚石切削技术

金刚石超精密切削技术包括金刚石超精密车削技术(Single Point Diamond Turning,SPDT)和金刚石超精密铣削技术(Single Point Diamond Flycutting,SPDF),是超精密加工技术的重要分支,也是超精密加工技术发展最早的、应用最为广泛的技术之一。金刚石超精密切削技术是在超精密数控车床上,采用具有纳米级锋利度的天然单晶金刚石刀具,在对机床和加工环境进行精确控制的条件下,直接利用金刚石刀具单点切削,加工出符合光学质量要求的光学零件。

(1)金刚石切削加工机床

金刚石车床与镜面铣床相比,其机械结构更为复杂,技术要求更为严格。除了必须满足很高的运动平稳性外,还必须具有很高的定位精度和重复精度。一般来说,要求机床有高精度、高刚度、良好稳定性、抗震性及数控功能等。

(2)金刚石切削加工机理

金刚石刀具切削金属模型如图 8.14 所示。切削过程通过弹性变形,剪切应力增大,达到屈服点后产生塑性变形,沿 OM 线滑移,剪切应力与滑移量继续增大,达到断裂强度使得切屑与母体脱离。

(3)超精密金刚石切削刀具

金刚石切削刀具根据其切削刃的形状可分为两种:一种是圆弧刃,可用于加工各种形状的工件,尤其适用于加工复杂曲面的工件;另一种是直线刃,有时也称为修光刃,主

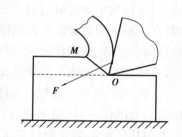

图 8.14　金刚石刀具切削金属模型

要用于加工平面、柱面以及锥面等简单规则形状的工件。圆弧刃车刀在切削过程中的调整比较简单,但应用于高精度曲面加工时,圆弧的刃磨要求严格,其精度会直接“复印”到所加工的曲面上。

对于圆弧刃刀具,刀具的几何参数主要包括刀尖圆弧半径 r、前角 γ、后角 α、圆弧包角 θ。这些参数的选择主要考虑:确保加工表面质量和避免工件与刀具间的干涉等两方面的因素,金刚石刀具的角度如图 8.15 所示。

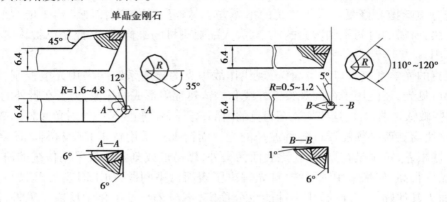

图 8.15　金刚石刀具的角度

3)超精密磨削技术

超精密磨削是当代能达到最低磨削表面粗糙度值和最高加工精度的磨削方法,表面粗糙度 $Ra \leqslant 0.01\ \mu m$,精度 $\leqslant 0.01\ \mu m$ 甚至进入纳米级。

(1)超精密磨削技术机制

超精密磨削一般使用金刚石和立方氮化硼等高硬度磨料砂轮磨削,主要通过对砂轮的精细修整,使用金刚石修整刀具以极小而又均匀的微进给(10~15 mm/min),获得众多的等高微刃,表面磨削痕迹微细,最后采用无火花光磨。超精密磨削采用较小修整导程和吃刀量修整砂轮,靠超微细磨粒等高微刃磨削作用进行磨削。超精密磨削的机制与普通磨削有一些不同之处。

①超微量切除。应用较小的修整导程和修整深度精细修整砂轮,使磨粒细微破碎而产生微刃,一颗磨粒变成多颗磨粒,相当于砂轮粒度变细,微刃的微切削作用就形成了低粗糙度。

②微刃的等高切削作用。微刃是砂轮精细修整而成的,分布在砂轮表层同一深度上的微刃数量多,等高性好,从而加工表面的残留高度极小。

③单颗粒磨削加工过程。磨粒是一颗具有弹性支承的大负前角切削刃的弹性体。单颗粒磨削时在与工件接触过程中,开始弹性区、切削区、塑性区,最后弹性区,这与切屑形成状态相符合。超精密磨削时有微切削作用、塑性流动和弹性破坏作用,同时还有滑擦作用。当切削刃锋利有一定磨削深度时,微切削作用较强;如果切削刃不够锋利或磨削深度太浅,磨粒切削刃不能切入工件则产生塑性流动、弹性破坏以及滑擦。

④连续磨削加工过程。工件连续转动,砂轮持续切入,开始磨削系统整个部分都产生弹性变形,磨削切入量(磨削深度)和实际工件尺寸的减少量之间产生差值,即弹性让刀量。此后,磨削切削量逐渐变得与实际工件尺寸减小量相等,磨削系统处于稳定状态。最后,磨削切入量达到给定值,但磨削系统弹性变形逐渐恢复为无切深磨削状态。

(2)超精密磨削技术的发展

近年来,国外对精密和超精密磨削技术的研究开发获得了不少成果和进展,主要体现在ELID 镜面磨削新工艺的研究和加工硅片以及非球面零件的应用上。

ELID 镜面磨削技术是利用在线电解修整作用连续修整砂轮来获得恒定的出刃高度和良好的容屑空间,其磨削原理如图 8.16 所示。使用 ELID 磨削,冷却液为一种特殊电解液,通电后,砂轮结合剂发生氧化,氧化层阻止电解进一步进行。在切削力作用下,氧化层脱落,露出了新的锋利磨粒。由于电解修锐连续进行,砂轮在整个磨削过程保持同一锋利状态。

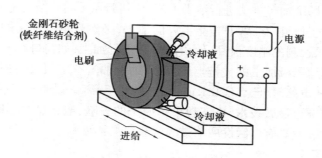

图 8.16　ELID 磨削原理

ELID 镜面磨削技术是利用在线电解修整作用连续修整砂轮来获得恒定的出刃高度和良好的容屑空间,同时,在砂轮表面逐渐形成一层钝化膜,当砂轮表面的磨粒磨损后,钝化膜被工件表面磨屑刮擦去除,电解过程继续进行,对砂轮表面进行修整,加工表面粗糙度 Ra 达到 $0.01 \sim 0.02 \, \mu m$,表面光泽如镜。

8.3.2　纳米加工技术

纳米(Nanometer)是一长度单位,简写为 nm。$1 \, nm = 10^{-3} \, \mu m = 10^{-9} \, m$。纳米技术是 20 世纪 80 年代诞生并蓬勃发展的一种高新科学技术。纳米不仅是一个空间尺度上的概念,而且更是一种新的思维方式,即生产过程越来越细,以至于在纳米尺度上直接由原子、分子的排布制造具有特定功能的产品。纳米技术的发展将推动信息、材料、能源、环境、生物、农业、国防等领域的技术创新,将导致 21 世纪的一次技术革命。

1)纳米技术的含义

纳米技术(nanotechnology)是用单个原子、分子制造物质的科学技术。纳米科学技术是以许多现代先进科学技术为基础的科学技术,它是现代科学(量子力学、微观物理、分子生物学)和现代技术(计算机技术、微电子和扫描隧道显微镜技术、核分析技术)结合的产物,纳米科学技术又将引发一系列新的科学技术,例如,纳米电子学、纳米材料科学、纳米机械学等。

纳米技术通常是指纳米级($0.1 \sim 100 \, nm$)的材料、设计、制造、测量、控制和产品的技术。它将加工和测量精度从微米级提高到纳米级。

2)纳米加工的物理实质

纳米加工的物理实质与传统的切削、磨削加工有很大不同,一些传统的切削、磨削方法的规律已经不能用在纳米加工领域。

欲得到 1 nm 的加工精度,加工的最小单位必然在亚微米级。由于原子之间的距离为 $0.1 \sim 0.3 \, nm$,实际上纳米加工已达到了加工精度的限制。纳米加工中试件表面的一个原子或分子成为直接加工对象,因此,纳米加工的物理实质就是要切断原子间的结合,实现原子或分子的去除。各种物质是共价键、金属键、离子键或分子结构形式结合的,要切断原子或分子的结合,就要研究材料原子间结合的能量密度,切断原子结合所需的能量,必然要求超过该物质的原子结合能,因此需要的能量密度是很大的。在机械加工中,工具材料在原子间结合能必须大于被加工材料的原子间结合能。

在纳米加工中需要切断原子间结合,需要很大的能量密度,一般为 $10^5 \sim 10^6$ J/cm³。传统的切削、磨削加工消耗的能量密度较小,实际是利用原子、分子或晶体间连接处的缺陷进行加工的。用传统切削、磨削加工方法进行纳米加工,要切断原子间的结合是相当困难的。

因此直接利用光子、电子、离子等能量束的加工,必然是纳米加工的主要方向和主要方法。但纳米加工要求达到的精度极高,使用能量束进行加工,如何进行有效地控制以达到原子级的去除,是实现原子级加工的关键。近年来,纳米加工有了很大突破,例如,用电子束光刻加工超大规模集成电路时,已实现 0.1 μm 线宽的加工;离子刻蚀已实现微米级和纳米级表层材料的去除;扫描隧道显微技术,已实现单个原子的去除、搬迁、增添和原子的重组。纳米加工技术已成为现实的、具有广阔发展前景的全新加工领域。

3)纳米加工精度

纳米加工精度包括纳米级尺寸精度、纳米级几何形状精度和纳米级表面质量 3 个方面。

(1)纳米级尺寸精度

较大尺寸机械零件的绝对精度是很难达到纳米级的,是由于其材料的内部参数因素(如内应力、重力、强度稳定性等)造成的变形和外部因素(如温度、震动、气压、测量等)都会产生尺寸误差,因此长度基准不采用标准尺寸为基准,而采用光速和时间作为长度基准。

较大尺寸机械零件的相对或重复精度是可达到纳米级的。目前使用激光干涉测量和 X 射线干涉测量法都可达到纳米级分辨率和重复精度,满足加工要求,如特高精度的微细小轴和孔配合、集成电路制造的重复定位精度等。

微小尺寸零件的精度是可以达到纳米级的,主要体现在超精密机械、微型机械和超微型机械。

(2)纳米级几何形状精度

加工的精密零件的几何形状精度直接影响它的工作性能和使用,为了达到使用要求,在纳米级尺寸的加工和检测过程中,其几何形状精密需要控制在纳米级。

(3)纳米级表面质量

目前纳米级加工表面形貌及功能方面的研究尚不系统,在加工中,由于零件的尺寸微小,粗糙度的大小甚至有可能影响零件的尺寸精度,因此,表面粗糙度是微细加工中最重要的工艺指标,还有表层的物体力学状态也将更加重要,如单晶硅片,不仅要求更高的平面度、低的表面粗糙度,还要求无表面残余应力、无表面组织缺陷;在精密机械、微型机械和超微型机械中,对表面质量的要求也更为严格。

一般在精密加工领域的研究中,往往通过不同加工表面的微观分析、评价总结出其中的一般规律,将对选择设备或加工方法提供理论依据,更科学、更合理地发挥设备的功能。

4)纳米加工技术简介

纳米加工包括利用原子和分子制作亚微米尺寸构件和系统的所有方法,在 2004 年国际微纳米工程年会上,专家总结出多达 60 种微纳米的加工方法,将它们归纳为以下 4 种类型。

(1)超精密机械加工

超精密切削、磨削、研磨、抛光等,超精密加工机床主轴的精度为 10 nm,导轨定位精度为 13~1 000 nm,切削加工粗糙度为 2 nm,切削圆度为 25 nm,磨削圆度为 10 nm,平面度为

500 nm,非球面精度为 100 nm,非球面粗糙度为 5 nm。

（2）平面工艺

平面工艺是最早开发的,也是目前应用最广泛的微纳米加工技术,它依赖于光刻技术,将一层光敏物质感光,通过显影使感光层受到辐射的部分或未受到辐射的部分留在基底材料表面,然后通过材料沉积或腐蚀将感光层的图案转移到基底材料表面,通过多层曝光,腐蚀或沉积,设计的图案便从基底材料上构筑起来。这些图案的曝光可通过光学掩膜投影实现,也可通过直接扫描激光束、电子束或离子束实现。腐蚀技术包括化学液体湿法腐蚀和各种等离子体干法刻蚀。材料沉积技术包括热蒸发沉积、化学气相沉积或电铸沉积。

（3）探针工艺

探针工艺是传统机械加工的延伸,微纳米尺寸的探针取代了传统的机械切削工具,微纳米探针不仅包括固态形式（如扫描隧道显微探针、原子力显微探针等）的探针,还包括聚焦离子束、激光束、原子束和火花放电微探针等非固态形式的探针。原子力显微探针或扫描隧道显微探针,一方面可直接操纵原子的排列,同时也可直接在基底材料表面形成纳米级的氧化层结构或产生电子曝光作用,这些固态微探针还可通过液体运输方法将高分子材料传递到固体表面,形成纳米量级的单分子层点阵或图形。非固态微探针如聚焦离子束,可通过聚焦提到小于 10 nm 的束直径,由聚焦离子束溅射刻蚀或化学气相辅助沉积,可直接在各种材料表面形成微纳米结构。

（4）模型工艺

模型工艺是利用微纳米尺寸的模具复制出相应的微纳米结构,模型工艺包括纳米压印技术、塑料模压技术、模铸技术。纳米压印是利用含有纳米图形的图章压印到软化的有机聚合物层上,纳米图章可用其他微纳米加工技术制作,虽然平面工艺中也可制作此类纳米图形,但纳米压印技术可低成本大量复制纳米图形。模压技术就是传统的塑料模压成形技术,多用于微流体与生物芯片的制作,模压技术也是一种低成本微纳米加工技术。模铸技术包括塑料模铸和金属模铸,无论模压还是模铸都是传统加工技术向微细加工领域的延伸,模压与模铸的成形速度快,因此,也是适用于大批量生产的工艺。

8.4 工业机器人

1）工业机器人的定义

工业机器人（Industrial Robot）是一种可以搬运物料、零件、工具或完成多种操作功能的专用机械装置;它由计算机控制,是无人参与的自主自动化控制系统;是可编程具有柔性的自动化系统,可以允许人机联系。

工业机器人技术是在控制工程、计算机科学、人工智能和机构学等多学科的基础上发展起来的一种综合性技术,在现代制造系统中,工业机器人是以多品种、少批量生产自动化为服务对象的,因此,它在柔性制造系统（FMS）、计算机集成制造系统（CIMS）和其他机电一体化的系统中获得广泛的应用,成为现代制造系统不可缺少的组成部分。

2) **工业机器人的基本组成**

工业机器人一般由执行机构、控制系统、驱动系统以及位置检测机构等几个部分组成，如图 8.17 所示。

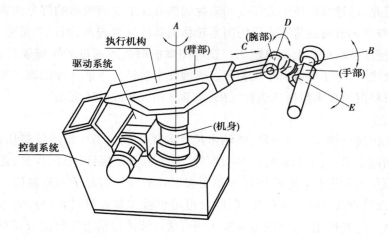

图 8.17　工业机器人的基本组成

（1）执行机构

执行机构是一组具有与人手、脚功能相似的机械机构，也称操作机，通常由手部、腕部、臂部、机身、机座及行走机构组成。手部又称抓取机构，用于直接抓取工件或工具。工业机器人手部有机械夹持式、真空吸附式、磁性吸附式等不同的结构形式。腕部是连接手部和手臂的部件，用于调整手部的姿态和方位。臂部是支撑手腕和手部的部件，由动力关节的连杆组成，用于承受工件或工具负荷，改变工件或工具的空间位置，并将它们送至预定的位置。机身又称立柱，是支撑臂部的部件。机座及行走机构是支撑整个机器人的基础件，用以确定或改变机器人的位置。

（2）控制系统

控制系统是机器人的大脑，控制与支配机器人按给定的程序运动，并记忆人们示教的指令信息，如动作顺序、运动轨迹、运动速度等，同时对执行机构发出执行指令。

（3）驱动系统

驱动系统包括驱动器和传动机构，常和执行机构连成一体，驱动臂杆完成指定的运动。常用的驱动器有电动机、液压和气压传动装置等，目前使用最多的是交流伺服电动机。传动机构常用的有谐波减速器。RV 减速器、丝杠、链、带以及其他各种齿轮传动装置。

（4）位置检测装置

通过力、位移、触觉等传感器检测机器人的运动位置和工作状态，并随时反馈给控制系统，以便使执行机构以一定的精度和速度到达设定的位置。

3) **工业机器人的分类**

我国从事机器人研究的专家从应用环境出发，将机器人分为工业机器人和特种机器人。工业机器人就是面向工业领域的多关节机械手或多自由度机器人。而特种机器人则是除工业机器人之外的，用于非制造业并服务于人类的各种先进机器人，包括服务机器人、水下机器人、娱乐机器人、军用机器人、医疗机器人、农业机器人等。工业机器人的分类方法繁多,可按其某些特性来进行划分。

（1）按作业用途分

工业机器人可分为焊接机器人、喷漆机器人、搬运机器人、装配机器人等。

（2）按操作机的运动形态分

工业机器人可分为直角坐标式机器人、极（球）坐标式机器人、圆柱坐标式机器人和关节式机器人。

（3）按执行机构运动的控制机能分

工业机器人可分为点位控制机器人和连续轨迹控制机器人。前者只控制到达某些指定点的位置精度,而不控制其运动过程;后者则对运动过程的全部轨迹进行控制。

（4）按程序输入方式分

工业机器人可分为编程输入型机器人和示教再现型机器人。编程输入型机器人是将已编好的作业程序文件,通过 RS232 串口或者以太网等通信方式传送到机器人控制柜。示教再现型机器人是由操作者用手动控制器（示教操纵盒）,将指令传给驱动系统,使执行机构按要求的动作顺序和运动轨迹操演一遍;或者由操作者直接驱动执行机构,按要求的动作顺序和运动轨迹操演一遍。在示教过程中,其运动轨迹自动存入程序存储器中,在机器人工作时,控制系统从程序存储器中检出相应信息,将指令信号传给驱动机构,使执行机构再现示教的各种动作。

4）工业机器人的应用

工业机器人的最初应用主要是对人体有危险或者有危害的操作环境。在如今现代制造业中,利用工业机器人能够扩大机械制造系统的功能和范围,以及提高自动化程度,是实现柔性自动化的基本设备。在机械制造业中,尤其在焊接、装配、装卸、搬运等领域,得到了广泛的应用。

（1）在汽车焊接方面的应用

①点焊机器人。在汽车制造生产线和装配工序中较为常见,广泛应用于焊接薄板材料。装配每台汽车车体一般需要完成 3 000~4 000 个焊点,其中 60% 是由点焊机器人完成的。点焊机器人属于点位控制,点焊所要求的位置精度一般在 1 mm 左右,一般的机器人都可以满足。

②弧焊机器人。用于完成金属件的连接焊接,绝大多数机器人可以完成自动送丝、熔化电极和气体保护下的焊接工件。弧焊机器人应用范围很广,除了汽车行业外,在通用机械金属结构等许多行业中都有应用。

（2）在装配方面的应用

控制装置装配是机械产品制造过程中的最后一个环节。目前,整个机械制造过程中自动化程度最低的是装配工艺。随着市场竞争的加剧,多品种小批量产品的装配自动化问题显得越来越迫切。在装配生产中使用工业机器人将有助于加速产品装配自动化的进程。图 8.18 所示为一种具有反馈装置的精密装配机器人作业示意图。

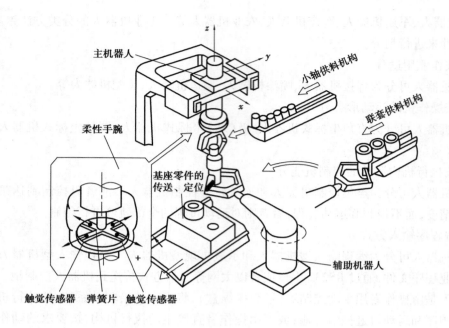

图 8.18　精密插入装配机器人的装配作业

该机器人系统包括主机器人、辅助机器人、零件输送机构、电视摄像机视觉系统、触觉传感器反馈机构等,将基座、连接套和小轴这 3 个零件组装起来。在作业装配时,主、辅机器人各抓取所需组装的零件,两者互相配合,使零件尽量接近,而主机器人向孔的中心方向移动。由于手腕的柔性,所抓取的小轴会产生稍微的倾斜;当小轴端部到达孔的位置附近时,由于弹簧力的作用,轴端会落入孔内。通过检测柔性机构在 z 方向的位移变化,确定主机器人在 xOy 平面的位置,由触觉传感器检测轴线相对孔中心线的倾斜方向,一边修正小轴姿态,一边将小轴插入连接套的孔中,完成装配作业。

8.5　柔性制造技术

为了满足产品不断更新,适应多品种、小批量生产自动化的需要,柔性制造技术得到了迅速的发展,主要有柔性制造单元(Flexible Manufacturing Cell,FMC)、柔性制造系统(Flexible Manufacturing System,FMS)、计算机集成制造系统(Computer Integrated Manufacturing System,CIMS)等一系列现代制造设备和系统,它们对制造业的进步和发展发挥了重大的推动和促进作用。

8.5.1　柔性制造单元(FMC)

FMC 是在加工中心的基础上,增加了存储工件的自动料库、输送系统所构成的自动加工系统。FMC 有较齐全的监控功能,包括刀具损坏检测、寿命检测和加工工时监测等。图 8.19 所示为配有托盘交换系统构成的 FMC。它由卧式加工中心、环形工件交换工作台、工件托盘及托盘交换装置(Automatic Pallet Changer,APC)组成。

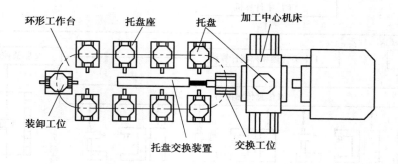

环形工作台　托盘座　托盘　加工中心机床

装卸工位

托盘交换装置　交换工位

图 8.19　柔性制造单元

托盘上装夹有工件,在加工过程中,它与工件一起流动,类似常用的随行夹具。环形工作台用于工件的输送与中间存储,托盘座在环形导轨上由内侧的链拖动而回转,每个托盘座上有地址识别码。当一个工件加工完毕,数控机床发出信号,由托盘交换装置将加工完的工件(包括托盘)拖至回转台的空位处,然后转至装卸工位,同时,将待加工的工件推至机床工作台并定位加工。

FMC 具有规模小、成本低、便于扩展等优点,有廉价小型 FMS 之称。适于多品种、小批量工件的生产。

8.5.2　柔性制造系统(FMS)

FMS 是在 FMC 的基础上扩展而形成一种高效率、高精度、高柔性的加工系统。对 FMS 进行直观的定义是:柔性制造系统至少由两台数控加工设备、一套物料运储系统(装卸高度自动化)和一套计算机控制系统所组成的制造系统。

1) FMS 的定义

FMS 是在 FMC 的基础上扩展而形成的一种高效率、高精度、高柔性的加工系统。FMS 的定义是:由若干台数控加工设备、物料运储装置和计算机控制系统组成,并能根据制造任务或生产品种的变化迅速进行调整,以适应多品种、中小批量生产的自动化制造系统。它通过简单地改变软件的方法便能够制造出多种零件。

2) FMS 的特征

FMS 所具有的特征如下所述:

①柔性高,适合于多品种中小批量零件的生产。

②系统内的机床可以相互补充或相互替代。

③可混流加工不同的零件。

④整个系统运行不会因局部维修或调整而中断。

⑤采用递阶结构的计算机控制,可与上层计算机联网通信。

3) FMS 的组成

如图 8.20 所示是一种较典型的 FMS 结构框图,它由以下 9 个部分组成:

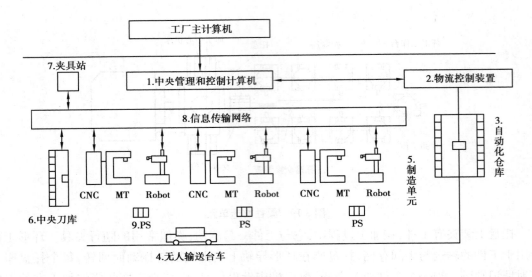

图 8.20　FMS 结构框图

①中央管理和控制计算机。它接收来自工厂主计算机的指令,对整个 FMS 实行计划调度、运行控制、物料管理、系统监控和网络通信等。

②物流控制装置。对自动化仓库、无人输送台车、加工毛坯、半成品和成品、夹具、刀具等实现集中管理和控制。

③自动化仓库。将毛坯、半成品和成品等进行自动调用或存储。

④无人输送台车。工件、刀具、夹具等都由此台车来完成运输任务,行走于各机床之间、机床与自动化仓库之间、机床与中央刀具库之间。

⑤制造单元。它由多台不同类型的 CNC 机床 MT 及工业机器人 Robot 组成。其中 CNC机床也包括加工中心 MC 或 FMC。

⑥中央刀具库。刀具的集中存储区。

⑦夹具站。实现对夹具的调整、维护及其存储。

⑧信息传输网络。FMS 中通信系统。

⑨FMS 随行工作台。实现从无人输送台车到制造单元之间的传送缓冲。

8.5.3　计算机集成制造系统(CIMS)

1) CIMS 的基本概念

计算机集成制造(Computer Integrated Manufacturing,CIM)是一种组织、管理企业的新哲理,它借助计算机软硬件,综合应用现代管理技术、制造技术、信息技术、自动化技术、系统技术,将企业生产全部过程中有关的人、技术、经营管理三要素及其信息流与物质流有机地集成并优化运行,以实现产品的高质量、低成本、短交货期,提高企业对市场变化的应变能力和综合竞争能力。

CIMS 则是 CIM 哲理指导下建立的人机系统,是一种新型的制造模式。它从企业的经营战略目标出发,将传统的制造技术与现代信息技术、管理技术、自动化技术、系统工程技术等有机结合,将产品从创意策划、设计、制造、储存、营销到售后服务全过程中有关的人和组织、经营管理和技术三要素有机结合起来,使制造系统中的各种活动、信息有机集成并优化运行,以达到降低成本 C(Cost)、提高质量 Q(Quality)、缩短交货周期 T(Time)等目的,从而提高企业的创新设计能力和市场竞争力。

2) CIMS 的基本组成

CIMS 是一个大型的复杂系统,包括人、经营、技术三要素,它们之间的关系如图 8.21 所示。

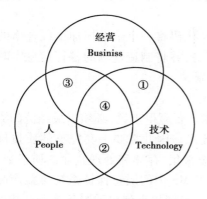

图 8.21　CIMS 三要素

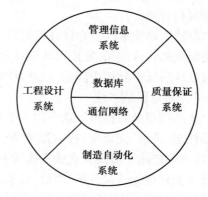

图 8.22　CIMS 的基本组成

其中,人包括组织机构及其成员;经营包括目标和经营过程;技术包括信息技术和基础结构(设备、通信系统、运输系统等使用的各种技术)。在三要素的相交部分需要解决 4 类集成问题:①使用技术以支持经营;②使用技术以支持人员工作;③设置人员协调工作以支持经营活动;④统一管理并实现经营、人员、技术的集成优化运行。

从 CIMS 系统的功能角度考虑,一般认为 CIMS 由管理信息系统、工程设计系统、制造自动化系统和质量保证系统 4 个功能分系统,以及计算机通信网络和数据库两个支撑分系统组成,如图 8.22 所示。然而,这并不意味着任何一个企业在实施 CIMS 时都必须同时实现这 6 个分系统。由于每个企业原有的基础不同,各自所处的环境不同,因此,应根据企业的具体需求和条件,在 CIMS 思想指导下进行局部实施或分步实施。

(1)管理信息系统

管理信息系统是 CIMS 的神经中枢,指挥与控制着其他各个部分有条不紊地工作。管理信息系统通常是以制造资源计划(Manufacturing Resource Planning, MRP Ⅱ)为核心,包括预测、经营决策、各级生产计划、生产技术准备、销售、供应、财会、成本、设备、工具、人力资源等各项管理信息功能。

(2)工程设计系统

设计阶段是对产品成本影响最大的部分,也是对产品质量起着最重要影响的部分。工程设计系统实质上是指在产品开发过程中引用计算机技术,使产品开发活动更高效、更优质、更自动地进行。产品开发活动包含产品的概念设计、工程与结构分析、详细设计、工艺设计以及数控编程等设计和制造准备阶段的一系列工作,即通常所说的计算机辅助设计(CAD)、计算机辅助工艺过程(CAPP)、计算机辅助制造(CAM)三大部分。

(3)制造自动化系统

制造自动化系统是 CIMS 的信息流和物料流的结合点,是 CIMS 最终产生经济效益的聚集地,通常由 CNC 机床、加工中心、FMC 或 FMS 等组成。其主要组成部分如下所述:

①加工单元。由具有自动换刀装置(ATC)、自动更换托盘装置(APC)的加工中心或CNC机床组成。

②工件运送子系统。有自动引导小车(AGV)、装卸站、缓冲存储站和自动化仓库等。

③刀具运送子系统。有刀具预调站、中央刀库、换刀装置、刀具识别系统等。

④计算机控制管理子系统。通过主控计算机或分级计算机系统的控制,实现对制造系统的控制和管理。

制造自动化系统是在计算机的控制与调度下,NC代码将一个个毛坯加工成合格的零件并装配成部件或成品,完成设计和管理部门下达的任务,并将制造现场的各种信息实时地或经过处理后反馈到相应部门,以便及时进行调度和控制。

(4)质量保证系统

产品质量是赢得市场竞争的一个极其重要的因素。要赢得市场,必须以最经济的方式在产品性能、价格、交货期、售后服务等方面满足顾客要求。因此需要一套完整的质量保证系统,这个系统除了要具有直接实施检测的功能外,还要采集、存储和处理企业的质量数据,并以此为基础进行质量分析、评价、控制、规划和决策。CIMS中的质量保证系统覆盖产品生命周期的全过程,从市场调研、设计、原材料供应、制造、产品销售直到售后服务等。这些信息的采集、分析和反馈,便形成一系列各种类型的闭环控制,从而保证产品的最终质量能满足客户的需求。它可由以下4个子系统组成:

①质量计划子系统。用来确定改进质量目标,建立质量标准和技术标准,计划可能达到的途径和预计可能达到的改进效果,并根据生产计划及质量要求制定检测计划及检测规程和规范。

②质量检测子系统。采用自动或手工对零件进行检验,对产品进行试验,采集种类质量数据并进行校验和预处理。

③质量评价子系统。包括对产品设计质量评价、外购外协件质量评价、供货商能力评价、工序控制点质量评价、质量成本分析及企业质量综合指标分析评价。

④质量信息综合管理与反馈控制子系统。包括质量报表生成、质量综合查询、产品使用过程质量综合管理以及针对各类质量问题所采取的各种措施及信息反馈。

(5)计算机通信网络系统——支撑分系统之一

计算机网络是用通信线路将分散在不同地点、并具有独立功能的多个计算机系统互相连接,按照网络协议进行数据通信,并实现共享资源(如网络中的硬件、软件、数据等)的计算机以及线路与设备的集合。具体的硬件组成部分包括数据处理的主机、通信处理机、集中器、多路利用器、调制解调器、终端、通信线路、异步通信适配器以及网桥和网间连接器(又称网关、信关)等,再与各种功能的网络软件相结合,就能实现不同条件下的通信与支持系统集成。

(6)CIMS的数据库系统——支撑分系统之二

数据库系统是一个支撑系统,它是CIMS信息集成的关键之一。CIMS环境下的管理信息、工程技术、制造自动化、质量保证4个功能系统的信息数据都要在一个结构合理的数据库系统里进行存储和调用,以满足各系统信息的交换和共享。

CIMS的数据库系统通常是采用集中与分布相结合的体系结构,以保证数据的安全性、一致性和易维护性。由于工程数据类型复杂,它包括图形、加工工艺规范、NC代码等各种类型的数据,所以CIMS数据库系统往往还建立一个专用的工程数据库系统,用来处理大量的工程数据。工程数据库系统中的数据处理与生产管理、经营管理等系统的数据均按统一规范进行交换,从而实现整个 CIMS 中数据的集成和共享。

3) 实施 CIMS 的关键技术

CIMS 作为一种新兴的高新技术,企业在实施这项高新技术的过程中,必然会遇到一些技术难题,这些技术难题就是实施 CIMS 的关键技术,主要指下面两大类的关键技术。

（1）系统集成

CIMS 要解决的集成问题,包括各分系统之间的集成、分系统内部的集成、硬件资源的集成、软件资源的集成、设备与设备之间的集成、人与设备的集成等。在解决这些集成问题时,需要进行必要的技术开发,并充分利用现有的成熟技术,充分考虑系统的开放性与先进性的结合。

（2）单元技术

CIMS 中涉及的单元技术很多,而且解决起来难度大。对具体的企业,应结合实际情况,根据企业技术进步的需要进行分析,提出在该企业实施 CIMS 的具体单元技术难题及其解决方法。

复习思考题

8.1　数控机床主要由哪几个部分组成? 每部分的作用是什么?

8.2　简述闭环控制数控机床的工作原理。

8.3　与普通机床比较、数控机床加工具有哪些特点?

8.4　简述快速成型技术的工作原理。

8.5　熔融沉积成型工艺的特点是什么?

8.6　简述超精密加工内涵,常用超精密加工方法有哪些?

8.7　何谓纳米技术、纳米加工? 列举常用的纳米机械加工方法。

8.8　试述工业机器人的概念、组成、分类及应用场合。

8.9　典型的柔性制造系统由哪几部分组成?

8.10　计算机集成制造系统的基本组成有哪些?

第 **9** 章
机械加工工艺规程

各种类型的机械零件,由于其结构形状、精度、表面质量、技术条件和生产数量等要求各不相同,因此针对某一零件的具体要求,在生产实际中要综合考虑机床设备、生产类型、经济效益等诸多因素,确定一个合适的加工方案,并合理安排加工顺序,经过一定的加工工艺过程,才能制造出符合要求的零件。本章将主要介绍与制订机械加工工艺过程及工艺规程有关的一些基础知识。

9.1 工艺过程与工艺规程

9.1.1 概述

1) 生产过程

生产过程是指产品由原材料到成品之间的各个相互联系的劳动过程的总和。它不仅包括毛坯制造、零件加工、装配调试、检验出厂,而且还包括生产准备阶段中生产计划编制、工艺文件制订、刀夹量具准备,生产辅助阶段中原料与半成品运输和保管,设备维修和保养、刀具刃磨、生产统计与核算等。

2) 工艺过程和工艺路线

生产过程中,按一定顺序逐渐改变生产对象的形状、尺寸、相对位置和性质,使其成为成品或半成品的过程,称为工艺过程。总的工艺过程又可分为铸造、锻造、冲压、焊接、机械加工、热处理、电镀、装配等工艺过程。本章主要讨论机械加工工艺过程中的一系列问题。

零件依次通过的全部加工过程称为工艺路线或工艺流程,它表明先做什么后做什么的工作顺序。工艺路线是制订工艺过程和进行车间分工的重要依据。

3) 机械加工工艺过程

机械加工工艺过程是采用机械加工方法,直接改变毛坯形状、尺寸、相对位置和性质等,使其转变为成品的过程。由于机械加工工艺过程直接决定零件的质量,并且也直接影响生产成本和制造周期,因此是整个工艺过程的重要组成部分。

9.1.2 机械加工工艺过程的组成

机械加工工艺过程是由一个或若干个顺序排列的工序组成的,而每一个工序又可分为安装、工序、工步和走刀。

1) 工序、工步和走刀

一个或一组工人,在一个工作地点对同一个或同时对几个工件所连续完成的那一部分工艺过程,称为工序。它是组成工艺过程的基本单元。

在加工表面(或装配时的连接表面)和加工(或装配)工具不变的情况下,所连续完成的那一部分工序为工步。

在一个工步内,若被加工表面需切去的材料很厚,就可分几次切削,每切去一层材料称为一次走刀。

如图 9.1 所示的齿轮轴零件,可采用两种不同的加工方案。表 9.1 为第一方案的工艺过程;如果零件产量很大,则可选用表 9.2 中第二方案的工艺过程。

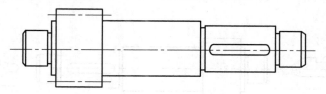

图 9.1 齿轮轴

表 9.1 第一方案的工艺过程

工序	内容	设备
1	车端面,钻中心孔;调头车另一端面,钻中心孔	车床
2	车大外圆端,割槽和倒角;调头车小外圆端,割槽和倒角	车床
3	滚削齿轮,去毛刺	滚齿机
4	铣键槽,去毛刺	铣床
5	磨外圆	磨床

表 9.2 第二方案的工艺过程

工序	内容	设备
1	铣两端面,钻中心孔	铣两端面钻中心孔机床
2	车大外圆端,割槽和倒角	车床
3	车小外圆端,割槽和倒角	车床
4	滚削齿轮	滚齿机
5	去毛刺	钳工台
6	铣键槽	键槽铣床
7	去毛刺	钳工台
8	磨外圆	磨床

在表9.1中,工序2由于加工表面和刀具都在改变,所以此道工序包括6个工步。工序3中由于键槽有一定深度,往往需要多次走刀来完成。由于生产量不大,去毛刺工作则由滚齿工或铣工在加工完毕后用手工连续完成,因此是同一工序中的另一工步。表9.2适用于产量很大的工艺过程,为了提高生产效率,两端面和中心孔的加工被安排在双面铣端面钻中心孔机床上作为一个工序同步完成,如图9.2所示;外圆车削按大小端分别在两个工序中用定距对刀法加工,可节省对刀和测量的辅助时间。此外,去毛刺安排有钳工专门完成,以免占用滚齿工和铣工的工时。

用几把刀具同时加工几个表面也可看成是一个工步,称为复合工步。如图9.2所示,铣端面和钻中心孔都是用两把刀具同时加工,它们都是复合工步。

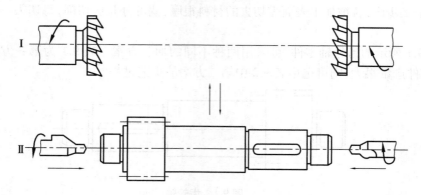

图9.2 铣端面打中心孔工序

对于连续进行的若干个相同的工步,为了简化工序内容的叙述,通常都看成是一个工步。例如,图9.3为盘类零件,用同一钻头连续钻削6个孔,可写成一个工步。

2)安装和工位

工件在机床上或在夹具中定位和夹紧的过程称为安装。表9.1中工序1和2都是在同一工序中有两次安装,其他工序以及表9.2中各道工序中都是一次安装。

为了减少工件的安装次数,缩短工时,提高效率,同时保证加工质量,常采用各种回转工作台,回转夹具或移动夹具使工件在一次装夹中,先后经过若干位置依次进行加工。

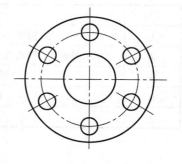

图9.3 盘类零件

为了完成一定的工序内容,一次装夹工件后,工件与夹具或设备的可动部分一起相对刀具或设备的固定部分所占据的某一位置称为工位。如表9.2中的工序1铣端面、钻中心孔,就是在两个工位上加工。由图9.2所示,工件装夹后,先在Ⅰ工位上铣端面,然后移到Ⅱ工位上钻中心孔。

9.1.3 生产纲领与生产类型

1)生产纲领

根据市场需求和本企业的生产能力编制的企业在计划期内应生产的产品产量和进度计划称为生产纲领。

在生产纲领中除了零件在产品中的数量,还应计入备品和废品的数量。其中废品由整个加工过程中允许的总废品率来确定。

某产品的年生产纲领可按下式计算为

$$N = Qn(1 + a\%)(1 + b\%)$$

式中　　N——零件的年产量,件/年;

　　　　Q——产品的年产量,台/年;

　　　　n——每台产品中该零件的数量,件/台;

　　　　a——备品的百分率;

　　　　b——废品的百分率。

在零件年生产纲领确定后,可根据具体情况按一定期限分批投产,每批投产的零件数量称为批量。

2)生产类型

生产类型根据零件的生产纲领或生产批量可划分为不同的生产类型,生产类型是指生产单位(企业、车间、工段、班组、工作地)生产专业化程度的分类。一般分为以下 3 种生产类型。

(1)单件、小批生产

产品品种很多,每一产品只做一个或数个,各个工作地的加工对象经常改变,很少重复生产。重型机械、船舶制造、专用设备及新产品试制属于这种生产类型。

(2)成批生产

一年中分批轮流地制造几种不同的产品,每种产品有一定的数量,工作地的加工对象周期性地重复出现。例如,机床、电机、轻工机械的制造常属于这种生产类型。

(3)大批、大量生产

产品数量很大,每一个工作地用重复的工序加工某种零件或以同样的方式按期分批更换加工对象。汽车、冰箱、空调、自行车等的制造属于这种生产类型。

生产类型取决于生产纲领,但也与产品的尺寸和复杂程度有关。表 9.3 列出了它们之间的关系。各种生产类型的工艺特征请参阅表 9.4。

由于大批、大量生产广泛采用高效的专用机床,按流水线排列或采用自动线进行生产,因而生产效率高、产品成本低,增加了产品在市场上的竞争力。但是,上述生产方式具有很大的"刚性"即专用性,一旦产品改型,要改变生产对象的工艺过程,就不能适应。

表 9.3　生产类型与生产纲领的关系(年生产量)

产品类型 \ 生产类型	重型机械	中型机械	小型机械
单件生产	少于 5	少于 20	少于 100
小批生产	5~100	20~200	100~500
中批生产	—	200~500	500~5 000
大批生产	—	500~5 000	5 000~50 000
大量生产	—	5 000 以上	50 000 以上

表 9.4　各种生产类型的工艺特征

项目＼特点＼类型	单件生产	成批生产	大量生产
加工对象变换	经常变换	周期性变换	固定不变
毛坯的制造方法及加工余量	木模手工造型或自由锻,毛坯精度低,加工余量大	金属模造型或模锻。毛坯精度与余量中等	广泛采用模锻或金属模机器造型,毛坯精度高、余量少
机床设备及布置	采用通用机床,部分采用数控机床,按机床种类及大小采用"机群式"排列	通用机床及部分高生产率机床,按加工零件类别分工段排列	专用机床,自动机床及自动线,按流水线形式排列
夹具	通用夹具或组合夹具	广泛采用专用夹具	采用高效率专用夹具
刀具与量具	通用刀具和万能量具	较多采用专用刀具及专用量具	采用高效率刀具和量具,自动测试
对工人的技术要求	需要技术水平较高的工人	需要一定技术水平的工人	对操作工人的技术要求较低,对调整工人的技术要求较高
工艺文件	有工艺过程卡	有工艺过程卡,关键零件有工艺卡	有工艺卡和工序卡,关键工序有调整卡和检验卡
零件的互换性	零件不互换,主要靠钳工修配	多数互换,少数试配或修配	全部互换或分组互换
生产率	低	中	高
成本	高	中	低
发展趋势	箱体类复杂零件采用加工中心加工	采用成组技术,数控机床或柔性制造系统等进行加工	在计算机控制的自动化制造系统中加工,并可能实现在线故障诊断,自动报警和加工误差自动补偿

　　随着科学技术和生产技术的不断发展,功能更好、效率更高的新产品不断开发;另一方面适合市场需求的民用产品的品种越来越多,从而导致产品的更新换代的周期越来越短。这就要求机械制造业逐步采用数控机床、加工中心、柔性制造系统(FMS)、计算机集成制造系统(CIMS)等高度自动化的生产方式。

9.1.4　机械加工工艺规程的制订

　　把产品或零部件制造工艺过程的各项内容用表格的形式写成文件,就是工艺规程。它是直接指导生产准备、生产计划、生产组织、实际加工及技术检验等的重要技术文件,是进行生产活动的基础资料。

1)工艺规程的内容

　　零件的机械加工工艺规程包括的内容有加工的工艺路线、各工序工步的加工内容、操作方法及要求、所采用的机床和刀夹量具、零件的检验项目及方法、切削用量及工时定额等。

2) 工艺规程的格式

机械加工工艺规程的种类有机械加工工艺过程卡、机械加工工艺卡和机械加工工序卡。

单件、小批生产可采用较简单的机械加工工艺过程卡,见表 9.5。它主要说明零件加工的整个工艺路线应如何进行,其中包括每道工序名称、内容以及所用的机床和工艺装备。对于大批大量生产的零件,既要有较详细的机械加工工艺卡,见表 9.6,又要有机械加工工序卡,见表 9.7。机械加工工序卡是按机械加工工艺过程卡中的每一道工序所编制的一种工艺文件。它详细地说明了每道工序的内容和进行步骤,绘有工序加工简图,图中注明了该工序工件定位基准和装夹方式、加工表面及工序尺寸和公差、加工表面的粗糙度和技术要求、刀具的类型及其位置、进刀方向和切削用量等。

表 9.5　机械加工工艺过程卡片格式

企业名称	机械加工工艺过程卡片			产品型号		零(部)件型号			共　页
				产品名称		零(部)件名称			第　页
材料牌号		毛坯种类		毛坯外形尺寸		每毛坯件数		每台件数	
工序号	工序名称	工序内容			车间	工段	设备	工艺装备	工时
									准终 / 单件
								编制(日期)	审核(日期) / 会签(日期)
标记	处数	更改文件号	签字	日期	标记	处数	更改文件号	签字	日期

表 9.6　机械加工工艺卡

<table>
<tr><td colspan="2" rowspan="2">企业名称</td><td colspan="3" rowspan="2">机械加工工艺卡片</td><td colspan="2">产品型号</td><td colspan="2">零(部)件型号</td><td colspan="3"></td><td colspan="2">共　页</td></tr>
<tr><td colspan="2">产品名称</td><td colspan="2">零(部)件名称</td><td colspan="3"></td><td colspan="2">第　页</td></tr>
<tr><td colspan="3">材料牌号</td><td colspan="2">毛坯种类</td><td colspan="2">毛坯外形尺寸</td><td colspan="2">每毛坯件数</td><td colspan="2">每台件数</td><td colspan="3"></td></tr>
<tr><td rowspan="2">工序</td><td rowspan="2">装夹</td><td rowspan="2">工步</td><td rowspan="2">工序内容</td><td rowspan="2">同时加工零件数</td><td colspan="4"></td><td rowspan="2">设备名称及编号</td><td colspan="2">工艺装备名称及编号</td><td rowspan="2"></td><td>工时定额</td></tr>
<tr><td>背吃刀量/mm</td><td>切削速度/(m·min^{-1})</td><td>每分钟转速或往复次数</td><td>进给量/(mm·r^{-1})</td><td></td><td></td><td></td></tr>
<tr><td></td><td></td><td></td><td></td><td></td><td></td><td></td><td></td><td></td><td></td><td></td><td></td><td></td><td></td></tr>
<tr><td colspan="9"></td><td>编制(日期)</td><td>审核(日期)</td><td>会签(日期)</td><td colspan="2"></td></tr>
<tr><td>标记</td><td>处数</td><td>更改文件号</td><td>签字</td><td>日期</td><td>标记</td><td>处数</td><td>更改文件号</td><td>签字</td><td>日期</td><td></td><td></td><td></td><td></td></tr>
<tr><td></td><td></td><td></td><td></td><td></td><td></td><td></td><td></td><td></td><td></td><td></td><td></td><td></td><td></td></tr>
</table>

表 9.7　机械加工工序卡

企业名称	机械加工工序卡片		产品型号		零(部)件型号		共　页
			产品名称		零(部)件名称		第　页

材料牌号	毛坯种类	毛坯外形尺寸	每毛坯件数	每台件数	备注

	车间	工序号	工序名称	材料牌号
	毛坯种类	毛坯外形尺寸	毛坯件数	每台件数
	夹具编号	夹具名称	冷却液	
			工序工时	
			准终	单件

工步号	工步内容	工艺装备	主轴转速/ (r·min⁻¹)	切削速度/ (m·min⁻¹)	进给量/ (mm·r⁻¹)	背吃刀量 /mm	进给次数	工时定额	
								机动	辅助

					编制(日期)	审核 (日期)	会签 (日期)

标记	处数	更改文件号	签字	日期	标记	处数	更改文件号	签字	日期			

3) 工艺规程的作用

工艺规程是企业生产活动中最主要的指导性技术文件之一。它是在总结实践经验的基础上,依据科学的理论和必要的工艺实验后制订的。它是企业规章制度的重要组成部分,企业员工在生产中必须严格执行。其作用如下所述:

①它是指导生产、保证产品质量和提高经济效益的主要技术文件,也是投产前进行生产准备和技术准备的依据。

②它是组织生产和计划管理的基本依据。生产的组织管理包括材料供应、毛坯制造、工艺装备设计、制造或采购、机床安排、人员组织、生产调度、统计核算等。

③它是新建、扩建工厂或车间的基本资料。因为只有依据生产纲领和工艺规程才能确定所需机床的种类、规格、数量和布置,工人的工种、等级和数量,车间的作业面积以及辅助部门的设置等。

4) 机械加工工艺规程的原则

机械加工工艺规程的原则如下所述:

①所制订的工艺规程要结合本企业的生产实践和生产条件。

②所制订的工艺规程要保证产品质量并有相当的可靠度,还应力求高效率、低成本。

③所制订的工艺规程随着生产实践检验,工艺技术发展和机床设备更新,应不断地修订,使其更加完善和合理。

5) 机械加工工艺规程所需的原始资料

机械加工工艺规程所需的原始资料如下所述:

①零件图,反映零件功能的装配图。

②产品质量检验标准。

③产品的生产纲领。

④企业有关机械加工条件,例如,毛坯制造,机床设备品种、规格和性能,工人的技术水平,工艺装备的设计制造能力等。

⑤相关国内外工艺技术水平资料。

⑥有关的标准、手册及图册等。

6) 制订机械加工工艺规程的步骤

(1)分析研究产品装配图和零件图

①熟悉产品的性能、用途、工作条件,明确各零件的相互装配关系及其功用,了解及研究各项技术要求,找出其关键技术问题。

②对装配图和零件图进行工艺审查。主要内容如下所述:

a.检查图纸是否完整和正确,是否缺少必要的视图、尺寸或技术条件。

b.审查图纸上选用的材料和规定的技术条件是否合理。

c.审查零件的结构工艺性。

如果发现有问题,则应与有关设计人员共同研究,按规定程序对原图纸进行必要的修改和补充。

(2)毛坯的选择及加工余量的确定

零件的毛坯和加工余量在很大程度上影响机械加工的加工质量、生产效率和经济效益。

（3）拟订工艺路线

这是制订工艺规程的关键。拟订工艺路线就是把加工工件所需的加工方案和加工顺序加以确定。这里还包括选定定位基准和夹紧方法，以及安排热处理、检验以及其他辅助工序（如去毛刺、倒角等）。

（4）确定各工序所采用的机床设备

（5）确定各工序所采用的刀具、夹具、量具和辅助工具

如果需要设计专用的刀具、夹具、量具和辅助工具，应提出具体的设计任务书，由专门的人员进行设计和制造。

（6）确定各工序的加工余量，计算工序尺寸和公差

（7）确定切削用量

单件或批量生产一般不规定切削用量，而由操作者自选。但对大量流水线或自动线生产，则各工序、工步都应规定切削用量，以保证刀具寿命和生产节拍。

（8）确定各主要工序的技术要求和检验方法

（9）确定工时定额

（10）填写工艺文件

9.1.5　零件的结构工艺性

零件的结构工艺性是指零件所具有的结构是否便于毛坯制造，是否便于机械加工，是否便于装配拆卸。它是评价零件结构设计优劣的一个重要指标。表 9.8 列出了常见的零件机械加工结构工艺性对比的一些实例。

表 9.8　常见的零件机械加工结构工艺性对照表

序号	零件结构			
	工艺性差		工艺性好	
1	因砂轮圆角不能磨成清根，而且自动纵向来回进给要碰伤表面	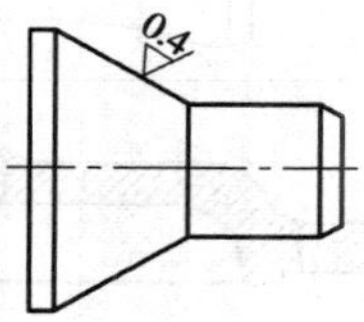	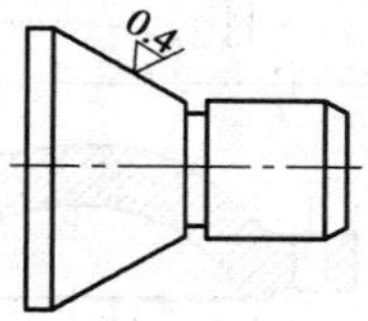	留有越程槽。可磨成清根，而且可进行纵向来回自动进给磨削
2	磨锥面时要碰伤圆柱面，而且不能清根	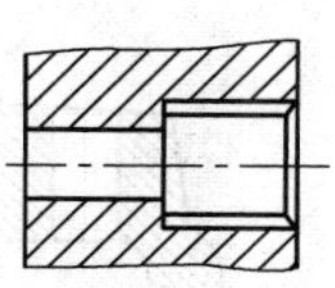	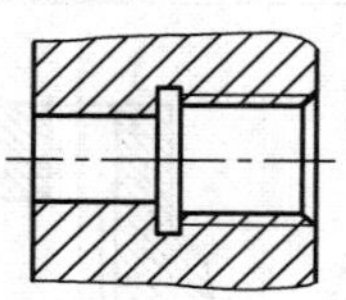	磨削锥面和圆柱面互不干涉
3	车螺纹时较为紧张，而且车至根部容易打刀	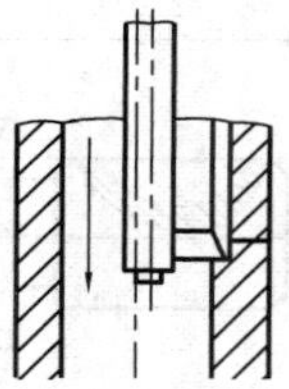	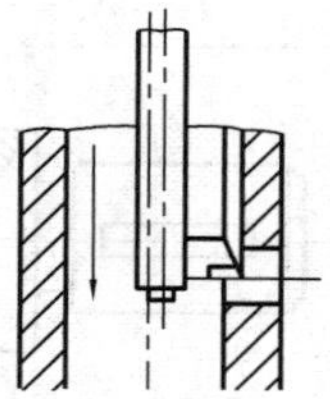	留有退刀槽，操作相对容易，避免打刀，螺纹根部清根

续表

序号	零件结构			
		工艺性差	工艺性好	
4	插键槽回程时易损坏刀具			留有退刀槽或孔,避免打刀
5	槽与沟的表面不应与其他加工表面重合,否则易破坏已加工表面,并且损坏刀具		$h=0.2\sim0.5$	有出刀空间,不损坏刀具,也不破坏已加工表面
6	小齿轮无法切削加工			留有越程槽,小齿轮可以插齿加工
7	在斜面上钻孔,钻头易引偏折断			留出平台,方便钻孔
8	加工斜孔较麻烦			一组平行的孔便于同时加工
9	钻孔出头时遇到阶梯面或斜面,容易钻偏或断钻			钻孔出口处平整,既方便钻削,又容易保证钻孔精度
10	两键槽需在二次装夹中加工			将所有键槽设计在同一径向上可在一次装夹中加工全部键槽

续表

序号	零件结构		
	工艺性差	工艺性好	
11	3 个不同尺寸的退刀槽就需 3 把不同尺寸的割槽刀		可使用同一把割刀槽
12	在同一平面上,尽管螺纹孔尺寸相近,但需要更换不同刀具,加工和装配都方便		统一尺寸的螺纹孔,加工和装配都很方便
13	不在同一平面的两个加工面需要两次调整刀具加工,生产效率低		在同一平面上的两个加工面,可以一次调整刀具加工完毕
14	接触面太大,既增加加工工时,浪费材料,又降低接触联结精度		加工面减小,节省工时;接触面减少,提高联结精度
15	钻深孔,既费工时,又费材料		省工又省料

续表

序号	零件结构			
	工艺性差		工艺性好	
16	孔与壁的距离太近,要用接长钻头加工,容易折断			根据刀夹具所占空间设计孔的位置,可提高加工精度和生产效率
17	箱体内壁凸台过大,不易操作和刮削加工			外口的孔径大于内壁凸台,便于操作观察和刮削加工
18	加工面设计在箱体内,操作观察和调整刀具都不方便			加工面设计在外部,加工方便
19	内孔和外圆需要在两次装夹中加工,同轴度不易保证			在一次装夹中,加工外圆和内孔全部,同轴度容易保证
20	油(气)槽设计在孔壁上,加工困难			油(气)槽设计在阀芯外圆上,加工容易
21	A 面太小,作为定位基准加工 B 面不可靠			增加工艺搭子,也增大了 A 面作为定位基准面积,使加工可靠。完毕后,可将工艺搭子去掉

9.2　典型零件机械加工工艺过程

9.2.1　轴类零件加工

如图 9.4 所示齿轮减速箱中一转轴。现以其加工为例,说明在单件小批生产中,一般轴类零件加工工艺过程。

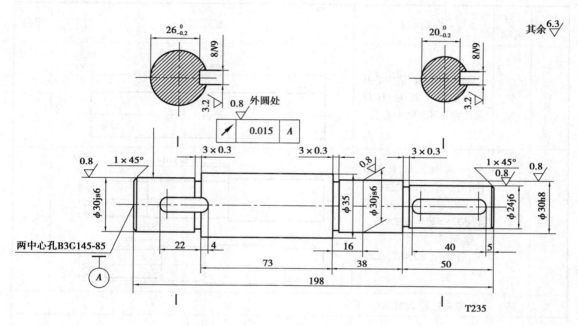

图 9.4　轴

1)零件各主要部分的功用和技术要求

零件各主要部分的功用和技术要求如下所述:

①在 ϕ30js6 带键槽轴段上安装锥齿轮,ϕ24j6 轴段为减速箱输出轴,为了传递运动和动力分别铣有键槽;ϕ30js6 两段为轴颈,安装滚动轴承,并固定于减速箱体的轴承孔中。表面粗糙度 Ra 均为 0.8 μm。

②各圆柱配合表面相对于轴线的径向圆跳动允差 0.015 mm。

③工件材料选用 45 钢,并经调质处理,布氏硬度 HBS235。

2)工艺分析

该零件的各配合轴段除了有一定尺寸精度(IT6)和表面粗糙度要求外,还有一定的位置精度(径向跳动)。

根据对各加工表面的具体要求,可采用以下的加工方案:粗车—调质—半精车—铣键槽—磨外圆。

3）基准选择

轴类零件一般选用两端中心孔作为粗、精加工的定位基准。由于符合基准同一原则和基准重合原则,保证了各轴段的位置精度,也有利于生产率的提高。为了保证定位基准的精度和粗糙度,以及轴的各配合表面加工后的形状精度和粗糙度,热处理后应修研中心孔,大型轴类零件需要磨削中心孔。

4）工艺过程

该轴的毛坯选用 38×200 型材。在单件小批生产中,其工艺过程可按表 9.9 进行。

表 9.9　单件小批生产轴的加工工艺过程

工序号	工序名称	工序内容	加工简图	设备
1	车	①车一端面,钻中心孔 ②车另一端面,保证总长为 198.5 钻中心孔		车床
2	车	一端用三爪卡盘轧住,另一端用顶尖顶住 ①粗车一端外圆分别至 φ37×>110,φ32×36 ②调头车另一端外圆,分别至 φ2×87,φ26×49		车床
3	热	调质处理 235HBS		
4	车	修研中心孔		车床
5	车	①用两顶尖定位,半精车小端外圆分别为 φ35,φ24.3×50,30.3×38 ②车割两槽 3×0.3 ③倒角 C_1 ④调头车另一端外圆为 φ30.3×37,保证 φ35 外圆长为 73 ⑤车割槽 3×0.3 ⑥倒角 C_1		车床

续表

工序号	工序名称	工序内容	加工简图	设备
6	铣	铣键槽分别至 $8_{-0.036}^{0}\times26.2_{-0.28}^{0}$ $8_{-0.036}^{0}\times20_{-0.2}^{0}$	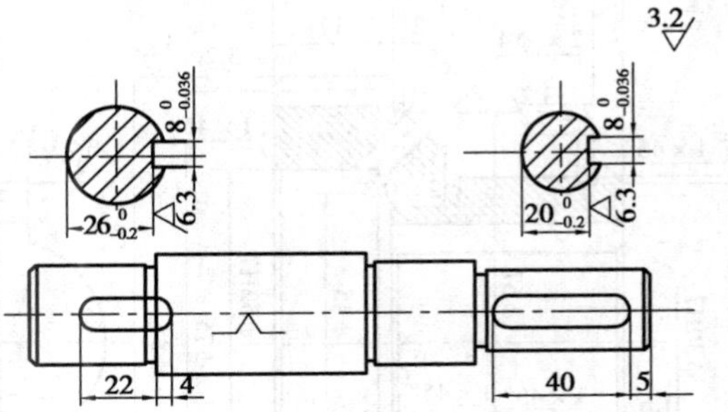	立式铣床
7	磨	①粗磨一端外圆至 $\phi24.6$ 和 $\phi30.6$ ②精磨该端分别为 $\phi24.6_{-0.004}^{+0.009}$ 和 $\phi30\pm0.065$ ③调头粗磨另一端外圆至 $\phi30.1$ ④精磨该端外圆至 $\phi30\pm0.006\,5$	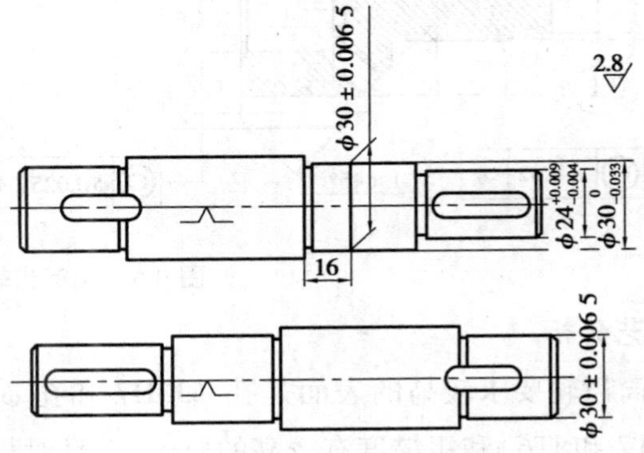	磨床
8	检	按图纸要求检验		

注：1.加工简图中粗实线为该工序加工表面；
　　2.简图中的""符号表示所指定的定位基准。

9.2.2　套类零件加工

如图 9.5 所示为套筒齿轮零件。现以其加工为例说明在单件小批中,套类零件的加工工艺过程。

1) 零件各主要部分的功用和技术要求

①$\phi50js6$ 外圆上设置滚动轴承并安装在箱体轴承孔内,起支撑作用,左边另外一根轴的右轴端可插入 $\phi30H7$ 孔内,与套筒齿轮连在一起转动;右边另外一根轴的左轴端可通过滚动轴承被支承在 $\phi52H7$ 孔内。

②内孔表面粗糙度 Ra 均为 1.6 μm,$\phi50js6$ 外圆表面粗糙度 Ra 均为 0.8 μm。

③$\phi50js6$ 外圆上的 $2.2\times\phi9$ 槽为安装轴用弹性挡圈槽。

④$\phi50js6$ 外圆对 $\phi30H7$ 孔同轴度允差为 0.02 mm,$\phi52H7$ 孔对 $\phi30H7$ 孔同轴度允差 $\phi0.025$ mm。

⑤工件材料选用 45 钢,毛坯为锻件,经正火处理,布氏硬度为 HBS190。

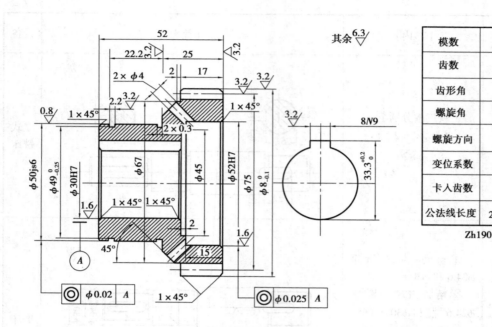

模数	3
齿数	25
齿形角	20°
螺旋角	0
螺旋方向	
变位系数	0
卡入齿数	3
公法线长度	$23.19_{-0.135}^{-0.090}$

Zh190

图 9.5　套筒齿轮

2）工艺分析

该套筒齿轮要求较高的表面是孔 ϕ30H7 和孔 ϕ52H7，外圆 ϕ50js6。它们不仅对本身尺寸精度（IT7 和 IT6）和粗糙度有较高的要求，而且对相对位置精度也有一定的要求。

根据工件材料及热处理和具体尺寸精度、粗糙度的要求，可采用粗车—正火—精车—滚（插）齿—磨的工艺来满足。孔 ϕ52H7 相对孔 ϕ30H7 的同轴度要求，可以在一次安装中用车加工来保证。外圆 ϕ50js6 相对于孔 ϕ30H7 的同轴度要求，可以在孔 ϕ30H7 精加工后用胀胎心轴或锥度心轴装夹后，用磨削加工来保证。

3）基准选择

为了给车削大端时提供一个精基准，先以工件毛坯大端外圆作粗基准，粗车小端外圆和端面。这样在车削大端时保证了加工余量均匀。

然后调头卡住小端外圆，以小端外圆和肩面为定位基准，在一次安装中，加工大端外圆、各内孔及端面，以保证所要求的位置精度。

再调头卡住大端齿轮外圆加工小端其余部分，ϕ50js6 外圆放磨削余量 0.3 mm。最后可用胀胎心轴或锥度心轴，以 ϕ30H7 孔定心，磨削 ϕ50js6 外圆，以保证其同轴度要求。

4）工艺过程

在单件小批生产中，该套筒齿轮工艺过程可按表 9.10 进行。

表 9.10　单件小批生产套筒齿轮的加工工艺过程

序号	工序名称	工序内容	加工简图	设备
1	车	①卡住大端,粗车小端 $\phi52\times25$,$\phi69\times8$ 及各端面 ②钻孔 $\phi28$ ③调头卡住小端,粗车大端外圆 $\phi83\times19$,内孔 $\phi50\times15$ 及大端面		车床
2	热	正火处理 HBS190		
3	车	①以小端外圆和肩面为定位基准,精车大端外圆 $\phi81\times19$,大端面 ②车内孔 $\phi52\times15$,$\phi45\times2$,$\phi30^{+0.025}_{0}$ ③倒角 C_1		车床
4	车	①以大端外圆和端面为定位基准,精车小端外圆,$\phi50.3^{0}_{-0.05}$肩面,并保证 25 mm 尺寸;67×8 外圆,并保证 17 mm 齿轮宽度尺寸;车小端面,并保证总长尺寸 ②车 45°锥面 ③割 2×0.3 和 $2.2\times\phi49^{0}_{-0.25}$ 槽 ④倒角 C_1		车床

续表

序号	工序名称	工序内容	加工简图	设备
5	滚齿（插齿）	①以孔和大端为定位基准,滚齿（插齿）加工齿轮轮齿部分至尺寸 ②修去齿端毛刺		滚齿机(插齿机)
6	磨	磨削外圆 $\phi 50 \pm 0.008$ 至尺寸		外圆磨床（胀胎心轴）
7	拉	拉内孔键槽 $8_{-0.036}^{0}$ 至尺寸 $33.3_{0}^{+0.2}$		拉床（导套）

续表

序号	工序名称	工序内容	加工简图	设备
8	钳	①钻 2×4 孔 ②修去毛刺	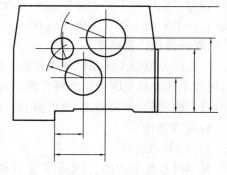	钳床 (钻模)
9	检	按图纸要求检验		

9.2.3　箱类零件加工

以图 9.6 所示的卧式车床床头箱箱体加工为例来说明单件小批生产中箱体零件的加工工艺过程。

1）箱体的功用、结构特点和主要技术要求

箱体是机器中箱体部件装配时的基准零件,由它将有关轴、套、齿轮、轴承及其他零件组装在一起,使它们保持正确的相互位置,彼此按照一定的传动关系正常地运转。

箱体的结构特点是构造比较复杂,中空壁薄。加工面多为平面和孔。它既有许多尺寸精度、位置精度和表面粗糙度要求较高的孔,也有许多精度较低的紧固用的孔。因此,其工艺过程是比较复杂的。

图 9.6　车床床头箱

以卧式车床床头箱箱体为例,其主要技术要求如下:

①作为箱体部件装配基准的底面和导向面,其平面度要求允差 0.02~0.03 mm,粗糙度 Ra 为 0.8 μm。顶面和侧面的平面度允差 0.04~0.06 mm,粗糙度 Ra 为 1.6 μm。顶面对底面的平行度允差 0.1 mm;侧面对底面的垂直度公差 0.04~0.06 mm。

②主轴轴承孔孔径精度为 IT6,粗糙度 Ra 为 0.8 μm;其余轴承孔的精度为 IT7~IT6,粗糙度 Ra 为 1.6 μm;其他非配合紧固用的孔精度较低,粗糙度 Ra 为 6.3~12.5 μm。

③孔的圆度和圆柱度公差不超过孔径公差的 1/2。

④轴承孔轴间距离尺寸公差为 0.046~0.072 mm,主轴轴承孔轴线与基准面距离尺寸公差为 0.05~0.1 mm。

⑤不同箱壁上同一轴线孔的同轴度允差为最小孔径公差的 1/2;各相关孔轴线间平行度

允差 0.06~0.1 mm。端面对孔轴线的垂直度允差 0.06~0.1 mm。

⑥工件材料取 HT200,毛坯为铸件。

2)工艺分析

箱体在铸造后需经清理处理,在机械加工之前需经人工时效处理,以消除铸造过程中产生内应力。加工余量一般为:底面 8 mm,顶面 9 mm,侧面和端面 7 mm,孔径 7 mm。粗加工后,会引起工件内应力的重新分布,为了使内应力分布均匀,以防变形,还需经适当的时效处理。

在单件小批生产条件下,该床头箱箱体的主要工艺过程应考虑以下几个方面:

①底面、顶面、侧面和两端面可采用粗刨—精刨工艺。因为底面和导向面是定位基准和装配基准,精度和粗糙度要求较高,因此在精刨后,还应进行精细加工—刮研。

②直径小于 40~50 mm 的孔,一般不铸出,可采用钻—扩(或半精镗)—铰(或精镗)的工艺。对于已铸出的孔,可采用粗镗—半精镗—精镗的工艺。由于箱体的轴承孔,尤其主轴轴承孔精度和粗糙度要求较高,故在精镗后,还要用浮动镗刀进行精细镗。

③其余要求不高的紧固孔、螺纹孔及油塞油标孔等,可放在最后加工。目的在于避免主要面或孔在加工过程中出现气孔、夹沙或加工超差时,已花费了这部分的工时。

④整个工艺过程分为粗加工和精加工两个阶段,以保证箱体主要表面精度和粗糙度的要求,避免粗加工时由于切削量较大引起工件变形、走动、装夹变形或可能划伤已加工表面。

⑤为了保证各主要表面位置精度的要求,不管粗加工或精加工时,都应采用统一的定位基准。一个平面上所有主要孔应在一次安装中加工完成。在普通镗床上加工可采用镗模夹具,以保证各孔位置精度。

⑥无论是粗加工还是精加工,都应遵循"先面后孔"的原则。即先加工平面,后以平面定位,再加工孔。这是因为平面常常是箱体的装配基准和定位基准,其次平面的面积较大,加工孔时以平面定位、装夹稳定、定位可靠,有利于提高定位精度和加工精度。

3)基准选择

(1)粗基准选择

在单件小批生产中,首先要保证各轴承孔,尤其主轴轴承孔的加工余量分布均匀,常常以主轴轴承孔和与之相距最远的一个孔为基准;同时还要保证装入箱体中的齿轮和拨叉之类零件与箱体的内壁有足够的空隙,并且兼顾导向面和底面的余量,对箱体毛坯进行画线。然后,在粗加工中按画线找正粗加工顶面,实际上就是以主轴轴承孔和与之相距最远的一个孔为粗基准。

(2)精基准选择

以该箱体的底面和导向面为精基准,加工各纵向孔、侧面和端面,因为该二平面为装配基准,同时符合基准同一和基准重合的原则,有利于加工精度的提高。

既然底面和导向面作为精加工的定位精基准,那么,其一定要有相当高的精度。因此在粗加工和时效处理后,以精加工后的顶面为基准,对底面和导向面进行精刨,最后还要进行刮研,这样进一步提高了精加工的定位基准精度,有利于保证精加工的精度。

4)工艺过程

根据上述分析,在单件小批生产中,车床床头箱箱体的工艺过程可按表 9.11 进行。

表 9.11　单件小批生产箱体的工艺过程

工序号	工序名称	工序内容	加工简图	设备
1	铸	清理处理		
2	热	时效处理		
3	钳	划出各平面加工线	以主轴轴承孔和与之相距最远的一个孔为基准,并兼顾底面和顶面的加工余量	
4	刨	粗刨顶面,留精刨余量 2 mm		龙门刨床
5	刨	粗刨底面和导向面,留精刨余量 2~2.5 mm		龙门刨床
6	刨	粗刨前面和两端面,留精刨余量 2 mm		龙门刨床
7	镗	粗镗纵向各孔,主轴承孔留半精镗、精镗余量 2~2.5 mm,其余各孔留半精镗、精镗余量 1.5~2 mm(小直径孔钻出,大直径孔用镗刀加工)		卧式镗床(镗模)
8	热	时效处理		

续表

工序号	工序名称	工序内容	加工简图	设备
9	刨	精刨顶面至尺寸		龙门刨床
10	刨	精刨底面和导向面,留刮研余量 0.1 mm		龙门刨床
11	钳	刮研底面和导向面至尺寸	要求 25 mm×25 mm 内 8~10 个点	
12	刨	精刨侧面和两端面至尺寸	同工序 6（$Ra1.6$ μm）	龙门刨床
13	镗	①半精镗各纵向孔,主轴轴承孔和其他轴承孔留精镗余量 0.8~1.2 mm,其余各孔留精镗余量 0.1~0.2 mm（小孔用扩孔钻,大孔用镗刀加工） ②精镗各纵向孔至尺寸,各轴承孔留精镗余量 0.1~0.2 mm（小孔用铰刀,大孔用浮动镗刀加工） ③精细镗主轴轴承孔和其他轴承孔（用浮动镗刀加工）	同工序 7 （$Ra1.6$ μm,主轴轴承孔为 $Ra0.8$ μm）	卧式镗床
14	钳	①钻螺纹底径孔,紧固孔及放油孔等至尺寸 ②攻丝,去毛刺		横臂钻床
15	检	按图纸要求检验		

复习思考题

9.1　什么是机械加工工艺过程？什么是机械加工工艺规程？工艺规程在生产中起什么作用？

9.2　试述工序、工步、走刀、安装和工位的概念。

9.3　拟订机械加工工艺规程的原则和步骤有哪些？

9.4　生产类型有哪几种？不同生产类型对零件的工艺过程有哪些主要影响？

9.5　某塑料挤出机械厂年产某种规格塑料挤出机 360 台，其中螺杆筒每台 1 件，备品率为 10%，废品率为 2%。试计算该螺杆筒的年生产纲领，并说明它属于哪一种生产类型，其工艺过程有何特点？

9.6　常用的工艺文件有哪几种？各适用于什么场合？

9.7　加工轴类零件时，常以什么作为统一的精基准？为什么？

9.8　如何保证套类零件外圆、内孔及端面的位置精度？

9.9　安排箱体类零件的工艺时，为什么一般要依据"先面后孔"的加工原则？

参考文献

[1] 乔世民.机械制造基础[M].北京:高等教育出版社,2003.

[2] 陆剑中,孙家宁.金属切削原理与刀具[M].北京:机械工业出版社,2001.

[3] 邓建新,赵军.数控刀具材料选用手册[M].北京:机械工业出版社,2005.

[4] 艾兴.高速切削加工技术[M].北京:国防工业出版社,2003.

[5] 翁世修,吴振华.机械制造技术基础[M].上海:上海交通大学出版社,1999.

[6] 太原市金属切削刀具协会.金属切削实用刀具技术[M].北京:机械工业出版社,2004.

[7] 梁伟,王先.现代刀具涂层技术及发展趋势[J].桂林航天工业高等专科学校学报,2008(1):17-19.

[8] 邹积德.机械制造基础[M].北京:化学工业出版社,2012.

[9] 武友德,张双平.金属切削加工与刀具[M].北京:北京理工大学出版社,2011.

[10] 张烘州.先进刀具技术现状分析及发展趋势[J].航空制造技术,2012.

[11] 京玉海.机械制造基础[M].重庆:重庆大学出版社,2007.

[12] 中国机械工程学会焊接学会.焊接手册:第2卷材料的焊接[M].2版.北京:机械工业出版社,2001.

[13] 张连生.金属材料焊接[M].北京:机械工业出版社,2004.

[14] 胡蓉,陈炳毅.焊工工艺与技能训练[M].北京:人民邮电出版社,2009.

[15] 雷世明.焊接方法与设备[M].北京:机械工业出版社,2008.

[16] 高卫明.焊接工艺[M].2版.北京:北京航空航天大学出版社,2011.

[17] 张文钺.焊接冶金学(基本原理)[M].北京:机械工业出版社,1996.

[18] 李亚江.焊接冶金学——材料焊接性[M].北京:机械工业出版社,2006.

[19] 周振丰.焊接冶金学(金属焊接性)[M].北京:机械工业出版社,2000.

[20] 鞠鲁粤.机械制造基础[M].上海:上海交通大学出版社,2009.

[21] 王长忠.高级焊工工艺[M].北京:中国劳动社会保障出版社,2005.

[22] 王春娟,袁淑敏.机械制造基础[M].北京:中国石油大学出版社,2011.

[23] 王俊昌,王荣声.工程材料及机械制造基础Ⅱ(热加工工艺基础)[M].北京:机械工业出版社,1998.

[24] 苏子林.工程材料与机械制造基础[M].北京:北京大学出版社,2009.

［25］ 王娟,刘强.钎焊及扩散焊技术［M］.北京:化学工业出版社,2013.

［26］ 陆剑中,孙家宁.金属切削原理与刀具［M］.北京:机械工业出版社,2009.

［27］ 刘坚机.机械加工设备［M］.北京:机械工业出版社,2001.

［28］ 刘劲松.金属工艺基础与实践［M］.北京:清华大学出版社,2007.

［29］ 中国机械工业教育协会组.金属工艺学［M］.北京:机械工业出版社,2001.

［30］ 罗玉福.金工实训［M］.北京:北京航空航天出版社,2011.

［31］ 王东升.金属工艺学［M］.杭州:浙江大学出版社,2013.

［32］ 张普礼,杨琳.机械加工设备［M］.北京:机械工业出版社,2011.

［33］ 金捷.机械制造技术［M］.北京:清华大学出版社,2006.